手把手教你学系列丛书

# 手把手教你学
# 单片机 C 程序设计
## （第 2 版）

周兴华　编著

周兴华单片机培训中心　策划

U0245611

北京航空航天大学出版社

# 内 容 简 介

以实践为主线,以生动短小的实例为灵魂,穿插介绍 C 语言的语法及其针对单片机的特别定义,使理论与实践结合,使读者掌握单片机的 C 语言编程。内容包括:C 语言的基础知识、Keil 软件的使用、程序的编写与调试方法及其他相关知识。随书光盘提供了书中所有实验程序代码和多媒体教学例程,包括 Keil C51 安装演示、Keil C51 实际操作演示和程序的下载实际操作演示动画等。

本书可作为中高等职业学校、电视大学等的教学用书,也可作为单片机爱好者自学单片机 C 语言的教材。

**图书在版编目(CIP)数据**

手把手教你学单片机 C 程序设计 / 周兴华编著. -- 2 版. -- 北京 : 北京航空航天大学出版社,2014.3
ISBN 978 - 7 - 5124 - 1367 - 2

Ⅰ. ①手… Ⅱ. ①周… Ⅲ. ①单片微型计算机—C 语言—程序设计 Ⅳ. ①TP368.1②TP312

中国版本图书馆 CIP 数据核字(2014)第 026981 号

**手把手教你学单片机 C 程序设计(第 2 版)**

周兴华 编著
周兴华单片机培训中心 策划
责任编辑 张 楠 王 松

\*

北京航空航天大学出版社出版发行

北京市海淀区学院路 37 号(邮编 100191) http://www.buaapress.com.cn
发行部电话:(010)82317024 传真:(010)82328026
读者信箱:emsbook@gmail.com 邮购电话:(010)82316936
涿州市新华印刷有限公司印装 各地书店经销

\*

开本:710×1 000 1/16 印张:27.25 字数:581 千字
2014 年 3 月第 2 版 2014 年 3 月第 1 次印刷 印数:4 000 册
ISBN 978 - 7 - 5124 - 1367 - 2 定价:59.00 元(含光盘 1 张)

# 第2版前言

作者从 20 世纪 80 年代初就开始了电子制作实践,从刚开始装收音机、耳塞机之类的,到后来的对讲机、电视机等,一直到最后搞自动化控制,由于采用的是晶体管分立件电路或集成电路与晶体管混合式电路,系统变得越来越复杂,调试、排错与修理也越来越麻烦。

自从单片机问世后,作者就知道了它的巨大作用。单片机——单片微型计算机,即单片微电脑!用它来取代经典电子控制电路,具有体积小、元件省、功能强、可靠性高、应用灵活等突出优点。有人曾戏称,一条软件指令可取代好几个晶体管或数字逻辑单元,其实一点也不为过。

作者较早接触单片机并将其应用于自动控制领域内,多年的实践经验是一笔宝贵的财富。因此,自从作者以实践为主的入门书籍《手把手教你学单片机》出版后,受到广大学生、工程技术人员、电子爱好者的热烈欢迎。该书教学方式新颖独特,入门难度也明显降低,结合边学边练的实训模式,很快有一大批读者入了单片机这扇门。该书上市仅一年多,就已重印多次,由此可知该书对单片机初学及入门有着巨大的帮助作用。该书使一大批读者从传统的电子技术领域步入了微型计算机领域,进入了一个崭新的天地。

《手把手教你学单片机》一书是以汇编语言为主进行讲解实验的,作为初学者必须掌握汇编语言的基本设计方法,因为汇编语言直接操作计算机的硬件,学习汇编语言对于了解单片机的硬件构造是有帮助的。但是许多读者发现,采用汇编语言编写单片机应用系统程序的周期长,而且调试和排错也比较困难。随着社会竞争的日益激烈,开发效率已成为商战制胜的重要法宝之一。

为了提高编制计算机系统和应用程序的效率,改善程序的可读性和可移植性,最好的办法是采用高级语言编程。目前,C 语言逐渐成为国内外开发单片机的主流语言。用 C 语言来编写目标系统软件,会大大缩短开发周期,增加软件的可读性,且便于改进和扩充,从而研制出规模更大、性能更完备的系统;并且,采用 C 语言编写的程序能够很容易地在不同类型的计算机之间进行移植。因此,用 C 语言进行单片机程序设计是单片机开发与应用的必然趋势。

单片机是一门实践性极强的技术。实践与统计表明,如果不花费大量的时间进行实践、实验,那么很少有人能真正掌握单片机技术。《手把手教你学单片机 C 程序设计》教学方式同《手把手教你学单片机》如出一辙,主要也是通过具体的实践、实战,一步步深入，使读者在无形中"天天有进步，年年有收获"。读者只要将每章的实验内容做了，理解了，吃透了，那么当学完了整本书之后，读者的能力将会提升到一个新的高度——可以独立、高效地研发复杂产品，其前途当然与从前相比不可同日而语。

学单片机切记：实践，实践，再实践！

考虑到有些读者初学 C 语言的接受能力与学习成本，学习时主要采用"程序完成后软件仿真（也可进行简易的在线仿真，见第 2 章中有关"51 MCU DEMO 试验板"的介绍）→单片机下载程序→试验板通电实验"的方法，这样，其实验器材（不包括 PC 机）的基本配置仅 200 多元。即使按照完全配置，也不到 400 元。对大部分的单片机爱好者来说都有这个经济承受能力。

参与本书编写工作的主要人员有周兴华、吕超亚、傅飞峰、周济华、沈惠莉、周渊、周国华、丁月妹、周晓琼、钱真、周桂华、刘卫平、周军、李德英、朱秀娟、刘君礼、毛雪琼、邱华锋、胡颖静、吴辉东、冯骏、孔雪莲等，全书由周兴华统稿并审校。

本书的编写工作得到了北京航空航天大学何立民教授的关心与鼓励，北京航空航天大学出版社的胡晓柏编辑也做了大量耐心细致的工作，使得本书得以顺利完成，在此表示衷心感谢。

由于作者水平有限，书中必定还存在不妥之处，诚挚欢迎广大读者提出意见并不吝赐教。

周兴华
2014 年 2 月

本书所配的实验器材如下：
- 51 MCU DEMO 试验板；
- USBasp 程序下载器；
- 16×2 字符型液晶显示模组（带背光照明）；
- 128×64 点阵图形液晶显示模组（带背光照明）；
- 5 V 高稳定专用稳压电源；
- 配套软件。

读者朋友如自制或购买以上实验器材有困难时，可与作者联系，咨询购买事宜。

联系方式如下：
地址：上海市闵行区莲花路 2151 弄 57 号 201 室
邮编：201103
联系人：周兴华
电话：021 - 64654216　　　13774280345
技术支持 E-mail：zxh2151@sohu.com
　　　　　　　　zxh2151@yahoo.com.cn
作者主页：http://www.hlelectron.com

# 目 录

**第1章 概　述**

1.1 高效率的 C 语言编程 ································································· 1

1.2 C 语言具有突出的优点 ························································· 2

**第2章 单片机简史及实验器材简介**

2.1 单片机的发展简史及特点 ····················································· 4

2.2 单片机 C 语言入门的有效途径 ··············································· 5

2.3 实验器材介绍 ····································································· 6

**第3章 Keil C51 集成开发环境及并口下载软件介绍**

3.1 Keil C51 集成开发平台安装 ················································· 13

3.2 USBasp 程序下载软件的安装 ··············································· 15

**第4章 单片机基本知识及第一个 C51 程序**

4.1 MCS－51 单片机的基本结构 ················································· 21

4.2 80C51 的基本特征及引脚定义 ··············································· 22

4.3 80C51 的内部结构 ····························································· 24

4.4 80C51 的存储器配置和寄存器 ··············································· 26

4.5 第一个 C51 演示程序及效果 ················································· 29

**第5章 C 语言程序的基本结构**

5.1 函数调用实验 ····································································· 37

5.2 C 语言程序的组成结构 ························································· 39

5.3 主函数实验 ········································································ 40

5.4 文件包含处理 ····································································· 42

5.5 通用的 C 语言程序组成结构 ················································· 44

5.6 函数连接实验一 ································································· 46

5.7 函数连接实验二 ································································· 48

**第6章 C 语言的标识符、关键字和数据类型**

6.1 标识符和关键字 ································································· 52

6.2 4 个 LED 数码管从左至右显示"1234" ····································· 54

6.3 数据类型 ·········································································· 57

6.4 8 个 LED 数码管从左至右扫描显示"00000000"（一） ·················· 59

6.5 8 个 LED 数码管从左至右扫描显示"00000000"（二） ·················· 62

6.6 变量的数据类型选择 ···························································· 62

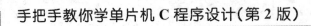
6.7　数据类型之间的转换 ··············································· 63
6.8　无符号字符型变量值与无符号整型变量值相乘实验 ·················· 63
6.9　无符号整型变量值与无符号整型变量值相乘实验 ···················· 65

**第 7 章　常量、变量及存储器类型**
7.1　常　量 ························································ 68
7.2　乘法运算:两个乘数分别为常量与变量 ···························· 68
7.3　变　量 ························································ 70
7.4　存储器类型 ···················································· 70
7.5　两个局部变量 val1、val2 的显示实验 ····························· 73
7.6　全局变量 globe_x 的显示实验 ··································· 75

**第 8 章　编译预处理及重新定义数据类型**
8.1　宏定义 ························································ 79
8.2　两数相加并输出结果实验 ·········································· 80
8.3　使用带参数的宏定义进行运算 ······································ 82
8.4　文件包含 ······················································ 84
8.5　条件编译 ······················································ 85
8.6　重新定义数据类型 ··············································· 86
8.7　8 个 LED 模拟彩灯闪烁实验 ······································ 87

**第 9 章　运算符与表达式**
9.1　算术运算符与表达式 ·············································· 89
9.2　数学运算与显示实验 ·············································· 90
9.3　关系运算符与表达式 ·············································· 92
9.4　输入数的大小比较及判断实验 ······································ 92
9.5　逻辑运算符与表达式 ·············································· 95
9.6　赋值运算符与表达式 ·············································· 96
9.7　逻辑判断实验 ··················································· 97
9.8　自增和自减运算符与表达式 ········································ 100
9.9　自增运算 a＋＋和＋＋b 实验 ······································ 100
9.10　逗号运算符与表达式 ············································· 102
9.11　条件运算符与表达式 ············································· 102
9.12　位运算符与表达式 ·············································· 102
9.13　两个变量 x、y 的位运算实验 ····································· 103
9.14　强制类型转换运算符与表达式 ····································· 105
9.15　sizeof 运算符与表达式 ·········································· 106

**第 10 章　表达式语句与复合语句**
10.1　表达式语句 ···················································· 107
10.2　复合语句实验 ·················································· 108
10.3　程序的结构化设计 ·············································· 111

10.4　条件语句与控制结构 ………………………………………… 112

10.5　条件语句实验一 ……………………………………………… 112

10.6　条件语句实验二 ……………………………………………… 114

**第 11 章　switch/case 开关语句**

11.1　switch/case 开关语句的组成形式 ………………………… 117

11.2　switch/case 开关语句实验 ………………………………… 118

11.3　循环语句 ………………………………………………………… 123

11.4　while 语句实验 ………………………………………………… 125

11.5　for 语句实验 …………………………………………………… 127

11.6　goto 语句 ……………………………………………………… 128

11.7　break 语句和 continue 语句 ……………………………… 128

11.8　break 语句实验 ………………………………………………… 129

11.9　continue 语句实验 …………………………………………… 131

**第 12 章　函数的定义**

12.1　函数定义的一般形式 ………………………………………… 133

12.2　函数的参数和函数返回值 …………………………………… 134

12.3　无参数函数、有参数函数及空函数 ………………………… 134

12.4　函数调用的三种方式 ………………………………………… 135

12.5　对被调用函数的说明 ………………………………………… 136

12.6　参数传递的函数调用实验 …………………………………… 136

12.7　三个数大小自动排列实验 …………………………………… 139

12.8　华氏-摄氏温度转换的仪器实验 …………………………… 141

**第 13 章　数　组**

13.1　一维数组的定义 ……………………………………………… 147

13.2　二维及多维数组的定义 ……………………………………… 148

13.3　字符数组 ………………………………………………………… 149

13.4　数组元素赋初值 ……………………………………………… 149

13.5　数组作为函数的参数 ………………………………………… 150

13.6　数组显示实验 ………………………………………………… 150

13.7　输入 10 个整数(0～999 之间),输出其中的最大数实验 ……… 156

13.8　选择法数组排序显示实验 …………………………………… 162

13.9　模拟花样广告灯显示实验 …………………………………… 165

**第 14 章　指　针**

14.1　指针与地址 …………………………………………………… 168

14.2　指针变量的定义 ……………………………………………… 169

14.3　指针变量的引用 ……………………………………………… 169

14.4　数组指针与指向数组的指针变量 …………………………… 170

14.5　指针变量的运算 ……………………………………………… 171

14.6　指向多维数组的指针和指针变量…………………………………… 171
14.7　直接引用变量和间接引用变量实验………………………………… 172
14.8　下标法和指针法引用数组元素实验………………………………… 174
14.9　地址传递的函数调用实验…………………………………………… 175
14.10　用数组名作为函数的参数进行传递实验…………………………… 178

**第 15 章　结构体、共用体及枚举**

15.1　结构体的概念………………………………………………………… 181
15.2　结构体类型变量的定义……………………………………………… 181
15.3　关于结构体类型有几点需要注意的地方…………………………… 183
15.4　结构体变量的引用…………………………………………………… 183
15.5　结构体变量的初始化………………………………………………… 184
15.6　结构体数组…………………………………………………………… 184
15.7　指向结构体类型数据的指针………………………………………… 185
15.8　用指向结构体变量的指针引用结构体成员………………………… 185
15.9　指向结构体数组的指针……………………………………………… 186
15.10　将结构体变量和指向结构体的指针作函数参数………………… 186
15.11　共用体的概念………………………………………………………… 186
15.12　共用体类型变量的定义……………………………………………… 186
15.13　共用体变量的引用…………………………………………………… 188
15.14　枚举类型……………………………………………………………… 188
15.15　计时器设计(待显时间存放于结构体变量中)实验……………… 189
15.16　跑表设计(计时时间存放于结构体变量中)实验………………… 193
15.17　计时器设计(计时时间存放于共用体变量中)实验……………… 201
15.18　枚举类型实验………………………………………………………… 206

**第 16 章　定时器/计数器控制及 C51 编程**

16.1　定时器/计数器的结构及工作原理………………………………… 209
16.2　定时器/计数器方式寄存器 TMOD 和控制寄存器 TCON ………… 210
16.3　定时器/计数器的工作方式………………………………………… 212
16.4　定时器/计数器的初始化…………………………………………… 215
16.5　蜂鸣器发音实验……………………………………………………… 215
16.6　定时器 T1 以方式 1 计数实验……………………………………… 217
16.7　定时器 T0 以方式 2 定时实验……………………………………… 220

**第 17 章　串行接口及 C51 编程**

17.1　串行口的控制与状态寄存器 SCON ………………………………… 223
17.2　特殊功能寄存器 PCON ……………………………………………… 224
17.3　串行口的工作方式…………………………………………………… 226
17.4　波特率选择…………………………………………………………… 227
17.5　单片机与 PC 机的通信实验 1 ……………………………………… 228

17.6 单片机与 PC 机的通信实验 2 ·················································· 232

17.7 在 51 MCU DEMO 试验板上,进行单片机与 PC 机(个人电脑)的模拟

485 通信试验 ················································································· 238

**第 18 章 中断控制及 C51 编程**

18.1 中断的种类 ············································································ 246

18.2 MCS – 51 单片机的中断系统 ·················································· 246

18.3 编写 80C51 单片机中断函数时应严格遵循的规则 ···················· 251

18.4 外中断实验 ············································································ 251

18.5 定时中断实验 ········································································ 254

18.6 简易万年历实例 ······································································ 256

18.7 单片机使用定时器及中断演奏音乐 ············································ 260

18.8 交通灯实验 ············································································ 264

**第 19 章 键盘接口技术及 C51 编程**

19.1 独立式键盘 ············································································ 269

19.2 行列式键盘 ············································································ 270

19.3 独立式键盘接口的编程模式 ······················································ 270

19.4 行列式键盘接口的编程模式 ······················································ 271

19.5 键盘工作方式 ········································································ 271

19.6 独立式键盘输入实验 ································································ 272

19.7 行列式键盘输入实验 ································································ 274

19.8 扫描方式的键盘输入实验 ························································· 277

19.9 定时中断方式的键盘输入实验 ··················································· 280

**第 20 章 LED 显示器接口技术及 C51 编程**

20.1 LED 数码显示器构造及特点 ······················································ 285

20.2 LED 数码显示器显示方法 ······················································· 286

20.3 静态显示实验 ········································································ 288

20.4 慢速扫描动态显示实验 ····························································· 290

20.5 快速扫描动态显示实验 ····························································· 292

20.6 实时时钟实验 ········································································ 293

**第 21 章 I²C 串行接口器件 24C01 及 C51 编程**

21.1 EEPROM AT24CXX 的性能特点 ··············································· 298

21.2 AT24CXX 系列 EEPROM 芯片的寻址 ········································ 301

21.3 写操作方式 ············································································ 302

21.4 读操作方式 ············································································ 303

21.5 读写 AT24C01 的相关功能子函数 ············································· 304

21.6 读写 AT24C01 实验 ································································· 307

21.7 具有断电后记忆定时时间的实时时钟实验 ···································· 313

**第 22 章　16×2 点阵字符液晶模块及 C51 驱动**

22.1　16×2 点阵字符液晶显示器概述 ·········· 328

22.2　液晶显示器的突出优点 ·········· 329

22.3　16×2 字符型液晶显示模块的特性 ·········· 329

22.4　16×2 字符型液晶显示模块的引脚及功能 ·········· 329

22.5　16×2 字符型液晶显示模块的内部结构 ·········· 330

22.6　液晶显示控制驱动集成电路 HD44780 的特点 ·········· 331

22.7　HD44780 的工作原理 ·········· 332

22.8　LCD 控制器的指令 ·········· 336

22.9　LCM 工作时序 ·········· 339

22.10　16×2 点阵字符液晶模块与单片机的连接方式 ·········· 340

22.11　16×2 点阵字符液晶模块及 C51 驱动子函数 ·········· 340

22.12　在 51 MCU DEMO 试验板上实现 16×2LCM 演示程序 1 ·········· 343

22.13　在 51 MCU DEMO 试验板上实现 16×2LCM 演示程序 2 ·········· 348

22.14　设计一个液晶显示的 4 位整数运算计算器 ·········· 353

22.15　液晶显示高精度温度测试仪的设计及实验 ·········· 366

**第 23 章　点阵图形液晶模块及 C51 编程**

23.1　128×64 点阵图形液晶模块的特性 ·········· 381

23.2　128×64 点阵图形液晶模块的引脚及功能 ·········· 381

23.3　128×64 点阵图形液晶模块的内部结构 ·········· 382

23.4　HD61203 的特点 ·········· 384

23.5　HD61202 的特点 ·········· 385

23.6　HD61202 的工作原理 ·········· 386

23.7　HD61202 的工作过程 ·········· 390

23.8　点阵图形液晶模块的控制器指令 ·········· 390

23.9　HD61202 的操作时序图 ·········· 392

23.10　128×64 点阵图形液晶模块与单片机的连接方式 ·········· 393

23.11　128×64 点阵图形液晶模块及 C51 驱动子函数 ·········· 394

23.12　128×64LCM 演示程序 1 ·········· 396

23.13　128×64LCM 演示程序 2 ·········· 405

**第 24 章　AT89S51 看门狗定时器原理及应用**

24.1　看门狗定时器原理 ·········· 420

24.2　看门狗实验:"流水灯"实验 1 ·········· 421

24.3　看门狗实验:"流水灯"实验 2 ·········· 423

**参考文献**

# 第1章

# 概　述

自从出版了《手把手教你学单片机》一书后，由于其教学方式新颖独特，入门难度明显降低，结合边学边练的实训模式，很快有一大批读者入了单片机这扇门；使不少读者从传统的电子技术领域步入了微型计算机领域，进入了一个崭新的天地。

《手把手教你学单片机》一书是以汇编语言为主进行实验讲解的，作为初学者必须基本掌握汇编语言的设计方法，因为汇编语言直接操作计算机的硬件，学习汇编语言对于了解单片机的硬件构造是有帮助的。

从前，汇编语言是单片机工程师进行软件开发的唯一选择，但汇编语言程序的可读性和可移植性较差，采用汇编语言编写单片机应用系统程序的周期长，而且调试和排错也比较困难。许多读者发现，采用汇编语言设计一个大型复杂程序时，可读性较差，往往隔一段时间再看，又要花脑力从头再来。随着社会竞争的日益激烈，开发效率已成为商战制胜的重要法宝之一。

## 1.1　高效率的 C 语言编程

为了提高编制计算机系统和应用程序的效率，改善程序的可读性和可移植性，最好的办法是采用高级语言编程。目前，C 语言逐渐成为国内外开发单片机的主流语言。

C 语言是一种通用的编译型结构化计算机程序设计语言，在国际上十分流行，它兼顾了多种高级语言的特点，并具备汇编语言的功能。它支持当前程序设计中广泛采用的由顶向下的结构化程序设计技术。一般的高级语言难以实现汇编语言对于计算机硬件直接进行操作（如对内存地址的操作、移位操作等）的功能，而 C 语言既具有一般高级语言的特点，又能直接对计算机的硬件进行操作。C 语言有功能丰富的库函数，运算速度快，编译效率高，并且采用 C 语言编写的程序能够很容易地在不同类型的计算机之间进行移植。因此，C 语言的应用范围越来越广泛。

用 C 语言来编写目标系统软件，会大大缩短开发周期，增加软件的可读性，便于改进和扩充,从而研制出规模更大、性能更完备的系统。

因此,用 C 语言进行单片机程序设计是单片机开发与应用的必然趋势。对汇编语言掌握到只要可以读懂程序,在时间要求比较严格的模块中进行程序的优化即可。采用 C 语言进行设计也不必对单片机和硬件接口的结构有很深入的了解,编译器可以自动完成变量存储单元的分配,编程者就可以专注于应用软件部分的设计,大大加快了软件的开发速度。采用 C 语言可以很容易地进行单片机的程序移植工作,有利于产品中的单片机重新选型。

C 语言的模块化程序结构特点,可以使程序模块共享,不断丰富。C 语言可读性的特点,使大家可以更容易地借鉴前人的开发经验,提高自己的软件设计水平。采用 C 语言,可针对单片机常用的接口芯片编制通用的驱动函数,可针对常用的功能模块、算法等编制相应的函数。这些函数经过归纳整理可形成专家库函数,供广大的工程技术人员和单片机爱好者使用和完善,这样可大大提高国内单片机软件设计水平。

过去长时间困扰人们的"高级语言产生代码太长,运行速度太慢,不适合单片机使用"的致命缺点已被大幅度地克服。目前,51 系列单片机的 C 语言代码长度,在未加入人工优化的条件下,已经做到了最优汇编程序水平的 1.2~1.5 倍。可以说,已超过中等程序员的水平。51 系列单片机中,片上 ROM 空间做到 32/64 KB 的比比皆是,代码效率所差的 10%~20%已经不是重要问题。关于执行速度的问题,只要有好仿真器的帮助,用人工优化关键代码就是很简单的事了。至于谈到开发速度、软件质量、结构严谨、程序坚固等方面,则 C 语言的完美绝非是汇编语言编程所能比拟的。

## 1.2　C 语言具有突出的优点

### 1. 语言简洁,使用方便灵活

C 语言是现有程序设计语言中规模最小的语言之一,而小的语言体系往往能设计出较好的程序。C 语言的关键字很少,ANSI C 标准一共只有 32 个关键字,9 种控制语句,压缩了一切不必要的成分。C 语言的书写形式比较自由,表达方法简洁,使用一些简单的方法就可以构造出相当复杂的数据类型和程序结构。

### 2. 可移植性好

用过汇编语言的读者都知道,即使是功能完全相同的一种程序,对于不同的单片机,必须采用不同的汇编语言来编写。这是因为汇编语言完全依赖于单片机硬件。C 语言是通过编译来得到可执行代码的,统计资料表明,不同机器上的 C 语言编译程序 80%的代码是公共的,C 语言的编译程序便于移植,因此在一种单片机上使用的 C 语言程序,可以不加修改或稍加修改即可方便地移植到另一种结构类型的单片机上去。

### 3. 表达能力强

C 语言具有丰富的数据结构类型,可以根据需要采用整型、实型、字符型、数组类型、指针类型、结构类型、联合类型、枚举类型等多种数据类型来实现各种复杂数据结构的运算。C语言还具有多种运算符,灵活使用各种运算符可以实现其他高级语言难以实现的运算。

### 4. 表达方式灵活

利用C语言提供的多种运算符,可以组成各种表达式,还可采用多种方法来获得表达式的值,从而使用户在程序设计中具有更大的灵活性。C语言的语法规则不太严格,程序设计的自由度比较大,程序的书写格式自由灵活。程序主要用小写字母来编写,而小写字母是比较容易阅读的。这些充分体现了C语言灵活、方便和实用的特点。

### 5. 可进行结构化程序设计

C语言是以函数作为程序设计的基本单位的,C语言程序中的函数相当于汇编语言中的子程序。C语言对于输入和输出的处理也是通过函数调用来实现的。各种C语言编译器都会提供一个函数库,其中包含许多标准函数,如各种数学函数、标准输入/输出函数等。此外C语言还具有自定义函数的功能,用户可以根据自己的需要编制满足某种特殊需要的自定义函数。实际上,C语言程序就是由许多个函数组成的,一个函数相当于一个程序模块,因此C语言可以很容易地进行结构化程序设计。

### 6. 可以直接操作计算机硬件

C语言具有直接访问单片机物理地址的能力,可以直接访问片内或片外存储器,还可以进行各种位操作。

### 7. 生成的目标代码质量高

众所周知,汇编语言程序目标代码的效率是最高的,这就是汇编语言仍是编写计算机系统软件的重要工具的原因。但是统计表明,对于同一个问题,用C语言编写的程序生成代码的效率仅比用汇编语言编写的程序低 $10\% \sim 20\%$。目前,世界上最好的51系列单片机的C编译器之一——Keil C51,能够产生形式非常简洁、效率极高的程序代码,在代码质量上可以与汇编语言程序相媲美。

尽管C语言具有很多的优点,但和其他任何一种程序设计语言一样也有其自身的缺点,例如不能自动检查数组的边界,各种运算符的优先级别太多,某些运算符具有多种用途等。但总的来说,C语言的优点远远超过了它的缺点。经验表明,程序设计人员一旦学会使用C语言之后,就会对它爱不释手,尤其是单片机应用系统的程序设计人员更是如此。

针对51系列单片机的C语言编程,俗称C51,其编译器称C51编译器。目前,世界上51单片机中功能最先进、最强大的C编译器之一是德国Keil公司的Keil C51。

# 第**2**章
# 单片机简史及实验器材简介

## 2.1　单片机的发展简史及特点

自从 1945 年世界上第一台电子管数字计算机 ENIAC 在美国宾夕法尼亚大学诞生至今,计算机技术取得了突飞猛进的发展。一方面,计算机向着高速、智能化的巨型超级机方向发展,运算速度已达数十万亿次每秒;另一方面,计算机则向着微型化的方向发展,一个纯单片的微型计算机的体积比人的指甲还小。一个典型的数字计算机系统,应包括运算器、控制器、数据与程序存储器、输入/输出接口四大部分。如果将它们集成在一小块硅片上,就构成了微型单片计算机,简称单片机。

1975 年,美国德州仪器公司(Texas Instruments)的第一个单片机 TMS - 1000问世。迄今为止,仅 30 多年的时间,单片机技术已成为计算机技术的一个重要分支,单片机的应用领域也越来越广泛,特别是在工业自动化控制和仪器仪表智能化中扮演着极其重要的角色。

单片机除了具备一般微型计算机的功能外,还增强实时控制能力,绝大部分单片机的芯片上集成有定时器/计数器,某些增强型单片机还带有 A/D 转换器、D/A 转换器、语音控制、WDT、PWM 等功能部件。单片机结构上的设计主要是面向控制的需要,因此,它在硬件结构、指令系统和 I/O 功能等方面均有独特之处,其显著特点之一就是具有非常有效的控制功能,为此,又称为微控制器 MCU(MicroController Unit)。所以,单片机不但与一般的微处理机一样,是一个有效的数据处理机,而且还是一个功能很强的过程控制机。

随着世界各大半导体厂商竞相研制和开发各种单片机,目前单片机的产品已达数百种系列,上千种型号,就字长而言,发展方向主要是 8 位和 32 位机,4 位机面临陶汰,16 位机形成不了气候。

单片机自诞生以来由于其固有的优点——低成本,小体积,高可靠性,具有高附加值,通过更改软件就可改变控制对象等,已越来越成为电子工程师设计产品时的首选器件之一。过去一个复杂电路才能完成的功能,也许现在用一个纯单片机芯片就能实现。目前,单片机控制系统正以空前的速度取代着经典电子控制系统。单片机的应用开发技术,已成为当代大学生、电子工程师、电子爱好者的必备技能。

## 2.2　单片机 C 语言入门的有效途径

对一个初学单片机 C 语言的人来说,学习的方法和途径非常重要。如果按教科书式的学法,上来就是一大堆语法、名词,学了半天还搞不清起什么作用,能够产生什么实际效果,那么也许用不了几天就会觉得枯燥乏味而半途而废。所以学习与实践相结合是一个好方法,边学习、边演练,这样用不了几次就能将所学的语法、语句理解、吃透、扎根于脑海。

单片机是一门实践性极强的技术,实践与统计表明,如果不花费大量的时间进行实践、实验,那么很少有人能真正掌握单片机技术,光看书不动手,等于是纸上谈兵!因此,《手把手教你学单片机 C 程序设计》主要是通过不断地实践、实战,一步步深入,使读者在无形中"天天有进步,年年有收获"。读者只要将每一章的实验内容做了、理解了、吃透了,那么等到把书学完了再回头看看,读者的能力会提升到一个新的高度,这时就可以快速高效地独立研发产品了。

学单片机切记:实践出真知! 实践,实践,再实践!

目前单片机品种很多,但最具代表性的当属 Intel 公司的 MCS-51 单片机系列。MCS-51 以其典型的结构、完善的总线、SFR(特殊功能寄存器)的集中管理模式、位操作系统和面向控制功能的丰富指令系统,为单片机的发展奠定了良好的基础。凡是学过 MCS-51 单片机的人再去学习其他类型的单片机易如反掌,因此,目前学校的教学及初学者入门学习大多采用 MCS-51 教材。本书的学习内容也是 MCS-51 系列,实验时采用 Atmel 公司的 89S51(也可使用飞利浦公司的 P89C51、华邦公司的 W78E51B、Hyundai 公司的 GMS97C51 等)单片机,89S51 与 Intel 公司的 8031 引脚排列完全一致,内部具有 128 字节 RAM,5 个中断源,32 条 I/O 口线,2 个 16 位定时器,4 KB 可编程快闪存储器(可重复擦写 1000 次,数据保存达 10 年以上),三级程序加密锁定,工作电压 5 V,工作频率 0~33 MHz。

MCS-51 单片机的内部基本结构如图 2.1 所示。

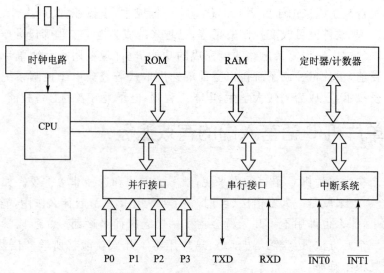

图 2.1 MCS‑51 单片机的内部基本结构

# 2.3 实验器材介绍

初学单片机 C 语言时必须用到的实验器材如下：

① Keil C51 Windows 集成开发环境(已汉化)。

② 51 MCU DEMO 试验板。

③ USBasp 程序下载器。

④ 16×2 字符型液晶显示模组。

⑤ 128×64 点阵图形液晶显示模组。

⑥ 5 V 高稳定专用稳压电源。

⑦ 一台奔腾及以上的家用电脑(PC 机)。

下面简单介绍一下这些实验工具及器材。

## 1. Keil C51 Windows 集成开发环境

Keil C51 是目前世界上最优秀、最强大的 51 单片机开发应用平台之一，它集编辑、编译、仿真于一体，支持汇编、PL/M 语言和 C 语言的程序设计，界面友好，易学易用。它内嵌的仿真调试软件可以让用户采用模拟仿真和实时在线仿真两种方式对目标系统进行开发。软件仿真时，除了可以模拟单片机的 I/O 口、定时器、中断外，甚至可以仿真单片机的串行通信。图 2.2 为 Keil C51 的工作界面。

## 2. 51 MCU DEMO 试验板

51 MCU DEMO 试验板为多功能的 51 单片机开发试验板，对于入门实习特别有效，板上设计了与 PC 机的通信电平转换电路驱动 16×2 字符液晶及 128×64 点

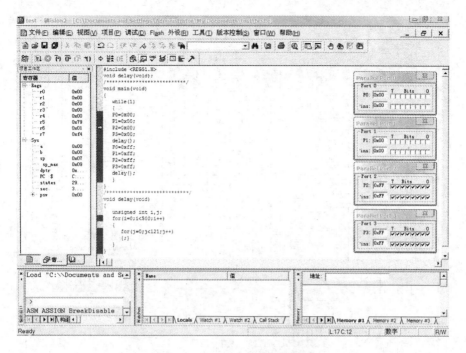

**图 2.2　Keil C51 的工作界面**

阵图形液晶的接口。板上有 8 个 LED 可独立做单片机的输出实验,用发光二极管指示输出(低电平有效)。另外还设有 4 位独立的按键输入进行中断实验。板上还设有音响实验电路。8 位高亮度数码管可做多种用途的实验显示。4×4 行列式键盘(共有 16 个按键)、驱动 16×2 字符液晶及 128×64 点阵图形液晶是该实验板的一大特色,它对于学习设计较高级的智能化应用型产品(如智能化手持医疗仪器、单片机与 PC 机的远程交互通信等)是很有效的。此外板上还设计有 I²C 总线(驱动 24C01/02)、4 位 DIP 拨码开关输入、程序的 ISP 在线下载接口(可省去昂贵的编程器)等。51 MCU DEMO 试验板功能强大,用途广泛,板上标有 89X51/52 系列引脚标准标识及标准引脚引出,便于用户实验时识别及进行扩展使用和仿真器调试。51 MCU DEMO 试验板使用 5 V 稳压电源供电。

　　51 MCU DEMO 试验板的芯片使用可直接在线下载的 AT89S51/52,如果改为 SST 公司的 SST89C58(或 SST89E554RC)做成的仿真芯片,那么 51 MCU DEMO 试验板具有一定的在线仿真功能,而且该仿真芯片将占用 UART 串口及 8 个字节的堆栈空间,与专业的仿真器相比,该仿真芯片容易死机(这也是为什么有些用 SST89C58 或其他替换品制作的仿真器须在硬件上增加一个复位键的原因)。尽管如此,但只要花数十元钱就可以拥有大部分专业仿真器的功能,这使初学者在学习开发单片机时省却了购买价格昂贵的专业仿真器,因此受到广大单片机爱好者的欢迎。

　　图 2.3 为 51 MCU DEMO 试验板电路原理图(使用 Protel99SE 软件打开)。

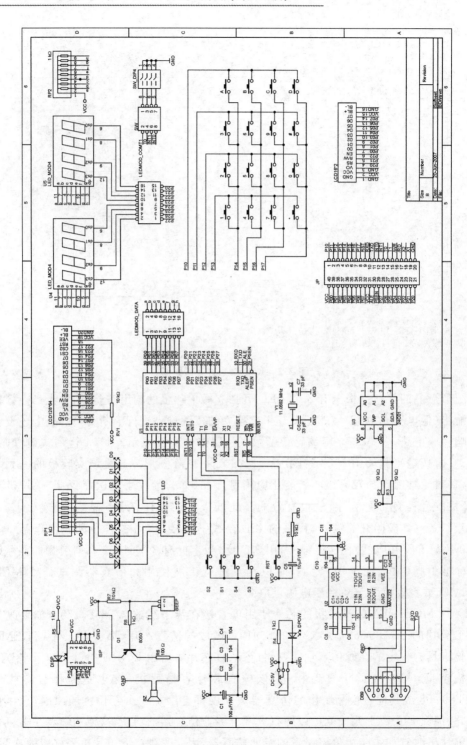

**图 2.3    51 MCU DEMO 试验板电路原理图**

图2.4为51 MCU DEMO试验板的元件排列布局。使用Protel99SE软件打开图2.4的.ddb文件,再打开图2.4的.PCB文件。如需打印,可作以下设置:在菜单栏选择"设计"→"选项",在弹出对话框的Layers选项卡中,将Signal layers下的Toplay及Bottomlay复选框打勾取消,然后单击OK。这样,在主设计窗口中就不会看到顶层和底层铜箔。然后在菜单栏选择"工具"→"优选项"。在弹出的对话框选中Colors选项卡,将Background的颜色值调为233,将Keepout的颜色值调为3,将Top Overlay的颜色值调为3,然后单击OK按钮。这样,在主设计窗口中看到的是黑白的丝网印刷板图,适合打印输出。

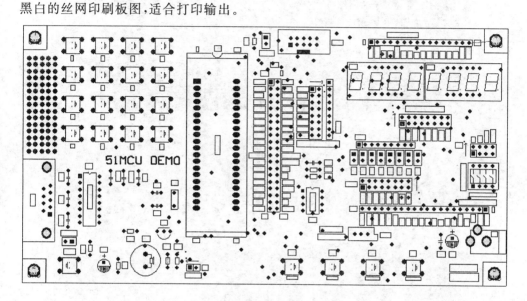

**图2.4　51 MCU DEMO试验板的元件排列布局**

图2.5为51 MCU DEMO试验板外形。

**图2.5　51 MCU DEMO试验板外形**

图 2.6 为 51 MCU DEMO 试验板驱动 16×2 字符液晶外形。

图 2.7 为 51 MCU DEMO 试验板驱动 128×64 点阵图形液晶外形。

图 2.6　51 MCU DEMO 试验板驱动 16×2 字符液晶外形

图 2.7　51 MCU DEMO 试验板驱动 128×64 点阵图形液晶外形

### 3. USBasp 程序下载器

USBasp 程序下载器低价、可靠、实用,支持全系列的 AVR 单片机及 AT89S51/52 单片机。图 2.8 为 USBasp 程序下载器外型。

### 4. 16×2 字符型液晶显示模组(带背光照明)

字符型液晶显示模块是一种专门用于显示字母、数字、符号等的点阵型液晶显示模块。在显示器件的电极图形设计上,它是由若干个 5×7 点阵字符位组成。每一个点阵字符位都可以显示一个字符。点阵字符位之间空有一个点距的间隔起到了字符间距和行距的作用。16×2 字符型液晶显示模组带有背光照明,使显示的字符非常醒目美观。图 2.9 为 16×2 字符型液晶显示模组外形。图 2.10 为 16×2 字符型液晶显示模组与 51 MCU DEMO 试验板连接组成的液晶显示仪器演示效果图。

**图 2.8　USBasp 程序下载器外型**　　　　**图 2.9　16×2 字符型液晶显示模组外形**

**图 2.10　16×2 字符型液晶显示模组与 51 MCU DEMO 试验板演示效果图**

## 5. 128×64 点阵图形液晶显示模组(带背光照明)

图形液晶显示模块是一种用于显示字母、数字、符号及动画图像等的点阵型液晶显示模块。与字符型液晶显示模组的区别是:字符型液晶显示模组的点阵字符位之间空有一个点距的间隔,起到了字符间距和行距的作用,因此只能显示不连续的字符;而图形液晶显示模块的点像素是连续排列无间隔,可显示不间断的符号、图像等,因此用途更广泛(如用作手机显示屏、手持式液晶示波器等)。图 2.11 为 128×64

**图 2.11　128×64 点阵图形
液晶显示模组外形**

点阵图形液晶显示模组外形。128×64 点阵图形液晶显示模组与 51 MCU DEMO 试验板连接组成的演示效果见图 2.12。

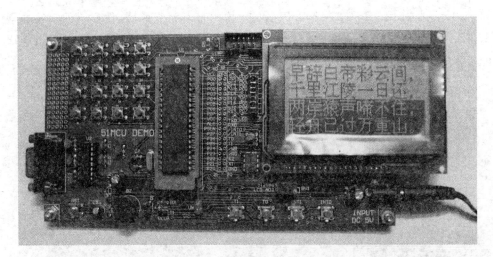

**图 2.12　128×64 点阵图形液晶显示模组与 51 MCU DEMO 试验板演示效果图**

### 6. 5 V 高稳定专用稳压电源

　　5 V 高稳定专用稳压电源使用了集成稳压器,可输出纹波系数很小、非常纯净的直流电压,输出电流达 500 mA 以上。

# 第**3**章

# Keil C51 集成开发环境及并口 下载软件介绍

一个单片机应用系统，它的硬件电路设计完成后，接着便是软件编写及仿真调试。这里先介绍一下 Keil C51 集成开发环境软件及并口下载软件 DownloadMcu 的使用方法。

## 3.1 Keil C51 集成开发平台安装

读者可通过网上下载（见光盘说明）的方式获得 Keil C51 文件，将 Keil C51 软件安装程序复制到硬盘的一个自建文件夹中（如 K51）。然后双击 Setup. exe 进行安装，在提示选择 Eval 或 Full 方式时，选择 Eval 方式安装，不需注册码，但有 2 KB 大小的代码限制。如用户购买了完全版的 Keil C51 软件（或通过其他途径得到），则选择 Full 方式安装，代码量无限制。安装结束后，如果用户想在中文环境使用，可安装 Keil C51 汉化软件（也可通过网络下载获得），双击 KEIL707 应用程序进行安装，安装完成后在桌面上会出现 Keil $\mu$Vision2（汉化版）图标。双击该图标便可启动程序，启动后的主界面如图 3.1 所示。

Keil C51 集成开发环境主要由菜单栏（见图 3.2）、工具栏（见图 3.3）、源文件编辑窗口、工程窗口和输出窗口 5 部分组成。工具栏为一组快捷工具图标，主要包括基本文件工具栏、建造工具栏和调试工具栏。基本文件工具栏包括新建、打开、复制、粘贴等基本操作。建造工具栏主要包括文件编译、目标文件编译连接、所有目标文件编译连接、目标选项和一个目标选择窗口。调试工具栏位于最后，主要包括一些仿真调试源程序的基本操作，如单步、复位、全速运行等。在工具栏下面，默认有 3 个窗口。左边的工程窗口包含一个工程的目标（target）、组（group）和项目文件。右边的为源文件编辑窗口，编辑窗口实质上就是一个文件编辑器，用户可以在这里对源文件进行编辑、修改、粘贴等。下边的为输出窗口，源文件编译之后的结果会显示在输出窗口中，出现通过或错误（包括错误类型及行号）的提示。如果通过则会生成"HEX"格式的目标文件,用于仿真或烧录芯片。

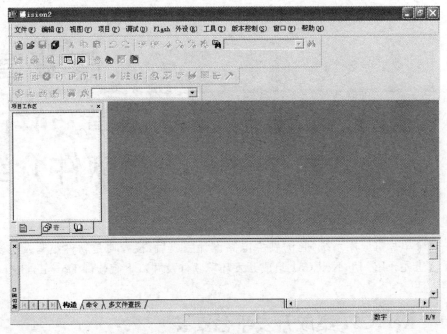

图 3.1    Keil C51 启动后主界面

图 3.2    Keil C51 菜单栏

图 3.3    Keil C51 工具栏

MCS - 51 单片机软件 Keil C51 开发过程为:

① 建立一个工程项目,选择芯片,确定选项。

② 建立汇编源文件或 C 源文件。

③ 用项目管理器生成各种应用文件。

④ 检查并修改源文件中的错误。

⑤ 编译连接通过后进行软件模拟仿真或硬件在线仿真。

⑥ 编程操作。

⑦ 应用。

## 3.2　USBasp 程序下载软件的安装

（1）将配套软件中的"USBasp 下载器的配套软件"文件夹复制到计算机硬盘上（例如复制到 D 盘上）。

（2）用 USB 电缆，一端（方口）插 USB 下载器，另一端（扁口）插计算机的 USB 口。计算机会出现"发现新硬件"的提示（见图 3-4）。

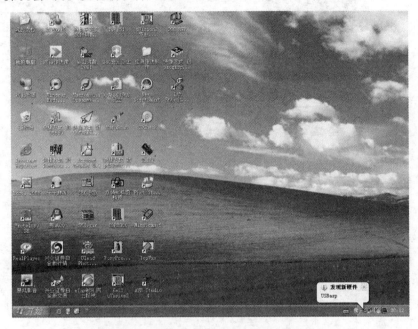

图 3-4　计算机会出现"发现新硬件"的提示

（3）随后出现"找到新的硬件向导"的界面（见图 3-5）。

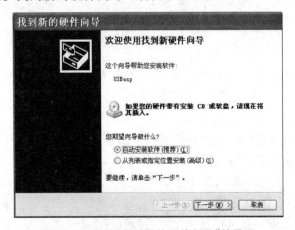

图 3-5　出现"找到新的硬件向导"的界面

(4) 我们选择"从列表或指定位置安装(高级)(S)"(见图 3 - 6)。

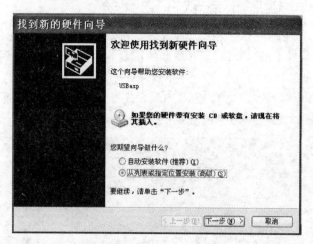

图 3 - 6  选择"从列表或指定位置安装(高级)(S)"

(5) 使用"浏览"按键找到刚才复制到硬盘的"USBasp 下载器的配套软件\USBasp 驱动",然后单击"下一步"(见图 3 - 7)。

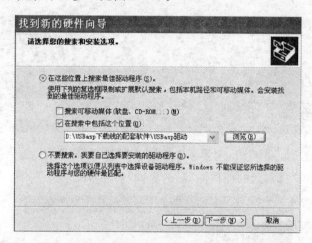

图 3 - 7  找到刚才复制到硬盘的"**USBasp** 下载器的
配套软件\**USBasp** 驱动"

(6) 计算机会去寻找 USBasp 驱动文件(见图 3 - 8)。

(7) 找到"USBasp 驱动"文件夹后,打开它,选中"libusb0. sys"文件(见图 3 - 9)。然后单击"确定"(见图 3 - 10)。

(8) 计算机进行 USB 驱动程序的安装(见图 3 - 11)。

(9) USB 驱动程序安装完毕后,单击"完成"(见图 3 - 12),并且在桌面的右下方也会出现"新硬件已安装并可以使用了"的提示(见图 3 - 13)。

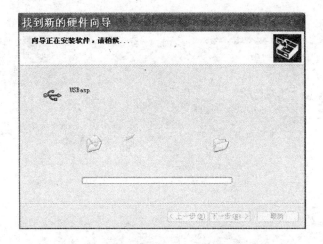

图3-8　计算机会去寻找USBasp驱动文件

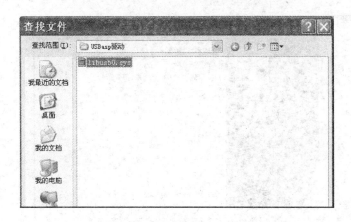

图3-9　选中"libusb0. sys"文件

图3-10　然后单击"确定"

（10）打开"USBasp下载器的配套软件\USBasp下载软件"，双击"progisp. exe"
图标，出现图3-14所示的PROGISP下载软件界面。为了方便以后的使用，我们也
可右击"progisp. exe"图标，然后在桌面上生成一个快捷图标。

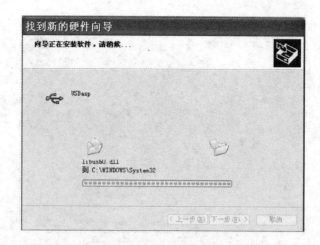

图 3 - 11 计算机进行 USB 驱动程序的安装

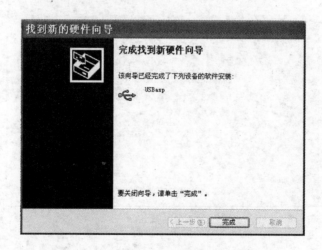

图 3 - 12 USB 驱动程序安装完毕后,单击"完成"

(11) 在打开的 PROGISP 下载软件界面中,"编程器及接口"栏:选择"USBASP"和"usb";"选择芯片"栏:可根据要求选择。例如,如果使用 AT89S51,就选择"AT89S51"。

如果使用 ATmega16,就选择"ATmega16"。对于 AVR 单片机,还可进行熔丝位的写入。

(12) 将 10 芯的扁平编程电缆,一端插 USB 下载器的 10 芯座,另一端插实验板的 ISP 下载口。如果实验板上单片机的晶振频率小于 1.5 MHz,则必须用一个短路块插到 USB 下载器的 10 芯座右侧的双芯针上(见图 3 - 15),使 USB 下载器能适应实验板上单片机较低的频率。当然,如果实验板上单片机的晶振频率大于1.5 MHz,则应该撤下短路块,这样可以达到最快的下载速度。

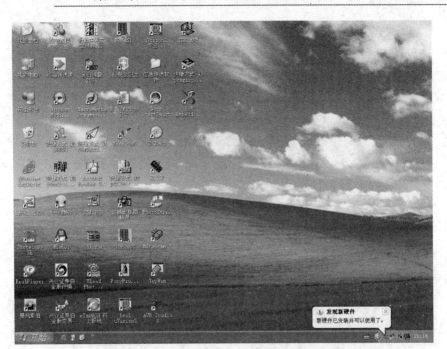

**图 3-13**　桌面的右下方也会出现"新硬件已安装并可以使用了"的提示

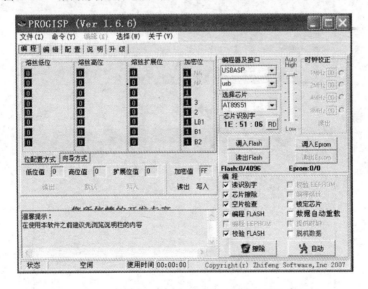

**图 3-14**　双击"progisp. exe"图标,出现下载软件界面

　　这里以 AT89S51 为例。选择好芯片后,单击"调入 Flash",找到需要烧写的 hex 文件。编程栏:在"读识别字"、"芯片擦除"、"空片检查"、"编程 FLASH"、"校验 FLASH"前勾选。单击"自动"进行编程(见图 3-16)。

　　(13)编程成功则会出现"Successfully done"的成功提示(见图 3-17)。

图 3-15 用一个短路块插到 USB 下载器的 10 芯座右侧的双芯针上

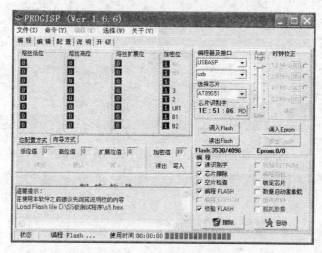

图 3-16 单击"自动"进行编程

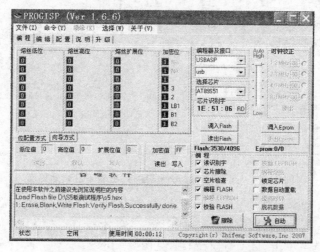

图 3-17 出现"Successfully done"的成功提示

# 第 **4** 章

# 单片机基本知识及第一个 **C51** 程序

　　虽说用 C 语言编程不必对单片机的硬件结构有深入了解,但是了解一些单片机的硬件基本结构,有助于用户编写出高效紧凑的代码。

## 4.1　MCS - 51 单片机的基本结构

　　单片机的基本结构组成中包含中央处理器 CPU、程序存储器、数据存储器、输入/输出接口部件、地址总线、数据总线和控制总线等。MCS - 51 单片机的典型芯片是 80C51,其特性与本书采用的 AT89S51/52 完全相同。这里以 80C51 为例简介一下单片机的基本知识。80C51 的结构框图如图 4.1 所示。

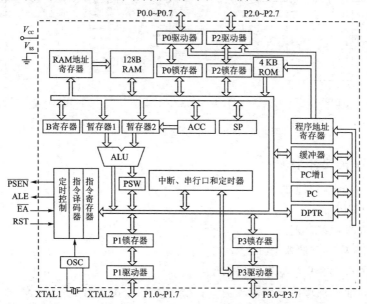

图 4.1　80C51 的结构框图

# 4.2 80C51 的基本特征及引脚定义

　　80C51 是一个 8 位(数据线是 8 位)单片机,片内有 128 B RAM 及 4 KB ROM。中央处理器单元完成运算和控制功能。内部数据存储器共 256 个单元,访问它们的地址是 00H~FFH,其中用户使用前 128 个单元(00H~7FH),后 128 个单元被专用寄存器占用。内部的 2 个 16 位定时器/计数器用作定时或计数,并可用定时或计数的结果实现控制功能。80C51 有 4 个 8 位并行口(P0、P1、P2、P3),用于实现地址输出及数据输入/输出。片内还有一个时钟振荡器,外部只需接入石英晶体即可振荡。

　　80C51 采用 40 引脚双列直插式封装(DIP)方式,图 4.2 为引脚排列及逻辑符号。

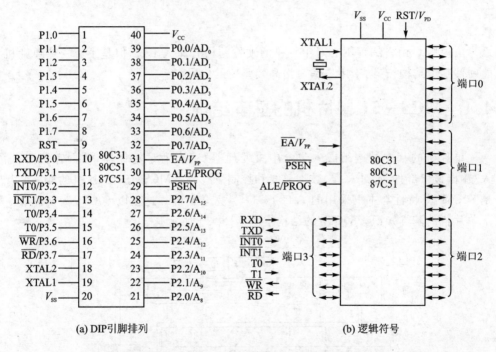

(a) DIP引脚排列　　　　　　　　　　　　　　(b) 逻辑符号

**图 4.2　80C51 的引脚排列及逻辑符号**

## 1. 80C51 的基本特征

　　80C51 的基本特征如下:

- 8 位 CPU。
- 片内时钟振荡器。
- 4 KB 程序存储器 ROM。
- 片内有 128 B 数据存储器 RAM。
- 可寻址外部程序存储器和数据存储器空间各 64 KB。
- 21 个特殊功能寄存器 SFR。

- 4 个 8 位并行 I/O 口,共 32 根 I/O 线。
- 1 个全双工串行口。
- 2 个 16 位定时器/计数器。
- 5 个中断源,有 2 个优先级。
- 具有位寻址功能,适用于位(布尔)处理。

### 2. 80C51 的引脚定义及功能

#### (1) 主电源引脚 $V_{CC}$ 和 $V_{SS}$

$V_{CC}$:电源端。工作电源和编程校验($+5$ V)。

$V_{SS}$:接地端。

#### (2) 时钟振荡电路引脚 XTAL1 和 XTAL2

XTAL1 和 XTAL2 分别用作晶体振荡电路的反相器输入和输出端。在使用内部振荡电路时,这两个端子用来外接石英晶体,振荡频率为晶振频率,振荡信号送至内部时钟电路,产生时钟脉冲信号;若采用外部振荡电路,则 XTAL2 用于输入外部振荡脉冲,该信号直接送至内部时钟电路,而 XTAL1 必须接地。

#### (3) 控制信号引脚 RST/$V_{PD}$、ALE/$\overline{PROG}$、$\overline{PSEN}$ 和 $\overline{EA}$/$V_{PP}$

RST/$V_{PD}$:RST 为复位信号输入端。当 RST 端保持两个机器周期(24 个时钟周期)以上的高电平时,使单片机完成复位操作。第二功能 $V_{PD}$ 为内部 RAM 的备用电源输入端。当主电源 $V_{CC}$ 一旦发生断电(称掉电或失电),降到一定低电压值时,可通过 $V_{PD}$ 为单片机的内部 RAM 提供电源,以保护片内 RAM 中的信息不丢失,使上电后能继续正常运行。

ALE/$\overline{PROG}$:ALE 为地址锁存允许信号。在访问外部存储器时,ALE 用来锁存 P0 扩展地址低 8 位的地址信号。在不访问外部存储器时,ALE 以时钟振荡频率 1/6 的固定速率输出,因而它又可用作外部定时或其他需要。但是,在遇到访问外部数据存储器时,会丢失一个 ALE 脉冲。ALE 能驱动 8 个 LSTTL 门输入。第二功能 $\overline{PROG}$ 是对内部 ROM 编程时的编程脉冲输入端。

$\overline{PSEN}$:外部程序存储器 ROM 的读选通信号。当访问外部 ROM 时,$\overline{PSEN}$ 产生负脉冲作为外部 ROM 的选通信号。而在访问外部数据 RAM 或片内 ROM 时,不会产生有效的 $\overline{PSEN}$ 信号。$\overline{PSEN}$ 可驱动 8 个 LSTTL 门输入端。

$\overline{EA}$/$V_{PP}$:访问外部程序存储器控制信号。对于 80C51 而言,它们的片内有 4 KB 的程序存储器,当 $\overline{EA}$ 为高电平时,CPU 访问程序存储器有两种情况:第一种情况是,访问的地址空间范围为 0～4K,CPU 访问片内程序存储器;第二种情况是,访问的地址超出 4K 时,CPU 将自动执行外部程序存储器的程序,即访问外部 ROM。当 $\overline{EA}$ 接地时,只能访问外部 ROM。第二功能 $V_{PP}$ 为编程电源输入。

#### (4) 4 个 8 位 I/O 端口 P0、P1、P2 和 P3

P0 口(P0.0～P0.7)是一个 8 位漏极开路型的双向 I/O 口。第二功能是在访问外部存储器时,分时提供低8位地址线和8位双向数据总线。在对片内ROM进行编程和校验时,P0口用于数据的输入和输出。

P1口(P1.0～P1.7)是一个内部带提升电阻的准双向I/O口。在对片内ROM编程和校验时,P1用于接收低8位地址。

P2口(P2.0～P2.7)是一个内部带提升电阻的8位准双向I/O口。第二功能是在访问外部存储器时,输出高8位地址。在对片内ROM进行编程和校验时,P2口用作接收高8位地址和控制信号。

P3口(P3.0～P3.7)是一个内部带提升电阻的8位准双向I/O口。在系统中,这8个引脚都有各自的第二功能,如表4.1所列。

表4.1　P3口的第二功能

| P3口各引脚 | 第二功能 | P3口各引脚 | 第二功能 |
|---|---|---|---|
| P3.0 | RXD(串行口输入) | P3.4 | T0(定时器/计数器的外部输入) |
| P3.1 | TXD(串行口输出) | P3.5 | T1(定时器/计数器的外部输入) |
| P3.2 | $\overline{INT0}$(外部中断0输入) | P3.6 | $\overline{WR}$(片外数据存储器写选通控制输出) |
| P3.3 | $\overline{INT1}$(外部中断1输入) | P3.7 | $\overline{RD}$(片外数据存储器读选通控制输出) |

各端口的负载能力:P0口的每一位能驱动8个LSTTL门输入端,P1～P3口的每一位能驱动3个LSTTL门输入端。

## 4.3　80C51的内部结构

### 1. 中央处理单元

中央处理器CPU是单片机中的核心部分,由控制器和运算器组成。运算器包含算术逻辑部件(ALU)、控制器、寄存器B、累加器A、程序计数器PC、程序状态字寄存器PSW、堆栈指针SP、数据指针寄存器DPTR以及逻辑运算部件等。控制器包括指令寄存器、指令译码器、控制逻辑阵列等。算术逻辑部件(ALU)功能是完成算术运算和逻辑运算,算术运算包括加法、减法、加1、减1等操作。逻辑运算包括"与"、"或"、"异或"等操作。AUL还有一些直接按位操作功能,如置位、清零、求补、条件判转、逻辑"与"、"或"等。在需按位运算时,位操作指令提供了把逻辑等式直接变换成软件的简单明了的方法。

控制器的功能是按时间顺序协调各部分的工作,在控制器的控制下,单片机可对指令进行读取、译码,形成各种操作动作,使各个部件之间能协调工作。

程序计数器PC是专门用来控制指令执行顺序的一个寄存器,可以放16位二进制数码,用来存放指令在内存中的地址。当一个地址码被取出后,PC会自动加1,做好取下一个指令地址码的准备工作。

累加器 A 是 8 位寄存器,它和算术逻辑部件 ALU 一起完成各种算术逻辑运算,既可以存放运算前的原始数据,又可以存放运算的结果,它是使用最为频繁的一个器件。

寄存器 B 是一个 8 位寄存器,用于乘除法运算。乘法运算时,B 是一个操作数,积存于 AB 中。除法运算时,A 是被除数,B 是除数,其商存于 A,余数存于 B。

程序状态字 PSW 是一个 8 位寄存器,这是一个非常重要的标志寄存器,用来保存指令执行结果的标志,供程序查询和判别。在 PSW 的 8 位中有 7 个标志位,格式如下:

| 7 | 6 | 5 | 4 | 3 | 2 | 1 | 0 |
|---|---|---|---|---|---|---|---|
| CY | AC | F0 | RS1 | RS0 | OV | — | P |

P:这是 PSW 的第 0 位,它是累加器 A 的奇偶标志位。P=1 表示累加器 A 中的数为奇数,P=0 为偶数。

OV:这是 PSW 的第 2 位,称 OV 为溢出标志,对于带符号的数,在操作时,OV=1 表示有溢出,OV=0 表示无溢出。

F0:用户定义的标志位。可作为软件标志,可通过软件对其进行置位/复位或测试,以控制程序的转移。

AC:辅助进位(半进位)标志。是低 4 位向高 4 位进位或借位标志,当 D3 向 D4 位进位,AC 被置 1,否则被清零。BCD 码调整时,也用到 AC。

CY:进位标志。在最高位有进位(做加法运算时)或有借位(做减法运算时),CY=1,否则 CY=0。

RS1、RS0:寄存器组选择位,可由软件设置,这是 PSW 中的第 4 位和第 3 位,用来指示当前使用的工作寄存器区。片内工作寄存器共有 4×8=32 个,这 32 个寄存器的地址编号 00H～1FH,分成 4 个区,每区 8 个寄存器都用 R0～R7 来标称。当前使用到的工作寄存器区,可由 PSW 中的 RS1、RS0 位指示出来,如表 4.2 所列。

数据指针(DPTR)是一个 16 位寄存器,可分为 DPH、DPL 高低两个字节,在访问外部数据存储器时,用 DPTR 作为地址指针。

## 2. 并行 I/O 口

80C51 的 32 根 I/O 线分为 4 个双向并行口 P0～P3,每一根 I/O 线都能独立地用作输入或输出。每一根 I/O 线均包含锁存器、输出驱动器和输入缓冲器(三态门)。

P0 口受内部控制信号的控制,可分别切换地址/数据总线、I/O 口两种工作状态。

P1 口只有 I/O 口一种工作状态。

P2 口受内部控制信号的控制,可以有地址总线、I/O 口两种工作状态。

表 4.2  寄存器组选择

| 寄存器 | 0 区 | | 1 区 | | 2 区 | | 3 区 | |
|---|---|---|---|---|---|---|---|---|
| | RS1 | RS0 | RS1 | RS0 | RS1 | RS0 | RS1 | RS0 |
| | 0 | 0 | 0 | 1 | 1 | 0 | 1 | 1 |
| R0 | 00H | | 08H | | 10H | | 18H | |
| R1 | 01H | | 09H | | 11H | | 19H | |
| R2 | 02H | | 0AH | | 12H | | 1AH | |
| R3 | 03H | | 0BH | | 13H | | 1BH | |
| R4 | 04H | | 0CH | | 14H | | 1CH | |
| R5 | 05H | | 0DH | | 15H | | 1DH | |
| R6 | 06H | | 0EH | | 16H | | 1EH | |
| R7 | 07H | | 0FH | | 17H | | 1FH | |

P3 口除了用作一般 I/O 口外,每一根线都可执行与 I/O 口功能无关的第二种输入/输出功能。

### 3. 串行 I/O 口

80C51 有串行口,通过异步通信方式(UART),与串行传送信息的外部设备相连接,或用于通过标准异步通信协议进行全双工通信。

### 4. 定时器/计数器

80C51 内的可编程定时器/计数器,由控制位 C/T 来选择其功能。作为定时器时,每个机器周期加 1(计数频率为时钟频率的 1/12);作为计数器时,对应外部事件脉冲的负沿加 1(最高计数频率为时钟频率的 1/24)。

### 5. 时  钟

80C51 内部有晶振感抗振荡器。外接石英晶体形成谐振回路,产生时钟信号。若用外部时钟源,XTAL1 接地,XTAL2 接外部时钟。片内时钟发生器将振荡器信号二分频,为芯片提供 2 相时钟信号。一个机器周期由 6 个时钟状态组成,每个时钟状态又由 2 个振荡脉冲组成,因此一个机器周期包括 12 个振荡脉冲。

## 4.4  80C51 的存储器配置和寄存器

MCS - 51 系列单片机片内集成有一定数量的程序存储器和数据存储器。对于 80C51 来说,片内有 256 B 数据存储器及 4 KB 程序存储器。应用时如内部存储器不够可扩展外部存储器,内外存储器寻址空间的配置如图 4.3 所示。

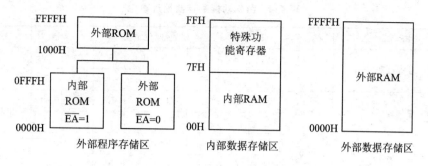

图 4.3　内外存储器寻址空间的配置

## 1. 程序存储器

程序存储器用于存放编写好的程序或常数,$\overline{EA}$引脚接高电平,即可从内部程序存储器中(4 KB 中)读取指令,超过 4 KB 后,CPU 自动转向外部 ROM 执行程序。$\overline{EA}$引脚接低电平,则所有的读取指令操作均在外部 ROM 中。

程序存储器的寻址空间为 64 KB,其中有 7 个单元具有特殊功能(中断入口地址),如表 4.3 所列。

表 4.3　中断入口地址

| 地　址 | 事件名称 | 地　址 | 事件名称 |
|--------|----------|--------|----------|
| 0000H | 系统复位 | 0013H | 外部中断 1 |
| 0003H | 外部中断 0 | 001BH | 定时器 1 溢出中断 |
| 000BH | 定时器 0 溢出中断 | 0023H | 串行口中断 |

80C51 被复位后,程序计数器 PC 的内容为 0000H,因此系统必须从 0000H 单元开始取指令执行程序。一般在该单元中存入一条跳转指令,而用户设计的程序从跳转后的地址开始安放。

## 2. 内部数据存储器

数据存储器分为外部数据存储器和内部数据存储器。80C51 的内部数据存储器分成 2 块:00H～7FH 和 80H～FFH。后 128 字节用于特殊功能寄存器(SFR)空间,21 个特殊功能寄存器离散地分布在 80H～FFH 地址空间内(见表 4.4)。数据存储器的地址空间分布如图 4.4 所示。

表 4.4  特殊功能寄存器地址映像

| SFR 名称 | 符　号 | $D_7$ | | | 位地址/位定义 | | | | $D_0$ | 字节地址 |
|---|---|---|---|---|---|---|---|---|---|---|
| B 寄存器 | B | F7 | F6 | F5 | F4 | F3 | F2 | F1 | F0 | (F0H) |
| 累加器 A | ACC | E7 | E6 | E5 | E4 | E3 | E2 | E1 | E0 | (E0H) |
| 程序状态字 | PSW | $D_7$ | $D_6$ | $D_5$ | $D_4$ | $D_3$ | $D_2$ | $D_1$ | $D_0$ | (D0H) |
| | | Cy | AC | F0 | RS1 | RS0 | OV | | P | |
| 中断优先级控制 | LP | BF | BE | BD | BC | BB | BA | B9 | B8 | (B8H) |
| | | | | | PS | PT1 | PX1 | PT0 | PX0 | |
| I/O 端口 3 | P3 | B7 | B6 | B5 | B4 | B3 | B2 | B1 | B0 | (B0H) |
| | | P3.7 | P3.6 | P3.5 | P3.4 | P3.3 | P3.2 | P3.1 | P3.0 | |
| 中断允许控制 | IE | AF | AE | AD | AC | AB | AA | Λ9 | Λ8 | (A8H) |
| | | EA | | | ES | ET1 | EX1 | ET0 | EX0 | |
| I/O 端口 2 | P2 | A7 | A6 | A5 | A4 | A3 | A2 | A1 | A0 | (A0H) |
| | | P2.7 | P2.6 | P2.5 | P2.4 | P2.3 | P2.2 | P2.1 | P2.0 | |
| 串行数据缓冲 | SBUF | | | | | | | | | 99H |
| 串行控制 | SCON | 9F | 9E | 9D | 9C | 9B | 9A | 99 | 98 | (98H) |
| | | SM0 | SM1 | SM2 | REN | TB8 | RB8 | TI | RI | |
| I/O 端口 1 | P1 | 97 | 96 | 95 | 94 | 93 | 92 | 91 | 90 | (90H) |
| | | P1.7 | P1.6 | P1.5 | P1.4 | P1.3 | P1.2 | P1.1 | P1.0 | |
| 定时器/计数器 1(高字节) | TH1 | | | | | | | | | 8DH |
| 定时器/计数器 0(高字节) | TH0 | | | | | | | | | 8CH |
| 定时器/计数器 1(低字节) | TL1 | | | | | | | | | 8BH |
| 定时器/计数器 0(低字节) | TL0 | | | | | | | | | 8AH |
| 定时器/计数器方式选择 | TMOD | GATE | C/$\overline{\text{T}}$ | M1 | M0 | GATE | C/$\overline{\text{T}}$ | M1 | M0 | 89H |
| 定时器/计数器控制 | TCON | 8F | 8E | 8D | 8C | 8B | 8A | 89 | 88 | (88H) |
| | | TF1 | TR1 | TF0 | TR0 | IE1 | IT1 | IE0 | IT0 | |
| 电源控制及波特率选择 | PCON | SMOD | | | | GF1 | GF0 | PD | IDL | 87H |
| 数据指针高字节 | DPH | | | | | | | | | 83H |
| 数据指针低字节 | DPL | | | | | | | | | 82H |
| 堆栈指针 | SP | | | | | | | | | 81H |
| I/O 端口 0 | P0 | 87 | 86 | 85 | 84 | 83 | 82 | 81 | 80 | (80H) |
| | | P0.7 | P0.6 | P0.5 | P0.4 | P0.3 | P0.2 | P0.1 | P0.0 | |

注：带括号的字节地址表示具有位地址。

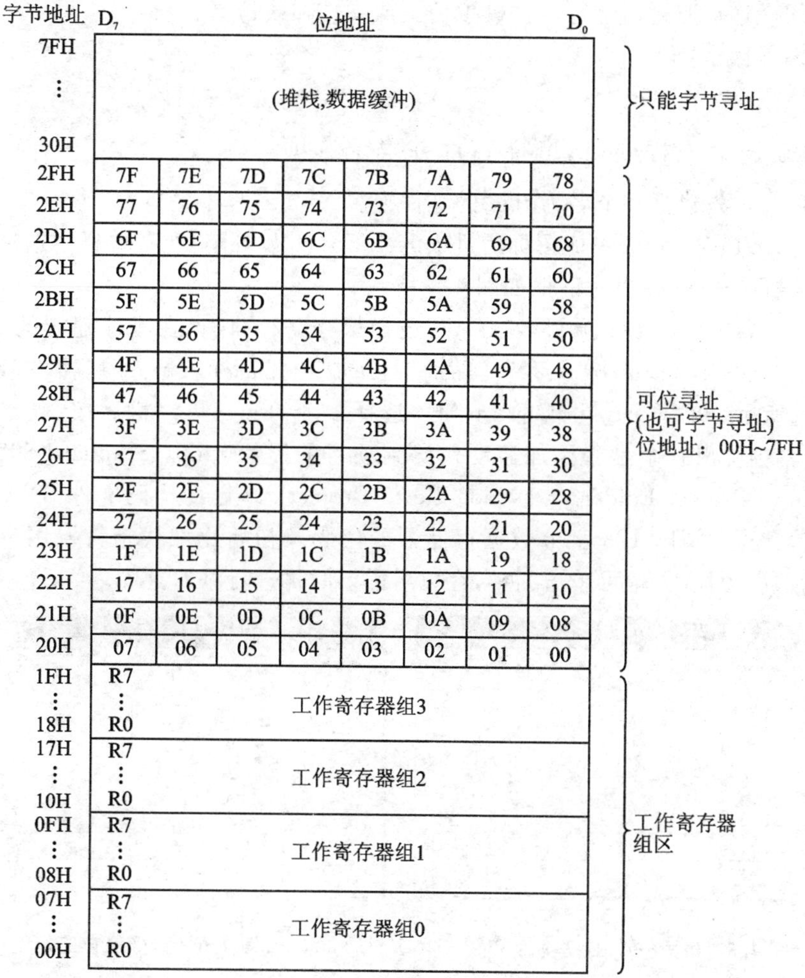

| 字节地址 | D₇ |  |  | 位地址 |  |  | D₀ |  |  |
|---|---|---|---|---|---|---|---|---|---|
| 7FH |  |  |  |  |  |  |  |  | 只能字节寻址 |
| ⋮ |  |  |  | (堆栈,数据缓冲) |  |  |  |  |  |
| 30H |  |  |  |  |  |  |  |  |  |
| 2FH | 7F | 7E | 7D | 7C | 7B | 7A | 79 | 78 |  |
| 2EH | 77 | 76 | 75 | 74 | 73 | 72 | 71 | 70 |  |
| 2DH | 6F | 6E | 6D | 6C | 6B | 6A | 69 | 68 |  |
| 2CH | 67 | 66 | 65 | 64 | 63 | 62 | 61 | 60 |  |
| 2BH | 5F | 5E | 5D | 5C | 5B | 5A | 59 | 58 |  |
| 2AH | 57 | 56 | 55 | 54 | 53 | 52 | 51 | 50 |  |
| 29H | 4F | 4E | 4D | 4C | 4B | 4A | 49 | 48 |  |
| 28H | 47 | 46 | 45 | 44 | 43 | 42 | 41 | 40 | 可位寻址 |
| 27H | 3F | 3E | 3D | 3C | 3B | 3A | 39 | 38 | (也可字节寻址) |
| 26H | 37 | 36 | 35 | 34 | 33 | 32 | 31 | 30 | 位地址：00H~7FH |
| 25H | 2F | 2E | 2D | 2C | 2B | 2A | 29 | 28 |  |
| 24H | 27 | 26 | 25 | 24 | 23 | 22 | 21 | 20 |  |
| 23H | 1F | 1E | 1D | 1C | 1B | 1A | 19 | 18 |  |
| 22H | 17 | 16 | 15 | 14 | 13 | 12 | 11 | 10 |  |
| 21H | 0F | 0E | 0D | 0C | 0B | 0A | 09 | 08 |  |
| 20H | 07 | 06 | 05 | 04 | 03 | 02 | 01 | 00 |  |
| 1FH | R7 |  |  |  |  |  |  |  |  |
| ⋮ | ⋮ |  |  | 工作寄存器组3 |  |  |  |  |  |
| 18H | R0 |  |  |  |  |  |  |  |  |
| 17H | R7 |  |  |  |  |  |  |  |  |
| ⋮ | ⋮ |  |  | 工作寄存器组2 |  |  |  |  |  |
| 10H | R0 |  |  |  |  |  |  |  |  |
| 0FH | R7 |  |  |  |  |  |  |  |  |
| ⋮ | ⋮ |  |  | 工作寄存器组1 |  |  |  |  | 工作寄存器 组区 |
| 08H | R0 |  |  |  |  |  |  |  |  |
| 07H | R7 |  |  |  |  |  |  |  |  |
| ⋮ | ⋮ |  |  | 工作寄存器组0 |  |  |  |  |  |
| 00H | R0 |  |  |  |  |  |  |  |  |

图 4.4　数据存储器的地址空间分布

# 4.5　第一个 C51 演示程序及效果

　　一个单片机应用系统,它的硬件电路设计完成后,接着便是软件编写及仿真调试,现在就来做第一个单片机的 C 语言入门程序。只要第一个入门程序做好了能成功运行,用户必然会信心大增,因此,用户要仔细按下面的步骤进行操作。

　　这里再重复一下,MCS-51 单片机软件 Keil C51 开发过程为:

　　① 建立一个工程项目,选择芯片,确定选项。

　　② 建立汇编源文件或 C 源文件。

　　③ 用项目管理器生成各种应用文件。

　　④ 检查并修改源文件中的错误。

⑤ 编译连接通过后进行软件模拟仿真或硬件在线仿真。

⑥ 编程操作。

⑦ 应用。

## 1. 建立一个工程项目,选择芯片并确定选项

在 D 盘中先建立一个名为 test 的文件夹。

双击 Keil μVision2 快捷图标后进入 Keil C51 开发环境,在菜单栏中选择"项目"→"新建项目"选项,弹出对话框如图 4.5 所示。

在文件名中输入一个项目名"test",选择保存路径(保存在刚才建立的 D:\test 文件夹中,见图 4.6),单击"保存"。随后弹出的"选择目标'target 1'器件"对话框,如图 4.7 所示。单击 Atmel 前的"+"号,选择"AT89S51"单片机后按"确定"按钮。这时,屏幕会弹出一个是否添加启动代码到项目的提示(Copy Standard 8051 Startup Code to Project Folder and Add File to Project?),启动代码文件 STARTUP. A51 中包含用于清除 128 字节数据存储器的代码及初始化堆栈指针。用户可单击"是",添加启动代码,也可单击"否",在以后需要时再进行添加。

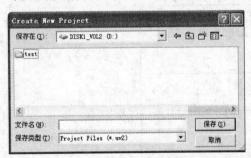

图 4.5 建立一个工程项目

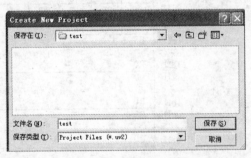

图 4.6 选择保存路径

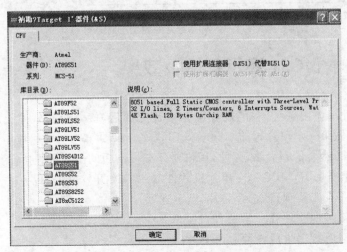

图 4.7 选择单片机后按确定

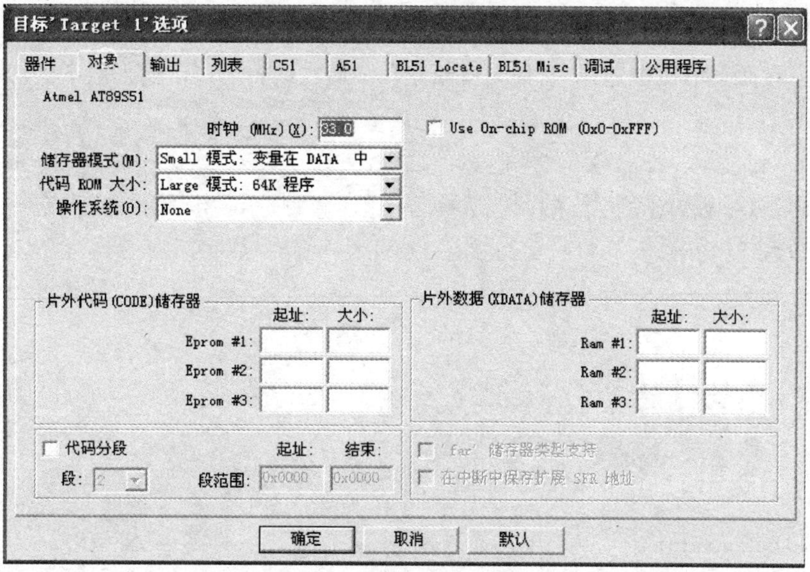

**图 4.8　选择"对象"页面**

选择主菜单栏中的"项目"→"目标'Target 1'选项",出现如图 4.8 所示的对话框。选择"对象"页面,时钟(MHz)栏为试验板的晶振频率,默认为 33 MHz,本书试验板的晶振频率为 11.0592 MHz,因此要将 33.0 改为 11.0592。然后选择"输出"页面,将"生成 HEX 文件"复选框选中,如图 4.9 所示。其他采用默认设置,然后单击"确定"按钮。

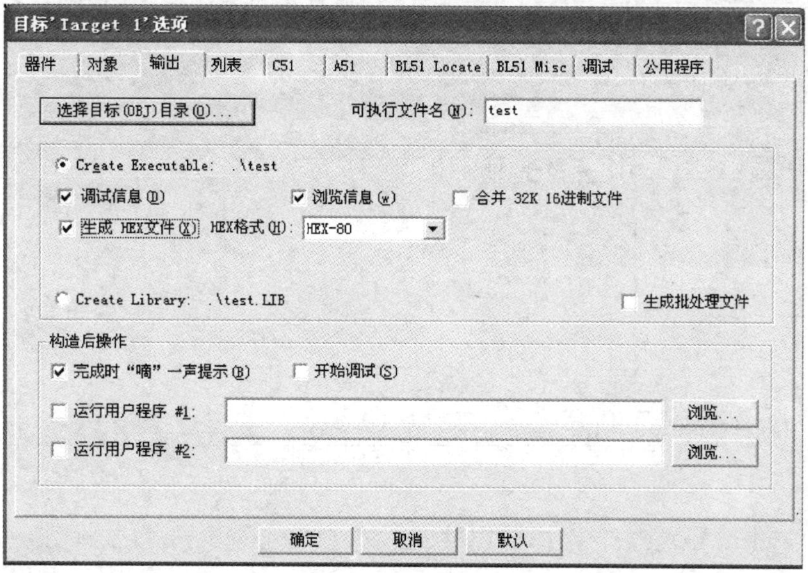

**图 4.9　选择"输出"页面**

### 2. 建立C源程序文件

在主界面菜单栏中选择"文件"→"新建",随后在编辑窗口中输入以下的源程序(见图4.10)。

```c
# include <REG51.H>
void delay(void);
void main(void)
{
loop:    P1 = 0x00;
         delay();
         P1 = 0xff;
         delay();
         goto loop;
}

void delay(void)
{
    unsigned int i,j;
    for(i = 0;i<500;i++)
    {
        for(j = 0;j<121;j++)
        {;}
    }
}
```

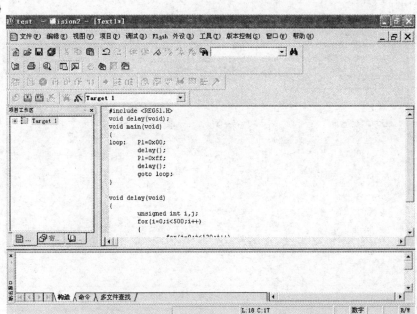

图4.10　建立源程序文件

程序输入完成后,选择"文件"→"另存为",将该文件以扩展名为. c 格式(如 test. c)保存在 test 文件夹中。

### 3. 添加文件到当前项目组中及编译文件

单击工程管理器中"Target 1"前的"＋"号,出现"Source　Group1"后再单击,加亮后右击,在快捷菜单中选择"Add Files to Group'Source Group 1'",如图 4.11 所示。在增加文件对话框中选择刚才以 c 格式编辑的文件 test. c,单击 Add 按钮,这时 test. c 文件便加入到"Source Group 1"这个组里了,随后关闭此对话框。

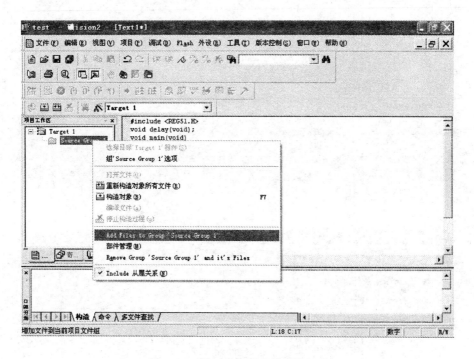

**图 4.11　添加文件到当前项目组中**

选择主菜单栏中的"项目"→"重新构造所有对象文件",这时输出窗口出现源程序的编译结果,如图 4.12 所示。如果编译出错,将提示错误 Error(s)的类型和行号。

### 4. 检查并修改源程序文件中的错误

用户可以根据输出窗口的错误或警告提示重新修改源程序,直至编译通过为止。编译通过后将输出一个以 hex 为后缀名的目标文件,例如 test. hex。

### 5. 软件模拟仿真调试

在主菜单栏中选择"调试"→"开始/停止调试模式",出现 2K 代码限制的提示框后单击"确定",这时进入软件模拟仿真调试界面(见图 4.13)。选择"调试"→"单步

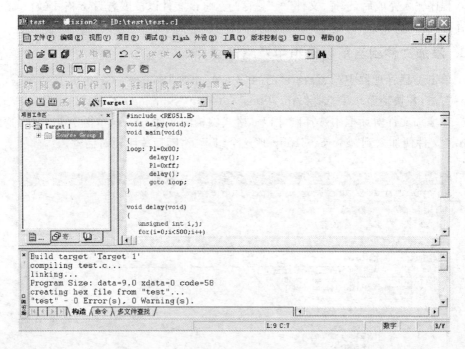

图 4.12　编译文件

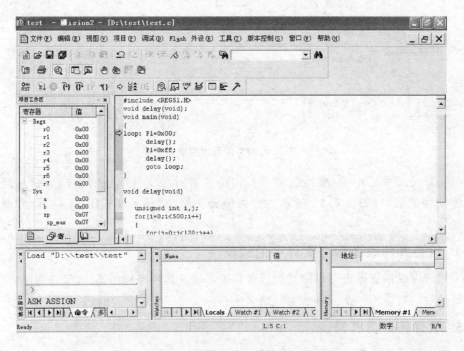

图 4.13　软件模拟仿真调试界面

跳过",或使用快捷键 F10,程序的光标箭头往下移一行。选择"外设"→"I/O - Ports＞Port 1",将 P1 输出窗口打开(见图 4.14)。在程序的光标箭头上单击,随后继续按动 F10,可发现 Port 1 变为低电平(打勾消失),再按动 F10,同时注意观察左边寄存器窗口中的 sec(时间)数值,可发现 Port 1 输出低电平到高电平的时间间隔约为 0.5 s,反复循环。仿真调试通过后,关闭 Keil C51 开发环境。

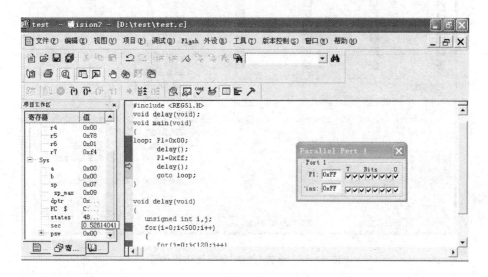

图 4.14　打开 P1 输出窗口

## 6. 下载程序(编程操作)

连接好 USBasp 程序下载器,打开在 PROGISP 下载软件界面,在"编程器及接口"栏选择"USBASP"和"usb"。在"选择芯片"栏选择"AT89S51"。单击"调入Flash",找到需要烧写的 test. hex 文件。编程栏:在"读识别字"、"芯片擦除"、"空片检查"、"编程 FLASH"、"校验 FLASH"前勾选。单击"自动"后即可进行编程(见图 4 - 15)。

## 7. 观察程序运行的结果

如果程序下载没有问题,则下载完成后,51 MCU DEMO 试验板上的单片机AT89S51 会立即进入工作状态。这时 P0 口 8 个发光二极管同时点亮,延时 0.5 s 后又同时熄灭,反复循环,自动工作。读者一定很惊奇吧,从开始输入 C 语言的语句到转化为(灯光)信号输出,也就那么一会儿功夫。可以想象出,如果程序设计得丰富些,那么单片机的控制会更加神奇。现在读者对学习单片机 C 语言设计有信心了吧,那么赶快行动,随着本书内容的深入一起来学习、试验,直至掌握这门无比重要的技术。

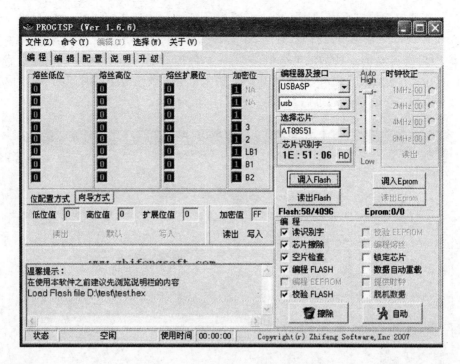

图 4 - 15　单击"自动"后即可进行编程

# 第 **5** 章
# C 语言程序的基本结构

C 语言程序由若干函数单元组成,每个函数都是完成某个特殊任务的子程序段。组成一个程序的若干函数可以保存在一个源程序文件中,也可以保存在几个源程序文件中,最后再将它们连接在一起。C 语言程序的扩展名为". c",如"test. c"等。为了使初学者能彻底弄明白,在此通过实例进行引导,由浅入深进行介绍。

## 5.1 函数调用实验

用函数调用方式完成 LED1~LED8 共 8 个二极管实现 D0、D2、D4、D6 及 D1、D3、D5、D7 的交替点亮的实验,周期约 1 s。

### 1. 源程序文件

在 D 盘建立一个文件目录(CS5 - 1),然后建立 CS5 - 1. uv2 的工程项目,最后建立源程序文件(CS5 - 1. c)。输入下面的程序:

```
# include <REG51.H>            //1
/*=====================2================*/
void delay(void)               //3
{                              //4
    unsigned int i,j;          //5
    for(i = 0;i<500;i++)       //6
    {                          //7
        for(j = 0;j<121;j++)   //8
        {;}                    //9
    }                          //10
}                              //11
//=====================12=================
void light1(void)              //13
{                              //14
```

```
P1 = 0xaa;                          //15
}                                   //16
// = = = = = = = = = = = = = = = =17= = = = = = = = = = =
void light2(void)                   //18
{                                   //19
P1 = 0x55;                          //20
}                                   //21
/ * = = = = = = = = = = = = = = = =22= = = = = = = = = = = * /
void main(void)                     //23
{                                   //24
while(1)                            //25
    {                               //26
    light1();                       //27
    delay();                        //28
    light2();                       //29
    delay();                        //30
    }                               //31
}                                   //32
```

编译通过后,试验板接通 5 V 稳压电源,将生成的 CS5 - 1. hex 文件下载到 51 MCU DEMO 试验板上的 89S51 单片机中(**注意: 标示"LED"的双排针应插上 8 个短路块**)。可以看到 D0～D7 这 8 个二极管中的 D0、D2、D4、D6 及 D1、D3、D5、D7 的交替点亮,周期约为1 s。图 5.1 为 Keil C51 软件进行仿真时的界面。

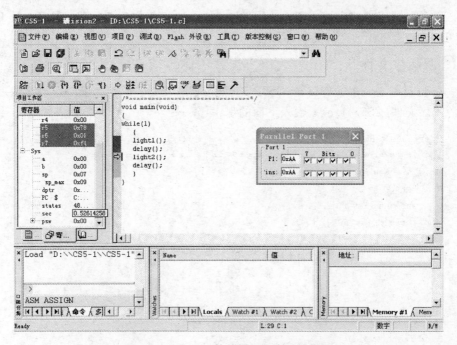

图 5.1  Keil C51 软件进行仿真时的界面

## 2. 程序分析解释

序号 1：包含头文件 REG51.H。

序号 2：程序分隔或注释，在"/ * "及" * /"之间的内容，程序不会去处理，因此通常可进行文字注释，能增加程序的可读性，当然也可作为程序语句模块之间的分隔。

序号 3：定义函数名为 delay 的延时子函数。

序号 4：delay 延时子函数开始。

序号 5：定义两个无符号整型变量 i,j。

序号 6~10：两个 for 语句循环体，作用是延时，由于我们还未学习 for 语句，因此这里可暂不理会。

序号 11：delay 的延时子函数结束。

序号 12：程序分隔或注释，在"//"之后的内容，程序也不会去处理，因此也可进行文字注释，能增加程序的可读性，当然也能作为程序模块之间的分隔。但应注意，这种风格的注释，只对本行有效，所以在只需要一行注释的时候，往往采用"//……"这种格式。而"/ * …… * /"风格的注释，既可用于一行，也可用于多行。

序号 13：定义函数名为 light1 的子函数，该函数用于点亮 D0、D2、D4、D6 4 个 LED。

序号 14：light1 子函数开始。

序号 15：向 P1 口送数 0xaa(0xaa 为十六进制数，相当于汇编语言中的 AAH，前缀加 0x 为 C51 的风格)，这条语句的目的是点亮 D0、D2、D4、D6 4 个 LED。

序号 16：light1 子函数结束。

序号 17：程序分隔。

序号 18：定义函数名为 light2 的子函数，该子函数用于点亮 D1、D3、D5、D7 4 个 LED。

序号 19：light2 子函数开始。

序号 20：向 P1 口送数 0x55，目的是点亮 D1、D3、D5、D7 4 个 LED。

序号 21：light2 子函数结束。

序号 22：程序分隔。

序号 23：定义函数名为 main 的主函数。

序号 24：main 的主函数开始。

序号 25：while 循环语句，这里进行无限循环。

序号 26：while 循环语句开始。

序号 27：调用 light1 子函数模块。

序号 28：调用延时子函数模块。

序号 29：调用 light2 子函数模块。

序号 30：调用延时子函数模块。

序号 31：while 循环语句结束。

序号 32：main 的主函数结束。

# 5.2　C 语言程序的组成结构

从上面的程序可以看出，C 语言程序的组成结构如下：

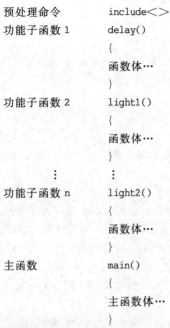

预处理命令　　　　include<>

功能子函数 1　　　　delay()

　　　　　　　　　　{

　　　　　　　　　　函数体…

　　　　　　　　　　}

功能子函数 2　　　　light1()

　　　　　　　　　　{

　　　　　　　　　　函数体…

　　　　　　　　　　}

　　⋮　　　　　　　　⋮

功能子函数 n　　　　light2()

　　　　　　　　　　{

　　　　　　　　　　函数体…

　　　　　　　　　　}

主函数　　　　　　　main()

　　　　　　　　　　{

　　　　　　　　　　主函数体…

　　　　　　　　　　}

　　结论：C 语言程序是由函数构成的，一个 C 源程序至少包括一个函数(主函数)；一个 C 源程序可以包含各种函数，但只能有一个名为 main() 的函数。因此，函数是 C 语言程序的基本单位。函数后一定有一对大括号"{……}"，在大括号里书写程序。C 语言程序总是从 main() 主函数开始执行的，不管物理位置上这个 main() 放在什么地方。主函数通过直接书写语句和调用其他功能子函数来实现有关功能，这些功能子函数可以是 C 语言本身提供的库函数，也可以是用户自己编写的函数。

　　那么库函数和用户自定义子函数有什么区别呢？简单地说，库函数就是针对一些经常使用的算法，经前人开发、归纳、整理形成的通用功能子函数集供大家使用。而自己编写的功能子函数则称用户自定义功能子函数。显然，用户自定义功能子函数是用户根据自己需要而编写的。

　　可以看出，使用 C 语言开发产品，可以大量使用库函数而减少用户自己编写程序的工作量，这样，产品开发的速度和质量是汇编语言绝对不能相比的。Keil C51 内部有数百个库函数可供用户使用。调用 Keil C51 的库函数时只需要包含具有该函数说明的相应的头文件即可。

# 5.3　主函数实验

　　只用主函数完成 LED1～LED8 共 8 个二极管实现 D0、D2、D4、D6 及 D1、D3、D5、D7 的交替点亮的实验，周期约 1 s。

## 1. 源程序文件

　　在 D 盘中建立一个文件目录(CS5 - 2)，然后建立 CS5 - 2. uv2 的工程项目，最后建立源程序文件(CS5-2.c)。输入下面的程序：

```
# include <REG51.H>              //1
/* ============================2============== */
void main(void)                  //3
{    unsigned int i,j;           //4
while(1)                         //5
    {                            //6
    P1 = 0xaa;                   //7
    // ==================8===
    for(i = 0;i<500;i++)         //9
        {                        //10
        for(j = 0;j<121;j++)     //11
        {;}                      //12
        }                        //13
    // ===================14===
    P1 = 0x55;                   //15
    // ===================16===
    for(i = 0;i<500;i++)         //17
        {                        //18
        for(j = 0;j<120;j++)     //19
        {;}                      //20
        }                        //21
    // ===================22===
    }                            //23
}                                //24
```

　　编译通过后，试验板接通 5 V 稳压电源，将生成的 CS5-2. hex 文件下载到 51 MCU DEMO 试验板上的 89S51 单片机中(**注意：标示"LED"的双排针应插上 8 个短路块**)，发现实验效果与 CS5-1 完全相同。但是能看出，此程序的结构条理没有 CS5-1 的程序清晰，一大堆实现各种功能的语句全部放在主函数内，显得有点乱。因此，一个设计合理的 C 语言程序，不仅语句要流畅，而且结构也要简洁明了。

## 2. 程序分析解释

　　序号 1：包含头文件 REG51.H。
　　序号 2：程序分隔。
　　序号 3：定义函数名为 main 的主函数。
　　序号 4：主函数开始。定义两个无符号整型变量 i,j。
　　序号 5：while 循环语句，进行无限循环。
　　序号 6：while 循环语句开始。
　　序号 7：向 P0 口送数 0xaa，目的是点亮 D0、D2、D4、D6 4 个 LED。
　　序号 8：程序语句分隔。

序号 9~13：两个 for 语句循环体，作用是延时。

序号 14：程序语句分隔。

序号 15：向 P0 口送数 0x55，目的是点亮 D1、D3、D5、D7 4 个 LED。

序号 16：程序语句分隔。

序号 17~21：两个 for 语句循环体，作用是延时。

序号 22：程序语句分隔。

序号 23：while 循环语句结束。

序号 24：main 的主函数结束。

# 5.4　文件包含处理

之前还没有解释过预处理命令中的包含头文件 REG51. H（即 include ＜ REG51. H＞）。

包含头文件即为文件包含处理。所谓"文件包含"是指一个文件将另外一个文件的内容全部复制并包含进来，所以这里的预处理命令虽然只有一行，但 C 编译器在处理的时候却要处理几十乃至几百行。包含头文件 REG51. H 的目的是要使用 P1 这个符号，即通知 C 编译器，程序中所写的 P1 是指 80C51 单片机的 P1 端口而不是其他变量。

用记事本打开 C:\Keil\C51\Inc\Reg51. h(打开时的文件类型改为所有文件)可以看到以下内容：

```
/* -----------------------------------------------------------
REG51.H

Header file for generic 80C51 and 80C31 microcontroller.

Copyright (c) 1988 - 2002 Keil Elektronik GmbH and Keil Software, Inc.

All rights reserved.

----------------------------------------------------------- */

#ifndef __REG51_H__
#define __REG51_H__
/*    BYTE Register    */
sfr P0    = 0x80;
sfr P1    = 0x90;
sfr P2    = 0xA0;
sfr P3    = 0xB0;
sfr PSW   = 0xD0;
sfr ACC   = 0xE0;
sfr B     = 0xF0;
sfr SP    = 0x81;
sfr DPL   = 0x82;
sfr DPH   = 0x83;
```

```
sfr PCON    = 0x87；
sfr TCON    = 0x88；
sfr TMOD    = 0x89；
sfr TL0     = 0x8A；
sfr TL1     = 0x8B；
sfr TH0     = 0x8C；
sfr TH1     = 0x8D；
sfr IE      = 0xA8；
sfr IP      = 0xB8；
sfr SCON    = 0x98；
sfr SBUF    = 0x99；
/*   BIT Register   */
/*   PSW    */
sbit CY     = 0xD7；
sbit AC     = 0xD6；
sbit F0     = 0xD5；
sbit RS1    = 0xD4；
sbit RS0    = 0xD3；
sbit OV     = 0xD2；
sbit P      = 0xD0；
/*   TCON    */
sbit TF1    = 0x8F；
sbit TR1    = 0x8E；
sbit TF0    = 0x8D；
sbit TR0    = 0x8C；
sbit IE1    = 0x8B；
sbit IT1    = 0x8A；
sbit IE0    = 0x89；
sbit IT0    = 0x88；
/*   IE     */
sbit EA     = 0xAF；
sbit ES     = 0xAC；
sbit ET1    = 0xAB；
sbit EX1    = 0xAA；
sbit ET0    = 0xA9；
sbit EX0    = 0xA8；
/*   IP     */
sbit PS     = 0xBC；
sbit PT1    = 0xBB；
sbit PX1    = 0xBA；
sbit PT0    = 0xB9；
sbit PX0    = 0xB8；
```

```
/*   P3   */
sbit RD   = 0xB7;
sbit WR   = 0xB6;
sbit T1   = 0xB5;
sbit T0   = 0xB4;
sbit INT1 = 0xB3;
sbit INT0 = 0xB2;
sbit TXD  = 0xB1;
sbit RXD  = 0xB0;
/*   SCON   */
sbit SM0  = 0x9F;
sbit SM1  = 0x9E;
sbit SM2  = 0x9D;
sbit REN  = 0x9C;
sbit TB8  = 0x9B;
sbit RB8  = 0x9A;
sbit TI   = 0x99;
sbit RI   = 0x98;
#endif
```

在第 4 章已经介绍了 MCS-51 单片机的基本结构,用户对 80C51 内部结构应该比较熟悉,因此从以上代码可看出,这里都是一些符号的定义,即规定符号名与地址的对应关系。其中有"sfr P1=0x90;"一行,即定义 P1 口与地址 0x90 对应(0x90 是 C 语言中十六进制数的写法,相当于汇编语言中的 90H)。

# 5.5  通用的 C 语言程序组成结构

美国国家标准化协会(ANSI)制定的 C 语言标准(ANSI C)中规定,函数必须要"先声明,后调用"。我们在 5.1 节的函数调用实验中,是先定义(声明)了几个功能子函数,然后在主函数中进行调用,这样当然没问题。如果将顺序调一下,将几个功能子函数放在主函数的后面,那么编译时就会出错。这时就需要进行"先声明,后调用"。下面就是"先声明,后调用"的例子。

```
#include <REG51.H>                                //1
//==================================2===
void delay(void);                                 //3
void light1(void);                                //4
void light2(void);                                //5
//==================================6===
void main(void)                                   //7
{                                                 //8
```

```
    while(1)                                    //9
        {                                       //10
        light1();                               //11
        delay();                                //12
        light2();                               //13
        delay();                                //14
        }                                       //15
    }                                           //16
/ * = = = = = = = = = = = = = = = = = = = = =17 = = = = = = = = = = = * /
void delay(void)                                //18
{                                               //19
    unsigned int i,j;                           //20
    for(i = 0;i<500;i ++ )                       //21
        {                                       //22
        for(j = 0;j<121;j ++ )                   //23
        {;}                                     //24
        }                                       //25
}                                               //26
// = = = = = = = = = = = = = = = = = = = = = =27 = = = = = = = = = = =
void light1(void)                               //28
{                                               //29
P1 = 0xaa;                                      //30
}                                               //31
// = = = = = = = = = = = = = = = = = = = = = =32 = = = = = = = = = = =
void light2(void)                               //33
{                                               //34
P1 = 0x55;                                      //35
}                                               //36
```

　　以上的程序中,序号 3~5 为自定义功能子函数的声明,其他可参考 5.1 节函数调用实验的程序解释,由于符合 ANSI C 规定的"先声明,后调用"原则,因此编译时通过。所以,一个好的习惯是,不管自定义的功能子函数放在什么位置,在程序的开始处总是先进行声明。

　　下面是通用的 C 语言程序组成结构(主函数可放在功能子函数声明之后的任意位置):

```
预处理命令          include<>
功能子函数 1 声明
功能子函数 2 声明
      ⋮
功能子函数 n 声明
```

功能子函数 1    delay()

          {

          函数体…

          }

主函数       main()

          {

          主函数体…

          }

功能子函数 2    ji_light()

          {

          函数体…

          }

    ⋮       ⋮

功能子函数 n    ou_light()

          {

          函数体…

          }

# 5.6　函数连接实验一

将程序的若干个函数保存在几个源程序文件中,最后再将它们连接在一起,实现 D0、D2、D4、D6 及 D1、D3、D5、D7 这 8 个二极管的交替点亮的实验,周期约 1 s。

## 1. 实现方法

第 5 章一开始提到过,组成一个程序的若干函数可以保存在一个源程序文件中,也可以保存在几个源程序文件中,最后再将它们连接在一起。现在具体做一下实验,看看实现的方法。

首先需建立 2 个源程序文件 CS5 - 3a. c 及 CS5 - 3b. c。CS5 - 3a. c 中输入的是 main 主函数(若有需要也可输入自定义功能子函数),CS5 - 3b. c 中输入 delay、light1、light2 这 3 个自定义功能子函数,将它们分别添加到当前项目组中。为了能在 CS5 - 3a. c 文件中使用在 CS5 - 3b. c 文件里定义的 delay、light1、light2 这 3 个子函数,在程序的开始处(第 2、3、4 行),将这 3 个子函数声明为外部函数,说明它们已在其他文件中定义。

这种做法可将一个大型、冗长的程序文件化解成若干个较小的文件,不仅可读性强,而且将任务分解开来,可同时分配给多个程序员开发,便于装配,大大提高了大型复杂软件的开发速度与质量。

## 2. 源程序文件

在 D 盘建立一个文件目录(CS5-3),然后建立 CS5-3.uv2 的工程项目,选择芯片并确定选项。选择"文件"→"新建",在编辑窗口中输入以下源程序:

```
# include <REG51.H>                //1
extern void light1(void);          //2,声明该函数已在其他文件中定义
extern void light2(void);          //3,声明该函数已在其他文件中定义
extern void delay(void);           //4,声明该函数已在其他文件中定义
// ===================== 5
void main(void)                    //6
{                                  //7
while(1)                           //8
    {                              //9
    light1();                      //10
    delay();                       //11
    light2();                      //12
    delay();                       //13
    }                              //14
}                                  //15
```

将上述源程序保存为 CS5-3a.c。

然后再选择"文件"→"新建",在编辑窗口中输入以下源程序:

```
# include <REG51.H>                //1
void delay(void)                   //2
{                                  //3
    unsigned int i,j;              //4
    for(i = 0;i<500;i ++ )         //5
    {                              //6
        for(j = 0;j<121;j ++ )     //7
        {;}                        //8
    }                              //9
}                                  //10
// ==================11 ===========
void light1(void)                  //12
{                                  //13
P1 = 0xaa;                         //14
}                                  //15
// ==================16 ===========
void light2(void)                  //17
{                                  //18
P1 = 0x55;                         //19
}                                  //20
```

　　将上述源程序保存为 CS5 - 3b. c。

　　单击工程管理器中"Target 1"前的"＋"号,出现"Source Group1"后再单击,加亮后右击。在出现的快捷菜单中选择"Add Files to Group'Source Group 1'",在增加文件对话框中选择 CS5 - 3a. c 文件,单击 Add 按钮,这时 CS5 - 3a. c 文件加入到"Source Group 1"这个组;同理,再选择 CS5 - 3b. c 文件,单击 Add 按钮,这时 CS5 - 3b. c 文件也加入到"Source Group 1"这个组,如图 5.2 所示。随后关闭此对话框。

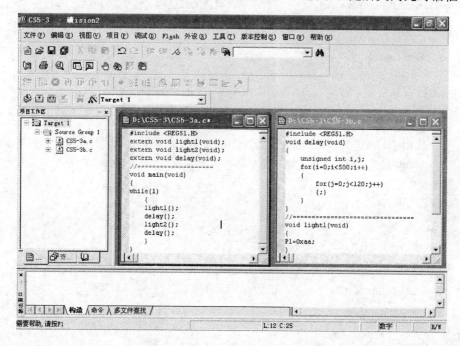

**图 5.2　添加 2 个文件到当前项目组**

　　接下来进行编译,编译通过后,试验板接通 5 V 稳压电源,将生成的 CS5 - 3. hex 文件下载到 51 MCU DEMO 试验板上的 89S51 单片机中(**注意：**标示"LED"的双排针应插上 8 个短路块)。可以看到 D0～D7 这 8 个二极管开始闪亮,其效果与 5.1 节函数调用实验完全相同。

### 3. 程序分析解释

　　源程序文件 CS5 - 3a. c 的 2、3、4 行已特别作了注释,其他分析可参考 5.1 小节的程序分析解释。

## 5.7　函数连接实验二

　　将程序的若干函数保存在几个源程序文件中,最后用文件包含的方法将它们连接在一起,实现 D0、D2、D4、D6 及 D1、D3、D5、D7 这 8 个二极管的交替点亮的实验,周期约 1 s。

### 1. 实现方法

首先建立 2 个源程序文件 CS5 - 4a. c 及 CS5 - 4b. c。CS5 - 4a. c 中输入的是 main 主函数(若有需要也可输入自定义功能子函数),CS5 - 4b. c 中输入 delay、light1、light2 这 3 个自定义功能子函数。为了能在 CS5 - 4a. c 文件中使用 CS5 - 4b. c 文件,在程序开始的第 2 行使用了文件包含处理♯include "CS5 - 4b. c",将 CS5 - 4b. c 包含到 CS5 - 4a. c 文件中,在添加文件时只须将 CS5 - 4a. c 添加到当前项目组中,CS5 - 4b. c 自然也一起包含到当前项目组中了,如图 5.3 所示。

该做法同 5.6 节的做法如出一辙,可方便地将一个大型、冗长的程序文件化解成若干较小的文件,具有可读性强、开发速度快、开发质量高、装配容易等特点,是开发大型复杂软件的常用方法。

### 2. 源程序文件

在 D 盘建立一个文件目录(CS5 - 4),然后建立 CS5 - 4. uv2 的工程项目,选择芯片并确定选项。选择"文件"→"新建",在编辑窗口中输入以下源程序:

```
# include <REG51.H>          //1,包含头文件 REG51.H,C51 库函数,使用尖括号给出路径
# include "CS5 - 4b.c"        //2,包含文件 CS5 - 4b.c,一般自己编写的文件
                             //都在当前目录(文件夹)下,用双引号给出路径
// = = = = = = = = = = = = = = = = = = =3 = = =
void main(void)              //4
{                           //5
while(1)                     //6
    {                       //7
    light1();               //8
    delay();                //9
    light2();               //10
    delay();                //11
    }                       //12
}                           //13
```

将上述源程序保存为 CS5 - 4a. c。

然后再选择"文件"→"新建",在编辑窗口中输入以下源程序:

```
# include <REG51.H>          //1
void delay(void)             //2
{                           //3
    unsigned int i,j;        //4
    for(i = 0;i<500;i++)     //5
    {                       //6
        for(j = 0;j<121;j++) //7
        {;}                  //8
    }                       //9
```

```
}                                    //10
// = = = = = = = = = = = = = = = = = = = 11 = = =
void light1(void)                    //12
{                                    //13
P1 = 0xaa;                           //14
}                                    //15
// = = = = = = = = = = = = = = = = = = =16 = = =
void light2(void)                    //17
{                                    //18
P1 = 0x55;                           //19
}                                    //20
```

将上述源程序保存为 CS5 - 4b. c。

单击工程管理器中"Target 1"前的"＋"号,出现"Source Group1"后再单击,加亮后右击。在出现快捷菜单中选择"Add Files to Group'Source Group 1'",在增加文件对话框中选择 CS5 - 4a. c 文件,单击 Add 按钮,这时 CS5 - 4a. c 文件加入到 Source Group 1 这个组。展开 CS5 - 4a. c 前面的加号,可看到除 REG51. H 外,CS5 - 4b. c 也已包含在其中,如图 5.3 所示。随后关闭此对话框。

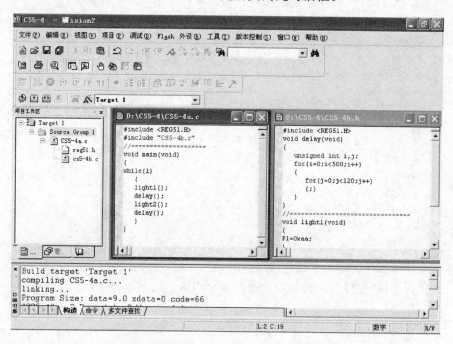

**图 5.3 用文件包含的方法将 2 个文件连接在一起并添加到当前项目组**

编译以后将 CS5 - 4. hex 文件下载到 51 MCU DEMO 试验板上的 89S51 单片机中,可以看到 D0~D7 这 8 个二极管开始闪亮,其效果与 5.1 节函数调用实验完全相同。

**3. 程序分析解释**

　　源程序文件 CS5 - 4a. c 的第 1、2 行已特别作了注释，其他分析可参考 5.1 节的程序分析解释。

　　需说明的是，♯ include "CS5 - 4b. c"放在程序文件的头部，因此若将 CS5 - 4b. c 改为 CS5 - 4b. h，而预处理指令 ♯ include "CS5 - 4b. c"改为 ♯ include "CS5 - 4b. h" 作为头文件也是允许的。也就是说，C 源文件可包含在程序的任意位置，而头文件一般只能包含于程序的头部。

# 第6章

# C语言的标识符、关键字和数据类型

## 6.1  标识符和关键字

标识符是用来标识源程序中某个对象的名字的,这些对象可以是语句、数据类型、函数、变量、常量、数组等。一个标识符由字符串、数字和下划线等组成,第一个字符必须是字母或下划线,通常以下划线开头的标识符是编译系统专用的,因此在编写C语言源程序时一般不要使用以下划线开头的标识符,而将下划线用作分段符。C51编译器规定标识符最长可达 255 个字符,但只有前面 32 个字符在编译时有效,因此在编写源程序时标识符的长度不要超过 32 个字符,这对于一般应用程序来说已经足够了。C语言是大小写敏感的高级语言,如果要定义一个时间"秒"标识符,可以写做"sec",如果程序中有"SEC",那么这是两个完全不同的标识符。

关键字则是编程语言保留的特殊标识符,有时又称为保留字,它们具有固定名称和含义,在 C 语言的程序编写中不允许标识符与关键字相同。与其他计算机语言相比,C语言的关键字较少,ANSI C 标准一共规定了 32 个关键字,如表 6.1 所列。

表 6.1    ANSI C 标准规定的 32 个关键字

| 关键字 | 用　途 | 说　明 |
|---|---|---|
| auto | 存储种类说明 | 用以说明局部变量,缺省值为此 |
| break | 程序语句 | 退出最内层循环体 |
| case | 程序语句 | switch 语句中的选择项 |
| char | 数据类型说明 | 单字节整型数或字符型数据 |
| const | 存储类型说明 | 在程序执行过程中不可更改的常量值 |
| continue | 程序语句 | 转向下一次循环 |
| default | 程序语句 | switch 语句中的失败选择项 |
| do | 程序语句 | 构成 do-while 循环结构 |

续表 6.1

| 关键字 | 用　途 | 说　明 |
|--------|--------|--------|
| double | 数据类型说明 | 双精度浮点数 |
| else | 程序语句 | 构成 if-else 选择结构 |
| enum | 数据类型说明 | 枚举 |
| extern | 存储种类说明 | 在其他程序模块中说明了的全局变量 |
| float | 数据类型说明 | 单精度浮点数 |
| for | 程序语句 | 构成 for 循环结构 |
| goto | 程序语句 | 构成 goto 转移结构 |
| if | 程序语句 | 构成 if-else 选择结构 |
| int | 数据类型说明 | 基本整型数 |
| long | 数据类型说明 | 长整型数 |
| register | 存储种类说明 | 使用 CPU 内部寄存的变量 |
| return | 程序语句 | 函数返回 |
| short | 数据类型说明 | 短整型数 |
| signed | 数据类型说明 | 有符号数，二进制数据的最高位为符号位 |
| sizeof | 运算符 | 计算表达式或数据类型的字节数 |
| static | 存储种类说明 | 静态变量 |
| struct | 数据类型说明 | 结构类型数据 |
| switch | 程序语句 | 构成 switch 选择结构 |
| typedef | 数据类型说明 | 重新进行数据类型定义 |
| union | 数据类型说明 | 联合类型数据 |
| unsigned | 数据类型说明 | 无符号数据 |
| void | 数据类型说明 | 无类型数据 |
| vvolatile | 数据类型说明 | 该变量在程序执行中可被隐含地改变 |
| while | 程序语句 | 构成 while 和 do-while 循环结构 |

　　Keil C51 编译器的关键字除了有 ANSI C 标准的 32 个关键字外，还根据 51 单片机的特点扩展了相关的关键字。在 Keil C51 开发环境的文本编辑器中编写 C 程序，系统可以把保留字以不同颜色显示，缺省颜色为蓝色。表 6.2 为 Keil C51 编译器扩展的关键字。

表 6.2　Keil C51 编译器扩展的关键字

| 关键字 | 用　途 | 说　明 |
|--------|--------|--------|
| bit | 位标量声明 | 声明一个位标量或位类型的函数 |
| sbit | 位变量声明 | 声明一个可位寻址变量 |
| sfr | 特殊功能寄存器声明 | 声明一个特殊功能寄存器（8 位） |
| sfr16 | 特殊功能寄存器声明 | 声明一个 16 位的特殊功能寄存器 |
| data | 存储器类型说明 | 直接寻址的 8051 内部数据存储器 |

| 关键字 | 用　途 | 说　明 |
|---|---|---|
| bdata | 存储器类型说明 | 可位寻址的 8051 内部数据存储器 |
| idata | 存储器类型说明 | 间接寻址的 8051 内部数据存储器 |
| pdata | 存储器类型说明 | "分页"寻址的 8051 外部数据存储器 |
| xdata | 存储器类型说明 | 8051 外部数据存储器 |
| code | 存储器类型说明 | 8051 程序存储器 |
| interrupt | 中断函数声明 | 定义一个中断函数 |
| reetrant | 再入函数声明 | 定义一个再入函数 |
| using | 寄存器组定义 | 定义 8051 的工作寄存器组 |

# 6.2　4 个 LED 数码管从左至右显示"1234"

## 1. 实现方法

第 1 步：向 P0 口送"4"的字形码，向 P2 口送数 0xfe 以点亮个位数码管，延时 2 ms 维持数码管点亮状态；第 2 步：向 P0 口送"3"的字形码，向 P2 口送数 0xfd 以点亮十位数码管，延时 2 ms 维持数码管点亮状态；第 3 步：向 P0 口送"2"的字形码，向 P2 口送数 0xfb 以点亮百位数码管，延时 2 ms 维持数码管点亮状态；第 4 步：向 P0 口送"1"的字形码，向 P2 口送数 0xf7 以点亮千位数码管，延时 2 ms 维持数码管点亮状态。重复执行以上第 1～4 步，即可在数码管上得到稳定清晰的显示。

## 2. 源程序文件

在 D 盘建立一个文件目录(CS6 - 1)，然后建立 CS6 - 1. uv2 的工程项目，最后建立源程序文件(CS6 - 1. c)。输入下面的程序：

```
# include <REG51.H>              //1
unsigned char dis0 = 0x66;       //2
unsigned char dis1 = 0x4f;       //3
unsigned char dis2 = 0x56;       //4
unsigned char dis3 = 0x06;       //5
/* ======================6================ */
void delay(void)                 //7
{                                //8
    unsigned int i,j;            //9
    for(i = 0;i<2;i++)           //10
    {                            //11
        for(j = 0;j<121;j++)     //12
        {;}                      //13
    }                            //14
```

```
}                               //15
// = = = = = = = = = = = = = = = = = = = =16 = = = = = = = = = =
void main(void)                 //17
{                               //18
while(1)                        //19
    {                           //20
    P0 = dis0;                  //21
    P2 = 0xfe;                  //22
    delay();                    //23
    P0 = dis1;                  //24
    P2 = 0xfd;                  //25
    delay();                    //26
    P0 = dis2;                  //27
    P2 = 0xfb;                  //28
    delay();                    //29
    P0 = dis3;                  //30
    P2 = 0xf7;                  //31
    delay();                    //32
    }                           //33
}                               //34
```

　　图 6.1 为 Keil C51 软件编译时的界面,下部的输出窗口显示 0 错误、0 警告。51
MCU DEMO 试验板接通 5 V 稳压电源,将生成的 CS6 - 1. hex 文件下载到试验板上

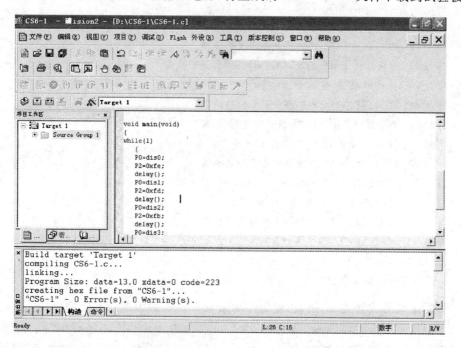

**图 6.1　Keil C51 软件编译时的界面**

的89S51单片机中(**注意：标示"LEDMOD_DATA"及"LEDMOD_COM"的双排针应插上短路块**)。用户发现右侧4个LED数码管从左至右清晰显示"1234"。

### 3. 程序分析解释

序号1：包含头文件REG51.H。

序号2：定义无符号字符型变量,其标识符为dis0,并赋初值0x99。

序号3：定义无符号字符型变量,其标识符为dis1,并赋初值0xb0。

序号4：定义无符号字符型变量,其标识符为dis2,并赋初值0xa4。

序号5：定义无符号字符型变量,其标识符为dis3,并赋初值0xf9。

序号6：程序分隔。

序号7：定义函数名为delay的延时子函数(延时长度约为2 ms),其标识符为delay。

序号8：delay延时子函数开始。

序号9：定义两个无符号整型变量i,j。

序号10～14：两个for语句循环体,作用是延时。

序号15：delay延时子函数结束。

序号16：程序分隔。

序号17：定义函数名为main的主函数,其标识符为main。

序号18：main的主函数开始。

序号19：while循环语句,这里进行无限循环。

序号20：while循环语句开始。

序号21：将dis0变量(显示4)送往P0口。

序号22：P2口送数0xfe,目的是点亮个位数码管。

序号23：调用延时子函数模块,维持点亮时间,便于观察。

序号24：将dis1变量(显示3)送往P0口。

序号25：P2口送数0xfd,目的是点亮十位数码管。

序号26：调用延时子函数模块,维持点亮时间,便于观察。

序号27：将dis2变量(显示2)送往P0口。

序号28：P2口送数0xfb,目的是点亮百位数码管。

序号29：调用延时子函数模块,维持点亮时间,便于观察。

序号30：将dis3变量(显示1)送往P0口。

序号31：P2口送数0xf7,目的是点亮千位数码管。

序号32：调用延时子函数模块,维持点亮时间,便于观察。

序号33：while循环语句结束。

序号34：main的主函数结束。

可见定义的数据类型、函数、变量等均未与C语言的关键字发生冲突。

下面做一下修改,将dis0改为do,将delay改为switch。再进行编译、连接,结果出现了一大堆的错误,如图6.2所示。因此切记,在程序编写中不允许标识符与C语言的关键字相同。

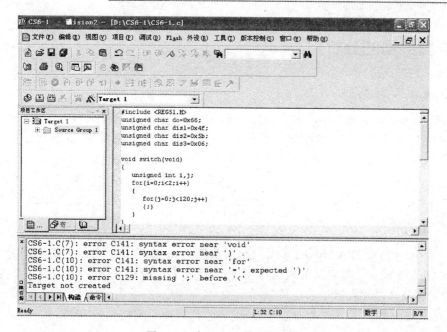

图 6.2　出现了一大堆的错误

# 6.3　数据类型

单片机的程序设计离不开对数据的处理,数据在单片机内存中的存放情况由数据结构决定。C语言的数据结构是以数据类型出现的,数据类型可分为基本数据类型和复杂数据类型,复杂数据类型由基本数据类型构造而成。C语言中的基本数据类型有 char,int,short,long,float 和 double。对于 Keil C51 编译器来说,short 型与 int 型相同,double 型与 float 型相同。表 6.3 为 Keil C51 编译器所支持的数据类型。

表 6.3　Keil C51 编译器所支持的数据类型

| 数据类型 | 长　度 | 值　域 |
|---|---|---|
| unsigned char | 单字节 | $0\sim255$ |
| signed char | 单字节 | $-128\sim+127$ |
| unsigned int | 双字节 | $0\sim65\,535$ |
| signed int | 双字节 | $-32\,768\sim+32\,767$ |
| unsigned long | 4 字节 | $0\sim4\,294\,967\,295$ |
| signed long | 4 字节 | $-2\,147\,483\,648\sim+2\,147\,483\,647$ |
| float | 4 字节 | $\pm1.175\,494E-38\sim\pm3.402\,823E+38$ |
| * | $1\sim3$ 字节 | 对象的地址 |
| bit | 位 | 0 或 1 |
| sfr | 单字节 | $0\sim255$ |
| sfr16 | 双字节 | $0\sim65\,535$ |
| sbit | 位 | 0 或 1 |

## 对数据类型的分析

### 1. char 字符类型

有 signed char 和 unsigned char 之分,默认值为 signed char。它们的长度均为一个字节,用于存放一个单字节的数据。对于 singed char 型数据,其字节中的最高位表示该数据的符号,"0"表示正数,"1"表示负数;负数用补码表示;所能表示的数值范围是 $-128 \sim +127$。unsigned char 型数据,是无符号字符型数据,其字节中的所有位均用来表示数据的数值,所能表示的数值范围是 $0 \sim 255$。

### 2. int 整型

有 signed int 和 unsigned int 之分,默认值为 signed int。它们的长度均为两个字节,用于存放一个双字节的数据。signed int 是有符号整型数,字节中的最高位表示数据的符号,"0"表示正数,"1"表示负数;所能表示的数值范围是 $-32\,768 \sim +32\,767$。unsigned int 是无符号整型数,所能表示的数值范围是 $0 \sim 65\,535$。

### 3. long 长整型

有 signed long 和 unsigned long 之分,默认值为 signed long。它们的长度均为 4 个字节。singed long 是有符号的长整型数据,字节中的最高位表示数据的符号,"0"表示正数,"1"表示负数;数值的表示范围是 $-2\,147\,483\,648 \sim +2\,147\,483\,647$。unsigned long 是无符号长整型数据,数值的表示范围是 $0 \sim 4\,294\,967\,295$。

### 4. float 浮点型

它是符合 IEEE-754 标准的单精度浮点型数据,在十进制中具有 7 位有效数字。float 型数据占用 4 个字节(32 位二进制数),在内存中的存放格式如下:

| 字节地址 | +3 | +2 | +1 | +0 |
|---|---|---|---|---|
| 浮点数内容 | SEEEEEEE | EMMMMMMM | MMMMMMMM | MMMMMMMM |

其中,S 为符号位,存放在最高字节的最高位;"1"表示负,"0"表示正。E 为阶码,占用 8 位二进制数,存放在高 2 个字节中。注意,阶码 E 值是以 2 为底的指数再加上偏移量 127,这样处理的目的是为了避免出现负的阶码值,而指数是可正可负的。阶码 E 的正常取值范围是 $1 \sim 254$,而实际指数的取值范围为 $-126 \sim +127$。M 为尾数的小数部分,用 23 位二进制数表示,存放在低 3 个字节中。尾数的整数部分永远为 1,因此不予保存,但它是隐含存在的。小数点位于隐含的整数位"1"的后面。一个浮点数的数值范围是 $(-1)^S \times 2^{E+127} \times (1.M)$。

### 5. 指针型

指针型数据不同于以上 4 种基本数据类型,它本身是一个变量,但在这个变量中存放的不是普通的数据而是指向另一个数据的地址。指针变量也要占据一定的内存单元,在 Keil C51 中,指针变量的长度一般为 1～3 字节。指针变量也具有类型,其表示方法是在指针符号"＊"的前面冠以数据类型符号。如"char ＊ point",表示 point 是一个字符型的指针变量。指针变量的类型表示该指针所指向地址中数据的类型。使用指针型变量可以方便地对 80C51 单片机的各部分物理地址直接进行操作。

**6. bit 位标量**

这是 C51 编译器的一种扩充数据类型,利用它可定义一个位标量,但不能定义位指针,也不能定义位数组。

**7. sfr 特殊功能寄存器**

这也是 C51 编译器的一种扩充数据类型,利用它可以访问 80C51 单片机的所有内部特殊功能寄存器。sfr 型数据占用一个内存单元,其取值范围是 0～255。

**8. sfr16 位特殊功能寄存器**

它占用两个内存单元,取值范围是 0～65 535。

**9. sbit 可寻址位**

这也是 C51 编译器的一种扩充数据类型,利用它可以访问 80C51 单片机内部 RAM 中的可寻址位或特殊功能寄存器中的可寻址位。例如,采用"sfr P0＝0x80;"可以将 80C51 单片机的 P0 口的口地址定义为 80H。

# 6.4　8 个 LED 数码管从左至右扫描显示"00000000"(一)

在 51 MCU DEMO 试验板上实现:使 8 个 LED 数码管从左至右扫描显示 "00000000",每位数码管点亮 1 ms,即刷新频率 125 Hz。

**1. 实现方法**

根据 6.2 节的实验思路,第 1 步:向 P0 口送"0"的字形码,向 P2 口送数 0xfe 以点亮最低位数码管,延时 1 ms 维持数码管点亮状态;……第 8 步:向 P0 口送"0"的字形码,向 P2 口送数 0x7f 以点亮最高位数码管,延时 1 ms 维持数码管点亮状态。重复执行以上第 1～8 步,即可在数码管上得到稳定清晰的"00000000"显示。

**2. 源程序文件**

在 D 盘建立一个文件目录(CS6 - 2),然后建立 CS6 - 2.uv2 的工程项目,最后建立源程序文件(CS6 - 2.c)。输入下面的程序:

```
# include <REG51.H>              //1
/* ========================2================* /
void delay(unsigned int k)       //3
```

```
    {                              //4
    unsigned int i,j;              //5
    for(i = 0;i<k;i ++ ){          //6
    for(j = 0;j<121;j ++ )         //7
    {;}}                           //8
    }                              //9
// = = = = = = = = = = = = = = = = = = =10 = = = = = = = = = =
    void main(void)                //11
    {                              //12
    while(1)                       //13
        {                          //14
        P0 = 0x3f;                 //15
        P2 = 0xfe;                 //16
        delay(1);                  //17
        P0 = 0x3f;                 //18
        P2 = 0xfd;                 //19
        delay(1);                  //20
        P0 = 0x3f;                 //21
        P2 = 0xfb;                 //22
        delay(1);                  //23
        P0 = 0x3f;                 //24
        P2 = 0xf7;                 //25
        delay(1);                  //26
//*********************************27***
        P0 = 0x3f;                 //28
        P2 = 0xef;                 //29
        delay(1);                  //30
        P0 = 0x3f;                 //31
        P2 = 0xdf;                 //32
        delay(1);                  //33
        P0 = 0x3f;                 //34
        P2 = 0xbf;                 //35
        delay(1);                  //36
        P0 = 0x3f;                 //37
        P2 = 0x7f;                 //38
        delay(1);                  //39
        }                          //40
    }                              //41
```

编译通过后,51 MCU DEMO 试验板接通 5 V 稳压电源,将生成的 CS6 - 2. hex 文件下载到试验板上的 89S51 单片机中(**注意:标示"LEDMOD_DATA"及"LED-MOD_COM"的双排针应插上短路块**)。发现 8 个 LED 数码管显示"00000000"。实际上 8 个 LED 数码管是轮流点亮的,每个数码管点亮 1 ms、熄灭 7 ms,由于扫描的速度很快,加上人眼的视觉暂留特性,因此我们看到的是连续发光。

进行软件仿真时准确观察到,数码管点亮后的延时时间为 1.083 99 ms。

## 3. 程序分析解释

序号1:包含头文件 REG51.H。

序号2:程序分隔。

序号3:定义函数名为 delay 的延时子函数。括号中其形式参数传递标识符为 k,数据类型为 unsigned int。

序号4:delay 延时子函数开始。

序号5:定义两个无符号整型变量 i,j。

序号6~8:两个 for 语句循环体,作用是延时。

序号9:delay 延时子函数结束。

序号10:程序分隔。

序号11:定义函数名为 main 的主函数。

序号12:main 的主函数开始。

序号13:while 循环语句,这里进行无限循环。

序号14:while 循环语句开始。

序号15:将 0x3f(数字"0"的字形码)送往 P0 口显示。

序号16:P2 口送数 0xfe,目的是点亮右侧的个位数码管。

序号17:调用延时子函数模块,维持点亮时间,便于观察。传递的实际参数为1,约延时 1ms。

序号18:将 0x3f(数字"0"的字形码)送往 P0 口显示。

序号19:P2 口送数 0xfd,目的是点亮右侧的十位数码管。

序号20:调用延时子函数模块,维持点亮时间,便于观察。

序号21:将 0x3f(数字"0"的字形码)送往 P0 口显示。

序号22:P2 口送数 0xfb,目的是点亮右侧的百位数码管。

序号23:调用延时子函数模块,维持点亮时间,便于观察。

序号24:将 0x3f(数字"0"的字形码)送往 P0 口显示。

序号25:P2 口送数 0xf7,目的是点亮右侧的千位数码管。

序号26:调用延时子函数模块,维持点亮时间,便于观察。

序号27:程序分隔。

序号28:将 0x3f(数字"0"的字形码)送往 P0 口显示。

序号29:P2 口送数 0xef,目的是点亮左侧的个位数码管。

序号30:调用延时子函数模块,维持点亮时间,便于观察。

序号31:将 0x3f(数字"0"的字形码)送往 P0 口显示。

序号32:P2 口送数 0xdf,目的是点亮左侧的十位数码管。

序号33:调用延时子函数模块,维持点亮时间,便于观察。

序号34:将 0x3f(数字"0"的字形码)送往 P0 口显示。

序号35:P2 口送数 0xbf,目的是点亮左侧的百位数码管。

序号36:调用延时子函数模块,维持点亮时间,便于观察。

序号37:将 0x3f(数字"0"的字形码)送往 P0 口显示。

序号38:P2 口送数 0x7f,目的是点亮左侧的千位数码管。

序号 39：调用延时子函数模块,维持点亮时间,便于观察。

序号 40：while 循环语句结束。

序号 41：main 的主函数结束。

## 6.5  8 个 LED 数码管从左至右扫描显示"00000000"(二)

修改程序后在 51 MCU DEMO 试验板上实现：使 8 个 LED 数码管从左至右扫描显示"00000000",每位数码管点亮 1000 ms,即刷新频率 0.125 Hz。

在此修改一下程序,将"delay(1);"改为"delay(1000);",再编译。然后将生成的 hex 文件烧录到 89S51 芯片中,将芯片插入到 LED/16 * 2 字符液晶试验板上,接通 5 V 电源。发现 8 个 LED 数码管轮流显示"0"约 1 s,反复循环。

这是因为将 1000 这个数传递给延时子函数 delay,大大增加了延迟时间。因为延时子函数的形式参数 k 的数据类型为 unsigned int,其数值范围为 0～65 535,可延时长达数十秒,大大方便了用户在宽广的范围内取延迟时间。

这样使用参数传递的方法去改变设备的运行非常方便。如果将延时子函数的数据类型定义为 unsigned char,结果怎么样呢？显然大家已知道,unsigned char 类型的变量,其数值范围仅为 0～255,因此最长延时将大大低于采用 unsigned int 定义的数据类型的延时时间。

那么既然这样,有人会说,干脆不用 unsigned char 的数据类型,而全部使用 unsigned int 的数据类型岂不更好。

为了证明这样的论点是否合理,在此再做一下试验,将 CS6-2.c 程序的第 5 行改为"unsigned char i,j;",其他不变。再编译,然后进行软件仿真。观察到,数码管点亮后延时的准确时间为 0.423 18 ms,比原来的 1.083 99 ms 要短。为什么参数传递的都是 1,晶振频率也不变,但得到的延时时间不一样呢？原因就是数据类型的区别,显然,计算机在处理 16 位的数据类型时要比 8 位数据类型多耗时间。处理几个 16 位数据所多耗的时间可忽略不计,但若要处理的数据很多,则多耗的时间就非常可观了。

## 6.6  变量的数据类型选择

对于变量的数据类型选择有如下的总结：

① 若能预算出变量的变化范围,则可根据变量长度来选择变量类型。要知道提高代码效率的最基本方式就是尽量减小变量的长度,不然既浪费 CPU 的时间、又多消耗内存资源。

② 如果程序中不需要负数,则可使用无符号类型的变量。

③ 如果程序中不需要浮点数,则避免使用浮点数类型的变量。要知道,在 8 位

单片机上使用 32 位浮点数会浪费大量的时间。

# 6.7　数据类型之间的转换

在 C 语言程序的表达式或变量赋值运算中,有时会出现运算对象的数据不一致的情况,C 语言允许任何标准数据类型之间的隐式转换。

隐式转换按以下优先级别自动进行:

bit→char→int→long→float

signed→unsigned

其中箭头方向仅表示数据类型级别的高低,转换时由低向高进行,而不是数据转换时的顺序。例如,将一个 bit 型变量赋给一个 int 型变量时,不需要先将 bit 型变量转换成 char 型变量之后再转换成 int 型变量,而是将 bit 型变量值直接转换成 int 型变量值并完成赋值运算的。一般来说,如果有几个不同类型的数据同时参加运算,先将低级别类型的数据转换成高级别类型,再作运算处理,并且运算结果为高级别类型数据。C 语言除了能对数据类型作自动的隐式转换之外,还可以采用强制类型转换符"()"对数据类型作显式的人为转换。

下面通过两个实验,让读者认识数据类型的隐式转换及强制转换。

# 6.8　无符号字符型变量值与无符号整型变量值相乘实验

## 1. 实现方法

定义 1 个无符号字符型变量 x 并赋初值,再定义 1 个无符号整型变量 y 并赋初值,使无符号字符型变量 x 的值与无符号整型变量 y 的值相乘,其积存于无符号整型变量 z 中。然后将 z 的内容送试验板上右侧 4 个 LED 数码管进行显示。

## 2. 源程序文件

在 D 盘建立一个文件目录(CS6 - 3),然后建立 CS6 - 3.uv2 的工程项目,最后建立源程序文件(CS6 - 3.c)。输入下面的程序:

```
# include <REG51.H>                //1
unsigned char code SEG7[10] = {0x3f, 0x06, 0x5b, 0x4f, 0x66, 0x6d, 0x7d, 0x07, 0x7f, 0x6f};//2
//*******************************3
void delay(unsigned int k)        //4
{                                 //5
unsigned int i,j;                 //6
for(i = 0;i<k;i ++ ){             //7
```

```
    for(j = 0;j<121;j++)              //8
    {;}}                              //9
    }                                 //10
//***********************************11***
void main(void)                       //12
{    unsigned char x = 30;            //13
unsigned int y = 55;                  //14
unsigned int z;                       //15
    z = x * y;                        //16
    while(1)                          //17
    {                                 //18
    P0 = SEG7[z/1000];                //19
    P2 = 0xf7;                        //20
    delay(1);                         //21
    P0 = SEG7[ (z % 1000)/100];       //22
    P2 = 0xfb;                        //23
    delay(1);                         //24
    P0 = SEG7[ (z % 100)/10];         //25
    P2 = 0xfd;                        //26
    delay(1);                         //27
    P0 = SEG7[z % 10];                //28
    P2 = 0xfe;                        //29
    delay(1);                         //30
    }                                 //31
}                                     //32
```

编译通过后,51 MCU DEMO 试验板接通 5 V 稳压电源,将生成的 CS6 - 3. hex 文件下载到试验板上的 89S51 单片机中(**注意:标示"LEDMOD_DATA"及 "LEDMOD_COM"的双排针应插上短路块**)。可以发现右侧 4 个 LED 数码管显示 "1650"。

### 3. 程序分析解释

序号 1:包含头文件 REG51.H。

序号 2:数码管 0~9 的字形码。

序号 3:程序分隔。

序号 4:定义函数名为 delay 的延时子函数。括号中其形式参数传递标识符为 k,数据类型 为 unsigned int。

序号 5:delay 延时子函数开始。

序号 6:定义两个无符号整型变量 i,j。

序号 7~9:两个 for 语句循环体,作用是延时。

序号 10:delay 延时子函数结束。

序号 11:程序分隔。

序号 12:定义函数名为 main 的主函数。

序号 13：main 的主函数开始。定义无符号字符型变量 x 并赋初值 30。

序号 14：定义无符号整型变量 y 并赋初值 55。

序号 15：定义无符号整型变量 z。

序号 16：乘法运算。大家知道，这里 x、y 是两种不同类型的数据，编译器在这里对数据类型作自动的隐式转换，即将 x 先转换成 unsigned int 的数据类型，然后做乘法，以保证运算精度。

序号 17：while 循环语句，这里进行无限循环。

序号 18：while 循环语句开始。

序号 19：取出 z 的千位数，并据此查出字形码送 P0 口。

序号 20：P2 口送数 0xf7，目的是点亮右侧的千位数码管。

序号 21：调用延时子函数模块，维持点亮时间，便于观察。

序号 22：取出 z 的百位数，并据此查出字形码送 P0 口显示。

序号 23：P2 口送数 0xfb，目的是点亮右侧的百位数码管。

序号 24：调用延时子函数模块，维持点亮时间，便于观察。

序号 25：取出 z 的十位数，并据此查出字形码送 P1 口显示。

序号 26：P2 口送数 0xfd，目的是点亮右侧的十位数码管。

序号 27：调用延时子函数模块，维持点亮时间，便于观察。

序号 28：取出 z 的个位数，并据此查出字形码送 P0 口显示。

序号 29：P2 口送数 0xfe，目的是点亮右侧的个位数码管。

序号 30：调用延时子函数模块，维持点亮时间，便于观察。

序号 31：while 循环语句结束。

序号 32：main 的主函数结束。

# 6.9 无符号整型变量值与无符号整型变量值相乘实验

## 1. 实现方法

定义 2 个无符号整型变量 x、y 并赋初值，使无符号整型变量 x 的值与无符号整型变量 y 的值相乘，其积存于无符号字符型变量 z 中。然后将 z 的内容送试验板上右侧 3 个 LED 数码管进行显示。

## 2. 源程序文件

在"我的文档"中建立一个文件目录(CS6 - 4)，然后建立 CS6 - 4. uv2 的工程项目，最后建立源程序文件(CS6 - 4. c)。输入下面的程序：

```
# include <REG51.H>                //1
unsigned char code SEG7[10] = {0x3f, 0x06, 0x5b, 0x4f, 0x66, 0x6d, 0x7d, 0x07, 0x7f,
0x6f};//2
//********************************3***
void delay(unsigned int k)         //4
{                                  //5
```

```
    unsigned int i,j;                    //6
    for(i = 0;i<k;i ++){                  //7
    for(j = 0;j<121;j ++ )               //8
    {;}}                                 //9
    }                                    //10
//*******************************11***
    void main(void)                      //12
    {   unsigned int x = 20;             //13
        unsigned int y = 11;             //14
        unsigned char z;                 //15
        z = ( unsigned char)(x * y);     //16
        while(1)                         //17
        {                                //18
        P0 =  SEG7[z/100];               //19
        P2 = 0xfb;                       //20
        delay(1);                        //21
        P1 =  SEG7[(z % 100)/10];        //22
        P2 = 0xfd;                       //23
        delay(1);                        //24
        P0 =  SEG7[z % 10];              //25
        P2 = 0xfe;                       //26
        delay(1);                        //27
        }                                //28
    }                                    //29
```

编译通过后,51 MCU DEMO 试验板接通 5 V 稳压电源,将生成的 CS6 - 4. hex 文件下载到试验板上的 89S51 单片机中(**注意:标示"LEDMOD_DATA"及"LED-MOD_COM"的双排针应插上短路块**)。可以发现右侧 3 个 LED 数码管显示"220"。

### 3. 程序分析解释

序号 1:包含头文件 REG51.H。

序号 2:数码管 0~9 的字形码。

序号 3:程序分隔。

序号 4:定义函数名为 delay 的延时子函数。括号中其形式参数传递标识符为 k,数据类型为 unsigned int。

序号 5:delay 延时子函数开始。

序号 6:定义两个无符号整型变量 i,j。

序号 7~9:两个 for 语句循环体,作用是延时。

序号 10:delay 延时子函数结束。

序号 11:程序分隔。

序号 12:定义函数名为 main 的主函数。

序号 13:main 的主函数开始。定义无符号字符型变量 x 并赋初值 20。

序号 14：定义无符号整型变量 y 并赋初值 11。

序号 15：定义无符号字符型变量 z。

序号 16：乘法运算。由于事先估计出乘积的值不会超过一个字节的长度（0～255），因此将
　　　　乘积值强制转换成 unsigned char 类型，以节省内存空间。

序号 17：while 循环语句，这里进行无限循环。

序号 18：while 循环语句开始。

序号 19：取出 z 的百位数，并据此查出字形码送 P0 口显示。

序号 20：P2 口送数 0xfb，目的是点亮右侧的百位数码管。

序号 21：调用延时子函数模块，维持点亮时间，便于观察。

序号 22：取出 z 的十位数，并据此查出字形码送 P1 口显示。

序号 23：P2 口送数 0xfd，目的是点亮右侧的十位数码管。

序号 24：调用延时子函数模块，维持点亮时间，便于观察。

序号 25：取出 z 的个位数，并据此查出字形码送 P0 口显示。

序号 26：P2 口送数 0xfe，目的是点亮右侧的个位数码管。

序号 27：调用延时子函数模块，维持点亮时间，便于观察。

序号 28：while 循环语句结束。

序号 29：main 的主函数结束。

Keil C51 编译器除了能支持以上这些基本数据之外，还能支持复杂的构造型数据，如结构类型、联合类型等。这些复杂的数据类型将在后面逐一介绍。

# 第7章
# 常量、变量及存储器类型

## 7.1 常　量

　　常量是在程序执行过程中其值不能改变的量。常量的数据类型有整型、浮点型、字符型和字符串型等,C51 编译器还扩充了一种位(bit)标量。

## 7.2　乘法运算:两个乘数分别为常量与变量

　　在 51 MCU DEMO 试验板上实现乘法运算:两个乘数分别为常量与变量,其积在数码管上显示(最大显示到 50)。

### 1. 实现方法

　　先宏定义 CONST 为常量 2,然后定义 1 个无符号字符型变量 x 并赋初值 1,再定义 1 个无符号整型变量 y 用于存放结果,使 x 的值与 CONST 相乘,其积存于 y 中。然后将 y 的内容送试验板上右侧 2 个 LED 数码管进行显示。每 0.5 s 后 x 的值加 1,直到 26 为止。

### 2. 源程序文件

　　在 D 盘建立一个文件目录(CS7 - 1),然后建立 CS7 - 1.uv2 的工程项目,最后建立源程序文件(CS7 - 1.c)。输入下面的程序:

```
# include <REG51.H>                //1
unsigned char code SEG7[10] = {0x3f,0x06,0x5b,0x4f,0x66,0x6d,0x7d,0x07,0x7f,
0x6f};//2
# define CONST 2                   //3
/* = = = = = = = = = = = = = = = = =4 = = = = = = = = = = = = = = = = * /
```

```
void delay(unsigned int k)          //5
{                                   //6
unsigned int i,j;                   //7
for(i = 0;i<k;i++){                 //8
for(j = 0;j<121;j++)               //9
{;}}                               //10
}                                   //11
// = = = = = = = = = = = = = = = = = = = = =12 = = = = = = = = = = =
void main(void)                     //13
{                                   //14
    unsigned char x = 1,y,i;        //15
while(1)                            //16
    {                               //17
    y = x * CONST;                  //18
    for(i = 0;i<250;i++)           //19
     {                              //20
    P0 = SEG7[ y % 10];             //21
    P2 = 0xfe;                      //22
    delay(1);                       //23
    P0 = SEG7[ y/10];               //24
    P2 = 0xfd;                      //25
    delay(1);                       //26
     }                              //27
    if(x<25)x = x + 1;              //28
     }                              //29
}                                   //30
```

编译通过后,51 MCU DEMO 试验板接通 5 V 稳压电源,将生成的 CS7 - 1. hex 文件下载到试验板上的 89S51 单片机中(**注意**:标示"LEDMOD_DATA"及"LED-MOD_COM"的双排针应插上短路块)。可以看到右边 2 个 LED 数码管从"02"开始显示偶数,即"02"、"04"、…,显示到"50"后不变。

### 3. 程序分析解释

序号 1:包含头文件 REG51.H。

序号 2:数码管 0~9 的字形码。

序号 3:定义 CONST 为常量 2。该行的第一个非空白字符为♯,表示该行是预处理器的伪指令语句行,它虽然处在源程序中,但并不产生程序代码,而是通知预处理器如何操作。这里的作用就是用 CONST 代替 2。

序号 4:程序分隔。

序号 5~11:定义函数名为 delay 的延时子函数。

序号 12:程序分隔。

序号 13:定义函数名为 main 的主函数。

序号 14:main 的主函数开始。

序号 15:定义无符号字符型变量 x 并赋初值 1。定义无符号字符型变量 y、i。

序号 16:while 循环语句,这里进行无限循环。

序号 17:while 循环语句开始。

序号 18:将变量 x 与常量 CONST 相乘,其积放 y 中。

序号 19:for 循环语句,用于点亮最右侧的 2 个数码管。

序号 20:for 循环语句开始。

序号 21:取出 y 个位数的字形码送 P0 口。

序号 22:点亮个位数码管。

序号 23:延时 1 ms 以便观察清楚。

序号 24:取出 y 十位数的字形码送 P0 口。

序号 25:点亮十位数码管。

序号 26:延时 1 ms 以便观察清楚。

序号 27:for 循环语句结束。

序号 28:如果变量 x 小于 25 则加 1。

序号 29:while 循环语句结束。

序号 30:main 的主函数结束。

# 7.3 变 量

变量是一种在程序执行过程中其值可以变化的量。C 语言程序中的每一个变量都必须有一个标识符作为它的变量名。同样,变量的数据类型也有整型、浮点型、字符型和字符串型以及位(bit)标量。

# 7.4 存储器类型

在使用一个变量或常量之前,必须先对该变量或常量进行定义,指出它的数据类型和存储器类型,以便编译系统为它分配相应的存储单元。在 C51 中对变量进行定义的格式如下:

[存储种类] 数据类型 [存储器类型] 变量名表

如:auto int data x;
    char code y = 0x55;

其中,"存储种类"和"存储器类型"是可选项。变量的存储种类有 4 种:自动(auto)、外部(extern)、静态(static)和寄存器(register)。在定义一个变量时如果省略存储种类选项,则该变量将为自动(auto)变量。

定义一个变量时除了需要说明其数据类型之外,Keil C51 编译器还允许说明变量的存储器类型。Keil C51 编译器完全支持 80C51 系列单片机的硬件结构,可以访问其硬件系统的所有部分。对于每个变量可以准确地赋予其存储器类型,使之能够在单片机系统内准确地定位。表 7.1 列出了 Keil C51 编译器所能识别的存储器类型。

**表 7.1　Keil C51 编译器的存储器类型**

| 存储器类型 | 说　明 |
| --- | --- |
| data | 直接访问内部数据存储器(128 B),访问速度最快 |
| bdata | 可位寻址内部数据存储器(16 B),允许位与字节混合访问 |
| idata | 间接访问内部数据存储器(256 B),允许访问全部内部地址 |
| pdata | 分页访问外部数据存储器(256 B),用 MOVX @Ri 指令访问 |
| xdata | 外部数据存储器(64 KB),用 MOVX @DPTR 指令访问 |
| code | 程序存储器(64 KB),用 MOVC @A+DPTR 指令访问 |

定义变量时如果省略“存储器类型”选项,则按编译模式 SMALL、COMPACT 或 LARGE 所规定的默认存储器类型确定变量的存储区域,不能位于寄存器中的参数传递变量和过程变量也保存在默认的存储器区域内。C51 编译器的 3 种存储器模式(默认的存储器类型)对变量的影响如下:

## 1. SMALL

变量被定义在 80C51 单片机的内部数据存储器(data 区)中,因此对这种变量的访问速度最快。另外,所有的对象,包括堆栈,都必须嵌入内部数据存储器,而堆栈的长度是很重要的,实际栈长取决于不同函数的嵌套深度。

## 2. COMPACT

变量被定义在分页外部数据存储器(pdata 区)中,外部数据段的长度可达 256 字节。这时对变量的访问是通过寄存器间接寻址(MOVX　@Ri)进行的,堆栈位于 80C51 单片机内部数据存储器中。采用这种编译模式时,变量的高 8 位地址由 P2 口确定。因此,在采用这种模式的同时,必须适当改变启动程序 STARTUP.A51 中的参数:PDATASTART 和 PDATALEN,用 L51 进行连接时还必须采用连接控制命令 PDATA 来对 P2 口地址进行定位,这样才能确保 P2 口为所需要的高 8 位地址。

## 3. LARGE

变量被定义在外部数据存储器(xdata 区,最大可达 64 KB)中,使用数据指针 DPTR 来间接访问变量。这种访问数据的方法效率是不高的,尤其是对于 2 个或多个字节的变量,用这种数据访问方法对程序的代码长度影响非常大。另外一个不方便之处是这种数据指针不能对称操作。

80C51 系列单片机具有 21 个特殊功能寄存器,它们离散分布在片内 RAM 的高 128 字节中,如定时器方式控制寄存器 TMOD、中断允许控制寄存器 IE 等。为了能够直接访问这些特殊功能寄存器,C51 编译器扩充了关键字 sfr 和 sfr16,利用这种扩充关键字可以在 C 语言源程序中直接对 80C51 单片机的特殊功能寄存器进行定义。定义方法如下：

sfr 特殊功能寄存器名＝地址常数；

例如，sfr TMOD＝0x89;//定义定时器/计数器方式控制寄存器,其地址为 89H。

这里需要注意的是,在关键字 sfr 后面必须是一个名字,名字可任意选取,但应符合一般习惯。等号后面必须是常数,不允许有带运算符的表达式,而且该常数必须在特殊功能寄存器的地址范围之内(80H～0FFH)。

在新一代的增强型 80C51 单片机中,特殊功能寄存器经常组合成 16 位来使用。为了有效地访问这种 16 位的特殊功能寄存器,可采用关键字 sfr16,例如,对 80C52 单片机的定时器 T2,可采用如下的方法来定义：

sfr16 T2＝0xCC;//定义 T2,其地址为 T2L＝0CCH,T2H＝0CDH。

这里 T2 为特殊功能寄存器名,等号后面是它的低字节地址,其高字节地址必须在物理上直接位于低字节之后。这种定义方法适用于所有新一代的 80C51 增强型单片机中新增加的特殊功能寄存器的定义。

在 80C51 单片机应用系统中经常需要访问特殊功能寄存器中的某些位,C51 编译器为此提供了一种扩充关键字 sbit,利用它可以访问可位寻址对象。使用方法有如下 3 种：

① sbit 位变量名＝位地址

这种方法将位的绝对地址赋给位变量,位地址必须位于 80H～0FFH 之间。例如：

```
sbit OV = 0xD2;
sbit CY = 0xD7;
```

② sbit 位变量名＝特殊功能寄存器名^位位置

当可寻址位位于特殊功能寄存器中时可采用这种方法。"位位置"是一个 0～7 之间的常数。例如：

```
sbit OV = PSW^2;
sbit CY = PSW^7;
```

③ sbit 位变量名＝字节地址^位位置

这种方法以一个常数(字节地址)作为基址,该常数必须在 80H～0FFH 之间。"位位置"是一个 0～7 之间的常数。例如：

```
sbit OV = 0xD0^2;
sbit CY = 0xD0^7;
```

当位对象位于 80C51 单片机内部存储器的可位寻址区 bdata 时称为"可位寻址对象"。C51 编译时会将对象放入 80C51 单片机内部可位寻址区。例如：

```
int bdata my_x = 12345;
```

使用关键字可以独立访问可位寻址对象中的某一位。例如：

```
sbit my_bit0 = my_x^0;

sbit my_bit15 = my_x^15;
```

操作符后面的位位置的最大值（即"^"后面的值）取决于指定的基址类型，对于 char 来说是 0~7；对于 int 来说是 0~15；对于 long 来说是 0~31。

从变量的作用范围来看，有全局变量和局部变量之分。

全局变量是指在程序开始处或各个功能函数的外面所定义的变量，在程序开始处定义的全局变量在整个程序中有效，可供程序中所有的函数共同使用，而在各功能函数外面定义的全局变量只对从定义处开始往后的各个函数有效，只有从定义处往后的各个功能函数可以使用该变量，定义处前面的函数则不能使用它。

局部变量是指在函数内部或以花括号"{ }"围起来的功能块内部所定义的变量，局部变量只在定义它的函数或功能块以内有效，在该函数或功能块以外则不能使用它。因此局部变量可以与全局变量同名，但在这种情况下局部变量的优先级较高，而同名的全局变量在该功能块内被暂时屏蔽。

从变量的存在时间来看又可分为静态存储变量和动态存储变量。

静态存储变量是指在程序运行期间其存储空间固定不变的变量，动态存储变量是指该变量的存储空间不确定，在程序运行期间根据需要动态地为该变量分配存储空间。一般来说，全局变量为静态存储变量，局部变量为动态存储变量。

在进行程序设计的时侯经常需要给一些变量赋以初值，C 语言允许在定义变量的同时给变量赋初值。例如：

```
unsigned char data val = 5;

int xdata y = 10000;
```

# 7.5　两个局部变量 val1、val2 的显示实验

在 51 MCU DEMO 试验板上实现两个局部变量 val1、val2 的显示：val1 的值在右边的个位、十位 2 个数码管上显示，1~99 变化；val2 的值在右边的百位、千位 2 个数码管上显示，1~99 显示奇数。

## 1. 实现方法

在主函数内定义 2 个局部变量（val1、val2）并赋初值 1，然后在数码管上显示 0.5 s。0.5 s 到后，val1 加 1，val2 加 2，再显示 0.5 s……直到 val1、val2 增加后的值大于或等于 100 后，又从 1 开始重新递增。

## 2. 源程序文件

在 D 盘建立一个文件目录(CS7 - 2),然后建立 CS7 - 2. uv2 的工程项目,最后建立源程序文件(CS7 - 2. c)。输入下面的程序:

```
# include <REG51.H>              //1
unsigned char code SEG7[10] = {0x3f,0x06,0x5b,0x4f,0x66,0x6d,0x7d,0x07,0x7f,
0x6f};//2
/* =====================3==============*/
void delay(unsigned int k);      //4
//----------------------5--------------------
void main(void)                  //6
{                                //7
unsigned char val1 = 1,val2 = 1,i;  //8
while(1)                         //9
{                                //10
    for(i = 0;i<250;i++)         //11
    {                            //12
    P0 = SEG7[ val1 % 10];       //13
    P2 = 0xfe;                   //14
    delay(1);                    //15
    P0 = SEG7[ val1/10];         //16
    P2 = 0xfd;                   //17
    delay(1);                    //18
    P0 = SEG7[ val2 % 10];       //19
    P2 = 0xfb;                   //20
    delay(1);                    //21
    P2 = SEG7[ val2/10];         //22
    P2 = 0xf7;                   //23
    delay(1);                    //24
    }                            //25
    val1 = val1 + 1;             //26
    if(val1>99){val1 = 1;}       //27
    val2 = val2 + 2;             //28
    if(val2>99){val2 = 1;}       //29
    }                            //30
}                                //31
//--------------------32----------------
void delay(unsigned int k)       //33
{                                //34
unsigned int i,j;                //35
for(i = 0;i<k;i++){              //36
for(j = 0;j<121;j++)             //37
{;}}                             //38
}                                //39
```

编译通过后,51 MCU DEMO 试验板接通 5 V 稳压电源,将生成的 CS7 - 2. hex 文件下载到试验板上的 89S51 单片机中(**注意:标示"LEDMOD_DATA"及"LED-MOD_COM"的双排针应插上短路块**)。右边的个位、十位 2 个数码管上显示 1~99 变化。右边的百位、千位 2 个数码管上显示 1~99 的奇数。

### 3. 程序分析解释

序号 1:包含头文件 REG51.H。

序号 2:数码管 0~9 的字形码。

序号 3:程序分隔。

序号 4:延时子函数声明。

序号 5:程序分隔。

序号 6:定义函数名为 main 的主函数。

序号 7:main 的主函数开始。

序号 8:定义无符号字符型变量 val1、val2 及 i,val1、val2 赋初值 1。

序号 9:while 循环语句,这里进行无限循环。

序号 10:while 循环语句开始。

序号 11:for 循环语句,用于点亮右侧的 4 个数码管。

序号 12:for 循环语句开始。

序号 13:取出 val1 个位数的字形码送 P0 口。

序号 14:点亮个位数码管。

序号 15:延时 1 ms 以便观察清楚。

序号 16:取出 val1 十位数的字形码送 P0 口。

序号 17:点亮十位数码管。

序号 18:延时 1 ms 以便观察清楚。

序号 19:取出 val2 个位数的字形码送 P0 口。

序号 20:点亮百位数码管。

序号 21:延时 1 ms 以便观察清楚。

序号 22:取出 val2 十位数的字形码送 P0 口。

序号 23:点亮千位数码管。

序号 24:延时 1 ms 以便观察清楚。

序号 25:for 循环语句结束。

序号 26:变量 val1 加 1 以便下一次操作。

序号 27:如果 val1 大于 99,则重置为 1。

序号 28:变量 val2 加 2 以便下一次操作。

序号 29:如果 val2 大于 99,则重置为 1。

序号 30:while 循环语句结束。

序号 31:main 的主函数结束。

序号 32:程序分隔。

序号 33~39:延时子函数。

# 7.6　全局变量 globe_x 的显示实验

在 51 MCU DEMO 试验板上实现全局变量 globe_x 的显示。两个子函数模块分别对全局变量 globe_x 进行加、减操作。

## 1. 实现方法

7.5 节实验中的两个变量 val1、val2 均为局部变量,其作用范围在主函数 main()内。而现在 7.6 节进行的是全局变量 globe_x 的实验,其作用范围从开始定义处直到包括整个程序文件结束。

在程序开始处定义全局变量 globe_x,然后定义两个子函数模块 add、subb,在子函数模块 add、subb 内实现对 globe_x 的加、减操作。

## 2. 源程序文件

在 D 盘建立一个文件目录(CS7-3),然后建立 CS7-3.uv2 的工程项目,最后建立源程序文件(CS7-3.c)。输入下面的程序:

```
# include <REG51.H>                        //1
unsigned char code SEG7[10] = {0x3f,0x06,0x5b,0x4f,0x66,0x6d,0x7d,0x07,0x7f,
0x6f};//2
int data globe_x;                          //3
//---------------------------4-------------  -----------
void add(void);                            //5
void subb(void);                           //6
void delay(unsigned int k);                //7
void display(void);                        //8
//---------------------------9-------------------------
void main(void)                            //10
{                                          //11
    while(1)                               //12
    {                                      //13
    add();                                 //14
    display();                             //15
    subb();                                //16
    display();                             //17
    if(globe_x>999) {globe_x = 0;}         //18
    }                                      //19
}                                          //20
//---------------------------21-------------
void add(void)                             //22
{                                          //23
globe_x = globe_x + 3;                     //24
}                                          //25
//---------------------------26-------------
void subb(void)                            //27
{                                          //28
globe_x = globe_x - 2;                     //29
```

```
}                              //30
// - - - - - - - - - - - - - - - - - - -31 - - - - - - - - - - -
void delay(unsigned int k)     //32
{                              //33
unsigned int i,j;              //34
for(i = 0;i<k;i ++ ){          //35
for(j = 0;j<121;j ++ )         //36
{;}}                           //37
}                              //38
// - - - - - - - - - - - - - - - - - - -39 - - - - - - - - - - -
void display(void)             //40
{                              //41
unsigned char i;               //42
for(i = 0;i<250;i ++ )         //43
    {                          //44
    P0 =  SEG7[globe_x /100];   //45
    P2 = 0xfb;                 //46
    delay(1);                  //47
    P0 =  SEG7[(globe_x % 100)/10];  //48
    P2 = 0xfd;                 //49
    delay(1);                  //50
    P0 =  SEG7[globe_x % 10];   //51
    P2 = 0xfe;                 //52
    delay(1);                  //53
    }                          //54
}                              //55
```

编译通过后,51 MCU DEMO 试验板接通 5 V 稳压电源,将生成的 CS7 - 3. hex 文件下载到试验板上的 89S51 单片机中(**注意:标示"LEDMOD_DATA"及"LED-MOD_COM"的双排针应插上短路块**)。用户发现,add()与 subb()两个子函数都能对全局变量 globe_x 进行操作。add()的作用使 globe_x 每次加 3,subb()的作用使 globe_x 每次减 2。原因是 globe_x 为定义在程序起始处的全局变量,这样从它定义处之后的任何函数语句都能对其操作,即它的作用范围是"全局"性的。

### 3. 程序分析解释

序号 1:包含头文件 REG51.H。
序号 2:数码管 0～9 的字形码。
序号 3:在 data 区定义全局变量 globe_x。
序号 4:程序分隔。
序号 5:子函数 add()声明。
序号 6:子函数 subb()声明。
序号 7:延时子函数声明。
序号 8:显示时子函数声明。

序号 9:程序分隔。

序号 10:定义函数名为 main 的主函数。

序号 11:main 的主函数开始。

序号 12:while 循环语句进行无限循环。

序号 13:while 循环语句开始。

序号 14:调用 add()子函数。

序号 15:调用显示子函数进行显示。

序号 16:调用 subb()子函数。

序号 17:调用显示子函数进行显示。

序号 18:若全局变量 globe_x 的值大于 999,则清 0。

序号 19:while 循环语句结束。

序号 20:main 的主函数结束。

序号 21:程序分隔。

序号 22:定义函数名为 add 的子函数。

序号 23:add 子函数开始。

序号 24:全局变量 globe_x 加 3。

序号 25:add 子函数结束。

序号 26:程序分隔。

序号 27:定义函数名为 subb 的子函数。

序号 28:subb 子函数开始。

序号 29:全局变量 globe_x 减 2。

序号 30:subb 子函数结束。

序号 31:程序分隔。

序号 32~38:延时子函数。

序号 39:程序分隔。

序号 40:定义函数名为 display 的子函数。

序号 41:display 子函数开始。

序号 42:定义无符号字符型变量 i。

序号 43:for 循环语句,用于点亮右侧的 3 个数码管。

序号 44:for 循环语句开始。

序号 45:取出全局变量 globe_x 的百位数送 P0 口。

序号 46:点亮百位数码管。

序号 47:延时 1 ms 以便观察清楚。

序号 48:取出全局变量 globe_x 的十位数送 P0 口。

序号 49:点亮十位数码管。

序号 50:延时 1 ms 以便观察清楚。

序号 51:取出全局变量 globe_x 的个位数送 P0 口显示。

序号 52:点亮个位数码管。

序号 53:延时 1 ms 以便观察清楚。

序号 54:for 循环语句结束。

序号 55:display 的子函数结束。

# 第 **8** 章
# 编译预处理及重新定义数据类型

所谓编译预处理,是编译器在对 C 语言源程序进行正常编译之前,先对一些特殊的预处理命令作解释,产生一个新的源程序。编译预处理主要为程序调试、移植等提供便利,是一个非常实用的功能。

## 8.1 宏定义

在源程序中,为了区分预处理命令和一般的 C 语句的不同,所有预处理命令行都以符号"♯"开头,并且结尾不用分号。预处理命令可以出现在程序任何位置,但习惯上尽可能地写在源程序的开头,其作用范围从其出现的位置到文件尾。

C 语言提供的预处理命令主要有:宏定义、文件包含和条件编译。其中宏定义分为带参数的宏定义和不带参数的宏定义。

### 1. 不带参数的宏定义

不带参数的宏定义的一般形式为:

♯define 标识符 字符串

它的作用是在编译预处理时,将源程序中所有标识符替换成字符串。例如:

```
♯define  PI  3.14
♯define uint unsigned int
```

当需要修改元素时,只要直接修改宏定义即可,无需修改程序中所有出现元素个数的地方。所以,宏定义不仅提高了程序的可读性,便于调试,同时也方便了程序的移植。

无参数的宏定义使用时,要注意以下几个问题:

① 宏名一般用大写字母,以便于与变量名的区别。当然,用小写字母也不为错。

② 在编译预处理中宏名与字符串进行替换时,不作语法检查,只是简单的字符串替换,只有在编译时才对已经展开宏名的源程序进行语法检查。

③ 宏名的有效范围是从定义位置到文件结束。如果需要终止宏定义的作用域,可以用♯undef 命令。例如:

♯undef  PI

则该语句之后的 PI 不再代表 3.14,这样可以灵活控制宏定义的范围。

④ 宏定义时可以引用已经定义的宏名。例如:

♯define  R   2.0
♯define  PI  3.14
♯define  ALL  PI＊R

⑤ 对程序中用双引号扩起来的字符串内的字符,不进行宏的替换操作。

**2. 带参数的宏定义**

为了进一步扩大宏的应用范围,在定义宏时还可以带参数。带参数的宏定义的一般形式为:

♯define  标识符(参数表)  字符串

它的作用是在编译预处理时,将源程序中所有标识符替换成字符串,并且将字符串中的参数用实际使用的参数替换。例如:

♯define  S(a,b)  (a＋b)/2

源程序中如果使用了 S(3,4),在编译预处理时将替换为(3＋4)/2。

# 8.2  两数相加并输出结果实验

在 51 MCU DEMO 试验板上实现两数相加并输出结果,变量的数据类型用宏定义的缩写形式。

**1. 实现方法**

将无符号字符型数据类型"unsigned char"宏定义为"uchar",将无符号整型数据类型"unsigned int"宏定义为"uint",便于程序中使用。在主函数中定义 3 个"uchar"型的变量 a、b、sum,a 和 b 分别赋给初值,然后求和并赋予 sum。最后将 sum 的值输出到数码管上显示。

**2. 源程序文件**

在 D 盘建立一个文件目录(CS8－1),然后建立 CS8－1.uv2 的工程项目,最后建立源程序文件(CS8－1.c)。输入下面的程序:

```
# include <REG51.H>                    //1
# define uchar unsigned char           //2
# define uint unsigned int             //3
uchar code SEG7[10] = {0x3f,0x06,0x5b,0x4f,0x66,0x6d,0x7d,0x07,0x7f,0x6f};//4
// = = = = = = = = = = = = = = = = = = =5 = = = = = = = = = = =
void delay(uint k)                     //6
{                                      //7
uint i,j;                              //8
for(i = 0;i<k;i ++ ){                  //9
for(j = 0;j<121;j ++ )                 //10
{;}}                                   //11
}                                      //12
// = = = = = = = = = = = = = = = = = = =13 = = = = = = =
void main(void)                        //14
{                                      //15
    uchar a,b,sum;                     //16
    a = 55;                            //17
    b = 200;                           //18
    sum = a + b;                       //19
    while(1)                           //20
    {                                  //21
    P0 =  SEG7[ sum/100];              //22
    P2 = 0xfb;                         //23
    delay(1);                          //24
    P0 =  SEG7[ (sum % 100)/10];       //25
    P2 = 0xfd;                         //26
    delay(1);                          //27
    P0 =  SEG7[ sum % 10];             //28
    P2 = 0xfe;                         //29
    delay(1);                          //30
    }                                  //31
}                                      //32
```

编译通过后,51 MCU DEMO 试验板接通 5 V 稳压电源,将生成的 CS8 - 1. hex 文件下载到试验板上的 89S51 单片机中(**注意:标示"LEDMOD_DATA"及"LED-MOD_COM"的双排针应插上短路块**)。右边 3 个 LED 数码管显示"255"。通过宏定义,可以发现原来长长的"unsigned char"、"unsigned int"现变成了"uchar"、"uint",是不是更方便使用了?

## 3. 程序分析解释

序号 1:包含头文件 REG51. H。

序号 2:数据类型"unsigned char"用宏定义为简写形式"uchar"。

序号 3:数据类型"unsigned int"用宏定义为简写形式"uint"。

序号 4:数码管 0~9 的字形码。

序号 5:程序分隔。

序号 6~12:延时子函数。

序号 13:程序分隔。

序号 14:定义函数名为 main 的主函数。

序号 15:main 的主函数开始。

序号 16:定义无符号字符型变量 a、b、sum。

序号 17:a 赋值 55。

序号 18:b 赋值 200。

序号 19:a、b 作加法运算,其和送 sum。

序号 20:while 循环语句,这里进行无限循环。

序号 21:while 循环语句开始。

序号 22:取出 sum 的百位数送 P0 口显示。

序号 23:点亮百位数码管。

序号 24:延时 1 ms 以便观察清楚。

序号 25:取出 sum 的十位数送 P0 口显示。

序号 26:点亮十位数码管。

序号 27:延时 1 ms 以便观察清楚。

序号 28:取出 sum 的个位数送 P0 口显示。

序号 29:点亮个位数码管。

序号 30:延时 1 ms 以便观察清楚。

序号 31:while 循环语句结束。

序号 32:main 的主函数结束。

# 8.3　使用带参数的宏定义进行运算

## 1. 实现方法

将无符号字符型数据类型"unsigned char"宏定义为"uchar",将无符号整型数据类型"unsigned int"宏定义为"uint",便于程序中使用。另外,将(a−b) * 3 宏定义为 S(a,b),即 a、b 作为参数使用。在此使用带参数的宏进行数学计算,并将计算结果输出到数码管上显示。

## 2. 源程序文件

在 D 盘建立一个文件目录(CS8 - 2),然后建立 CS8 - 2. uv2 的工程项目,最后建立源程序文件(CS8 - 2. c)。输入下面的程序:

```
# include <REG51.H>            //1
# define uchar unsigned char    //2
# define uint unsigned int      //3
```

```
#define  S(a,b)  (a-b)*3        //4
uchar code SEG7[10] = {0x3f,0x06,0x5b,0x4f,0x66,0x6d,0x7d,0x07,0x7f,0x6f};//5
// = = = = = = = = = = = = = = = = = = = = =6 = = = = = = = = = = =
void delay(uint k)                //7
{                                 //8
uint i,j;                         //9
for(i = 0;i<k;i++){               //10
for(j = 0;j<121;j++)              //11
{;}}                              //12
}                                 //13
// = = = = = = = = = = = = = = = = = = = = =14 = = = = = = = = =
void main(void)                   //15
{                                 //16
    uchar out;                    //17
    out =  S(100,50);             //18
while(1)                          //19
    {                             //20
    P0 =  SEG7[out/100];          //21
    P2 = 0xfb;                    //22
    delay(1);                     //23
    P0 =  SEG7[ (out % 100)/10];  //24
    P2 = 0xfd;                    //25
    delay(1);                     //26
    P0 =  SEG7[ out % 10];        //27
    P2 = 0xfe;                    //28
    delay(1);                     //29
    }                             //30
}                                 //31
```

编译通过后,51 MCU DEMO 试验板接通 5 V 稳压电源,将生成的 CS8 - 2. hex 文件下载到试验板上的 89S51 单片机中(**注意**:标示"LEDMOD\_DATA"及"LED-MOD\_COM"的双排针应插上短路块)。右边 3 个 LED 数码管显示"150"。

### 3. 程序分析解释

序号 1:包含头文件 REG51.H。

序号 2～3:数据类型的宏定义。

序号 4:带参数的宏定义。

序号 5:数码管 0～9 的字形码。

序号 6:程序分隔。

序号 7～13:延时子函数。

序号 14:程序分隔。

序号 15:定义函数名为 main 的主函数。

序号 16：main 的主函数开始。

序号 17：定义无符号字符型变量 out。

序号 18：使用参数宏进行计算，其结果送 out。

序号 19：while 循环语句，这里进行无限循环。

序号 20：while 循环语句开始。

序号 21：取出 out 的百位数送 P0 口显示。

序号 22：点亮百位数码管。

序号 23：延时 1 ms 以便观察清楚。

序号 24：取出 out 的十位数送 P0 口显示。

序号 25：点亮十位数码管。

序号 26：延时 1 ms 以便观察清楚。

序号 27：取出 sum 的个位数送 P0 口显示。

序号 28：点亮个位数码管。

序号 29：延时 1 ms 以便观察清楚。

序号 30：while 循环语句结束。

序号 31：main 的主函数结束。

# 8.4 文件包含

文件包含实际上就是前面已经多次用到的♯include 命令实现的功能，即一个源程序文件可以包含另外一个源程序文件的全部内容。文件包含不仅可以包含头文件，如♯include ＜REG51.H＞，还可以包含用户自己编写的源程序文件，如♯include ＜MY_PROG.C＞。

## 1. 文件包含预处理命令的一般形式

文件包含预处理命令的一般形式为：

♯include ＜文件名＞或♯include "文件名"

上述两种方式的区别是：前一种形式的文件名用尖括弧括起来，系统将到包含 C 语言库函数的头文件所在的目录（通常是 KEIL 目录中的 include 子目录）中寻找文件；后一种形式的文件名用双引号括起来，系统先在当前目录下寻找，若找不到，再到其他路径中寻找。

## 2. 文件包含使用注意

文件包含的使用应注意以下几点：

① 一个♯include 命令只能指定一个被包含的文件。

②"文件包含"可以嵌套。在文件包含的嵌套时，如果文件 1 包含了文件 2，而文件 2 包含了文件 3，则文件 1 也要包含文件 3，并且文件 3 的包含要写在文件 2 的包含之前，即文件 1 中的"文件包含"说明如下：

```
＃include ＜文件名 1＞
＃include ＜文件名 2＞
```

　　"文件包含"命令为多个源程序文件的组装提供了一种方法。在编写程序时,习惯上将公共的符号常量定义、数据类型定义和 extern 类型的全局变量说明构成一个源文件,并以".H"为文件名的后缀。如果其他文件用到这些说明时,只要包含该文件即可,无需再重新说明,减少了工作量。而且这样编程使得各源程序文件中的数据结构、符号常量以及全局变量形式统一,便于程序的修改和调试。

# 8.5　条件编译

　　"条件编译"命令允许对程序中的内容选择性地编译,即可以根据一定的条件选择是否编译。

　　条件编译命令主要有以下几种形式:

## 1. 形式 1

```
＃ifdef　　标识符
程序段 1
＃else
程序段 2
＃endif
```

　　它的作用是当"标识符"已经由 ＃define 定义过了,则编译"程序段 1",否则编译"程序段 2"。其中如果不需要编译"程序段 2",则上述形式可以变换为:

```
＃ifdef　　标识符
程序段 1
＃endif
```

## 2. 形式 2

```
＃ifndef　　标识符
程序段 1
＃else
程序段 2
＃endif
```

　　它的作用是当"标识符"没有由 ＃define 定义过,则编译"程序段 1",否则编译"程序段 2"。同样,当无"程序段 2"时,则上述形式变换为:

```
＃ifndef　　标识符
程序段 1
```

```
# endif
```

### 3. 形式 3

```
# if   表达式
程序段 1
# else
程序段 2
# endif
```

它的作用是当"表达式"值为真时,编译"程序段 1",否则编译"程序段 2"。同样当无"程序段 2"时,则上述形式变换为:

```
# if   表达式
程序段 1
# endif
```

以上 3 种形式的条件编译预处理结构都可以嵌套使用。当 # else 后嵌套 # if 时,可以使用预处理命令 # elif,它相当于 # else # if。

在程序中使用条件编译主要是为了方便程序的调试和移植。

例如,用户在调试时需输出某个变量 x 的值进行分析,可采用以下方法:

```
# define DEBUG
  ⋮
# ifdef DEBUG
printf("x = % d\n",x);
# endif
```

调试完毕,系统正常运行后,只需将 # define DEBUG 进行删除或注释掉即可。

## 8.6  重新定义数据类型

在 C 语言程序中,用户可以根据自己的需要对数据类型重新定义。使用关键字 typedef 的定义方法如下:

```
typedef   已有的数据类型   新的数据类型名;
```

其中"已有的数据类型"是指上面所介绍的 C 语言中所有的数据类型,包括结构、指针和数组等,"新的数据类型名"可按用户自己的习惯或根据任务需要决定。关键字 typedef 的作用只是将 C 语言中已有的数据类型作了置换,因此可用置换后的新数据类型名来进行变量的定义。例如:

```
typedef int WORD;        //定义 WORD 为新的整型数据类型名
```

一般而言,对 typedef 定义的新数据类型用大写字母表示,以便与 C 语言中原有的数据类型相区别。另外还要注意,用 typedef 可以定义各种新的数据类型名,但不能直接用来定义变量。typedef 只是对已有的数据类型作了一个名字上的置换,并没有创造出一个新的数据类型,例如前面例子中的 WORD,它只是 int 类型的一个新名字而已。采用 typedef 来重新定义数据类型有利于程序的移植,同时还可以简化较长的数据类型定义(如结构数据类型等)。在采用多模块程序设计时,如果不同的模块程序源文件中用到同一类型的数据时(尤其是像数组、指针、结构、联合等复杂数据类型),经常用 typedef 将这些数据重新定义并放到一个单独的文件中,需要时再用预处理命令 #include 将它们包含进来。

# 8.7　8 个 LED 模拟彩灯闪烁实验

用 typedef 重新定义数据类型,变量 val 赋值后送 51 MCU DEMO 试验板,使板上的 8 个 LED 模拟彩灯闪烁。

## 1. 实现方法

将无符号字符型数据类型"unsigned char"重新定义为"U8_BYTE",将无符号整型数据类型"unsigned int"重新定义为"U16_WORD"。然后在主函数中定义一个 U8_BYTE 型变量 val。向 val 分别赋值 0x55、0xaa,每次 val 赋值后输出至 P1 口,驱动 LED 显示。

## 2. 源程序文件

在 D 盘建立一个文件目录(CS8-3),然后建立 CS8-3. uv2 的工程项目,最后建立源程序文件(CS8-3. c)。输入下面的程序:

```
# include <REG51.H>                //1
typedef unsigned char U8_BYTE;     //2
typedef unsigned int U16_WORD;     //3
void delay(U16_WORD k);            //4
// = = = = = = = = = = = = = = = = = = = = =5= = = = = = = = = =
void main(void)                    //6
{                                  //7
U8_BYTE val;                       //8
    while(1)                       //9
    {                              //10
    val = 0x55;                    //11
    P1 = val;                      //12
    delay(500);                    //13
    val = 0xaa;                    //14
    P1 = val;                      //15
    delay(500);                    //16
```

```
        }                        //17
    }                            //18
//- - - - - - - - - - - - - - - - - -19- - - - - - - - - - - - - - - - - -
void delay(U16_WORD k)           //20
{                                //21
U16_WORD i,j;                    //22
for(i = 0;i<k;i ++ ){            //23
for(j = 0;j<121;j ++ )           //24
{;}}                             //25
    }                            //26
```

编译通过后,51 MCU DEMO 试验板接通 5 V 稳压电源,将生成的 CS8 - 3. hex 文件下载到试验板上的 89S51 单片机中(**注意**:标示"LED"的双排针应插上短路块)。8 个 LED 的奇数位点亮 0.5 s,然后偶数位又点亮 0.5 s,反复循环,煞是好看。

### 3. 程序分析解释

序号 1:包含头文件 REG51.H。

序号 2:用 typedef 重新定义数据类型,定义 U8_BYTE 为 8 位长度的无符号字符型数据类型。

序号 3:用 typedef 重新定义数据类型,定义 U16_WORD 为 16 位长度的无符号整型数据类型。

序号 4:延时子函数声明。

序号 5:程序分隔。

序号 6:定义函数名为 main 的主函数。

序号 7:main 的主函数开始。

序号 8:定义无符号字符型变量 val。

序号 9:while 循环语句进行无限循环。

序号 10:while 循环语句开始。

序号 11:val 赋值 0x55。

序号 12:val 送 P1 口显示。

序号 13:调用 0.5 s 延时子函数。

序号 14:val 赋值 0xaa。

序号 15:val 送 P1 口显示。

序号 16:调用 0.5 s 延时子函数。

序号 17:while 循环语句结束。

序号 18:main 的主函数结束。

序号 19:程序分隔。

序号 20~26:延时子函数。

# 第 **9** 章

# 运算符与表达式

C 语言对数据有很强的表达能力,具有十分丰富的运算符,利用这些运算符可以组成各种表达式及语句。运算符就是完成某种特定运算的符号。表达式则是由运算符及运算对象所组成的具有特定含义的一个式子。由运算符或表达式可以组成 C 语言程序的各种语句。C 语言是一种表达式语言,在任意一个表达式的后面加一个分号";"就构成了一个表达式语句。

按照运算符在表达式中所起的作用,可分为算术运算符、关系运算符、逻辑运算符、赋值运算符、增量与减量运算符、逗号运算符、条件运算符、位运算符、指针和地址运算符、强制类型转换运算符和 sizeof 运算符等。运算符按其在表达式中与运算对象的关系,又可分为单目运算符、双目运算符和三目运算符等。单目运算符只需要有一个运算对象,双目运算符要求有两个运算对象,三目运算符要求有三个运算对象。

## 9.1　算术运算符与表达式

C 语言提供的算术运算符有:

＋　　加或取正值运算符,如 1＋2 的结果为 3。

－　　减或取负值运算符,如 4－3 的结果为 1。

＊　　乘运算符,如 2＊3 的结果为 6。

/　　除运算符,如 6/3 的结果为 2。

％　　模运算符,或称取余运算符,如 7％3 的结果为 1。

上面这些运算符中加、减、乘、除为双目运算符,它们要求有两个运算对象。取余运算要求两个运算对象均为整型数据,如果不是整型数据可以采用强制类型转换,如 8％3 的结果为 2。取正值和取负值为单目运算符,它们的运算对象只有一个,分别是取运算对象的正值和负值。

# 9.2 数学运算与显示实验

## 1. 实现方法

定义 4 个无符号字符型变量 out、a、b、c,给 a、b、c 赋初值,然后按公式 out＝a＋3 ＊(b－c)/2 进行数学运算,结果在数码管上显示出来。

## 2. 源程序文件

在 D 盘建立一个文件目录(CS9－1),然后建立 CS9－1. uv2 的工程项目,最后建立源程序文件(CS9－1. c)。输入下面的程序:

```
#include <REG51.H>                                    //1
#define uchar unsigned char                           //2
#define uint  unsigned int                            //3
uchar code SEG7[10]={0x3f,0x06,0x5b,0x4f,0x66,0x6d,0x7d,0x07,0x7f,0x6f};//4
void delay(uint k);                                    //5
//======================6=========
void main(void)                                        //7
{                                                      //8
    uchar a,b,c,out;                                   //9
    a=100;                                             //10
    b=60;                                              //11
    c=9;                                               //12
    out=a+3*(b-c)/2;                                   //13
    while(1)                                           //14
    {                                                  //15
    P0= SEG7[ out/100];                                //16
    P2=0xfb;                                           //17
    delay(1);                                          //18
    P0= SEG7[ (out%100)/10];                           //19
    P2=0xfd;                                           //20
    delay(1);                                          //21
    P0= SEG7[ out%10];                                 //22
    P2=0xfe;                                           //23
    delay(1);                                          //24
    }                                                  //25
}                                                      //26
//====================27=========
void delay(uint k)                                     //28
{                                                      //29
uint i,j;                                              //30
```

```
for(i = 0;i<k;i++){          //31
  for(j = 0;j<121;j++)       //32
  {;}}                       //33
}                            //34
```

编译通过后,51 MCU DEMO 试验板接通 5 V 稳压电源,将生成的 CS9 - 1. hex 文件下载到试验板上的 89S51 单片机中(**注意**:标示"LEDMOD_DATA"及"LED-MOD_COM"的双排针应插上短路块)。右边 3 个 LED 数码管显示"176"。

这个结果正确吗?我们验证一下:由于 b−c 加了括号,因此优先级最高,其差值为 51。接下来乘法的优先级高于其他运算符,因此 51 乘以 3 等于 153。再下来 153 除以 2 得 76.5,舍去小数部分,得 76。76 加 100,结果为 176。完全正确。

### 3. 程序分析解释

序号 1:包含头文件 REG51.H。

序号 2~3:数据类型的宏定义。

序号 4:数码管 0~9 的字形码。

序号 5:延时子函数声明。

序号 6:程序分隔。

序号 7:定义函数名为 main 的主函数。

序号 8:main 的主函数开始。

序号 9:定义无符号字符型变量 a、b、c、out。

序号 10:a 赋值 100。

序号 11:b 赋值 60。

序号 12:c 赋值 9。

序号 13:数学运算,其结果放 out。

序号 14:while 循环语句进行无限循环。

序号 15:while 循环语句开始。

序号 16:取出 out 的百位数送 P0 口显示。说明:out 除以 100,得 out 的百位数(其十、个位均成为小数而舍去)。

序号 17:点亮百位数码管。

序号 18:延时 1 ms 以便观察清楚。

序号 19:取出 out 的十位数送 P0 口显示。说明:out 余 100,得 out 的十、个位数,然后再除以 10,取得 out 的十位数。

序号 20:点亮十位数码管。

序号 21:延时 1 ms 以便观察清楚。

序号 22:取出 out 的个位数送 P0 口显示。说明:out 余 10,得 out 的个位数。

序号 23:点亮个位数码管。

序号 24:延时 1 ms 以便观察清楚。

序号 25:while 循环语句结束。

序号 26:main 的主函数结束。

序号 27.程序分隔。

序号 28~34:延时子函数。

## 9.3　关系运算符与表达式

C 语言中有以下的关系运算符：
>　　大于,如 x>y。
<　　小于,如 a<4。
>=　大于或等于,如 x>=2。
<=　小于或等于,如 a<=5。
==　测试等于,如 a==b。
!=　测试不等于,如 x!=5。

前 4 种关系运算符(>,<,>=,<=)具有相同的优先级,后 2 种关系运算符(==,!=)也具有相同的优先级,但前 4 种的优先级高于后 2 种。

关系运算符通常用来判别某个条件是否满足,关系运算的结果只有"真"和"假"2 种值。当所指定的条件满足时结果为 1,条件不满足时结果为 0,即 1 表示"真",0 表示"假"。

## 9.4　输入数的大小比较及判断实验

按下 S2 键或 S1 键后,输入 2 个小于 10 的整数 a、b,其中 a 在数码管上十位上显示,b 在数码管个位上显示。由程序判断 a、b 的大小:若 a>b,则数码管千位上显示"H";若 a=b,则数码管千位上显示"=";若 a<b,则数码管千位上显示"L"。

### 1. 实现方法

定义 3 个无符号字符型变量 a、b、c,通过按键输入,给 a、b 各赋一个小于 10 的值,然后用关系运算符进行 a、b 的判断。a>b,c 赋值 0x76;a<b,c 赋值 0x38;a=b,c 赋值 0x09。将结果 c 在数码管上显示出来即可。

### 2. 源程序文件

在 D 盘建立一个文件目录(CS9 - 2),然后建立 CS9 - 2.uv2 的工程项目,最后建立源程序文件(CS9 - 2.c)。输入下面的程序:

```
#include <REG51.H>                                          //1
#define uchar unsigned char                                //2
#define uint unsigned int                                  //3
uchar code SEG7[10] = {0x3f,0x06,0x5b,0x4f,0x66,0x6d,0x7d,0x07,0x7f,0x6f};//4
//=============================5=======
uchar a = 0,b = 0,c;                                       //6
//-----------------------------7--------
uchar key_S1(void);                                        //8
```

```
uchar key_S2(void);                              //9
void delay(uint k);                              //10
//------------------------11-------
void main(void)                                  //12
{   uchar i;                                     //13
    while(1)                                     //14
    {                                            //15
    b = key_S1();                                //16
    a = key_S2();                                //17
    if(a>b)c = 0x76;                             //18
    if(a<b)c = 0x38;                             //19
    if(a == b)c = 0x09;                          //20
        for(i = 0;i<50;i ++ )                    //21
        {                                        //22
        P0 =  SEG7[a];                           //23
        P2 = 0xfd;                               //24
        delay(2);                                //25
        P0 =  SEG7[b];                           //26
        P2 = 0xfe;                               //27
        delay(2);                                //28
        P0 =  c;                                 //29
        P2 = 0xf7;                               //30
        delay(2);                                //31
        }                                        //32
    }                                            //33
}                                                //34
//------------------------35-------
void delay(uint k)                               //36
{                                                //37
uint i,j;                                        //38
for(i = 0;i<k;i ++ ){                            //39
for(j = 0;j<121;j ++ )                           //40
{;}}                                             //41
}                                                //42
//------------------------43-------
uchar key_S1(void)                               //44
{static uchar x;                                 //45
P3 = 0xff;                                       //46
if(P3! = 0xff)                                   //47
    {delay(10);                                  //48
    if(P3 == 0xfb)                               //49
    {                                            //50
        x = x + 1;                               //51
```

```
        }                                    //52
        }                                    //53
if(x>9)x = 0;                                //54
return x;                                    //55
}                                            //56
//- - - - - - - - - - - - - - - - - - - -57 - - - - - -
uchar key_S2(void)                           //58
{static uchar y;                             //59
P3 = 0xff;                                   //60
    if(P3! = 0xff)                           //61
    {delay(10);                              //62
    if(P3 == 0xf7)                           //63
    {                                        //64
    y = y + 1;                               //65
    }                                        //66
}                                            //67
if(y>9)y = 0;                                //68
return y;                                    //69
}                                            //70
```

　　编译通过后,51 MCU DEMO 试验板接通 5V 稳压电源,将生成的 CS9 - 2. hex 文件下载到试验板上的 89S51 单片机中(**注意:标示"LEDMOD_DATA"及"LED-MOD_COM"的双排针应插上短路块**)。右边 2 个数码管显示"00",千位数码管显示"="。按下 S2 键,十位数码管上的数字开始递增,当十位数码管的数字大于个位数码管时,千位数码管显示"H";按下 S1 键,个位数码管上的数字开始递增,当个位数码管的数字大于十位数码管时,千位数码管显示"L";当个位数码管的数字等于十位数码管时,千位数码管显示"="。程序自己判别出了 2 个数值的大小,并将结果显示出来。

### 3. 程序分析解释

　　序号 1:包含头文件 REG51.H。

　　序号 2~3:数据类型的宏定义。

　　序号 4:数码管 0~9 的字形码。

　　序号 5:程序分隔。

　　序号 6:定义无符号字符型全局变量 a、b、c。

　　序号 7:程序分隔。

　　序号 8~10:函数声明。

　　序号 11:程序分隔。

　　序号 12:定义函数名为 main 的主函数。

　　序号 13:main 的主函数开始。定义无符号字符型局部变量 i。

　　序号 14:while 循环语句进行无限循环。

　　序号 15:while 循环语句开始。

序号 16:调用 S1 键判断子函数,其键值返回至变量 b 中。

序号 17:调用 S2 键判断子函数,其键值返回至变量 a 中。

序号 18:若 a>b,c 赋值 0x76。

序号 19:若 a<b,则 c 赋值 0x38。

序号 20:若 a=b,c 赋值 0x09。

序号 21:for 循环语句,共循环 50 次。

序号 22:for 循环语句开始。

序号 23:变量 a 送 P0 口。

序号 24:点亮数码管十位。

序号 25:延时 2 ms。

序号 26:变量 b 送 P0 口。

序号 27:点亮数码管个位。

序号 28:延时 2 ms。

序号 29:变量 c 送 P0 口。

序号 30:点亮数码管千位。

序号 31:延时 2 ms。

序号 32:for 循环语句结束。

序号 33:while 循环语句结束。

序号 34:main 主函数结束。

序号 35:程序分隔。

序号 36～42:延时子函数。

序号 43:程序分隔。

序号 44:定义函数名为 key_S1 的按键判断子函数。

序号 45:key_S1 子函数开始。定义静态的局部变量 x。

序号 46:P3 口置全 1,以便读取按键状态。

序号 47:若 P3 口不为 0xff,说明可能有键按下。

序号 48:延时 10 ms 再判。

序号 49:若 P3 口等于 0xfe,说明接下的为 S1 键。

序号 50～52:变量 x 递增。

序号 53:结束 if(P3!=0xff)语句。

序号 54:若 x 的值超过 9,则赋 0。

序号 55:返回 x 的值。

序号 56:key_S1 子函数结束。

序号 57:程序分隔。

序号 58～70:函数名为 key_S2 的按键判断子函数,具体可参考序号 44～56 分析。

# 9.5　逻辑运算符与表达式

C 语言中提供的逻辑运算符有 3 种:

‖　　　逻辑或。

&& 　　逻辑与。

! 　　　逻辑非。

逻辑运算的结果也只有两个:"真"为 1,"假"为 0。逻辑表达式的一般形式为:

① 逻辑与:条件式 1&& 条件式 2。

② 逻辑或:条件式 1‖条件式 2。

③ 逻辑非:!条件式。

# 9.6　赋值运算符与表达式

### 1. 简单赋值运算

在 C 语言中,最常见的赋值运算符为"＝"。赋值运算符的作用是将一个数据的值赋给一个变量。利用赋值运算符将一个变量与一个表达式连接起来的式子称为赋值表达式。在赋值表达式的后面加一个分号";"便构成了赋值语句,例如"x＝5;"。

### 2. 复合赋值运算符

在赋值运算符"＝"的前面加上其他运算符,就构成了所谓复合赋值运算符。具体如下:

＋＝ 　　加法赋值运算符。

－＝ 　　减法赋值运算符。

＊＝ 　　乘法赋值运算符。

/＝ 　　除法赋值运算符。

%＝ 　　取模(取余)赋值运算符。

＞＞＝ 右移位赋值运算符。

＜＜＝ 左移位赋值运算符。

&＝ 　　逻辑与赋值运算符。

|＝ 　　逻辑或赋值运算符。

^＝ 　　逻辑异或赋值运算符。

～＝ 　　逻辑非赋值运算符。

复合赋值运算首先对变量进行某种运算,然后将运算的结果再赋给该变量。复合运算的一般形式为:

变量　复合赋值运算符　表达式

例如,a＋＝5 等价于 a＝a＋5;

采用复合赋值运算符,可以使程序简化,同时还可以提高程序的编译效率。

# 9.7 逻辑判断实验

按下 S1 键,个位数码管上显示输入值"5";按下 S2 键,十位数码管上显示输入值"8";若同时按下 S1、S2 键,则除了个位、十位数码管显示外,千位数码管还显示"P"。

## 1. 实现方法

定义 3 个无符号字符型变量 a、b、out,通过按键输入,给 a、b 分别赋值 8、5,然后用逻辑运算符进行 a、b 的判断。a=8 并且同时 b=5,out 赋值 1,否则 out 赋值 0。下来再对 out 进行判断,若 out 为 1,则使千位数码管显示"P",否则千位数码管熄灭。

## 2. 源程序文件

在 D 盘建立一个文件目录(CS9-3),然后建立 CS9-3.uv2 的工程项目,最后建立源程序文件(CS9-3.c)。输入下面的程序:

```
#include <REG51.H>                              //1
#define uchar unsigned char                      //2
#define uint unsigned int                        //3
sbit P3_2 = P3^2;                                //4
sbit P3_3 = P3^3;                                //5
uchar code SEG7[10] = {0x3f,0x06,0x5b,0x4f,0x66,0x6d,0x7d,0x07,0x7f,0x6f};//6
// = = = = = = = = = = = = = = = = = = = = = = =7 = = = = = =
uchar data a = 0,b = 0,out;                      //8
// - - - - - - - - - - - - - - - - - - - - - -9 - - - - - -
uchar key_S1(void);                              //10
uchar key_S2(void);                              //11
void delay(uint k);                              //12
// - - - - - - - - - - - - - - - - - - - - - -13 - - - - - -
void main(void)                                  //14
{                                                //15
    while(1)                                     //16
    {                                            //17
    b = key_S1();                                //18
    a = key_S2();                                //19
    if((a == 8)&&(b == 5))out = 1;               //20
    else out = 0;                                //21
    P0 = SEG7[a];                                //22
    P2 = 0xfd;                                   //23
    delay(2);                                    //24
    P0 = SEG7[b];                                //25
    P2 = 0xfe;                                   //26
```

```
        delay(2);                        //27
        if(out == 1)P0 = 0x73;           //28
        else P0 = 0x00;                  //29
        P2 = 0xf7;                       //30
        delay(2);                        //31
        }                                //32
}                                        //33
//- - - - - - - - - - - - - - - - - - - -34- - - - - - -
void delay(uint k)                       //35
{                                        //36
uint i,j;                                //37
for(i = 0;i<k;i ++ ){                     //38
for(j = 0;j<121;j ++ )                     //39
{;}}                                     //40
}                                        //41
//- - - - - - - - - - - - - - - - - - - -42- - - - - - -
uchar key_S1(void)                       //43
{uchar data x;                           //44
P3 = 0xff;                               //45
if(! P3_2)x = 5;                         //46
else x = 0;                              //47
return x;                                //48
}                                        //49
//- - - - - - - - - - - - - - - - - - - -50- - - - - - -
uchar key_S2(void)                       //51
{uchar data y;                           //52
P3 = 0xff;                               //53
if(! P3_3)y = 8;                         //54
else y = 0;                              //55
return y;                                //56
}                                        //57
```

编译通过后,51 MCU DEMO 试验板接通 5 V 稳压电源,将生成的 CS9 - 3. hex 文件下载到试验板上的 89S51 单片机中(**注意:标示"LEDMOD_DATA"及"LED-MOD_COM"的双排针应插上短路块**)。右边 2 个数码管显示"00"。按下 S1 键,个位数码管上显示"5";按下 S2 键,十位数码管上显示"8";同时按下 S1、S2 键后,观察到千位数码管显示"P"。

### 3. 程序分析解释

序号 1:包含头文件 REG51.H。

序号 2~3:数据类型的宏定义。

序号 4:定义 P3.2 的符号名为 P3_2。

序号 5：定义 P3.3 的符号名为 P3_3。

序号 6：数码管 0～9 的字形码。

序号 7：程序分隔。

序号 8：在 data 区定义无符号字符型全局变量 a、b、out。

序号 9：程序分隔。

序号 10～12：函数声明。

序号 13：程序分隔。

序号 14：定义函数名为 main 的主函数。

序号 15：main 的主函数开始。

序号 16：while 循环语句进行无限循环。

序号 17：while 循环语句开始。

序号 18：调用 S1 键判断子函数，其键值返回至变量 b 中。

序号 19：调用 S2 键判断子函数，其键值返回至变量 a 中。

序号 20：如果 a 为 8 且 b 为 5 同时成立（逻辑与），则 out 赋值 1。

序号 21：否则 out 赋值 0。

序号 22：变量 a 送 P0 口。

序号 23：点亮数码管十位。

序号 24：延时 2 ms。

序号 25：变量 b 送 P0 口。

序号 26：点亮数码管个位。

序号 27：延时 2 ms。

序号 28：如果 out 为 1，则 P0 口赋值 0x73。

序号 29：否则 P0 口赋值 0x00。

序号 30：点亮数码管千位。

序号 31：延时 2 ms。

序号 32：while 循环语句结束。

序号 33：main 主函数结束。

序号 34：程序分隔。

序号 35～41：延时子函数。

序号 42：程序分隔。

序号 43：定义函数名为 key_S1 的键判断子函数。

序号 44：key_S1 子函数开始。定义局部变量 x。

序号 45：P3 口置全 1，以便读取按键状态。

序号 46：如果 P3.2 为低电平（S1 键按下），x 赋值 5。

序号 47：否则 x 赋值 0。

序号 48：返回 x 值。

序号 49：key_S1 子函数结束。

序号 50：程序分隔。

序号 51～57：函数名为 key_S2 的键判断子函数，具体可参考序号 43～49 分析。

# 9.8  自增和自减运算符与表达式

　　自增和自减运算符是 C 语言中特有的一种运算符,它们的作用分别是对运算对象作加 1 和减 1 运算,其功能如下:

　　++　　自增运算符,如:a++,++a。

　　——　　自减运算符,如:a——,——a。

　　看起来 a++和++a 的作用都是使变量 a 的值加 1,但是由于运算符++所处的位置不同,使变量 a+1 的运算过程也不同。++a(或——a)是先执行 a+1(或 a-1)操作,再使用 a 的值,而 a++(或 a——)则是先使用 a 的值,再执行 a+1(或 a-1)操作。

　　增量运算符++和减量运算符——只能用于变量,不能用于常数或表达式。

# 9.9  自增运算 a++和++b 实验

　　进行自增运算 a++和++b(范围为 0～9),并将结果在 51 MCU DEMO 试验板上显示,其中 a 在个位数码管显示,b 在十位数码管显示。

## 1. 实现方法

　　定义 2 个无符号字符型局部变量 a、b 并赋初值均为 0。在主循环中,进行 a++、++b 操作后送显示。当 a 为 9 或 b 为 9 时,程序停止。

## 2. 源程序文件

　　在 D 盘建立一个文件目录(CS9 - 4),然后建立 CS9 - 4. uv2 的工程项目,最后建立源程序文件(CS9 - 4. c)。输入下面的程序:

```
# include <REG51.H>                //1
# define uchar unsigned char       //2
# define uint unsigned int         //3
uchar code SEG7[10] = {0x3f,0x06,0x5b,0x4f,0x66,0x6d,0x7d,0x07,0x7f,0x6f};//4
//=========================5=======
void delay(uint k)                 //6
{                                  //7
uint i,j;                          //8
for(i = 0;i<k;i++){                //9
for(j = 0;j<121;j++)               //10
{;}}                               //11
}                                  //12
//=========================13======
void main(void)                    //14
```

```
{                                   //15
uchar a = 0,b = 0,i,dis_a,dis_b;    //16
while(1)                            //17
    {   dis_a = SEG7[a ++ ];        //18
        dis_b = SEG7[ ++ b];        //19
        for(i = 0;i＜250;i ++ )     //20
        {                          //21
        P0 = dis_a;                 //22
        P2 = 0xfe;                  //23
        delay(2);                   //24
        P0 = dis_b;                 //25
        P2 = 0xfd;                  //26
        delay(2);                   //27
        }                          //28
    if((a == 9)||(b == 9))while(1); //29
    }                              //30
}                                   //31
```

编译通过后,51 MCU DEMO 试验板接通 5 V 稳压电源,将生成的 CS9 - 4. hex 文件下载到试验板上的 89S51 单片机中(**注意:标示"LEDMOD_DATA"及"LED-MOD_COM"的双排针应插上短路块**)。右边 2 个 LED 数码管显示"10"→"11"…"98"。

为什么两个数字不一样呢? 原因就是++b 是先执行 b+1 操作,然后再显示;而 a++是先将 a 送显,然后再执行 a+1 操作。因此,显示结果不一样。

### 3. 程序分析解释

序号 1:包含头文件 REG51.H。

序号 2、3:数据类型的宏定义。

序号 4:数码管 0~9 的字形码。

序号 5:程序分隔。

序号 6~12:延时子函数。

序号 13:程序分隔。

序号 14:定义函数名为 main 的主函数。

序号 15:main 的主函数开始。

序号 16:定义无符号字符型变量 a、b 并赋初值 0。另外定义显示缓存变量 dis_a、dis_b 及循环变量 i。

序号 17:主循环。

序号 18:主循环开始。a 的值转换成字形码后送 dis_a 暂存,随后 a+1。

序号 19:b 的值 +1 后转换成字形码送 dis_b 暂存。

序号 20:for 循环,点亮个、十位数码管共 1 s。

序号 21:for 循环休开始。延时 1 ms 便于观察。

序号 22:dis_a 送 P0 口。

序号 23：点亮数码管个位。

序号 24：延时 2 ms 便于观察。

序号 25：dis_a 送 P0 口。

序号 26：点亮数码管十位。

序号 27：延时 2 ms 便于观察。

序号 28：for 循环体结束。

序号 29：如果 a 或 b 的值为 9，则动态停机。

序号 30：主循环结束。

序号 31：main 主函数结束。

# 9.10  逗号运算符与表达式

在 C 语言中，逗号"，"运算符可以将两个（或多个）表达式连接起来，称为逗号表达式。逗号表达式的一般形式为：

表达式 1，表达式 2，…，表达式 $n$

逗号表达式的运算过程是：先算表达式 1，再算表达式 2，……，依次算到表达式 $n$。

# 9.11  条件运算符与表达式

条件运算符是 C 语言中唯一的一个三目运算符，它要求有 3 个运算对象，用它可以将 3 个表达式连接构成一个条件表达式。条件表达式的一般形式如下：

表达式 1？表达式 2：表达式 3

其功能是首先计算表达式 1，当其值为真（非 0 值）时，将表达式 2 的值作为整个条件表达式的值；当逻辑表达式的值为假（0 值）时，将表达式 3 的值作为整个条件表达式的值。例如：

max = (a>b)? a:b

当 a>b 成立时，max = a

否则 a>b 不成立，max = b

# 9.12  位运算符与表达式

能对运算对象进行按位操作是 C 语言的一大特点，正是由于这一特点使 C 语言具有了汇编语言的一些功能，使之能对计算机的硬件直接进行操作。C 语言中共有 6 种位运算符。

位运算符的作用是按位对变量进行运算，并不改变参与运算的变量的值。若希望按位改变运算变量的值,则应利用相应的赋值运算。另外,位运算符不能用来对浮点型数据进行操作。

位运算符的优先级从高到低依次是:

按位取反(～)→左移(＜＜)和右移(＞＞)→按位与(&)→按位异或(^)→按位或(|)

表 9.1 列出了按位取反、按位与、按位或和按位异或的逻辑真值。

表 9.1　按位取反、按位与、按位或和按位异或的逻辑真值

| x | y | ～x | ～y | x&y | x\|y | x^y |
|---|---|---|---|---|---|---|
| 0 | 0 | 1 | 1 | 0 | 0 | 0 |
| 0 | 1 | 1 | 0 | 0 | 1 | 1 |
| 1 | 0 | 0 | 1 | 0 | 1 | 1 |
| 1 | 1 | 0 | 0 | 1 | 1 | 0 |

# 9.13　两个变量 x、y 的位运算实验

在 51 MCU DEMO 试验板上,实现两个变量 x、y 的位运算,其结果输出到 8 个 LED 上显示。

## 1. 实现方法

定义 2 个无符号字符型局部变量 x、y 并赋初值 x＝57、y＝136。在主循环中,分别对 x、y 进行按位取反、按位与、按位或、按位异或、左移等操作,并将结果输出到 8 个 LED 上显示。

## 2. 源程序文件

在 D 盘建立一个文件目录(CS9 - 5),然后建立 CS9 - 5.uv2 的工程项目,最后建立源程序文件(CS9 - 5.c)。输入下面的程序:

```
# include <REG51.H>              //1
# define uchar unsigned char     //2
# define uint unsigned int       //3
// = = = = = = = = = = = = = = = = = = = =4= = = = = = =
void delay(uint k)               //5
{                                //6
uint i,j;                        //7
for(i = 0;i<k;i ++){             //8
for(j = 0;j<121;j ++)           //9
{;}}                             //10
```

```
}                              //11
// = = = = = = = = = = = = = = = = = = = =12 = = = = = =
void main(void)                //13
{                              //14
uchar x = 57,y = 136;          //15
    P1 = ~x;                   //16
    delay(3000);               //17
    P1 = ~y;                   //18
    delay(3000);               //19
    P1 = x&y;                  //20
    delay(3000);               //21
    P1 = x|y;                  //22
    delay(3000);               //23
    P1 = x^y;                  //24
    delay(3000);               //25
    P1 = x<<1;                 //26
    delay(3000);               //27
    P1 = y<<2;                 //28
    delay(3000);               //29
  while(1);                    //30
  }                            //31
```

编译通过后,51 MCU DEMO 试验板接通 5 V 稳压电源,将生成的 CS9 - 5. hex 文件下载到试验板上的 89S51 单片机中(**注意:标示"LED"的双排针应插上短路块**)。8 个 LED 开始灯光亮灭变化,间隔为 3 s。其亮灭的顺序为(0 代表亮、1 代表灭):

11000110→01110111→00001000→10111001→10110001→01110010→00100000
这些灯光亮灭是否正确,在这里分析一下:

x 赋值 57,转化成二进制为 00111001。y 赋值 136,转化成二进制为 10001000。

x 取反后为:11000110(正确)。

y 取反后为:01110111(正确)。

x&y 后为:00001000(正确)。

x|y 后为:10111001(正确)。

x^y 后为:10110001(正确)。

x<<1 后为:01110010(正确)。

y<<2 后为:00100000(正确)。

### 3. 程序分析解释

序号 1:包含头文件 REG51.H。

序号 2、3:数据类型的宏定义。

序号 4:程序分隔。

序号 5～11:延时子函数。

序号 12:程序分隔。

序号 13:定义函数名为 main 的主函数。

序号 14:main 的主函数开始。

序号 15:定义无符号字符型变量 x、y 并赋初值 57,136。

序号 16:x 的值取反后送 P1 口。

序号 17:延时 3 s 便于观察。

序号 18:y 的值取反后送 P1 口。

序号 19:延时 3 s 便于观察。

序号 20:x、y 按位与后的值送 P1 口。

序号 21:延时 3 s 便于观察。

序号 22:x、y 按位或后的值送 P1 口。

序号 23:延时 3 s 便于观察。

序号 24:x、y 按位异或后的值送 P1 口。

序号 25:延时 3 s 便于观察。

序号 26:x 的值左移 1 位后送 P1 口。

序号 27:延时 3 s 便于观察。

序号 28:y 的值左移 2 位后送 P1 口。

序号 29:延时 3 s 便于观察。

序号 30:动态停机。

序号 31:main 主函数结束。

# 9.14　强制类型转换运算符与表达式

C 语言中的圆括号"()"也可作为强制类型转换运算符,它的作用是将表达式或变量的类型强制转换成为所指定的类型。在 C 语言程序中进行算术运算时,需要注意数据类型的转换。有两种数据类型转换方式,即隐式转换和显式转换。隐式转换是在对程序进行编译时由编译器自动处理的。隐式转换遵循以下规则:

① 所有 char 型的操作数转换成 int 型。

② 如果用运算符连接的两个操作数具有不同的数据类型,按以下次序进行转换:

如果一个操作数是 float 类型,则另一个操作数也转换成 float 类型。

如果一个操作数是 long 类型,则另一个操作数也转换成 long 类型。

如果一个操作数是 unsigned 类型,则另一个操作数也转换成 unsigned 类型。

③ 在对变量赋值时发生的隐式转换,将赋值号"="右边的表达式类型转换成赋值号左边变量的类型。例如:

把整数赋值给字符型变量,则整数的高 8 位将丧失。

把浮点数赋值给整型变量,则小数部分将丧失。

在 C 语言中只有基本数据类型(即 char、int、long 和 float)可以进行隐式转换。其余的数据类型不能进行隐式转换,例如,不能把一个整数利用隐式转换赋值给一个指针变量,在这种情况下就必须利用强制类型转换运算符来进行显式转换。强制类型转换运算符的一般使用形式为:

(类型) = 表达式

在第 6 章中,已列举了数据类型的隐式转换及强制转换两个实验,即 6.8 节和 6.9 节的实验,读者可参考。

## 9.15　sizeof 运算符与表达式

C 语言中提供了一种用于求取数据类型、变量以及表达式的字节数的运算符 sizeof。

该运算符的一般使用形式为:

sizeof(表达式)或　sizeof(数据类型)

注意,sizeof 是一种特殊的运算符,不要认为它是一个函数。实际上,字节数的计算在编译时就完成了,而不是在程序执行的过程中才计算出来的。

# 第 **10** 章

# 表达式语句与复合语句

## 10.1 表达式语句

C 语言提供了十分丰富的程序控制语句。表达式语句是最基本的一种语句。在表达式的后边加一个分号";"就构成了表达式语句。例如：

```
a = 5;
++ i;
max = (a + b)/2;
```

都是合法的表达式语句。

表达式语句也可以仅由一个分号";"组成,这种语句称为空语句。空语句是表达式语句的一个特例。空语句在程序设计中有时是很有用的,当程序在语法上需要有一个语句,但在语义上并不要求有具体的动作时,便可以采用空语句。空语句通常有两种用法：

① 在程序中为有关语句提供标号,例如：

```
flag: ;
   ⋮
if(x == 5) goto flag;
```

② 在用 while 语句构成的循环语句后面加一个分号,形成一个空语句循环。这种空语句在等待某个事件发生时很有用。例如：

```
{
char m;
while(! RI);
m = RI;
RI = 0;
```

```
    return m;
    }
```

这段程序是读取 80C51 单片机串行口数据的函数,其中空语句"while(!RI);"用来等待单片机串行口接收数据结束。

复合语句是由若干条语句组合而成的一种语句,它是用一个花括号"{}"将若干条语句组合在一起而形成的一种功能块。复合语句不需要以分号";"结束,但它内部的各条单语句仍需以分号";"结束。复合语句的一般形式为:

```
{
局部变量定义;
语句 1;
语句 2;
⋮
语句 n;
}
```

复合语句在执行时,其中的各条单语句依次顺序执行。整个复合语句在语法上等价于一条单语句,因此在 C 语言程序中可以将复合语句视为一条单语句。复合语句允许嵌套,即在复合语句内部还可以包含别的复合语句。实际上,函数体就是一个复合语句。在复合语句内部所定义的变量,称为该复合语句中的局部变量,它仅在当前这个复合语句中有效。

# 10.2 复合语句实验

### 1. 源程序文件

在 D 盘建立一个文件目录(CS10-1),然后建立 CS10-1.uv2 的工程项目,最后建立源程序文件(CS10-1.c)。输入下面的程序:

```
# include <REG51.H>                    //1
# define uchar unsigned char          //2
# define uint unsigned int            //3
uchar code SEG7[10] = {0x3f,0x06,0x5b,0x4f,0x66,0x6d,0x7d,0x07,0x7f,0x6f};//4
// = = = = = = = = = = = = = = = = = = = = =5
void delay(uint k)                     //6
{                                      //7
uint i,j;                              //8
for(i = 0;i<k;i ++ ){                  //9
for(j = 0;j<121;j ++ )                 //10
{;}}                                   //11
}                                      //12
```

```
// = = = = = = = = = = = = = = = = = = =13
void main(void)                  //14
{                                //15
uchar m = 0,n = 0,i;             //16
  for(i = 0;i<250;i ++ )         //17
  {                              //18
  P0 =  SEG7[n];                 //19
  P2 = 0xfe;                     //20
  delay(4);                      //21
  P0 =  SEG7[m];                 //22
  P2 = 0xfd;                     //23
  delay(4);                      //24
  }                              //25
// = = = = = = = = = = = = = = = = = = =26
  {                              //27
  uchar m = 8,x = 6;             //28
    for(i = 0;i<250;i ++ )       //29
    {                            //30
    P0 =  SEG7[n];               //31
    P2 = 0xfe;                   //32
    delay(4);                    //33
    P0 =  SEG7[m];               //34
    P2 = 0xfd;                   //35
    delay(4);                    //36
    P0 =  SEG7[x];               //37
    P2 = 0xfb;                   //38
    delay(4);                    //39
    }                            //40
  }                              //41
// = = = = = = = = = = = = = = = = = = =42
  for(i = 0;i<250;i ++ )         //43
  {                              //44
  P0 =  SEG7[n];                 //45
  P2 = 0xfe;                     //46
  delay(4);                      //47
  P0 =  SEG7[m];                 //48
  P2 = 0xfd;                     //49
  delay(4);                      //50
  }                              //51
P0 = 0x00;                       //52
while(1);                        //53
}                                //54
```

　　编译通过后,51 MCU DEMO 试验板接通 5 V 稳压电源,将生成的 CS10 - 1. hex 文件下载到试验板上的 89S51 单片机中(**注意:标示"LEDMOD_DATA"及 "LEDMOD_COM"的双排针应插上短路块**)。右边 2 个 LED 数码管显示"00"。2 s 后右边 3 个 LED 数码管显示"680"。再过 3 s,又变成右边 2 个 LED 数码管显示"00"。为什么会这样? 以下要分析一下程序。

### 2. 程序分析解释

　　序号 1:包含头文件 REG51.H。

　　序号 2、3:数据类型的宏定义。

　　序号 4:数码管 0~9 的字形码。

　　序号 5:程序分隔。

　　序号 6~12:延时子函数。

　　序号 13:程序分隔。

　　序号 14:定义函数名为 main 的主函数。

　　序号 15:main 的主函数开始。

　　序号 16:定义无符号字符型变量 m、n 并赋初值 0。另外定义循环变量 i。

　　序号 17:for 循环,用来点亮个、十位数码管共 2 s。

　　序号 18:for 循环体开始。

　　序号 19:n 的值送 P0 口显示。

　　序号 20:点亮数码管个位。

　　序号 21:延时 4 ms 便于观察。

　　序号 22:m 的值送 P0 口显示。

　　序号 23:点亮数码管十位。

　　序号 24:延时 4 ms 便于观察。

　　序号 25:for 循环体结束。

　　序号 26:程序分隔。

　　序号 27:复合语句开始。

　　序号 28:定义无符号字符型变量 m 并赋初值 8,定义无符号字符型变量 x 并赋初值 6。

　　序号 29:for 循环,用来点亮个、十、百位数码管共 3 s。

　　序号 30:for 循环体开始。

　　序号 31:n 的值送 P0 口显示。

　　序号 32:点亮数码管个位。

　　序号 33:延时 4 ms 便于观察。

　　序号 34:m 的值送 P0 口显示。

　　序号 35:点亮数码管十位。

　　序号 36:延时 4 ms 便于观察。

　　序号 37:x 的值送 P0 口显示。

　　序号 38:点亮数码管十位。

　　序号 39:延时 4 ms 便于观察。

　　序号 40:for 循环体结束。

　　序号 41:复合语句结束。

　　序号 42:程序分隔。

序号 43:for 循环,用来点亮个、十位数码管共 2 s。

序号 44:for 循环体开始。

序号 45:n 的值送 P0 口显示。

序号 46:点亮数码管个位。

序号 47:延时 4 ms 便于观察。

序号 48:m 的值送 P0 口显示。

序号 49:点亮数码管十位。

序号 50:延时 4 ms 便于观察。

序号 51:for 循环体结束。

序号 52:关闭显示。

序号 53:动态停机。

序号 54:main 主函数结束。

### 3. 小　结

在主函数体开始处,定义了变量 m、n,并赋予了初值 0,它们在整个主函数体内有效,一开机数码管显示的即为此值;随后,程序进入复合语句,在复合语句中又定义了局部变量 m、x,并分别赋值 8、6,将 n、m、x 送显。局部变量 m 与主函数体定义的变量 m 同名,但此时局部变量 m 的优先级要高于主函数体定义的变量 m,因此送显的 m 为复合语句内的局部变量,故数码管显示为"680";接下来程序又退出复合语句,这时局部变量 m 失效,因此送显的 m、n 为主函数体开始时定义的变量。

# 10.3　程序的结构化设计

计算机软件工程师通过长期实践,总结出一套良好的程序设计规则和方法,即结构化程序设计。按照这种方法设计的程序,结构清晰,层次分明,易于阅读修改和维护。

结构化程序设计的基本思想是:任何程序都可以用 3 种基本结构的组合来实现。这 3 种基本结构是:顺序结构、选择结构和循环结构,如图 10.1～图 10.3 所示。

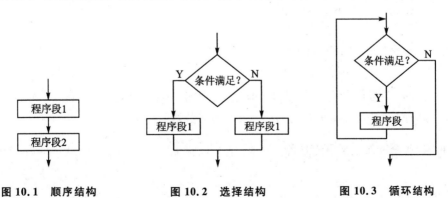

图 10.1　顺序结构　　　　图 10.2　选择结构　　　　图 10.3　循环结构

顺序结构的程序流程是程序按照书写顺序依次执行。

选择结构则是对给定的条件进行判断,再根据判断的结果决定执行哪一个分支。

循环结构是在给定条件成立时反复执行某段程序。

这 3 种结构都具有一个入口和一个出口。3 种结构中,顺序结构是最简单的,它可以独立存在,也可以出现在选择结构或循环结构中,总之,程序都存在顺序结构。在顺序结构中,函数、一段程序或者语句是按照出现的先后顺序执行的。

# 10.4 条件语句与控制结构

条件语句又称为分支语句,它是用关键字 if 构成的。C 语言提供了 3 种形式的条件语句。

## 1. 形式一

if(条件表达式) 语句

其含义为:若条件表达式的结果为真（非 0 值),就执行后面的语句;反之,若条件表达式的结果为假（0 值),就不执行后面的语句。这里的语句也可以是复合语句。

## 2. 形式二

if(条件表达式) 语句 1
else        语句 2

其含义为:若条件表达式的结果为真（非 0 值),就执行语句 1;反之,若条件表达式的结果为假（0 值),就执行语句 2。这里的语句 1 和语句 2 均可以是复合语句。

## 3. 形式三

if(条件表达式 1) 语句 1
else if (条件式表达 2) 语句 2
    else if(条件式表达 3) 语句 3
        ⋮
    else if(条件表达式 n) 语句 m
        else    语句 n

这种条件语句常用来实现多方向条件分支,其实,它是由 if-else 语句嵌套而成的,在此种结构中,else 总是与最临近的 if 相配对的。

# 10.5 条件语句实验一

在 51 MCU DEMO 试验板上,进行

```
if(条件表达式) 语句 1
    else          语句 2
```

的实验。要求按下按键 S1 时，LED1～ LED8 全亮；释放 S1 时，LED1～ LED8
全灭。

## 1. 实现方法

用形式二的条件语句实现。当按键 S1 按下时执行语句 1(D0～ D7 全亮)；当按
键 S1 释放时执行语句 2(D0～ D7 全灭)。

## 2. 源程序文件

在 D 盘建立一个文件目录(CS10 - 2)，然后建立 CS10 - 2. uv2 的工程项目，最后
建立源程序文件(CS10 - 2. c)。输入下面的程序：

```
# include <REG51. H>              //1
# define uchar unsigned char      //2
# define uint unsigned int        //3
sbit KEY_S1 = P3^2;               //4
// = = = = = = = = = = = = = = = = = = = =5
void delay(uint k)                //6
{                                 //7
uint i,j;                         //8
for(i = 0;i<k;i ++ ){             //9
for(j = 0;j<121;j ++ )            //10
{;}}                              //11
}                                 //12
// = = = = = = = = = = = = = = = = = = = = =13
void main(void)                   //14
{                                 //15
    delay(50);                    //16
    while(1)                      //17
    {                             //18
    if(!KEY_S1){P1 = 0x00;}       //19
    else {P1 = 0xff;}             //20
    delay(5);                     //21
    }                             //22
}                                 //23
```

编译通过后，51 MCU DEMO 试验板接通 5 V 稳压电源，将生成的 CS10 - 2.
hex 文件下载到试验板上的 89S51 单片机中(**注意：标示"LED"的双排针应插上短
路块**)。发现 8 个 LED 全灭。当按下 S1 键时，8 个 LED 全亮；释放 S2 键时，8 个
LED 又全灭。

### 3. 程序分析解释

序号 1：包含头文件 REG51.H。程序分析。

序号 2、3：数据类型的宏定义。

序号 4：定义 P3.2 为 KEY_S1。

序号 5：程序分隔。

序号 6～12：延时子函数。

序号 13：程序分隔。

序号 14：定义函数名为 main 的主函数。

序号 15：main 的主函数开始。

序号 16：延时 50 ms 待电源稳定。

序号 17：主循环。

序号 18：主循环开始。

序号 19：如果 S1 键按下，则执行"P1 = 0x00；"语句(8 个 LED 全亮)。

序号 20：否则 S1 键不按下，执行"P1 = 0xff；"语句(8 个 LED 全灭)。

序号 21：延时 5 ms。

序号 22：主循环结束。

序号 23：main 主函数结束。

## 10.6 条件语句实验二

在 51 MCU DEMO 试验板上，进行

if(条件表达式 1) 语句 1
　else if (条件式表达 2) 语句 2
　　else if(条件式表达 3) 语句 3
　　　⋮
　　　　else if(条件表达式 n) 语句 m
　　　　　else　语句 n

的实验。要求当按下 S1 键时，D0、1 亮；当按下 S2 键时，D2、3 亮；当按下 S3 键时，D4、5 亮；当按下 S4 键时，D6、7 亮；当不按键时，D0～D7 全灭。

### 1. 实现方法

用形式三的条件语句实现。当按键 S1 按下时执行语句 1(D0、1 亮)；当按键 S2 按下时执行语句 2(D2、3 亮)；当按键 S3 按下时执行语句 3(D4、5 亮)；当按键 S4 按下时执行语句 4(D6、7 亮)；当按键释放时执行语句 5(D0～D7 全灭)。

### 2. 程序文件

在 D 盘建立一个文件目录(CS10-3)，然后建立 CS10-3.uv2 的工程项目，最后建立源程序文件(CS10-3.c)。输入下面的程序：

```
# include <REG51.H>                          //1
# define uchar unsigned char                 //2
# define uint unsigned int                   //3
sbit KEY_S1 = P3^2;                          //4
sbit KEY_S2 = P3^3;                          //5
sbit KEY_S3 = P3^4;                          //6
sbit KEY_S4 = P3^5;                          //7
// = = = = = = = = = = = = = = = = = = = =8
void delay(uint k)                           //9
{                                            //10
uint i,j;                                    //11
for(i = 0;i<k;i ++ ){                        //12
for(j = 0;j<121;j ++ )                       //13
{;}}                                         //14
}                                            //15
// = = = = = = = = = = = = = = = = = = = =16
void main(void)                              //17
{                                            //18
    delay(50);                               //19
    while(1)                                 //20
    {                                        //21
    if(!KEY_S1){P1 = 0xfc;}                  //22
     else if(!KEY_S2){P1 = 0xf3;}            //23
      else if(!KEY_S3){P1 = 0xcf;}           //24
       else if(!KEY_S4){P1 = 0x3f;}          //25
         else {P1 = 0xff;}                   //26
    delay(5);                                //27
    }                                        //28
}                                            //29
```

编译通过后,51 MCU DEMO 试验板接通 5 V 稳压电源,将生成的 CS10 - 3. hex 文件下载到试验板上的 89S51 单片机中(**注意:标示"LED"的双排针应插上短路块**)。8 个 LED 全灭。按下 S1 键,D0、1 亮;按下 S2 键,D2、3 亮;按下 S3 键,D4、5 亮;按下 S4 键,D6、7 亮;不按键,则 8 个 LED,全灭。

## 3.　程序分析解释

序号 1:包含头文件 REG51.H。程序分析。
序号 2、3:数据类型的宏定义。
序号 4:定义 P3.2 为 KEY_S1。
序号 5:定义 P3.3 为 KEY_S2。
序号 6:定义 P3.4 为 KEY_S3。
序号 7:定义 P3.5 为 KEY_S4。
序号 8:程序分隔。

序号 9～15：延时子函数。

序号 16：程序分隔。

序号 17：定义函数名为 main 的主函数。

序号 18：main 的主函数开始。

序号 19：延时 50 ms 待电源稳定。

序号 20：主循环。

序号 21：主循环开始。

序号 22：如果 S1 键按下，则执行"P1 = 0xfc；"语句(D0、1 亮)。

序号 23：否则如果 S2 键按下，则执行"P1 = 0xf3；"语句(D2、3 亮)。

序号 24：否则如果 S3 键按下，则执行"P1 = 0xcf；"语句(D4、5 亮)。

序号 25：否则如果 S4 键按下，则执行"P1 = 0x3f；"语句(D6、7 亮)。

序号 26：否则任何键不按下，执行"P1 = 0xff；"语句(8 个 LED 全灭)。

序号 27：延时 5 ms。

序号 28：主循环结束。

序号 29：main 主函数结束。

# 第 **11** 章

# switch /case 开关语句

switch/case 开关语句是一种多分支选择语句,是用来实现多方向条件分支的语句。虽然从理论上讲采用条件语句也可以实现多方向条件分支,但是当分支较多时会使条件语句的嵌套层次太多,程序冗长,可读性降低。开关语句可直接处理多分支选择,使程序结构清晰,使用方便。

## 11.1  switch /case 开关语句的组成形式

开关语句是用关键字 switch 构成的,它的一般形式如下:

```
switch(表达式)
{
  case  常量表达式 1:      {语句 1;}break;
  case  常量表达式 2:      {语句 2;}break;
            ⋮
  case  常量表达式 n:      {语句 n;}break;
  default:               {语句 d;}break;
}
```

开关语句的执行过程是:

① 当 switch 后面表达式的值与某一"case"后面的常量表达式的值相等时,就执行该"case"后面的语句,然后遇到 break 语句退出 switch 语句。若所有"case"中常量表达式的值都没有与表达式的值相匹配,就执行 default 后面的 d 语句。

② switch 后面括号内的表达式,可以是整型或字符型表达式,也可以是枚举类型数据。

③ 每一个 case 常量表达式的值必须不同,否则就会出现自相矛盾的现象(对同一个值,有两种或者多种解决方案提供)。

④ 每个 case 和 default 的出现次序不影响执行结果,可先出现"default"再出现其他的"case"。

⑤ 假如在 case 语句的最后没有加"break:",则流程控制转移到下一个 case 继续执行。因此,在执行一个 case 分支后,使流程跳出 switch 结构,即终止 switch 语句的执行,可用一个 break 语句完成。

# 11.2　switch/case 开关语句实验

在 51 MCU DEMO 试验板上进行实验:输入年份 year 和月份 month 后,程序计算出该月有多少天 day。

## 1. 实现方法

S4 键用作状态设定(输入年、月或显示天数的切换),S1 键用作输入年份的低 2 位(如输入 1986 年的 86)或输入月份,S2 键用作输入年份的高 2 位(如输入 1986 年的 19)。

该程序设计的关键是要判断当年是否为闰年。闰年的 2 月有 29 天,平年的 2 月只有 28 天。闰年的条件是:年份数 year 能被 4 整除,但不能被 100 整除;或者年份数 year 能被 400 整除。

其逻辑关系为:year%4==0&&year%100!=0||year%400==0

当此表达式的值为真时,year 为闰年,否则为平年。

## 2. 源程序文件

在 D 盘建立一个文件目录(CS11-1),然后建立 CS11-1.uv2 的工程项目,最后建立源程序文件(CS11-1.c)。输入下面的程序:

```
# include <REG51.H>                                              //1
# define uchar unsigned char                                     //2
# define uint unsigned int                                       //3
uchar code SEG7[10]={0x3f,0x06,0x5b,0x4f,0x66,0x6d,0x7d,0x07,0x7f,0x6f};//4
uchar ACT[8]={0xfe,0xfd,0xfb,0xf7,0xef,0xdf,0xbf,0x7f}; //5
//===================================6
uchar status_flag;                                               //7
uint year;                                                       //8
uchar month;                                                     //9
uchar day;                                                       //10
uchar temp_year_1,temp_month;                                    //11
uchar temp_year_h;                                               //12
//-------------------------------13
void key_S1(void);                                               //14
```

```
void key_S2(void);                                          //15
void key_S4(void);                                          //16
void delay(uint k);                                         //17
uchar conv(uint year,uchar month);                          //18
//----------------------------------------19
void main(void)                                             //20
{   uchar i;                                                //21
    uint temp1,temp2;                                       //22
    while(1)                                                //23
    {   key_S4();                                           //24
        switch(status_flag)                                 //25
        {                                                   //26
        case 0: key_S1();temp1 = temp_year_l;               //27
                key_S2();temp2 = temp_year_h;break;         //28
        case 1: key_S1();month = temp_month;break;          //29
        default :break;                                     //30
        }                                                   //31
        year = temp1 + (temp2 * 100);                       //32
        //----------------------------------------33
        day = conv(year,month);                             //34
        //----------------------------------------35
        for(i = 0;i<40;i++)                                 //36
        {                                                   //37
        switch(status_flag)                                 //38
        {                                                   //39
        case 0:P0 = SEG7[year % 10];P2 = ACT[4];delay(1); //40
                P0 = SEG7[(year % 100)/10];P2 = ACT[5];delay(1);    //41
                P0 = SEG7[(year/100) % 10];P2 = ACT[6];delay(1);    //42
                P0 = SEG7[year/1000];P2 = ACT[7];delay(1);break;    //43
        case 1:P0 = SEG7[month % 10];P2 = ACT[2];delay(2);          //44
                P0 = SEG7[month/10];P2 = ACT[3];delay(2);break;     //45
        case 2:if(day){P0 = SEG7[day % 10];P2 = ACT[0];delay(2);    //46
                       P0 = SEG7[day/10];P2 = ACT[1];delay(2);}     //47
                else{P0 = 0x00;P2 = 0xff;delay(2);                  //48
                     P0 = 0x00;P2 = 0xff;delay(2);}break;           //49
        default :break;                                     //50
        }                                                   //51
        }                                                   //52
    }                                                       //53
}                                                           //54
//----------------------------------------55
void delay(uint k)                                          //56
```

```c
{                                           //57
uint i,j;                                   //58
for(i = 0;i<k;i ++){                        //59
for(j = 0;j<121;j ++)                       //60
{;}}                                        //61
}                                           //62
//----------------------------------63
void key_S1(void)                           //64
{                                           //65
    P3 = 0xff;                              //66
     if(P3 == 0xfb)                         //67
     {                                      //68
       switch(status_flag)                  //69
       {                                    //70
       case 0:temp_year_l ++ ;              //71
               if(temp_year_l>99)temp_year_l = 0; break;    //72
       case 1:temp_month ++ ;               //73
               if(temp_month>12)temp_month = 1;break;    //74
       default :break;                      //75
       }                                    //76
     }                                      //77
}                                           //78
//---------------------------------79
void key_S2(void)                           //80
{                                           //81
    P3 = 0xff;                              //82
     if(P3 == 0xf7)                         //83
     {                                      //84
       switch(status_flag)                  //85
       {                                    //86
       case 0:temp_year_h ++ ;              //87
       if(temp_year_h>99)temp_year_h = 0;break;    //88
       default :break;                      //89
       }                                    //90
     }                                      //91
}                                           //92
//---------------------------------93
void key_S4(void)                           //94
{                                           //95
    P3 = 0xff;                              //96
    if(P3 == 0xdf)status_flag ++ ;          //97
    if(status_flag>2)status_flag = 0;       //98
```

```
}                                          //99

//---------------------------------------100
uchar conv(uint year,uchar month)         //101
{uchar len;                               //102
    switch(month)                         //103
    {                                     //104
    case 1:len = 31;break;                //105
    case 3:len = 31;break;                //106
    case 5:len = 31;break;                //107
    case 7:len = 31;break;                //108
    case 8:len = 31;break;                //109
    case 10:len = 31;break;               //110
    case 12:len = 31;break;               //111
    case 4:len = 30;break;                //112
    case 6:len = 30;break;                //113
    case 9:len = 30;break;                //114
    case 11:len = 30;break;               //115
    case 2:if(year % 4 == 0&&year % 100! = 0||year % 400 == 0)len = 29;   //116
            else len = 28;break;          //117
    default:return 0;break;               //118
    }                                     //119
    return len;                           //120
}                                         //121
```

编译通过后,51 MCU DEMO 试验板接通 5 V 稳压电源,将生成的 CS11 - 1. hex 文件下载到试验板上的 89S51 单片机中(**注意:**标示"LEDMOD_DATA"及 "LEDMOD_COM"的双排针应插上短路块)。左侧 4 个数码管显示年份"0000"。按下 S1、S2 键可输入年份 year;按一下 S4 键切换到输入月份 month(显示于百、千位数码管),按下 S1 键可输入月份 month;再按一下 S4 键切换到显示该月天数 day(显示于个、十位数码管)。

### 3. 程序分析解释

序号 1:包含头文件 REG51.H。

序号 2~3:数据类型的宏定义。

序号 4:数码管 0~9 的字形码。

序号 5:数码管的位选码。

序号 6:程序分隔。

序号 7:定义无符号字符型全局变量 status_flag(状态标志)。

序号 8:定义无符号整型全局变量 year(年)。

序号 9:定义无符号字符型全局变量 month(月)。

序号 10:定义无符号字符型全局变量 day(天)。

序号 11~12:定义无符号字符型全局变量 temp_year_1、temp_month、temp_year_h(程序执行
过程中的中间变量)。

序号 13:程序分隔。

序号 14~18:函数声明。

序号 19:程序分隔。

序号 20:定义函数名为 main 的主函数。

序号 21:main 的主函数开始。定义无符号字符型局部变量 i。

序号 22:定义无符号整型局部变量 temp1、temp2。

序号 23:while 循环语句进行无限循环。

序号 24:调用 T1 键判断子函数 key_S4()。

序号 25:switch 语句,根据表达式 status_flag 的值进行散转。

序号 26:switch 语句开始。

序号 27~28:调用 key_S1()、key_S2()子函数,并把按键输入值赋 temp1、temp2。

序号 29:调用 key_S1()子函数,并把按键输入值赋 month。

序号 30:一项也不符合,则直接退出。

序号 31:switch 语句结束。

序号 32:数学计算。

序号 33:程序分隔。

序号 34:调用 conv(year,month)子函数得到当月的天数。

序号 35:程序分隔。

序号 36:for 语句循环,用于点亮刷新 4 个数码管。

序号 37:for 语句开始。

序号 38:switch 语句,根据表达式 status_flag 的值进行散转。

序号 39:switch 语句开始。

序号 40~43:点亮 4 位数码管,显示年份 year。

序号 44~45:点亮右边 2 位数码管,显示月份 month。

序号 46~47:如果 day 的值为真(大于 0),点亮左边 2 位数码管,显示天数 day。

序号 48~49:否则熄灭数码管。

序号 50:一项也不符合,则直接退出。

序号 51:switch 语句结束。

序号 52:for 语句结束。

序号 53:while 循环语句结束。

序号 54:main 的主函数结束。

序号 55:程序分隔。

序号 52~62:延时子函数。

序号 63:程序分隔。

序号 64:key_S1()子函数。

序号 65:key_S1()子函数开始。

序号 66:P3 口置全 1 以便读取按键输入。

序号 67:如果 P3 等于 0xfb,说明 S1 键按下。

序号 68:进入 if 条件语句。

序号 69:switch 语句。

序号 70:switch 语句开始。

序号 71:status_flag 为 0 时,temp_year_l 递增。

序号 72:temp_year_l 变化范围 0～99(年份的低 2 位变化范围 00～99)。

序号 73:status_flag 为 1 时,temp_month 递增。

序号 74:temp_month 变化范围 1～12(月份的变化范围 1～12)。

序号 75:一项也不符合,则直接退出。

序号 76:switch 语句结束。

序号 77:if 条件语句结束。

序号 78:key_S1()子函数结束。

序号 79:程序分隔。

序号 80～92:key_S2()子函数,可参考序号 64～78 对 key_S1 子函数的分析。

序号 93:程序分隔。

序号 94～99:key_S4()子函数。

序号 95:key_S4()子函数开始。

序号 96:P3 口置全 1 以便读取按键输入。

序号 97:如果 P3 等于 0xdf,说明 T1 键按下,status_flag 递增。

序号 98:status_flag 变化范围 0～2(只能选择输入年份、输入月份、显示天数 3 种状态)。

序号 99:key_S4()子函数结束。

序号 100:程序分隔。

序号 101:conv()子函数,通过输入年份、月份,计算出当月的天数。

序号 102:conv()子函数开始,定义无符号字符型局部变量 len。

序号 103:switch 语句,根据月份(month),得到天数(len)。

序号 104:switch 语句开始。

序号 105～111:1、3、5、7、8、10、12 月的天数为 31 天。

序号 112～115:4、6、9、11 月的天数为 30 天。

序号 116:2 月的天数如闰年为 29 天。

序号 117:否则是平年为 28 天。

序号 118:如月份出错(如输入了 13 个月),天数返回 0。

序号 119:switch 语句结束。

序号 120:如月份正确,返回该月的天数。

序号 121:conv()子函数结束。

# 11.3　循环语句

在许多实际问题中,需要程序进行有规律的重复执行,这时可以用循环语句来实现。在 C 语言中,用来实现循坏的语句有 while 语句、do-while 语句、for 语句及 goto 语句等。

### 1. while 语句

while 语句构成循环结构的一般形式如下：

while(条件表达式) 〔语句;〕

其执行过程是:当条件表达式的结果为真(非 0 值)时,程序就重复执行后面的语句,一直执行到条件表达式的结果变化为假(0 值)时为止。这种循环结构是先检查条件表达式所给出的条件,再根据检查的结果决定是否执行后面的语句。如果条件表达式的结果一开始就为假,则后面的语句一次也不会被执行。这里的语句可以是复合语句。图 11.1 为 while 语句的流程图。

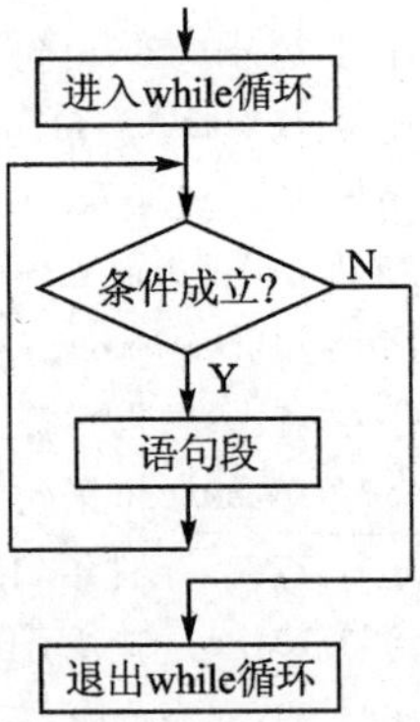

**图 11.1　while 语句的流程图**

### 2. do-while 语句

do-while 语句构成循环结构的一般形式如下:

do
〔语句;〕
while(条件表达式);

其执行过程是:先执行给定的循环体语句,然后再检查条件表达式的结果。当条件表达式的值为真(非 0 值)时,则重复执行循环体语句,直到条件表达式的值变为假(0 值)时为止。因此,用 do-while 语句构成的循环结构在任何条件下,循环体语句至少会被执行一次。

对于同一个循环问题,可以用 while 语句处理,也可以用 do-while 结构处理。do-while 结构等价为一个语句加上一个 while 结构。do-while 结构适用于需要循环体语句执行至少一次以上的循环的情况。while 语句构成循环结构可以用于循环体语句一次也不执行的情况。图 11.2 为 do-while 语句的流程图。

### 3. for 语句

采用 for 语句构成循环结构的一般形式如下:

for(〔初值设定表达式 1〕;〔循环条件表达式 2〕;〔更新表达式 3〕)〔语句;〕

for 语句的执行过程是:先计算出初值表达式 1 的值作为循环控制变量的初值,再检查循环条件表达式 2 的结果,当满足循环条件时就执行循环体语句并计算更新表达式 3,然后再根据更新表达式 3 的计算结果来判断循环条件 2 是否满足……一直进行到循环条件表达式 2 的结果为假(0 值)时,退出循环体。图 11.3 为 for 语句的流程图。

在 C 语言程序的循环结构中,for 语句的使用最为灵活,它不仅可以用于循环次数已经确定的情形,而且还可以用于循环次数不确定只给出循环结束条件的情况。

另外,for 语句中的 3 个表达式是相互独立的,并不一定要求 3 个表达式之间有依赖关系。并且 for 语句中的 3 个表达式都可能缺省,但无论缺省哪一个表达式,其中的两个分号都不能缺省。

例如,我们要把 50～100 之间的偶数取出相加,用 for 语句就显得十分方便。

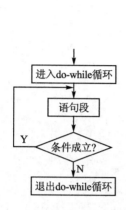

图 11.2　do-while 语句的流程图

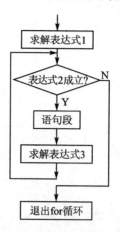

图 11.3　for 语句的流程图

# 11.4　while 语句实验

用 while 语句求 $1+2+\cdots+100$ 的结果并将结果在 51 MCU DEMO 试验板上显示。

## 1. 源程序文件

在 D 盘建立一个文件目录(CS11-2),然后建立 CS11-2. uv2 的工程项目,最后建立源程序文件(CS11-2. c)。输入下面的程序:

```
# include <REG51.H>                                                    //1
# define uchar unsigned char                                          //2
# define uint unsigned int                                            //3
uchar code SEG7[10] = {0x3f,0x06,0x5b,0x4f,0x66,0x6d,0x7d,0x07,0x7f,0x6f};   //4
// = = = = = = = = = = = = = = = = = = = = = =5
void delay(uint k)                                                    //6
{                                                                      //7
uint i,j;                                                             //8
for(i = 0;i<k;i ++){                                                  //9
for(j = 0;j<121;j ++ )                                               //10
{;}}                                                                  //11
}                                                                      //12
```

```
// = = = = = = = = = = = = = = = = = = = = = = =13
void main(void)                        //14
{                                      //15
uint s,n;                              //16
s = 0;                                 //17
n = 1;                                 //18
    while(n< = 100)                    //19
    {                                  //20
    s = s + n;                         //21
    n = n + 1;                         //22
    }                                  //23
// - - - - - - - - - - - - - - - - - - - - - -24
    while(1)                           //25
    {                                  //26
    P0 = SEG7[s % 10];P2 = 0xfe;delay(1);          //27
    P0 = SEG7[(s % 100)/10];P2 - 0xfd;delay(1);    //28
    P0 = SEG7[(s/100) % 10];P2 = 0xfb;delay(1);    //29
    P0 = SEG7[s/1000];P2 = 0xf7;delay(1);          //30
    }                                  //31
}                                      //32
```

编译通过后,51 MCU DEMO 试验板接通 5 V 稳压电源,将生成的 CS11 - 2. hex 文件下载到试验板上的 89S51 单片机中(**注意:**标示"LEDMOD_DATA"及 "LEDMOD_COM"的双排针应插上短路块)。右边 4 个数码管显示等差数列之和 1 +2+…+100 的结果"5050"。

## 2. 程序分析解释

序号 1:包含头文件 REG51.H。

序号 2~3:数据类型的宏定义。

序号 4:数码管 0~9 的字形码。

序号 5:程序分隔。

序号 6~12:延时子函数。

序号 13:程序分隔。

序号 14:定义函数名为 main 的主函数。

序号 15:main 主函数开始。

序号 16:定义无符号整型变量 s、n。

序号 17:s 赋初值 0。

序号 18:n 赋初值 1。

序号 19:while 循环语句。

序号 20:while 循环语句开始。

序号 21~22:数学计算。

序号 23:while 循环语句结束。

序号 24:分隔。

序号 25:while 循环语句进行无限循环。

序号 26:while 循环语句开始。

序号 27:点亮数码管个位。

序号 28:点亮数码管十位。

序号 29:点亮数码管百位。

序号 30:点亮数码管千位。

序号 31:while 循环语句结束。

序号 32:main 主函数结束。

# 11.5　for 语句实验

用 for 语句求 50～100 之间的偶数之和并将结果在 51 MCU DEMO 试验板上显示。

## 1. 源程序文件

在 D 盘建立一个文件目录(CS11-3),然后建立 CS11-3.uv2 的工程项目,最后建立源程序文件(CS11-3.c)。输入下面的程序:

```
# include <REG51.H>                //1
# define uchar unsigned char      //2
# define uint unsigned int        //3
uchar code SEG7[10]={0x3f,0x06,0x5b,0x4f,0x66,0x6d,0x7d,0x07,0x7f,0x6f};   //4
//======================5
void delay(uint k)                 //6
{                                  //7
uint i,j;                          //8
for(i=0;i<k;i++){                  //9
for(j=0;j<121;j++)                 //10
{;}}                               //11
}                                  //12
//======================13
void main(void)                    //14
{                                  //15
uint s,sum;                        //16
    for(s=50;s<=100;s=s+2)         //17
    {sum=sum+s;}                   //18
//----------------------19
    while(1)                       //20
    {                              //21
P0=SEG7[sum%10];P2=0xfe;delay(1);       //22
    P0=SEG7[(sum%100)/10];P2=0xfd;delay(1); //23
```

```
    P0 = SEG7[(sum/100) % 10];P2 = 0xfb;delay(1);  //24
    P0 = SEG7[sum/1000];P2 = 0xf7;delay(1);        //25
    }                                              //26
}                                                  //27
```

编译通过后,51 MCU DEMO 试验板接通 5 V 稳压电源,将生成的 CS11 -3. hex 文件下载到试验板上的 89S51 单片机中(**注意: 标示"LEDMOD_DATA"及"LED-MOD_COM"的双排针应插上短路块**)。右边 4 个数码管显示 50～100 之间偶数之和的结果"1950"。

### 2. 程序分析解释

序号 1:包含头文件 REG51.H。

序号 2～3:数据类型的宏定义。

序号 4:数码管 0～9 的字形码。

序号 5:程序分隔。

序号 6～12:延时子函数。

序号 13:程序分隔。

序号 14:定义函数名为 main 的主函数。

序号 15:main 主函数开始。

序号 16:定义无符号整型变量 s、sum。

序号 17:for 循环语句。

序号 18:数学计算。

序号 19:分隔。

序号 20～26:while 循环语句进行无限循环,用于点亮 4 个数码管。

序号 27:main 主函数结束。

# 11.6　goto 语句

goto 语句是一个无条件转向语句,它的一般形式如下:

goto　语句标号;

其中语句标号是一个带冒号":"的标识符,标识符标识语句的地址。当执行跳转语句时,使控制跳转到标识符指向的地址,从该语句继续执行程序。将 goto 语句和 if 语句一起使用,可以构成一个循环结构。但更常见的是在 C 语言程序中采用 goto 语句来跳出多重循环,需要注意的是只能用 goto 语句从内层循环跳到外层循环,而不允许从外层循环跳到内层循环。

# 11.7　break 语句和 continue 语句

上面介绍的三种循环结构都是当循环条件不满足时,结束循环的。如果循环条件不止一个或者需要中途退出循环时,实现起来就比较困难。此时可以考虑使用 break 语句或 continue 语句。

### 1. break 语句

break 语句除了可以用在 switch 语句中,还可以用在循环体中。在循环体中遇见 break 语句,立即结束循环,跳到循环体外,执行循环结构后面的语句。break 语句的一般形式为:

```
break;
```

break 语句只能跳出它所处的那一层循环,而不像 goto 语句可以直接从最内层循环中跳出来。由此可见,要退出多重循环,采用 goto 语句比较方便。需要指出的是,break 语句只能用于开关语句和循环语句之中,它是一种具有特殊功能的无条件转移语句。

### 2. continue 语句

continue 语句也是一种中断语句,它一般用在循环结构中,其功能是结束本次循环,即跳过循环体中下面尚未执行的语句,把程序流程转移到当前循环语句的下一个循环周期,并根据循环控制条件决定是否重复执行该循环体。continue 语句的一般形式如下:

```
continue;
```

continue 语句和 break 语句的区别在于:continue 语句只结束本次循环而不是终止整个循环的执行;break 语句则是结束整个循环,不再进行条件判断。

我们做一下 break 与 continue 语句的对比实验,感性认识一下它们的区别。

## 11.8　break 语句实验

用 for 语句在 51 MCU DEMO 试验板上做一个 0～9 递增数值测试,当数值小于 5 时,用 break 语句结束循环。

### 1. 源程序文件

在 D 盘建立一个文件目录(CS11-4),然后建立 CS11-4.uv2 的工程项目,最后建立源程序文件(CS11-4.c)。输入下面的程序:

```
# include <REG51.H>                //1
# define uchar unsigned char       //2
# define uint unsigned int         //3
uchar code SEG7[10] = {0x3f,0x06,0x5b,0x4f,0x66,0x6d,0x7d,0x07,0x7f,0x6f};    //4
// = = = = = = = = = = = = = = = = = = = = = = =5
void delay(uint k)                 //6
```

```
{                                       //7
uint i,j;                               //8
for(i = 0;i<k;i++){                      //9
for(j = 0;j<121;j++)                     //10
{;}}                                     //11
}                                        //12
// = = = = = = = = = = = = = = = = = = = = =13
void main(void)                          //14
{                                        //15
uchar cnt = 0;                           //16
P0 = SEG7[0];P2 = 0xfe;                  //17
delay(4);                               //18
    while(1)                            //19
    {                                   //20
    for(cnt = 0;cnt<10;cnt++)           //21
    {                                   //22
      if(cnt<5)break;                   //23
      P0 = SEG7[0];P2 = 0xfe;           //24
      delay(1000);                      //25
    }                                   //26
    }                                   //27
}                                       //28
```

编译通过后,51 MCU DEMO 试验板接通 5 V 稳压电源,将生成的 CS11 - 4.hex 文件下载到试验板上的 89S51 单片机中(**注意:标示"LEDMOD_DATA"及"LEDMOD_COM"的双排针应插上短路块**)。右边一个数码管显示"0"。

### 2. 程序分析解释

序号 1:包含头文件 REG51.H。

序号 2～3:数据类型的宏定义。

序号 4:数码管 0～9 的字形码。

序号 5:程序分隔。

序号 6～12:延时子函数。

序号 13:程序分隔。

序号 14:定义函数名为 main 的主函数。

序号 15:main 主函数开始。

序号 16:定义无符号字符型变量 cnt 并赋初值 0。

序号 17:右边一个数码管显示"0"。

序号 18:延时 1 s。

序号 19:无限循环语句。

序号 20:无限循环语句开始。

序号 21:for 循环语句。

序号 22:for 循环语句开始。

序号 23:如果 cnt 小于 5,用 break 语句退出 for 循环。

序号 24:右边一个数码管显示 cnt 的值。

序号 25:延时 1 s。

序号 26:for 循环语句结束。

序号 27:无限循环语句结束。

序号 28:main 主函数结束。

### 3. 小　　结

当 cnt 小于 5 时,break 语句已跳出 for 循环圈(结束循环),因此不能显示 1~9,只显示初始化的 0。

## 11.9　continue 语句实验

用 for 语句在 51 MCU DEMO 试验板上做一个 0~9 递增数值测试,当数值小于 5 时,用 continue 语句结束本次循环(进入下一次循环)。

### 1. 源程序文件

在 D 盘建立一个文件目录(CS11-5),然后建立 CS11-5.uv2 的工程项目,最后建立源程序文件(CS11-5.c)。输入下面的程序:

```
# include <REG51.H>                                                      //1
# define uchar unsigned char                                            //2
# define uint unsigned int                                              //3
uchar code SEG7[10] = {0x3f,0x06,0x5b,0x4f,0x66,0x6d,0x7d,0x07,0x7f,0x6f};   //4
// = = = = = = = = = = = = = = = = = = = =5
void delay(uint k)                                                      //6
{                                                                        //7
uint i,j;                                                                //8
for(i = 0;i<k;i ++){                                                     //9
for(j = 0;j<121;j ++)                                                    //10
{;}}                                                                     //11
}                                                                        //12
// = = = = = = = = = = = = = = = = = = = = =13
void main(void)                                                          //14
{                                                                        //15
uchar cnt = 0;                                                           //16
P0 = SEG7[0];P2 = 0xfe;                                                  //17
delay(1000);                                                            //18
  while(1)                                                               //19
  {                                                                      //20
    for(cnt = 0;cnt<10;cnt ++)                                          //21
```

```
    {                               //22
      if(cnt<5)continue;            //23
      P0 = SEG7[cnt];P2 = 0xfe;     //24
      delay(1000);                  //25
    }                               //26
  }                                 //27
}                                   //28
```

编译通过后,51 MCU DEMO 试验板接通 5 V 稳压电源,将生成的 CS11 - 5. hex 文件下载到试验板上的 89S51 单片机中(**注意**:标示"LEDMOD_DATA"及 "LEDMOD_COM"的双排针应插上短路块)。右边一个数码管开始显示"0",随后显示"5~9"。

### 2. 程序分析解释

序号 1:包含头文件 REG51.H。

序号 2~3:数据类型的宏定义。

序号 4:数码管 0~9 的字形码。

序号 5:程序分隔。

序号 6~12:延时子函数。

序号 13:程序分隔。

序号 14:定义函数名为 main 的主函数。

序号 15:main 主函数开始。

序号 16:定义无符号字符型变量 cnt 并赋初值 0。

序号 17:右边一个数码管显示"0"。

序号 18:延时 1 s。

序号 19:无限循环语句。

序号 20:无限循环语句开始。

序号 21:for 循环语句。

序号 22:for 循环语句开始。

序号 23:如果 cnt 小于 5,用 continue 语句退出 for 循环。

序号 24:右边一个数码管显示 cnt 的值。

序号 25:延时 1 s。

序号 26:for 循环语句结束。

序号 27:无限循环语句结束。

序号 28:main 主函数结束。

### 3. 小　结

当 cnt 小于 5 时,continue 语句跳出 for 语句的本次循环,进入下一次循环。因此,不能显示 1~4,但可显示 5~9。

# 第 **12** 章

# 函数的定义

C 语言程序是由函数构成的,函数是 C 语言中的一种基本模块。第 5 章已经介绍了 C 语言程序的组成结构,即 C 语言程序是由函数构成的,一个 C 源程序至少包括一个名为 main()的函数(主函数),也可能包含其他函数。

C 语言程序总是由主函数 main()开始执行的,main()函数是一个控制程序流程的特殊函数,它是程序的起点。

所有函数在定义时是相互独立的,它们之间是平行关系,所以不能在一个函数内部定义另一个函数,即不能嵌套定义。函数之间可以互相调用,但不能调用主函数。

从使用者的角度来看,有两种函数:标准库函数和用户自定义功能子函数。标准库函数是编译器提供的,用户不必自己定义这些函数。C 语言系统能够提供功能强大,资源丰富的标准函数库,作为使用者在进行程序设计时,应善于利用这些资源,以提高效率,节省开发时间。

## 12.1   函数定义的一般形式

函数定义的一般形式为:

函数类型标识符   函数名   (形式参数)
形式参数类型说明表列
{
局部变量定义
函数体语句
}

ANSIC 标准允许在形式参数表中对形式参数的类型进行说明,因此也可这样定义:

函数类型标识符   函数名   (形式参数类型说明表列)

```
{
局部变量定义
函数体语句
}
```

其中:

"函数类型标识符"说明了函数返回值的类型,当"函数类型标识符"缺省时默认为整型。

"函数名"是程序设计人员自己定义的函数名字。

"形式参数类型说明表列"中列出的是在主调用函数与被调用函数之间传递数据的形式参数,如果定义的是无参函数,形式参数类型说明表列用 void 来注明。

"局部变量定义"是对在函数内部使用的局部变量进行定义。

"函数体语句"是为完成该函数的特定功能而设置的各种语句。

## 12.2　函数的参数和函数返回值

C 语言采用函数之间的参数传递方式,使一个函数能对不同的变量进行处理,从而大大提高了函数的通用性与灵活性。在函数调用时,通过主调函数的实际参数与被调函数的形式参数之间进行数据传递来实现函数间参数的传递。在被调函数最后,通过 return 语句返回函数的返回值给主调函数。

return 语句形式如下:

　return　(表达式);

对于不需要有返回值的函数,可以将该函数定义为"void"类型。void 类型又称"空类型"。这样,编译器会保证在函数调用结束时不使函数返回任何值。为了使程序减少出错,保证函数的正确调用,凡是不要求有返回值的函数,都应将其定义成 void 类型。

在定义函数中指定的变量,当未出现函数调用的时候,它们并不占用内存中的存储单元。只有在发生函数调用的时候,函数的形参才被分配内存单元。在调用结束后,形参所占的内存单元也被释放。实参可以是常量、变量或表达式,要求实参必须有确定的值。在调用时将实参的值赋给形参变量(如果形参是数组名,则传递的是数组首地址而不是变量的值)。

## 12.3　无参数函数、有参数函数及空函数

从函数定义的形式看,又可划分为无参数函数、有参数函数及空函数三种。

### 1. 无参数函数

此种函数在被调用时无参数,主调函数并不将数据传送给被调用函数。无参数

函数可以返回或不返回函数值,一般以不带返回值的为多。

#### 2. 有参数函数

调用此种函数时,在主调函数和被调函数之间有参数传递。也就是说,主调函数可以将数据传递给被调函数使用,被调函数中的数据也可以返回供主调函数使用。

#### 3. 空函数

如果定义函数时只给出一对花括号"{ }",不给出其局部变量和函数体语句(即函数体内部是"空"的),则该函数为"空函数"。这种空函数开始时只设计最基本的模块(空架子),其他作为扩充功能在以后需要时再加上,这样可使程序的结构清晰,可读性好,而且易于扩充。

## 12.4 函数调用的三种方式

C 语言程序中函数是可以互相调用的。所谓函数调用就是在一个函数体中引用另外一个已经定义了的函数,前者称为主调用函数,后者称为被调用函数。主调用函数调用被调用函数的一般形式为:

函数名(实际参数表列)

其中,"函数名"指出被调用的函数。

"实际参数表列"中可以包含多个实际参数,各个参数之间用逗号隔开。实际参数的作用是将它的值传递给被调用函数中的形式参数。需要注意的是,函数调用中的实际参数与函数定义中的形式参数必须在个数、类型及顺序上严格保持一致,以便将实际参数的值正确地传递给形式参数。否则在函数调用时会产生意想不到的错误结果。如果调用的是无参函数,则可以没有实际参数表列,但圆括号不能省略。

C 语言中可以采用三种方式完成函数的调用:

#### 1. 函数语句调用

在主调函数中将函数调用作为一条语句,例如:

```
fun1();
```

这是无参调用,它不要求被调函数返回一个确定的值。

#### 2. 函数表达式调用

只要求它完成一定的操作。

在主调函数中将函数调用作为一个运算对象直接出现在表达式中,这种表达式称为函数表达式。例如:

```
c = power(x,n) + power(y,m);
```

这其实是一个赋值语句,它包括两个函数调用,每个函数调用都有一个返回值,将两个返回值相加的结果,赋值给变量 c。因此这种函数调用方式要求被调函数返回一个确定的值。

### 3. 作为函数参数调用

在主调函数中将函数调用作为另一个函数调用的实际参数。例如:

m = max(a,max(b,c));

max(b,c)是一次函数调用,它的返回值作为函数 max 另一次调用的实参。最后 m 的值为变量 a、b、c 三者中值最大者。

这种在调用一个函数的过程中又调用了另外一个函数的方式,称为嵌套函数调用。

## 12.5　对被调用函数的说明

在一个函数中调用另一个函数(即被调函数),需要具备如下的条件:

① 被调用的函数必须是已经存在的函数(库函数或者用户自定义过的函数)。

② 如果程序使用了库函数,或者使用不在同一文件中的自定义函数,则要程序的开头用♯include 预处理命令将调用有关函数时所需的信息包含到本文中来。对于自定义函数,如果不是在本文件中定义的,那么在程序开始要用 extern 修饰符进行原型声明。使用库函数时,用♯include<***.h>的形式,使用自己编辑的函数头文件等时,用♯include***.h/c 的格式。

## 12.6　参数传递的函数调用实验

在 51 MCU DEMO 试验板上实现参数传递的函数调用。数码管的低 2 位显示"3"和"8"。S1 键按下后(即 P3.2 为低)调用交换子函数 swap,使得数码管的低 2 位交换显示为"8"和"3"。

### 1　源程序文件

在 D 盘建立一个文件目录(CS12-1),然后建立 CS12-1.uv2 的工程项目,最后建立源程序文件(CS12-1.c)。输入下面的程序:

```
♯include <REG51.H>                              //1
♯define uchar unsigned char                     //2
♯define uint unsigned int                       //3
uchar code SEG7[10] = {0x3f,0x06,0x5b,0x4f,0x66,0x6d,0x7d,0x07,0x7f,0x6f};    //4
sbit P3_2 = P3^2;                               //5
uchar number1,number2;                          //6
```

```
// = = = = = = = = = = = = = = = = = = = = = =7
void swap(uchar x,uchar y);              //8
// = = = = = = = = = = = = = = = = = = = = = =9
void delay(uint k)                       //10
{                                        //11
uint i,j;                                //12
for(i = 0;i<k;i ++ ){                     //13
for(j = 0;j<121;j ++ )                    //14
{;}}                                     //15
}                                        //16
// = = = = = = = = = = = = = = = = = = = = = =17
void main(void)                          //18
{                                        //19
uchar a = 3,b = 8;                        //20
    while(1)                             //21
    {                                    //22
        if(!P3_2)                        //23
        {    swap(a,b);                   //24
        P0 = SEG7[number1];               //25
        P2 = 0xfd;                        //26
        delay(1);                        //27
        P0 = SEG7[number2];               //28
        P2 = 0xfe;                        //29
        delay(1);        }                //30
        else                             //31
        {number1 = a;number2 = b;         //32
        P0 = SEG7[number1];               //33
        P2 = 0xfd;                        //34
        delay(1);                        //35
        P0 = SEG7[number2];               //36
        P2 = 0xfe;                        //37
        delay(1);                        //38
        }                                //39
    }                                    //40
}                                        //41
// = = = = = = = = = = = = = = = = = = = = = =42
void swap(uchar x,uchar y)               //43
{                                        //44
number1 = y;                             //45
number2 = x;                             //46
}                                        //47
```

编译通过后,51 MCU DEMO 试验板接通 5 V 稳压电源,将生成的 CS12 - 1. hex 文件下载到试验板上的 89S51 单片机中(**注意**:标示"LEDMOD_DATA"及"LEDMOD_COM"的双排针应插上短路块)。右边 2 个 LED 数码管显示"38"。按下 S1 键右边 2 个 LED 数码管显示"83"。

## 2. 程序分析解释

序号 1:包含头文件 REG51.H。

序号 2~3:数据类型的宏定义。

序号 4:数码管 0~9 的字形码。

序号 5:定义 P3.2。

序号 6:定义两个无符号的字符型全局变量 number1、number2。

序号 7:程序分隔。

序号 8:子函数 swap 声明。

序号 9:程序分隔。

序号 10~16:定义延时子函数。

序号 17:程序分隔。

序号 18:定义函数名为 main 的主函数。

序号 19:main 主函数开始。

序号 20:定义无符号字符型局部变量 a、b。

序号 21:无限循环。

序号 22:无限循环语句开始。

序号 23:if 判断语句,用于判断按键是否按下。

序号 24:如果 P3.2 为低电平,调用 swap 子函数,实现 number1、number2 两个数的交换。

序号 25:number1 的值查表送 P0 口显示。

序号 26:点亮十位数码管。

序号 27:延时 1 ms 便于观察。

序号 28:number2 的值查表送 P0 口显示。

序号 29:点亮个位数码管。

序号 30:延时 1 ms 便于观察。

序号 31:否则若无键按下。

序号 32:number1 赋值 3、number2 赋值 8。

序号 33:number1 的值查表送 P0 口显示。

序号 34:点亮十位数码管。

序号 35:延时 1 ms 便于观察。

序号 36:number2 的值查表送 P0 口显示。

序号 37:点亮个位数码管。

序号 38:延时 1 ms 便于观察。

序号 39:if 判断语句结束。

序号 40:无限循环语句结束。

序号 41:main 主函数结束。

序号 42:程序分隔。

序号 43:定义函数名为 swap 的子函数。

序号 44:swap 子函数开始。

序号 45:y 传递的值送 number1。

序号 46:x 传递的值送 number2。

序号 47:swap 子函数结束。

# 12.7 三个数大小自动排列实验

在 51 MCU DEMO 试验板上实现三个数按大小自动排列,数码管的百位、十位、个位自动显示 a、b、c 三个数中的最大、中间、最小值。

## 1. 源程序文件

在 D 盘建立一个文件目录(CS12 - 2),然后建立 CS12 - 2. uv2 的工程项目,最后建立源程序文件(CS12 - 2. c)。输入下面的程序:

```
# include <REG51.H>                                              //1
# define uchar unsigned char                                     //2
# define uint unsigned int                                       //3
uchar code SEG7[10] = {0x3f,0x06,0x5b,0x4f,0x66,0x6d,0x7d,0x07,0x7f,0x6f};    //4
//*********************************5
void delay(uint k)                                               //6
{                                                                //7
uint i,j;                                                        //8
for(i = 0;i<k;i ++ ){                                            //9
for(j = 0;j<121;j ++ )                                           //10
{;}}                                                             //11
}                                                                //12
//*********************************13
void main(void)                                                  //14
{                                                                //15
uchar a = 3,b = 1,c = 9;                                         //16
uchar temp;                                                      //17
    //*********************************18
    if((c>b)&&(c>a))                                             //19
    {temp = c;                                                   //20
    c = a;a = temp;}                                             //21
    else if((b>a)&&(b>c))                                        //22
    {temp = b;                                                   //23
    b = a;a = temp;}                                             //24
    // = = = = = = = = = = = = = = = = = =25
    if(c>b)                                                      //26
```

```
    {temp = c;                        //27
    c = b;b = temp;}                  //28
    // = = = = = = = = = = = = = = = = = = = = =29
    while(1)                          //30
    {P0 = SEG7[a];                    //31
    P2 = 0xfb;                        //32
     delay(1);                        //33
    P0 = SEG7[b];                     //34
    P2 = 0xfd;                        //35
    delay(1);                         //36
    P0 = SEG7[c];                     //37
    P2 = 0xfe;                        //38
    delay(1);                         //39
    }                                 //40
}                                     //41
```

　　编译通过后,51 MCU DEMO 试验板接通 5 V 稳压电源,将生成的 CS12 - 2. hex 文件下载到试验板上的 89S51 单片机中(**注意:标示"LEDMOD_DATA"及 "LEDMOD_COM"的双排针应插上短路块**)。右边 3 个 LED 数码管显示"931"。试着给 a、b、c 三个变量重新赋值(0~9)后,再编译、烧片,通电显示,则数码管总是会按大、中、小自动排列显示。

## 2. 程序分析解释

　　序号 1:包含头文件 REG51.H。

　　序号 2~3:数据类型的宏定义。

　　序号 4:数码管 0~9 的字形码。

　　序号 5:程序分隔。

　　序号 6~12:定义延时子函数。

　　序号 13:程序分隔。

　　序号 14:定义函数名为 main 的主函数。

　　序号 15:main 主函数开始。

　　序号 16:定义无符号字符型局部变量 a、b、c 并赋值。

　　序号 17:定义无符号字符型局部变量 temp。

　　序号 18:程序分隔。

　　序号 19:如果 c>b 并且同时 c>a。

　　序号 20:将 c 送 temp。

　　序号 21:a 送 c,temp 再送 a。

　　序号 22:否则如果 b>a 并且同时 b>c。

　　序号 23:将 b 送 temp。

　　序号 24:a 送 b,temp 再送 a。

　　序号 25:程序分隔。

　　序号 26:如果 c>b。

序号 27:将 c 送 temp。

序号 28:b 送 c,temp 再送 b。

序号 29:程序分隔。

序号 30:无限循环。

序号 31:无限循环语句开始。a 的值查表送 P0 口显示。

序号 32:点亮百位数码管。

序号 33:延时 1 ms 便于观察。

序号 34:b 的值查表送 P0 口显示。

序号 35:点亮十位数码管。

序号 36:延时 1 ms 便于观察。

序号 37:c 的值查表送 P0 口显示。

序号 38:点亮个位数码管。

序号 39:延时 1 ms 便于观察。

序号 40:无限循环语句结束。

序号 41:main 主函数结束。

# 12.8 华氏-摄氏温度转换的仪器实验

在 51 MCU DEMO 试验板上,设计一个能进行华氏-摄氏温度转换的仪器。用按键 S1、S2 输入华氏温度值,按下 S4 键后显示出对应的摄氏温度值。

## 1. 实现方法

为了便于学习,采用整数输入及整数运算/显示,不牵涉到小数部分。华氏温度值的输入范围为 $-500 \sim 999$ 度。

摄氏温度值 $C$ 与华氏温度值 $F$ 的换算公式为:

$$C = (F - 32) \times 5/9$$

## 2. 源程序文件

在 D 盘建立一个文件目录(CS12 - 3),然后建立 CS12 - 3.uv2 的工程项目,最后建立源程序文件(CS12 - 3.c)。输入下面的程序:

```
#include <REG51.H>                                          //1
#include <MATH.H>                                           //2
#define uchar unsigned char                                 //3
#define uint unsigned int                                   //4
uchar code SEG7[10] = {0x3f,0x06,0x5b,0x4f,0x66,0x6d,0x7d,0x07,0x7f,0x6f};//5
uchar ACT[4] = {0xfe,0xfd,0xfb,0xf7};                       //6
/*******************************************7*************/
sbit P3_2 = P3^2;                                           //8
sbit P3_3 = P3^3;                                           //9
sbit P3_5 = P3^5;                                           //10
```

```
int c,f;                                        //11
int temp;                                       //12
uchar status;                                   //13
/***********************************************14****************/
void key_s1(void);                              //15
void key_s2(void);                              //16
void key_s4(void);                              //17
int conv(int fin);                              //18
void delay_1ms(void);                           //19
/***********************************************20****************/
void main(void)                                 //21
{int temp_f,temp_c;                             //22
while(1)                                        //23
{                                               //24
  key_s1();                                     //25
  key_s2();                                     //26
  key_s4();                                     //27
  if(status == 0)                               //28
  {                                             //29
        if(f<0)                                 //30
        {temp_f = abs(f);                       //31
        P0 = SEG7[temp_f % 10];P2 = ACT[0];     //32
        delay_1ms();                            //33
        P0 = SEG7[(temp_f % 100)/10];P2 = ACT[1];   //34
        delay_1ms();                            //35
        P0 = SEG7[(temp_f/100) % 10];P2 = ACT[2];   //36
        delay_1ms();                            //37
        P0 = 0x40;P2 = ACT[3];                  //38
        delay_1ms();                            //39
        }                                       //40
        else                                    //41
        {                                       //42
        P0 = SEG7[f % 10];P2 = ACT[0];          //43
        delay_1ms();                            //44
        P0 = SEG7[(f % 100)/10];P2 = ACT[1];    //45
        delay_1ms();                            //46
        P0 = SEG7[(f/100) % 10];P2 = ACT[2];    //47
        delay_1ms();                            //48
        }                                       //49
  }                                             //50
  else                                          //51
  {                                             //52
        c = conv(f);                            //53
        if(c<0)                                 //54
```

```
    {temp_c = abs(c);                           //55
       P0 = SEG7[temp_c % 10];P2 = ACT[0];      //56
       delay_1ms();                             //57
       P0 = SEG7[(temp_c % 100)/10];P2 = ACT[1]; //58
       delay_1ms();                             //59
       P0 = SEG7[(temp_c/100) % 10];P2 = ACT[2]; //60
       delay_1ms();                             //61
       P0 = 0x40;P2 = ACT[3];                   //62
       delay_1ms();                             //63
    }                                           //64
    else                                        //65
    {                                           //66
       P0 = SEG7[c % 10];P2 = ACT[0];           //67
       delay_1ms();                             //68
       P0 = SEG7[(c % 100)/10];P2 = ACT[1];     //69
       delay_1ms();                             //70
       P0 = SEG7[(c/100) % 10];P2 = ACT[2];     //71
       delay_1ms();                             //72
    }                                           //73
  }                                             //74
}                                               //75
}                                               //76
/*******************************************77********************/
void key_s1(void)                               //78
{                                               //79
  if(!P3_2)                                      //80
  {if(temp>50)temp = 0;                          //81
    if(temp == 0)f ++ ;                          //82
    if(f>999)f = 999;                            //83
    temp ++ ;                                    //84
  }                                              //85
}                                                //86
/*******************************************87****************/
void key_s2(void)                               //88
{                                               //89
  if(!P3_3)                                      //90
  {if(temp>50)temp = 0;                          //91
    if(temp == 0)f -- ;                          //92
    if(f< - 500)f = - 500;                       //93
    temp ++ ;                                    //94
  }                                              //95
}                                                //96
/*******************************************97********************/
void key_s4(void)                               //98
```

```
{                                             //99
    if(!P3_5)status = 1;                      //100
    else status = 0;                          //101
}                                             //102
/*********************************103************************/
int conv(int fin)                             //104
{ int ddata;                                  //105
ddata = fin - 32;                             //106
ddata = (ddata * 5)/9;                        //107
return ddata;                                 //108
}                                             //109
/*********************************110************************/
void delay_1ms(void)                          //111
{                                             //112
uint k;                                       //113
for(k = 0;k<121;k ++);                        //114
}                                             //115
```

编译通过后,51 MCU DEMO 试验板接通 5 V 稳压电源,将生成的 CS12 -3. hex 文件下载到试验板上的 89S51 单片机中(**注意:标示"LEDMOD_DATA"及"LED-MOD_COM"的双排针应插上短路块**)。右边 3 个 LED 数码管显示华氏温度值 "000"。按下 S1 键,华氏温度值升高(最高 999);按下 S2 键,华氏温度值降低(最低 −500)。按下 S4 键后,数码管即显示对应的摄氏温度值。是不是很有趣? 也很实用?

### 3. 程序分析解释

序号 1:包含头文件 REG51.H。

序号 2:包含头文件 MATH.H,该头文件是数学计算(如计算绝对值)所必需的。

序号 3~4:数据类型的宏定义。

序号 5:数码管 0~9 的字形码。

序号 6:4 个数码管的位选码。

序号 7:程序分隔。

序号 8~10:端口定义。

序号 11:定义整型全局变量 c、f。c 为摄氏温度值,f 为华氏温度值。

序号 12:中间变量 temp。

序号 13:状态标志变量 status。

序号 14:程序分隔。

序号 15~19:函数声明。

序号 20:程序分隔。

序号 21:定义函数名为 main 的主函数。

序号 22:main 主函数开始。定义整型局部变量 temp_f、temp_c。

序号 23:无限循环。

序号 24:无限循环语句开始。

序号 25：调用扫描 S1 键子函数,使输入的华氏温度值升高。

序号 26：调用扫描 S2 键子函数,使输入的华氏温度值降低。

序号 27：调用扫描 S4 键子函数,以决定显示摄氏温度(status 为 1)还是华氏温度(status 为 0)。

序号 28：如果 status 为 0。

序号 29：进入 if(status == 0)语句。

序号 30：如果华氏温度 f<0。

序号 31：进入 if(f<0)语句。取 f 的绝对值后送 temp_f。

序号 32：显示华氏温度的个位。

序号 33：延时 1 ms。

序号 34：显示华氏温度的十位。

序号 35：延时 1 ms。

序号 36：显示华氏温度的百位。

序号 37：延时 1 ms。

序号 38：千位显示负号。

序号 39：延时 1 ms。

序号 40：if(f<0)语句结束。

序号 41：否则如果华氏温度 f>=0。

序号 42：进入 if(f<0)的否则语句。

序号 43：显示华氏温度的个位。

序号 44：延时 1 ms。

序号 45：显示华氏温度的十位。

序号 46：延时 1 ms。

序号 47：显示华氏温度的百位。

序号 48：延时 1 ms。

序号 49：if(f<0)的否则语句结束。

序号 50：if(status == 0)语句结束。

序号 51：进入 if(status == 0)的否则语句。

序号 52：if(status == 0)的否则语句开始。

序号 53：调用 conv 子函数,将华氏温度值转换为摄氏温度值。

序号 54：如转换出的摄氏温度值 c<0。

序号 55：进入 if(c<0)语句。取 c 的绝对值后送 temp_c。

序号 56：显示摄氏温度的个位。

序号 57：延时 1 ms。

序号 58：显示摄氏温度的十位。

序号 59：延时 1 ms。

序号 60：显示摄氏温度的百位。

序号 61：延时 1 ms。

序号 62：千位显示负号。

序号 63：延时 1 ms。

序号 64：if(c<0)语句结束。

序号 65：否则如果摄氏温度 f>=0。

序号 66：进入 if(c<0)的否则语句。

序号 67：显示摄氏温度的个位。

序号 68：延时 1 ms。

序号 69：显示摄氏温度的十位。

序号 70：延时 1 ms。

序号 71：显示摄氏温度的百位。

序号 72：延时 1 ms。

序号 73：if(c＜0)的否则语句结束。

序号 74：if(status == 0)的否则语句结束。

序号 75：无限循环语句结束。

序号 76：main 主函数结束。

序号 77：程序分隔。

序号 78：定义函数名为 key_s1 的 S1 键扫描子函数。

序号 79：key_s1 子函数开始。

序号 80：若 S1 键被按下。

序号 81：temp 的计数值范围在 0～50 之间。

序号 82：在 temp 为 0 时改变（增大）华氏温度值 f，使之与人眼的视觉相符。

序号 83：华氏温度值的最大输入值为 999。

序号 84：temp 计数值递增。

序号 85：if 语句结束。

序号 86：key_s1 子函数结束。

序号 87：程序分隔。

序号 88：定义函数名为 key_s2 的 S2 键扫描子函数。

序号 89：key_s2 子函数开始。

序号 90：若 S2 键被按下。

序号 91：temp 的计数值范围在 0～50 之间。

序号 92：在 temp 为 0 时改变（降低）华氏温度值 f，使之与人眼的视觉相符。

序号 93：华氏温度值的最小输入值为 -500。

序号 94：temp 计数值递增。

序号 95：if 语句结束。

序号 96：key_s2 子函数结束。

序号 97：程序分隔。

序号 98：定义函数名为 key_s4 的 S4 键扫描子函数。

序号 99：key_s4 子函数开始。

序号 100：若 S4 键被按下，状态标志 status 置 1。

序号 101：否则状态标志 status 置 0。

序号 102：key_s4 子函数结束。

序号 103：程序分隔。

序号 104：定义函数名为 conv 子函数，将华氏温度值转换为摄氏温度值。

序号 105：conv 子函数开始，定义整型局部变量 ddata。

序号 106～107：数学计算。

序号 108：返回计算的结果。

序号 109：conv 子函数结束。

序号 110：程序分隔。

序号 111～115：1 ms 延时子函数。由于我们只需固定的 1 ms 延时，故该子函数并没有参数传递，也无返回值。

# 第 **13** 章

# 数 组

基本数据类型(如字符型、整型、浮点型)的一个重要特征是只能具有单一的值。然而,许多情况下我们需要一种类型可以表示数据的集合。例如:如果使用基本类型表示整个班级学生的数学成绩,则 30 个学生需要 30 个基本类型变量。如果可以构造一种类型来表示 30 个学生的全部数学成绩,将会大大简化操作。

C 语言中除了基本的的数据类型(例如:整型、字符型、浮点型数据等属于基本数据类型)外,还提供了构造类型的数据,构造类型数据是由基本类型数据按一定规则组合而成的,因此也称为导出类型数据。C 语言提供了三种构造类型:数组类型、结构体类型和共用体类型。构造类型可以更为方便地描述现实问题中各种复杂的数据结构。

数组是一组有序数据的集合,数组中的每一个数据都属于同一个数据类型。

数组类型的所有元素都属于同一种类型,并且是按顺序存放在一个连续的存储空间中,即最低的地址存放第一个元素,最高的地址存放最后的一个元素。

数组类型的优点主要有两个:

① 让一组同一类型的数据共用一个变量名,而不需要为每一个数据都定义一个名字。

② 由于数组的构造方法采用的是顺序存储,极大方便了对数组中元素按照同一方式进行的各种操作。此外,需要说明的是数组中元素的次序是由下标来确定的,下标从 0 开始顺序编号。

数组中的各个元素可以用数组名和下标来唯一确定。数组可以是一维数组、二维数组或者多维数组。常用的有一维数组、二维数组和字符数组等。一维数组只有一个下标,多维数组有两个以上的下标。在 C 语言中数组必须先定义,然后才能使用。

## 13.1 一维数组的定义

一维数组的定义形式如下:

数据类型［存储器类型］数组名［常量表达式］；

其中，"数据类型"说明了数组中各个元素的类型。"数组名"是整个数组的标识符，它的定名方法与变量的定名方法一样。"常量表达式"说明了该数组的长度，即该数组中的元素个数。常量表达式必须用方括号"[]"括起来，而且其中不能含有变量。

例如，定义数组 char math[30]，则该数组可以用来描述 30 个学生的数学成绩。

# 13.2  二维及多维数组的定义

定义多维数组时，只要在数组名后面增加相应于维数的常量表达式即可。对于二维数组的定义形式为：

数据类型［存储器类型］数组名［常量表达式 1］［常量表达式 2］；

例如，要定义一个 3 行 5 列共 3×5＝15 个元素的整数矩阵 first，可以采用如下的定义方法：

```
int first [3][5];
```

再如要在点阵液晶上显示"爱我中华"四个汉字，可这样定义点阵码：

```
char code Hanzi[4][32] =
{
0x00,0x40,0x40,0x20,0xB2,0xA0,0x96,0x90,0x9A,0x4C,0x92,0x47,0xF6,0x2A,0x9A,0x2A,
0x93,0x12, 0x91, 0x1A, 0x99, 0x26, 0x97, 0x22, 0x91, 0x40, 0x90, 0xC0, 0x30, 0x40, 0x00,
0x00,/ * "爱" * /
0x20,0x04,0x20,0x04,0x22,0x42,0x22,0x82,0xFE,0x7F,0x21,0x01,0x21,0x01,0x20,0x10,
0x20, 0x10, 0xFF, 0x08, 0x20, 0x07, 0x22, 0x1A, 0xAC, 0x21, 0x20, 0x40, 0x20, 0xF0, 0x00,
0x00,/ * "我" * /
0x00,0x00,0x00,0x00,0xFC,0x07,0x08,0x02,0x08,0x02,0x08,0x02,0x08,0x02,0xFF,0xFF,
0x08,0x02, 0x08, 0x02, 0x08, 0x02, 0x08, 0x02, 0xFC, 0x07, 0x08, 0x00, 0x00, 0x00, 0x00,
0x00,/ * "中" * /
0x20,0x00,0x10,0x04,0x08,0x04,0xFC,0x05,0x03,0x04,0x02,0x04,0x10,0x04,0x10,0xFF,
0x7F,0x04,0x88,0x04,0x88,0x04,0x84,0x04,0x86,0x04,0xE4,0x04,0x00,0x04,0x00,0x00/
* "华" * /
}
```

点阵码可使用专用的汉字或图形点阵生成软件产生。

数组的定义要注意以下几个问题：

① 数组名的命名规则同变量名的命名，要符合 C 语言标识符的命名规则。

② 数组名后面的"[]"是数组的标志，不能用圆括号或其他符号代替。

③ 数组元素的个数必须是一个固定的值，可以是整型常量、符号常量或者整型常量表达式。

## 13.3　字符数组

　　基本类型为字符类型的数组称为字符数组。字符数组是用来存放字符的。字符数组是 C 语言中常用的一种数组。字符数组中的每个元素都是一个字符,因此可用字符数组来存放不同长度的字符串。字符数组的定义方法与一般数组相同,下面是定义字符数组的例子:

```
char second[6]={'H','E','L','L','O','\0'};
char third[6]={"HELLO"};
```

　　在 C 语言中字符串是作为字符数组来处理的。一个一维的字符数组可以存放一个字符串,这个字符串的长度应小于或等于字符数组的长度。为了测定字符串的实际长度,C 语言规定以'\0',作为字符串结束标志,对字符串常量也自动加一个'\0'作为结束符。因此,字符数组 char second[6]或 char third[6]可存储一个长度≤5 的不同长度的字符串。在访问字符数组时,遇到'\0'就表示字符串结束,因此在定义字符数组时,应使数组长度大于它允许存放的最大字符串的长度。

　　对于字符数组的访问可以通过数组中的元素逐个进行访问,也可以对整个数组进行访问。

## 13.4　数组元素赋初值

　　数组的定义方法,可以在存储器空间中开辟一个相应于数组元素个数的存储空间,数组的赋值除了可以通过输入或者赋值语句为单个数组元素赋值来实现,还可以在定义的同时给出元素的值,即数组的初始化。如果希望在定义数组的同时给数组中各个元素赋初值,可以采用如下方法:

　　数据类型 [存储器类型] 数组名 [常量表达式]={常量表达式表};

　　其中,"数据类型"指出数组元素的数据类型。"存储器类型"是可选项,它指出定义的数组所在存储器空间。"常量表达式表"中给出各个数组元素的初值。例如:

```
uchar code SEG7[10]={0x3f,0x06,0x5b,0x4f,0x66,0x6d,0x7d,0x07,0x7f,0x6f};
```

　　有关数组初始化的说明如下:

　　① 元素值表列,可以是数组所有元素的初值,也可以是前面部分元素的初值。例如:

```
int a[5]={1,2,3};
```

　　数组 a 的前 3 个元素 a[0]、a[1]、a[2]分别等于 1、2、3,后 2 个元素未说明。但是系统约定:当数组为整型时,数组在进行初始化时未明确设定初值的元素,其值自动被设置为 0。所以 a[3]、a[4]的值为 0。

② 当对全部数组元素赋初值时,元素个数可以省略,但"[]"不能省。例如:

```
char c[] = {'a','b','c'};
```

此时系统将根据数组初始化时花括号内值的个数,决定该数组的元素个数。所以上例数组 c 的元素个数为 3。但是如果提供的初值小于数组希望的元素个数时,方括号内的元素个数不能省。

# 13.5  数组作为函数的参数

除了可以用变量作为函数的参数之外,还可以用数组名作为函数的参数。一个数组的数组名表示该数组的首地址。数组名作为函数的参数时,此时形式参数和实际参数都是数组名,传递的是整个数组,即形式参数数组和实际参数数组完全相同,是存放在同一空间的同一个数组。这样调用的过程中参数传递方式实际上是地址传递,将实际参数数组的首地址传递给被调函数中的形式参数数组。当形式参数数组修改时,实际参数数组也同时被修改了。

用数组名作为函数的参数,应该在主调函数和被调函数中分别进行数组定义,而不能只在一方定义数组。而且在两个函数中定义的数组类型必须一致,如果类型不一致将导致编译出错。实参数组和形参数组的长度可以一致也可以不一致,编译器对形参数组的长度不作检查,只是将实参数组的首地址传递给形参数组。如果希望形参数组能得到实参数组的全部元素,则应使两个数组的长度一致。定义形参数组时可以不指定长度,只在数组名后面跟一个空的方括号"[]",但为了在被调函数中处理数组元素的需要,应另外设置一个参数来传递数组元素的个数。

# 13.6  数组显示实验

在 51 MCU DEMO 试验板上,输入数字"5"、"6"、"7"、"8",将它们存入数组 shuzu[4],然后让它们在数码管上显示。

## 1. 源程序文件

在 D 盘建立一个文件目录(CS13 - 1),然后建立 CS13 - 1.uv2 的工程项目,最后建立源程序文件(CS13 - 1.c)。输入下面的程序:

```
# include <REG51.H>                                              //1
# define uchar unsigned char                                     //2
# define uint unsigned int                                       //3
uchar code SEG7[10] = {0x3f,0x06,0x5b,0x4f,0x66,0x6d,0x7d,0x07,0x7f,0x6f};//4
uchar code ACT[4] = {0xfe,0xfd,0xfb,0xf7};                       //5
```

```
uchar data shuzu[4];                              //6
/*************************************7*************************/
uchar status;                                     //8
uchar temp,f;                                     //9
/*************************************10************************/
void delay_1ms(void)                              //11
{                                                 //12
uint k;                                           //13
for(k = 0;k<121;k ++);                            //14
}                                                 //15
/*************************************16************************/
void dis_all(void)                                //17
{       P0 = SEG7[shuzu[0]];P2 = ACT[0];          //18
        delay_1ms();                              //19
        P0 = SEG7[shuzu[1]];P2 = ACT[1];          //20
        delay_1ms();                              //21
        P0 = SEG7[shuzu[2]];P2 = ACT[2];          //22
        delay_1ms();                              //23
        P0 = SEG7[shuzu[3]];P2 = ACT[3];          //24
        delay_1ms();                              //25
}                                                 //26
/*************************************27************************/
void dis_shuzu0(void)                             //28
{       P0 = SEG7[f];P2 = ACT[0];                 //29
        delay_1ms();                              //30
}                                                 //31
/*************************************32************************/
void dis_shuzu1(void)                             //33
{       P0 = SEG7[f];P2 = ACT[1];                 //34
        delay_1ms();                              //35
}                                                 //36
/*************************************37************************/
void dis_shuzu2(void)                             //38
{       P0 = SEG7[f];P2 = ACT[2];                 //39
        delay_1ms();                              //40
}                                                 //41
/*************************************42************************/
void dis_shuzu3(void)                             //43
{       P0 = SEG7[f];P2 = ACT[3];                 //44
        delay_1ms();                              //45
}                                                 //46
/*************************************47************************/
```

```
void key_s1(void)                              //48
{                                              //49
P3 = 0xff;                                     //50
  if(P3 == 0xfb)                               //51
  {if(temp>50)temp = 0;                        //52
   if(temp == 0)f ++ ;                         //53
   if(f>9)f = 0;                               //54
   temp ++ ;                                   //55
   delay_1ms();                                //56
  }                                            //57
}                                              //58
/***********************************59***************************/
void key_s2(void)                              //60
{                                              //61
P3 = 0xff;                                     //62
  if(P3 == 0xf7)                               //63
  {                                            //64
    switch (status)                            //65
    {                                          //66
        case 1:shuzu[0] = f;break;             //67
        case 2:shuzu[1] = f;break;             //68
        case 3:shuzu[2] = f;break;             //69
        case 4:shuzu[3] = f;break;             //70
        default:break;                         //71
    }                                          //72
  }                                            //73
}                                              //74
/***********************************75*******************/
void key_s4(void)                              //76
{                                              //77
P3 = 0xff;                                     //78
    if(P3 == 0xdf)                             //79
    {if(temp>50)temp = 0;                      //80
    if(temp == 0)status ++ ;                   //81
    if(status>4)status = 0;                    //82
    temp ++ ;                                  //83
    delay_1ms();                               //84
    }                                          //85
}                                              //86
/***********************************87*******************/
void main(void)                                //88
{                                              //89
```

```
    while(1)                                //90
    {                                        //91
        key_s1();                            //92
        key_s2();                            //93
        key_s4();                            //94
            switch (status)                  //95
            {                                //96
                case 0:dis_all();break;      //97
                case 1:dis_shuzu0();break;   //98
                case 2:dis_shuzu1();break;   //99
                case 3:dis_shuzu2();break;   //100
                case 4:dis_shuzu3();break;   //101
                default:break;               //102
            }                                //103
        }                                    //104
    }                                        //105
```

编译通过后,51 MCU DEMO 试验板接通 5 V 稳压电源,将生成的 CS13 -1. hex 文件下载到试验板上的 89S51 单片机中(**注意**：标示"LEDMOD_DATA"及"LED-MOD_COM"的双排针应插上短路块)。刚开始 4 个 LED 数码管显示"0000"。按一下 S4 键,只有个位数码管亮(显示"0"),再按一下 S4 键,变成十位数码管亮(显示"0")……这样按动 S4 键后,显示状态变成:显示全部 4 位→个位→十位→百位→千位,循环进行。在个位数码管点亮时,按下 S1 键(按住不放),则显示值开始递增(0～9)并循环,调整到我们需要的某个值(如"8")时,放开 S1 键,然后按动一下 S2 键,即将该值存入数组的 shuzu[0]。同理,在十、百、千位数码管点亮时,我们也可将"7"、"6"、"5" 3 个值存入数组的 shuzu[1]、shuzu[2]、shuzu[3]。再按动 S4 键,让 4 位数码管全部点亮,显示数组的内容"5678"。这样实现了对数组的读写操作。

## 2. 程序分析解释

序号 1:包含头文件 REG51.H。

序号 2、3:数据类型的宏定义。

序号 4:定义数组 SEG7[10],存放数码管 0～9 的字形码,由于进行只读操作,因此存储区可选定在 code 区。

序号 5:定义数组 ACT4[4],存放 4 位数码管的位码,由于进行只读操作,因此存储区选定在 code 区。

序号 6:定义数组 shuzu[4],存放输入的数据,由于要进行读写操作,因此存储区选定在 data 区。

序号 7:程序分隔。

序号 8:定义工作状态 status。

序号 9:全局变量 temp、f。

序号 10:程序分隔。

序号 11~15:延时 1 ms 的子函数。

序号 16:程序分隔。

序号 17:定义函数名为 dis_all 的子函数。

序号 18:dis_all 子函数开始。取出数组的 shuzu[0]内容送 P0 口,同时点亮个位数码管。

序号 19:延时 1 ms,维持数码管点亮。

序号 20:取出数组的 shuzu[1]内容送 P0 口,同时点亮十位数码管。

序号 21:延时 1 ms,维持数码管点亮。

序号 22:取出数组的 shuzu[2]内容送 P0 口,同时点亮百位数码管。

序号 23:延时 1 ms,维持数码管点亮。

序号 24:取出数组的 shuzu[3]内容送 P0 口,同时点亮千位数码管。

序号 25:延时 1 ms,维持数码管点亮。

序号 26:dis_all 子函数结束。

序号 27:程序分隔。

序号 28:定义函数名为 dis_shuzu0 的子函数。

序号 29:dis_shuzu0 子函数开始。取出数组的 shuzu[0]内容送 P0 口,同时点亮个位数码管。

序号 30:延时 1 ms,维持数码管点亮。

序号 31:dis_shuzu0 子函数结束。

序号 32:程序分隔。

序号 33:定义函数名为 dis_shuzu1 的子函数。

序号 34:dis_shuzu1 子函数开始。取出数组的 shuzu[1]内容送 P0 口,同时点亮十位数码管。

序号 35:延时 1 ms,维持数码管点亮。

序号 36:dis_shuzu0 子函数结束。

序号 37:程序分隔。

序号 38:定义函数名为 dis_shuzu2 的子函数。

序号 39:dis_shuzu2 子函数开始。取出数组的 shuzu[2]内容送 P0 口,同时点亮百位数码管。

序号 40:延时 1 ms,维持数码管点亮。

序号 41:dis_shuzu2 子函数结束。

序号 42:程序分隔。

序号 43:定义函数名为 dis_shuzu3 的子函数。

序号 44:dis_shuzu3 子函数开始。取出数组的 shuzu[3]内容送 P0 口,同时点亮千位数码管。

序号 45:延时 1 ms,维持数码管点亮。

序号 46:dis_shuzu3 子函数结束。

序号 47:程序分隔。

序号 48:定义函数名为 key_s1 的子函数。

序号 49:key_s1 子函数开始。

序号 50:P3 口置全 1,准备读取输入值。

序号 51:进行 If(P3 == 0xfb)语句判别。读入 P3 口的输入值,如果为 FBH,说明 S1 键被按下。

序号 52:进入 If(P3 == 0xfb)语句。temp 的计数范围为 0~50。

序号 53:在 temp 为 0 时,对 f 进行递增。f 是我们要取用并写入数组的一个变量。

序号 54:f 的范围为 0~9。

序号 55:temp 递增。

序号 56:延时 1 ms。

序号 57:If(P3 == 0xfb)语句结束。

序号 58:key_s1 子函数结束。说明:由于按下键后,程序做完判断处理(如对 f 递增)后要延时 1 ms(如序号 55),因此下一次对 f 的递增需等待 50×1 ms 之后才进行,这样比较适合人的直觉,否则按下键后的 f 递增太快,眼睛无法看清。

序号 59:程序分隔。

序号 60:定义函数名为 key_s2 的子函数。

序号 61:key_s2 子函数开始。

序号 62:P3 口置全 1,准备读取输入值。

序号 63:进行 If(P3 == 0xf7)语句判别。读入 P3 口的输入值,如果为 F7H,说明 S2 键被按下。

序号 64:进入 If(P3 == 0xf7)语句。

序号 65:进行 switch(status) 开关语句判别。

序号 66:进入开关语句。

序号 67:如果 status 的值为 1,将 f 值赋 shuzu[0],然后退出开关语句。

序号 68:如果 status 的值为 2,将 f 值赋 shuzu[1],然后退出开关语句。

序号 69:如果 status 的值为 3,将 f 值赋 shuzu[2],然后退出开关语句。

序号 70:如果 status 的值为 4,将 f 值赋 shuzu[3],然后退出开关语句。

序号 71:如果 status 的值一项也不符合,则直接退出开关语句。

序号 72:开关语句结束。

序号 73:If(P3 == 0xf7)语句结束。

序号 74:key_s2 子函数结束。

序号 75:程序分隔。

序号 76:定义函数名为 key_s4 的子函数。

序号 77:key_s4 子函数开始。

序号 78:P3 口置全 1,准备读取输入值。

序号 79:进行 If(P3 == 0xdf)语句判别。读入 P3 口的输入值,如果为 DFH,说明 S4 键被按下。

序号 80:temp 的计数范围为 0～50。

序号 81:在 temp 为 0 时,对 status 进行递增。status 是程序运行过程中的一个状态标志。

序号 82:status 的范围为 0～3。

序号 83:temp 递增。

序号 84:延时 1 ms。

序号 85:If(P3 == 0xdf)语句结束。

序号 86:key_s4 子函数结束。

序号 87:程序分隔。

序号 88:定义函数名为 main 的主函数。

序号 89:main 主函数开始。

序号 90:无限循环。

序号 91:无限循环语句开始。

序号 92:调用 key_s1 子函数。

序号 93:调用 key_s2 子函数。

序号 94:调用 key_s4 子函数。

序号 95:进行 switch(status)开关语句判别。

序号 96:进入开关语句。

序号 97:如果 status 的值为 0,调用 dis_all 子函数,然后退出开关语句。

序号 98:如果 status 的值为 1,调用 dis_shuzu0 子函数,然后退出开关语句。

序号 99:如果 status 的值为 2,调用 dis_shuzu1 子函数,然后退出开关语句。

序号 100:如果 status 的值为 3,调用 dis_shuzu2 子函数,然后退出开关语句。

序号 101:如果 status 的值为 4,调用 dis_shuzu3 子函数,然后退出开关语句。

序号 102:如果 status 的值一项也不符合,则直接退出开关语句。

序号 103:开关语句结束。

序号 104:无限循环语句结束。

序号 105:main 主函数结束。

# 13.7 输入 10 个整数(0～999 之间),输出其中的最大数实验

在 51 MCU DEMO 试验板上,输入 10 个整数(0～999 之间),输出其中的最大数。

## 1. 源程序文件

在 D 盘建立一个文件目录(CS13 - 2),然后建立 CS13 - 2. uv2 的工程项目,最后建立源程序文件(CS13 - 2. c)。输入下面的程序:

```
#include <REG51.H>                                              //1
#define uchar unsigned char                                     //2
#define uint unsigned int                                       //3
uchar code SEG7[10] = {0x3f,0x06,0x5b,0x4f,0x66,0x6d,0x7d,0x07,0x7f,0x6f};//4
uchar code ACT[5] = {0xfe,0xfd,0xfb,0xf7,0xef}; //5
uint data shuzu[10];                                            //6
/**********************************7**************************/
uchar status;                                                   //8
uchar temp;                                                     //9
int max,f;                                                      //10
/**********************************11**************************/
void delay_1ms(void)                                            //12
{                                                               //13
uint k;                                                         //14
for(k = 0;k<121;k ++ );                                         //15
}                                                               //16
/**********************************17**************************/
void dis_max(void)                                              //18
{       P0 = SEG7[max % 10];P2 = ACT[0];                        //19
        delay_1ms();                                            //20
        P0 = SEG7[(max/10) % 10];P2 = ACT[1];                   //21
        delay_1ms();                                            //22
        P0 = SEG7[max/100];P2 = ACT[2];                         //23
```

```
        delay_1ms();                              //24
    }                                             //25
/*******************************26*******************************/
void dis_input(void)                              //27
{       P0 = SEG7[f % 10];P2 = ACT[0];            //28
        delay_1ms();                              //29
        P0 = SEG7[(f/10) % 10];P2 = ACT[1];       //30
        delay_1ms();                              //31
        P0 = SEG7[f/100];P2 = ACT[2];             //32
        delay_1ms();                              //33
        P0 = SEG7[status];P2 = ACT[4];            //34
        delay_1ms();                              //35
}                                                 //36
/*******************************37*******************************/
void key_s1(void)                                 //38
{                                                 //39
P3 = 0xff;                                        //40
  if(P3 == 0xfb)                                  //41
  {if(temp>30)temp = 0;                           //42
    if(temp == 0)f++;                             //43
    if(f>999)f = 999;                             //44
    temp++;                                       //45
    delay_1ms();                                  //46
  }                                               //47
}                                                 //48
/*******************************49*******************************/
void key_s2(void)                                 //50
{                                                 //51
P3 = 0xff;                                        //52
  if(P3 == 0xf7)                                  //53
  {if(temp>30)temp = 0;                           //54
    if(temp == 0)f--;                             //55
    if(f<0)f = 0;                                 //56
    temp++;                                       //57
    delay_1ms();                                  //58
  }                                               //59
}                                                 //60
/*******************************61*******************************/
void key_s3(void)                                 //62
{                                                 //63
P3 = 0xff;                                        //64
  if(P3 == 0xef)                                  //65
```

```
    {                                        //66
      switch (status)                        //67
      {    case 0:shuzu[0] = f;break;        //68
           case 1:shuzu[1] = f;break;        //69
           case 2:shuzu[2] = f;break;        //70
           case 3:shuzu[3] = f;break;        //71
           case 4:shuzu[4] = f;break;        //72
           case 5:shuzu[5] = f;break;        //73
           case 6:shuzu[6] = f;break;        //74
           case 7:shuzu[7] = f;break;        //75
           case 8:shuzu[8] = f;break;        //76
           case 9:shuzu[9] = f;break;        //77
           default:break;                    //78
      }                                      //79
    }                                        //80
}                                            //81
/**********************************82***************************/
void key_s4(void)                            //83
{                                            //84
P3 = 0xff;                                   //85
    if(P3 == 0xdf)                           //86
    {if(temp>100)temp = 0;                   //87
    if(temp == 0)status ++ ;                 //88
    if(status>10)status = 0;                 //89
    temp ++ ;                                //90
    delay_1ms();                             //91
      }                                      //92
}                                            //93
/**********************************94***************/
void conv(void)                              //95
{                                            //96
uchar i;                                     //97
max = shuzu[0];                              //98
    for(i = 1;i<10;i ++ )                    //99
    {                                        //100
        if(shuzu[i]>max)max = shuzu[i];      //101
    }                                        //102
}                                            //103
/**********************************104**************/
void main(void)                              //105
{                                            //106
    while(1)                                 //107
```

```
{                                         //108
    key_s1();                             //109
    key_s2();                             //110
    key_s3();                             //111
    key_s4();                             //112
    conv();                               //113
    if(status==10)dis_max();              //114
    else dis_input();                     //115
}                                         //116
}                                         //117
```

编译通过后,51 MCU DEMO 试验板接通 5 V 稳压电源,将生成的 CS13－2. hex 文件下载到试验板上的 89S51 单片机中(**注意**: 标示"LEDMOD_DATA"及 "LEDMOD_COM"的双排针应插上短路块)。刚开始右边 3 个数码管及万位数码管显示"0000",其中万位数码管为状态显示(状态为 0),右边 3 个数码管显示数据。按动 S1 键,数据递增(最大到 999);按动 S2 键,数据递减(最小到 000)。当选择某个数据(如 159)后,按一下 S3 键,即将此数据(159)存入数组的 shuzu[0];按一下 S4 键,最左的数码管数据递增(状态为 1),按动 S1 或 S2 键选择数据,再按一下 S3 键,将此数据存入数组的 shuzu[1]……同理,也可将 shuzu[0]～shuzu[9]也存入 0～999 之间的不同数据。最后按一下 S4 键,最左的数码管熄灭,右边三个数码管显示从数组 shuzu[]找出的最大数。

### 2. 程序分析解释

序号 1:包含头文件 REG51.H。

序号 2、3:数据类型的宏定义。

序号 4:定义数组 SEG7[10],存放数码管 0～9 的字形码,由于进行只读操作,因此存储区可选定在 code 区。

序号 5:定义数组 ACT[5],存放 5 位数码管的位码,由于进行只读操作,因此存储区可选定在 code 区。

序号 6:定义数组 shuzu[10],存放输入的数据,由于要进行读写操作,因此存储区选定在 data 区。

序号 7:程序分隔。

序号 8:定义工作状态 status。

序号 9:全局变量 temp。

序号 10:全局变量 max,f。

序号 11:程序分隔。

序号 12～16:延时 1 ms 的子函数。

序号 17:程序分隔。

序号 18:定义函数名为 dis_max 的子函数。

序号 19:dis_max 子函数开始。取出 max 的个位数送 P0 口,同时点亮个位数码管。

序号 20:延时 1 ms,维持数码管点亮。

序号 21:取出 max 的十位数送 P0 口,同时点亮十位数码管。

序号 22:延时 1 ms,维持数码管点亮。

序号 23:取出 max 的百位数送 P0 口,同时点亮百位数码管。

序号 24:延时 1 ms,维持数码管点亮。

序号 25:dis_max 子函数结束。

序号 26:程序分隔。

序号 27:定义函数名为 dis_input 的子函数。

序号 28:dis_input 子函数开始。取出 f 的个位数送 P0 口,同时点亮个位数码管。

序号 29:延时 1 ms,维持数码管点亮。

序号 30:取出 f 的十位数送 P0 口,同时点亮十位数码管。

序号 31:延时 1 ms,维持数码管点亮。

序号 32:取出 f 的百位数送 P0 口,同时点亮百位数码管。

序号 33:延时 1 ms,维持数码管点亮。

序号 34:取出工作状态 status 送 P0 口,同时点亮万位数码管。

序号 35:延时 1 ms,维持数码管点亮。

序号 36:dis_input 子函数结束。

序号 37:程序分隔。

序号 38:定义函数名为 key_s1 的子函数。

序号 39:key_s1 子函数开始。

序号 40:P3 口置全 1,准备读取输入值。

序号 41:进行 If(P3 == 0xfb)语句判别。读入 P3 口的输入值,如果为 FBH,说明 S1 键被按下。

序号 42:进入 If(P3 == 0xfb)语句。temp 的计数范围为 0~30。

序号 43:在 temp 为 0 时,对 f 进行递增。f 是要取用并写入数组的一个变量。

序号 44:f 最大为 999。

序号 45:temp 递增。

序号 46:延时 1 ms。

序号 47:If(P3 == 0xfb)语句结束。

序号 48:key_s1 子函数结束。

序号 49:程序分隔。

序号 50:定义函数名为 key_s2 的子函数。

序号 51:key_s2 子函数开始。

序号 52:P3 口置全 1,准备读取输入值。

序号 53:进行 If(P3 == 0xf7)语句判别。读入 P3 口的输入值,如果为 F7H,说明 S2 键被按下。

序号 54:进入 If(P2 == 0xf7)语句。temp 的计数范围为 0~30。

序号 55:在 temp 为 0 时,对 f 进行递增。f 是要取用并写入数组的一个变量。

序号 56:f 最小为 0。

序号 57:temp 递增。

序号 58:延时 1 ms。

序号 59:If(P3 == 0xf7)语句结束。

序号 60:key_s2 子函数结束。

序号 61:程序分隔。

序号 62:定义函数名为 key_s3 的子函数。

序号 63:key_s3 子函数开始。

序号 64:P3 口置全 1,准备读取输入值。

序号 65:进行 If(P3 == 0xef)语句判别。读入 P3 口的输入值,如果为 EFH,说明 S3 键被按下。

序号 66:进入 If(P3 == 0xef)语句。

序号 67:进行 switch(status)开关语句判断。

序号 68:进入开关语句。如果 status 的值为 0,将 f 值赋 shuzu[0],然后退出开关语句。

序号 69:如果 status 的值为 1,将 f 值赋 shuzu[1],然后退出开关语句。

序号 70:如果 status 的值为 2,将 f 值赋 shuzu[2],然后退出开关语句。

序号 71:如果 status 的值为 3,将 f 值赋 shuzu[3],然后退出开关语句。

序号 72:如果 status 的值为 4,将 f 值赋 shuzu[4],然后退出开关语句。

序号 73:如果 status 的值为 5,将 f 值赋 shuzu[5],然后退出开关语句。

序号 74:如果 status 的值为 6,将 f 值赋 shuzu[6],然后退出开关语句。

序号 75:如果 status 的值为 7,将 f 值赋 shuzu[7],然后退出开关语句。

序号 76:如果 status 的值为 8,将 f 值赋 shuzu[8],然后退出开关语句。

序号 77:如果 status 的值为 9,将 f 值赋 shuzu[9],然后退出开关语句。

序号 78:如果 status 的值一项也不符合,则直接退出开关语句。

序号 79:开关语句结束。

序号 80:If(P3 == 0xef)语句结束。

序号 81:key_s3 子函数结束。

序号 82:程序分隔。

序号 83:定义函数名为 key_s4 的子函数。

序号 84:key_s4 子函数开始。

序号 85:P3 口置全 1,准备读取输入值。

序号 86:进行 If(P3 == 0xdf)语句判别。读入 P3 口的输入值,如果为 DFH,说明 S4 键被按下。

序号 87:temp 的计数范围为 0～100。

序号 88:在 temp 为 0 时,对 status 进行递增。status 是程序运行过程中的一个状态标志。

序号 89:status 的范围为 0～10。

序号 90:temp 递增。

序号 91:延时 1 ms。

序号 92:If(P3 == 0xdf)语句结束。

序号 93:key_s4 子函数结束。

序号 94:程序分隔。

序号 95:定义函数名为 conv 的子函数。

序号 96:conv 子函数开始。

序号 97:定义局部变量 i。

序号 98:将数组的 shuzu[0]送入 max 中。

序号 99:for 循环语句。

序号 100:进入 9 次循环。

序号 101:如果 shuzu[i]的值大于 max,则此值赋于 max。

序号 102:for 循环语句结束。

序号 103:conv 子函数结束。

序号 104:程序分隔。

序号 105:定义函数名为 main 的主函数。

序号 106:main 主函数开始。

序号 107:无限循环。

序号 108:无限循环语句开始。

序号 109:调用 key_s1 子函数。

序号 110:调用 key_s2 子函数。

序号 111:调用 key_s2 子函数。

序号 112:调用 key_s4 子函数。

序号 113:调用 conv 子函数。

序号 114:如果状态标志为 10,调用 dis_max 子函数。

序号 115:否则调用 dis_input 子函数。

序号 116:无限循环语句结束。

序号 117:main 主函数结束。

# 13.8 选择法数组排序显示实验

在 51 MCU DEMO 试验板上,用选择法将数组 shuzu[10]中的 10 个整数(0～999 之间)进行从小到大排序,然后让它们在数码管上依次显示。

### 1. 源程序文件

在 D 盘建立一个文件目录(CS13 - 3),然后建立 CS13 - 3. uv2 的工程项目,最后建立源程序文件(CS13 - 3. c)。输入下面的程序:

```
# include <REG51.H>                                         //1
# define uchar unsigned char                                //2
# define uint unsigned int                                  //3
sbit KEY_S1 = P3^2;                                         //4
uchar code SEG7[10] = {0x3f,0x06,0x5b,0x4f,0x66,0x6d,0x7d,0x07,0x7f,0x6f};//5
uchar code ACT[5] = {0xfe,0xfd,0xfb,0xf7,0xef};             //6
uint data a[10] = {23,58,123,54,63,589,888,19,333,220};    //7
/**********************************8************************/
void delay(uint k)                                          //9
{                                                           //10
uint i,j;                                                   //11
for(i = 0;i<k;i++){                                        //12
for(j = 0;j<121;j++)                                       //13
{;}}                                                        //14
}                                                           //15
/**********************************16***********************/
```

```
void sort(uint array[],uint n)                    //17
{                                                 //18
uint i,j,k,t;                                      //19
    for(i = 0;i<n - 1;i ++ )                       //20
    {                                             //21
    k = i;                                        //22
        for(j = i + 1;j<n;j ++ )                  //23
        {if(array[j]<array[k]) k = j;}            //24
    t = array[k];                                 //25
    array[k] = array[i];                          //26
    array[i] = t;                                 //27
    }                                             //28
}                                                 //29
/*******************************************30***********************/
void dis(uint array[],uint n)                     //31
{                                                 //32
uint m,t;                                          //33
    for(m = 0;m<n;m ++ )                          //34
    {                                             //35
    for(t = 0;t<300;t ++ )                        //36
    {                                             //37
    P0 = SEG7[array[m] % 10];                     //38
    P2 = ACT[0];                                  //39
    delay(2);                                     //40
    //---------------------------41
    P0 = SEG7[(array[m]/10) % 10];                //42
    P2 = ACT[1];                                  //43
    delay(2);                                     //44
    //---------------------------45
    P0 = SEG7[array[m]/100];                      //46
    P2 = ACT[2];                                  //47
    delay(2);                                     //48
    //---------------------------49
    P0 = SEG7[m];                                 //50
    P2 = ACT[4];                                  //51
    delay(2);                                     //52
    //---------------------------53
    }                                             //54
    }                                             //55
}                                                 //56
/*******************************************57*******************/
void main(void)                                   //58
```

```
{                              //59
    while(1)                   //60
    {                          //61
        dis(a,10);             //62
        while(KEY_S1);         //63
        sort(a,10);            //64
        dis(a,10);             //65
        while(1);              //66
    }                          //67
}                              //68
```

编译通过后,51 MCU DEMO 试验板接通 5V 稳压电源,将生成的 CS13-3.hex 文件下载到试验板上的 89S51 单片机中(**注意:标示"LEDMOD_DATA"及"LED-MOD_COM"的双排针应插上短路块**)。右边 3 个 LED 数码管约每隔 2.4 s 依次显示数组 shuzu 的内容。显示顺序为"023"、"058"、"123"、"054"、"063"、"589"、"888"、"019"、"333"、"220",其中万位的数码管显示数组的下标序号。按动 S1 键,数组 shuzu 的内容进行从小到大排序,然后依次在右边 3 个数码管上显示,显示顺序为"019"、"023"、"054"、"058"、"063"、"123"、"220"、"333"、"589"、"888"。

## 2. 程序分析解释

序号 1:包含头文件 REG51.H。

序号 2、3:数据类型的宏定义。

序号 4:端口定义。

序号 5:定义数组 SEG7[10],存放数码管 0~9 的字形码,由于进行只读操作,因此存储区可选定在 code 区。

序号 6:定义数组 ACT[5],存放 5 位数码管的位码,由于进行只读操作,因此存储区可选定在 code 区。

序号 7:定义数组 a[10]并初始化,由于要进行读写操作,因此存储区选定在 data 区。

序号 8:程序分隔。

序号 9~15:延时子函数。

序号 16:程序分隔。

序号 17:定义函数名为 sort 的子函数。

序号 18:sort 子函数开始。取出数组的 shuzu[0]内容送 P0 口,同时点亮个位数码管。

序号 19:定义整型局部变量 i、j、k、t。

序号 20:进行 9 轮循环,选择最小数。

序号 21:k 用于存放第 i 轮最小数的下标。

序号 22:进行 9 次循环。

序号 23~27:最小数 a[k]与 a[i]互换。

序号 28:9 轮循环结束。

序号 29:sort 子函数结束。

序号 30:程序分隔。

序号 31:定义函数名为 dis 的子函数。

序号 32:dis 子函数开始。

序号 33:定义整型局部变量 m、t。

序号 34:进行 n 次循环,显示 n 个数据。

序号 35:n 次循环开始。

序号 36:每个数据循环显示 300 次(显示时间约 2.4 s),便于人们观察。

序号 37:300 次循环开始。

序号 38:取出数组下标 m 的数据,取其个位后查表得到字形码,然后送 P0 口。

序号 39:点亮个位数码管。

序号 40:延时 2 ms,维持数码管点亮。

序号 41:程序分隔。

序号 42:取出数组下标 m 的数据,取其十位后查表得到字形码,然后送 P0 口。

序号 43:点亮十位数码管。

序号 44:延时 2 ms,维持数码管点亮。

序号 45:程序分隔。

序号 46:取出数组下标 m 的数据,取其百位后查表得到字形码,然后送 P0 口。

序号 47:点亮百位数码管。

序号 48:延时 2 ms,维持数码管点亮。

序号 49:程序分隔。

序号 50:取得数组的下标 m,查表得字形码,然后送 P0 口。

序号 51:点亮万位数码管。

序号 52:延时 2 ms,维持数码管点亮。

序号 53:程序分隔。

序号 54:300 次循环结束。

序号 55:n 次循环结束。

序号 56:dis 子函数结束。

序号 57:程序分隔。

序号 58:定义函数名为 main 的主函数。

序号 59:main 主函数开始。

序号 60:无限循环。

序号 61:无限循环语句开始。

序号 62:调用 dis 子函数进行显示。

序号 63:若 S1 键未按下,程序原地踏步等待。

序号 64:调用 sort 子函数,对 10 个整数进行从小到大排序。

序号 65:调用 dis 子函数进行显示。

序号 66:动态停机。

序号 67:无限循环语句结束。

序号 68:main 主函数结束。

# 13.9　模拟花样广告灯显示实验

在 51 MCU DEMO 试验板上,做出模拟花样广告灯显示。虽然只控制 8 个

LED,但用户可以看到单片机在控制灯光照明变化方面具有强大的功能。

## 1. 源程序文件

在 D 盘建立一个文件目录(CS13-4),然后建立 CS13-4.uv2 的工程项目,最后建立源程序文件(CS13-4.c)。输入下面的程序:

```
# include <REG51.H>                                            //1
# define uchar unsigned char                                   //2
# define uint unsigned int                                     //3
uchar code LED1[] = {0x7f,0xbf,0xdf,0xef,0xf7,0xfb,0xfd,0xfe};  //4
uchar code LED2[] = {0xfe,0xfd,0xfb,0xf7,0xef,0xdf,0xbf,0x7f};  //5
uchar code LED3[] = {0x7e,0xbd,0xdb,0xe7,0xe7,0xdb,0xbd,0x7e};  //6
uchar code LED4[] = {0x7f,0x3f,0x1f,0x0f,0x07,0x03,0x01,0x00};  //7
uchar code LED5[] = {0xfe,0xfc,0xf8,0xf0,0xe0,0xc0,0x80,0x00};  //8
/**********************************************9*************/
void delay(uint k)                                             //10
{                                                              //11
uint i,j;                                                      //12
for(i = 0;i<k;i ++ ){                                          //13
for(j = 0;j<121;j ++ )                                         //14
{;}}                                                           //15
}                                                              //16
/**********************************************17*************/
void main(void)                                                //18
{uchar cnt;                                                    //19
    while(1)                                                   //20
    {                                                          //21
        for(cnt = 0;cnt<8;cnt ++ )                             //22
        {P1 = LED1[cnt];                                       //23
        delay(200);}                                           //24
// - - - - - - - - - - - - - - - - - - - - - - - -25
        for(cnt = 0;cnt<8;cnt ++ )                             //26
        {P1 = LED2[cnt];                                       //27
        delay(200);}                                           //28
// - - - - - - - - - - - - - - - - - - - - - - - -29
        for(cnt = 0;cnt<8;cnt ++ )                             //30
        {P1 = LED3[cnt];                                       //31
        delay(200);}                                           //32
```

```
//------------------------33
    for(cnt = 0;cnt<8;cnt ++ )          //34
    {P1 = LED4[cnt];                    //35
    delay(200);}                        //36
//------------------------37
    for(cnt = 0;cnt<8;cnt ++ )          //38
    {P1 = LED5[cnt];                    //39
    delay(200);}                        //40
    }                                   //41
}                                       //42
```

编译通过后,51 MCU DEMO 试验板接通 5 V 稳压电源,将生成的 CS13 - 4. hex 文件下载到试验板上的 89S51 单片机中(**注意：标示"LED"的双排针应插上短路块**)。8 个 LED 开始进行 5 种花样的显示,反复循环。当然也很容易将其扩展到成百上千种。

### 2. 程序分析解释

序号 1:包含头文件 REG51.H。

序号 2、3:数据类型的宏定义。

序号 4~8:在 5 个数组中定义 5 种显示花样(初始化)。由于进行只读操作,因此存储区选定在 code 区。

序号 9:程序分隔。

序号 10~16:延时子函数。

序号 17:程序分隔。

序号 18:定义函数名为 main 的主函数。

序号 19:main 主函数开始。

序号 20:无限循环。

序号 21:无限循环语句开始。

序号 22~24:查表取第 1 种花样,并送 P1 口显示。

序号 25:程序分隔。

序号 26~28:查表取第 2 种花样,并送 P1 口显示。

序号 29:程序分隔。

序号 30~32:查表取第 3 种花样,并送 P1 口显示。

序号 33:程序分隔。

序号 34~36:查表取第 4 种花样,并送 P1 口显示。

序号 37:程序分隔。

序号 38~40:查表取第 5 种花样,并送 P1 口显示。

序号 41:无限循环语句结束。

序号 42:main 主函数结束。

# 第 **14** 章

# 指　针

指针是 C 语言中的一个重要概念，指针类型数据在 C 语言程序中的使用十分普遍。C 语言区别于其他程序设计语言的主要特点就是处理指针时所表现出的能力和灵活性。正确使用指针类型数据，可以有效地表示复杂的数据结构，直接处理内存地址，还可以有效合理地使用数组。

## 14.1　指针与地址

计算机程序的指令、常量和变量等都要存放在以字节为单位的内存单元中，内存的每个字节都具有一个唯一的编号，这个编号就是存储单元的地址。

各个存储单元中所存放的数据，称为该单元的内容。计算机在执行任何一个程序时都要涉及到单元访问，就是按照内存单元的地址来访问该单元中的内容，即按地址来读或写该单元中的数据。由于通过地址可以找到所需要的单元，因此这种访问是"直接访问"方式。

另外一种访问是"间接访问"，它首先将欲访问单元的地址存放在另一个单元中，访问时，先找到存放地址的单元，从中取出地址，然后才能找到需要访问的单元，再读或写该单元的数据。在这种访问方式中使用了指针。

C 语言中引入了指针类型的数据，指针类型数据是专门用来确定其他类型数据地址的，因此一个变量的地址就称为该变量的指针。例如，有一个整型变量 i 存放在内存单元 60H 中，则该内存单元地址 60H 就是变量 i 的指针。

如果有一个变量专门用来存放另一个变量的地址，则该变量称之为指向变量的指针变量（简称指针变量）。例如，如果用另一个变量 pi 存放整型变量 i 的地址 60H，则 pi 即为一个指针变量。

## 14.2　指针变量的定义

指针变量与其他变量一样,必须先定义,后使用。

指针变量定义的一般形式:

数据类型　［存储器类型］指针变量名;

其中,"指针变量名"是我们定义的指针变量名字。"数据类型"说明了该指针变量所指向的变量的类型。"存储器类型"是可选项,它是 C51 编译器的一种扩展,如果带有此选项,指针被定义为基于存储器的指针,无此选项时,被定义为一般指针。这两种指针的区别在于它们的存储字节不同。一般指针在内存中占用 3 个字节,而基于存储器的指针,其指针的长度可为 1 个字节(存储器类型选项为 idata、data、pdata)或 2 个字节(存储器类型选项为 code、xdata)。例如:

int * pt;

定义一个指向对象类型为 int 的一般指针,指针自身在默认的存储区(由编译模式决定),指针长度为 3 个字节。

char xdata * pa;

在 xdata 存储器中定义一个指向对象类型为 char 的基于存储器的指针。指针自身在默认的存储器区域(由编译器决定),长度为 2 字节。

float xdata * data pb;

在 xdata 存储器中定义一个指向对象类型为 float 的基于存储器的指针。指针自身在 data 区,长度为 2 字节。

特别要注意,变量的指针和指针变量是两个不同的概念。变量的指针就是该变量的地址,而一个指针变量里面存放的内容是另一个变量在内存中的地址,拥有这个地址的变量则称为该指针变量所指向的变量。每一个变量都有它自己的指针(即地址),而每一个指针变量都是指向另一个变量的。为了表示指针变量和它所指向的变量之间的关系,C 语言中用符号"*"来表示"指向"。例如:整型变量 i 的地址 60H 存放在指针变量 pi 中,则可用 * pi 来表示指针变量 pi 所指向的变量,即 * pi 也表示变量 i。

## 14.3　指针变量的引用

指针变量是含有一个数据对象地址的特殊变量,指针变量中只能存放地址。在实际的编程和运算过程中,变量的地址和指针变量的地址是不可见的。因此,C 语言提供了一个取地址运算符"&",使用取地址运算符"&"和赋值运算符"="就可以使一个指针变量指向一个变量。例如：

```
int t;
int * pt;
pt = &t;
```

通过取地址运算和赋值运算后，指针变量 pt 就指向了变量 t。

当完成了变量、指针变量的定义以及指针变量的引用后，就可以对内存单元进行间接访问了。此时，我们需用到指针运算符(又称间接运算符)" * "。例如：我们需将变量 t 的值赋给变量 x。

```
int x;
int t;
直接访问方式为:x = t;
间接访问方式为:int x;
            int t;
            int * pt;
            pt = &t;
            x = * pt;
```

有关的运算符有两个，它们是" & "和" * "。在不同的场合所代表的含义是不同的，读者一定要搞清楚。例如：

int * pt;进行指针变量的定义，此时 * pt 的 * 为指针变量说明符。

pt = &t;此时 &t 的 & 为取 t 的地址并赋给 pt(取地址)。

x = * pt;此时 * pt 的 * 为指针运算符，即将指针变量 pt 所指向的变量值赋给 x(取内容)。

# 14.4　数组指针与指向数组的指针变量

任何变量都占有存储单元，都有地址。数组及其元素同样占有存储单元，都有相应的地址。因此，指针既然可以指向变量，当然也可以指向数组。其中，指向数组的指针是数组的首地址，指向数组元素的指针则是数组元素的地址。

例如：定义一个数组 x[10] 和一个指向数组的指针变量 px。

```
int x[10];
int * px;
```

当未对指针变量 px 进行引用时，px 与 x[10] 毫不相干，即此时指针变量 px 并未指向数组 x[10]。

当将数组的第一个元素的地址 &x[0] 赋予 px 时，px＝&x[0];指针变量 px 即指向数组 x[]。这时，可以通过指针变量 px 来操作数组 x 了，即 * px 代表 x[0]，* (px+1)代表 x[1]…… * (px+i)代表 x[i],i＝1、2、……

C 语言规定,数组名代表数组的首地址,也是第一个数组元素的地址,因此上面的语句也可改写为:

```
int x[10];
int * px;
px = x;
```

形式上更简单一些。

# 14.5 指针变量的运算

若先使指针变量 px 指向数组 x[](即 px＝x;),则:

① px++(或 px+=1);将使指针变量 px 指向下一个数组元素,即 x[1]。

② * px++;因为++与 * 运算符优先级相同,而结合方向为自右向左,因此,* px++等价于 * (px++)。

③ * ++px;先使 px 自加 1,再取 * px 值。若 px 的初值为 & x[0],则执行 y＝ * ++px 时,y 值为 a[1]的值。而执行 y＝ * px++后,等价于先取 * px 的值,后使 px 自加 1。

④ ( * px)++;表示 px 所指向的元素值加 1。要注意的是元素值加 1 而不是指针变量值加 1。

要特别注意对 px+i 的含义的理解。C 语言规定:px+1 指向数组首地址的下一个元素,而不是将指针变量 px 的值简单地加 1。例如:若数组的类型是整型(int),每个数组元素占 2 个字节,则对于整型指针变量 px 来说,px+1 意味着使 px 的原值(地址)加 2 个字节,使它指向下一个元素。px+2 则使 px 的原值(地址)加 4 个字节,使它指向下下个元素。

# 14.6 指向多维数组的指针和指针变量

指针除了可以指向一维数组外,也可以指向多维数组。下面以二维数组为例进行说明。

假定已定义了一个 3 行 4 列的二维数组:

```
int x[3][4] = {   {1,3,5,7},
                  {9,11,13,15},
                  {17,19,21,23}};
```

对这个数组的理解为:x 是数组名,数组包含 3 个元素:x[0]、x[1]、x[2]。

每个元素又是一个一维数组,包含 4 个元素。如 x[0]代表的一维数组包含 x[0][0]＝{1}、x[0][1]＝{3}、x[0][2]＝{5}、x[0][3]＝{7}。

从二维数组的地址角度看,x 代表整个数组的首地址,也就是第 0 行的首地址。x+1 代表第 1 行的首地址,即数组名为 x[1]的一维数组首地址。

根据 C 语言的规定,由于 x[0]、x[1]、x[2]都是一维数组,因此它们分别代表了各个数组的首地址。即 x[0]=&x[0][0],x[1]=&x[1][0],x[2]=&x[2][0]。

同时定义一个指针变量 int ( * p)[4],其含义是 P 指向一个包含 4 个元素的一维数组。

当 p=x 时,指向数组 x[3][4]的第 0 行首址。

p+1 和 x+1 等价,指向数组 x[3][4]的第 1 行首址。

p+2 和 x+2 等价,指向数组 x[3][4]的第 2 行首址。

* (p+1)+3 和 &x[1][3]等价,指向数组 x[1][3]的地址。

* ( * (p+1)+3)和 x[1][3]等价,表示 x[1][3]的值。

……

一般地,对于数组元素 x[i][j]来讲:

* (p+i)+j 就相当于 &x[i][j],表示数组第 i 行第 j 列的元素的地址。

* ( * (p+i)+j)就相当于 x[i][j],表示数组第 i 行第 j 列的元素的值。

# 14.7  直接引用变量和间接引用变量实验

在 51 MCU DEMO 试验板上,分别采用直接引用变量和间接引用变量的方法,将变量值显示在数码管上。

## 1. 源程序文件

在 D 盘建立一个文件目录(CS14-1),然后建立 CS14-1.uv2 的工程项目,最后建立源程序文件(CS14-1.c)。输入下面的程序:

```
# include <REG51.H>                //1
# define uchar unsigned char       //2
# define uint unsigned int         //3
/***********************4********************************/
void delay(uint k)                 //5
{                                  //6
uint i,j;                          //7
for(i = 0;i<k;i ++ ){              //8
for(j = 0;j<121;j ++ )             //9
{;}}                               //10
}                                  //11
/***********************12***************/
void main(void)                    //13
{                                  //14
```

```
uchar a,b;                    //15
uchar * p;                    //16
p = &b;                       //17
a = 0x7f;                     //18
* p = 0x7f;                   //19
    while(1)                  //20
    {                         //21
    P0 = b;                   //22
    P2 = 0xfe;                //23
    delay(1);                 //24
    P3 = a;                   //25
    P2 = 0xf7;                //26
    delay(1);                 //27
    }                         //28
}                             //29
```

编译通过后,51 MCU DEMO 试验板接通 5 V 稳压电源,将生成的 CS14 - 1. hex 文件下载到试验板上的 89S51 单片机中(**注意:**标示"LEDMOD_DATA"及 "LEDMOD_COM"的双排针应插上短路块)。可以看到,个位数码管和千位数码管均显示"8"。

## 2. 程序分析解释

序号 1:包含头文件 REG51.H。

序号 2、3:数据类型的宏定义。

序号 4:程序分隔。

序号 5～11:延时 1 ms 的子函数。

序号 12:程序分隔。

序号 13:定义函数名为 main 的主函数。

序号 14:main 主函数开始。

序号 15:定义字符型局部变量。

序号 16:定义指向字符型数据类型的指针变量 p。

序号 17:将变量 b 的地址赋给指针变量 p,即指针指向变量 b。

序号 18:采用直接引用变量的方法赋值 0x7f 给变量 a。

序号 19:采用间接引用变量的方法赋值 0x7f 给指针变量 p 指向的变量(即变量 b)。

序号 20:无限循环。

序号 21:无限循环语句开始。

序号 22:P0 口送变量 b。

序号 23:点亮个位数码管。

序号 24:延时 1 ms,维持数码管点亮。

序号 25:P0 口送变量 a。

序号 26:点亮千位数码管。

序号 27:延时 1 ms,维持数码管点亮。

序号 28:无限循环语句结束。

序号 29:main 主函数结束。

# 14.8 下标法和指针法引用数组元素实验

在 51 MCU DEMO 试验板上,分别用下标法和指针法引用数组元素并在数码管上显示。

## 1. 源程序文件

在 D 盘建立一个文件目录(CS14 - 2),然后建立 CS14 - 2.uv2 的工程项目,最后建立源程序文件(CS14 - 2.c)。输入下面的程序:

```
# include <REG51.H>                                      //1
# define uchar unsigned char                             //2
# define uint unsigned int                               //3
/*********************************************4********/
void delay(uint k)                                       //5
{                                                        //6
uint i,j;                                                //7
for(i = 0;i<k;i ++){                                     //8
for(j = 0;j<121;j ++)                                    //9
{;}}                                                     //10
}                                                        //11
/*********************************************12***********/
void main(void)                                          //13
{                                                        //14
uchar * pt,i;                                            //15
uchar code SEG7[10] = {0x3f,0x06,0x5b,0x4f,0x66,0x6d,0x7d,0x07,0x7f,0x6f};    //16
pt = SEG7;                                               //17
for(i = 0;i<10;i ++)                                     //18
{P0 = SEG7[i];P2 = 0xfe;                                 //19
delay(500);}                                             //20
// = = = = = = = = = = = = = = = = = = = = = = = =21
P0 = 0x00;                                               //22
delay(2000);                                             //23
// = = = = = = = = = = = = = = = = = = = = = = = =24
for(i = 0;i<10;i ++)                                     //25
{P0 = * (pt + i);P2 = 0xfe;                              //26
delay(500);}                                             //27
P0 = 0x00;                                               //28
// = = = = = = = = = = = = = = = = = = = = = = = =29
```

```
    while(1);                                      //30
    }                                              //31
```

编译通过后,51 MCU DEMO 试验板接通 5 V 稳压电源,将生成的 CS14 -2. hex
文件下载到试验板上的 89S51 单片机中(**注意：标示"LEDMOD_DATA"及"LED-
MOD_COM"的双排针应插上短路块**)。可以看到,个位数码管上依次显示"0"～
"9",稍停片刻后,又显示一遍"0"～"9"。第一遍显示时是采用下标法引用数组元素
的,而第二遍显示则是采用指针法引用数组元素。

### 2. 程序分析解释

序号 1:包含头文件 REG51.H。

序号 2、3:数据类型的宏定义。

序号 4:程序分隔。

序号 5～11:延时子函数。

序号 12:程序分隔。

序号 13:定义函数名为 main 的主函数。

序号 14:main 主函数开始。

序号 15:定义指向字符型数据类型的指针变量 pt 及变量 i。

序号 16:数码管 0～9 的字形码。

序号 17:指针变量指向数组 SEG7。

序号 18:for 循环语句。

序号 19:采用下标法引用数组元素并显示于个位数码管上。

序号 20:延时 500 ms,便于人们观察。

序号 21:程序分隔。

序号 22:熄灭个位数码管。

序号 23:稍停片刻。

序号 24:程序分隔。

序号 25:for 循环语句。

序号 26:采用指针法引用数组元素并显示于个位数码管上。

序号 27:延时 500 ms,便于人们观察。

序号 28:熄灭个位数码管。

序号 29:程序分隔。

序号 30:动态停机。

序号 31:main 主函数结束。

# 14.9　地址传递的函数调用实验

在 12.6 节实验中,已经实现了参数传递的函数调用。

现在,要在 51 MCU DEMO 试验板上进行传址调用的实验,使指针变量成为函
数的参数,将一个变量的地址传送到另一个函数中,运行的结果同上面完全一样。

## 1. 源程序文件

在 D 盘建立一个文件目录(CS14 - 3),然后建立 CS14 - 3. uv2 的工程项目,最后建立源程序文件(CS14 - 3. c)。输入下面的程序:

```
# include <REG51.H>                    //1
# define uchar unsigned char           //2
# define uint unsigned int             //3
uchar code SEG7[10] = {0x3f,0x06,0x5b,0x4f,0x66,0x6d,0x7d,0x07,0x7f,0x6f};//4
sbit P3_2 = P3^2;                      //5
// = = = = = = = = = = = = = = = = = = = = = = =6 = = =
void swap(uchar * x,uchar * y);        //7
// = = = = = = = = = = = = = = = = = = = = = = =8 = = =
void delay(uint k)                     //9
{                                      //10
uint i,j;                              //11
for(i = 0;i<k;i ++ ){                  //12
for(j = 0;j<121;j ++ )                 //13
{;}}                                   //14
}                                      //15
// = = = = = = = = = = = = = = = = = = = = = = =16 = = =
void main(void)                        //17
{                                      //18
uchar i;                               //19
uchar a = 3,b = 8;                     //20
uchar * pt1, * pt2;                    //21
pt1 = &a;                              //22
pt2 = &b;                              //23
    while(1)                           //24
    {                                  //25
    if(!P3_2)swap(pt1,pt2);            //26
        for(i = 0;i<100;i ++ )         //27
        {P0 = SEG7[a];                 //28
        P2 = 0xfd;                     //29
        delay(2);                      //30
        P0 = SEG7[b];                  //31
        P2 = 0xfe;                     //32
        delay(2);}                     //33
    }                                  //34
}                                      //35
// = = = = = = = = = = = = = = = = = = = = = = =36 = = =
```

```
void swap(uchar * x,uchar * y)          //37
{                                       //38
uchar t;                                //39
t = * x;                                //40
* x = * y;                              //41
* y = t;                                //42
}                                       //43
```

编译通过后,51 MCU DEMO 试验板接通 5 V 稳压电源,将生成的 CS14-3.hex 文件下载到试验板上的 89S51 单片机中(**注意:标示"LEDMOD_DATA"及"LED-MOD_COM"的双排针应插上短路块**)。右边 2 个 LED 数码管显示"38",按一下 S1 键右边 2 个 LED 数码管显示"83",再按一下 S1 键右边 2 个 LED 数码管又显示"38"。显然,完全实现了两个数的交换。

## 2. 程序分析解释

序号 1:包含头文件 REG51.H。

序号 2～3:数据类型的宏定义。

序号 4:数码管 0～9 的字形码。

序号 5:定义 P3.2。

序号 6:程序分隔。

序号 7:子函数 swap 声明。

序号 8:程序分隔。

序号 9～15:延时子函数。

序号 16:程序分隔。

序号 17:定义函数名为 main 的主函数。

序号 18:main 主函数开始。

序号 19:定义无符号字符型局部变量 i。

序号 20:定义无符号字符型局部变量 a、b 并赋初值。

序号 21:定义指向字符型数据类型的指针变量 pt1 及 pt2。

序号 22:pt1 指向变量 a。

序号 23:pt2 指向变量 b。

序号 24:无限循环。

序号 25:无限循环语句开始。

序号 26:如果 P3.2 为低电平,调用 swap 子函数,传递的是变量 a、b 的地址。

序号 27:for 循环,使数码管点亮 400 ms。

序号 28:此时变量 a 的值送 P0 口。

序号 29:点亮十位数码管。

序号 30:延时 2 ms。

序号 31:变量 b 的值送 P0 口。

序号 32:点亮个位数码管。

序号 33:延时 2 ms。

序号 34:无限循环语句结束。

序号 35:main 主函数结束。

序号 36:程序分隔。

序号 37:定义函数名为 swap 的子函数。

序号 38:swap 子函数开始。

序号 39:定义无符号字符型局部变量 t。

序号 40:x 指向的指针变量(即变量 a)值送 t。

序号 41:y 指向的指针变量(即变量 b)值送 x 指向的指针变量(即变量 a)。

序号 42:再将变量 t 赋给 y 指向的指针变量(即变量 b)。这样实现了变量 a、b 的交换。

序号 43:swap 子函数结束。

# 14.10　用数组名作为函数的参数进行传递实验

在第 13 章中,曾经介绍过除了可以用变量作为函数的参数之外,还可以用数组名作为函数的参数。这里做一个有关的实验,求出一个一维数组 a[11]中的前 10 个数之和,将其存放在 a[10]中,并在 51 MCU DEMO 试验板的数码管上显示出来。

**1. 源程序文件**

在 D 盘建立一个文件目录(CS14-4),然后建立 CS14-4.uv2 的工程项目,最后建立源程序文件(CS14-4.c)。输入下面的程序:

```
# include <REG51.H>                                              //1
# define uchar unsigned char                                     //2
# define uint unsigned int                                       //3
uchar code SEG7[10] = {0x3f,0x06,0x5b,0x4f,0x66,0x6d,0x7d,0x07,0x7f,0x6f};//4
uchar code ACT[4] = {0xfe,0xfd,0xfb,0xf7};  //5
/*******************************************6********/
void sum(uint * q,uint n)                                        //7
{                                                                //8
uint i,s;                                                        //9
uint * t;                                                        //10
t = q;                                                           //11
for(i = 0;i<n;i++)s = s + * (t + i);                             //12
t = q + 10;                                                      //13
* t = s;                                                         //14
}                                                                //15
/*******************************************16********/
void delay(uint k)                                               //17
{                                                                //18
uint i,j;                                                        //19
```

```
for(i = 0;i<k;i++){              //20
for(j = 0;j<121;j++)            //21
{;}}                            //22
}                               //23
/*******************************24***********/
void main(void)                 //25
{                               //26
uint a[11] = {0,1,2,3,4,5,6,7,8,9,0};  //27
uint *pt,len = 10;             //28
pt = a;                         //29
sum(a,len);                     //30
    while(1)                    //31
    {                           //32
    P0 = SEG7[a[10]/1000];      //33
    P2 = ACT[3];                //34
    delay(1);                   //35
    P0 = SEG7[(a[10]/100)%10];  //36
    P2 = ACT[2];                //37
    delay(1);                   //38
    P0 = SEG7[(a[10]/10)%10];   //39
    P2 = ACT[1];                //40
    delay(1);                   //41
    P0 = SEG7[a[10]%10];        //42
    P2 = ACT[0];                //43
    delay(1);                   //44
    }                           //45
}                               //46
```

编译通过后,51 MCU DEMO 试验板接通 5 V 稳压电源,将生成的 CS14 - 4. hex 文件下载到试验板上的 89S51 单片机中(**注意:标示"LEDMOD_DATA"及"LEDMOD_COM"的双排针应插上短路块**)。4 个 LED 数码管显示"0045"。

## 2. 程序分析解释

序号 1:包含头文件 REG51.H。

序号 2、3:数据类型的宏定义。

序号 4:数码管 0~9 的字形码。

序号 5:数码管的位选码。

序号 6:程序分隔。

序号 7:定义函数名为 sum 的子函数。

序号 8:sum 子函数开始。

序号 9:定义无符号整型局部变量 i、s。

序号 10：定义指向无符号整型数据类型的指针变量 t。

序号 11：q 传递的数组首地址赋予 t，指针变量 t 指向数组的首单元。

序号 12：for 循环语句，共循环 n 次，将数组 a 的前 n 个元素累加后存入 s。

序号 13：指针变量 t 指向数组 a 的最后一个单元 a[10]。

序号 14：将 s 存入 a[10]。

序号 15：sum 子函数结束。

序号 16：程序分隔。

序号 17～23：延时子函数。

序号 24：程序分隔。

序号 25：定义函数名为 main 的主函数。

序号 26：main 主函数开始。

序号 27：定义无符号整型数组 a 并赋初值。

序号 28：定义指向无符号整型数据的指针变量 pt 及无符号整型变量 len。

序号 29：指针变量 pt 指向数组 a 的首地址。

序号 30：调用 sum 子函数，求数组 a 的前 10 个数之和并存放在 a[10]中。

序号 31：无限循环。

序号 32：无限循环语句开始。

序号 33～44：将 a[10]内容显示在数码管上。

序号 45：无限循环语句结束。

序号 46：main 主函数结束。

# 第 **15** 章

# 结构体、共用体及枚举

前面介绍了 C 语言的基本数据类型,但是在实际设计一个较复杂的程序时,仅有这些基本类型的数据是不够的,有时需要将一批不同类型的数据放在一起使用,进而引入了构造类型的数据。如前面介绍的数组就是一种构造类型的数据,一个数组实际上是将一批相同类型的数据顺序存放。这里还要介绍 C 语言中另一类更为常用的构造类型数据:结构体、共用体及枚举。

## 15.1　结构体的概念

结构体是一种构造类型的数据,它是将若干个不同类型的数据变量有序地组合在一起而形成的一种数据的集合体。组成该集合体的各个数据变量称为结构成员,整个集合体使用一个单独的结构变量名。一般来说结构中的各个变量之间是存在某些关系的,如时间数据中的时、分、秒,日期数据中的年、月、日等。由于结构是将一组相关联的数据变量作为一个整体来进行处理,因此在程序中使用结构将有利于对一些复杂而又具有内在联系的数据进行有效的管理。

## 15.2　结构体类型变量的定义

### 1. 先定义结构体类型再定义变量名

定义结构体类型的一般格式为:

```
struct  结构体名
{
成员表列
};
```

其中,"结构体名"用作结构体类型的标志。"成员表列"为该结构体中的各个成员,由于结构体可以由不同类型的数据组成,因此对结构体中的各个成员都要进行类型说明。

例如:定义一个日期结构体类型 date,它可由 6 个结构体成员 year、month、day、hour、min、sec 组成:

```
struct date
{
int year;
char month;
char day;
char hour;
char min;
char sec;
};
```

定义好一个结构体类型之后,就可以用它来定义结构体变量。一般格式为:

struct 结构体名 结构体变量名 1,结构体变量名 2,……结构体变量名 n;

例如:可以用结构体 date 来定义两个结构体变量 time1 和 time2。

struct date time1,time2;

这样结构体变量 time1 和 time2 都具有 struct date 类型的结构,即它们都是 1 个整型数据和 5 个字符型数据所组成。

## 2. 在定义结构体类型的同时定义结构体变量名

一般格式为:

struct 结构体名
{
成员表列
}结构体变量名 1,结构体变量名 2,……结构体变量名 n;

例如:对上述日期结构体变量也可按以下格式定义:

```
struct date
{
int year;
char month;
char day;
char hour;
char min;
char sec;
```

```
}time1,time2;
```

### 3. 直接定义结构体变量

一般格式为：

```
struct
{
成员表列
}结构体变量名 1,结构体变量名 2,……结构体变量名 n；
```

第 3 种方法与第 2 种方法十分相似,所不同的是第 3 种方法中省略了结构体名,这种方法一般只用于定义几个确定的结构变量的场合。例如:如果只需要定义 time1 和 time2 而不打算再定义任何别的结构变量,则可省略掉结构体名"date"。不过为了便于记忆和以备将来进一步定义其他结构体变量的需要,一般还是不要省略结构名为好。

## 15.3　关于结构体类型有几点需要注意的地方

结构体类型需要注意的地方如下:

① 结构体类型与结构体变量是两个不同的概念。定义一个结构体类型时只给出了该结构体的组织形式,并没有给出具体的组织成员。因此,结构体名不占用任何存储空间,也不能对一个结构体名进行赋值、存取和运算。

而结构体变量则是一个结构体中的具体对象,编译器会给具体的结构体变量名分配确定的存储空间,因此可以对结构体变量名进行赋值、存取和运算。

② 将一个变量定义为标准类型与定义为结构体类型有所不同。前者只需要用类型说明符指出变量的类型即可,如 int x；。后者不仅要求用 struct 指出该变量为结构体类型,而且还要求指出该变量是哪种特定的结构类型,即要指出它所属的特定结构类型的名字。如上面的 date 就是这种特定的结构体类型(日期结构体类型)的名字。

③ 一个结构体中的成员还可以是另外一个结构体类型的变量,即可以形成结构体的嵌套。

## 15.4　结构体变量的引用

定义了一个结构体变量之后,就可以对它进行引用,即可以进行赋值、存取和运算。一般情况下,结构体变量的引用是通过对其成员的引用来实现的。

① 引用结构体变量中的成员,一般格式为:

结构体变量名. 成员名

其中"."是存取成员的运算符。

例如:time1.year=2006;表示将整数 2006 赋给 time1 变量中的成员 year。

② 如果一个结构体变量中的成员又是另外一个结构体变量,即出现结构体的嵌套时,则需要采用若干个成员运算符,一级一级地找到最低一级的成员,而且只能对这个最低级的结构元素进行存取访问。

③ 对结构体变量中的各个成员可以像普通变量一样进行赋值、存取和运算。

例如:time2.secC++;

④ 可以在程序中直接引用结构体变量和结构体成员的地址。结构体变量的地址通常用作函数参数,用来传递结构体的地址。

# 15.5　结构体变量的初始化

和其他类型的变量一样,对结构体类型的变量也可以在定义时赋初值进行初始化。例如:

```
struct date
{
int year;
char month;
char day;
char hour;
char min;
char sec;
}time1 = {2006,7,23,11,4,20};
```

# 15.6　结构体数组

一个结构体变量可以存放一组数据(如一个时间点 time1 的数据),在实际使用中,结构体变量往往不止一个(如我们要对 20 个时间点的数据进行处理),这时可将多个相同的结构体组成一个数组,这就是结构体数组。结构体数组的定义方法与结构体变量完全一致。例如:

```
struct date
{
int year;
char month;
char day;
char hour;
char min;
```

```
char sec;
};
struct date time[20];
```

这就定义了一个包含有 20 个元素的结构体数组变量 time,其中每个元素都是具有 date 结构体类型的变量。

# 15.7　指向结构体类型数据的指针

一个结构体变量的指针,就是该变量在内存中的首地址。可以设一个指针变量,将它指向一个结构体变量,则该指针变量的值是它所指向的结构体变量的起始地址。

定义指向结构体变量的指针的一般格式为:

struct 结构体类型名 ∗指针变量名;

或

```
struct
{
成员表列
} ∗指针变量名;
```

与一般指针相同,对于指向结构体变量的指针也必须先赋值后引用。

# 15.8　用指向结构体变量的指针引用结构体成员

通过指针来引用结构体成员的一般格式为:

指针变量名－＞结构体成员

例如:

```
struct date
{
int year;
char month;
char day;
char hour;
char min;
char sec;
};
struct date time1;
struct date ∗ p;
p = &time1;
```

p - > year = 2006；

## 15.9　指向结构体数组的指针

已经了解了一个指针变量可以指向数组。同样，指针变量也可以指向结构体数组。指向结构体数组的指针变量的一般格式为：

struct 结构体数组名　*指针变量名；

## 15.10　将结构体变量和指向结构体的指针作函数参数

结构体既可作为函数的参数，也可作为函数的返回值。当结构体被用作函数的参数时，其用法与普通变量作为实际参数传递一样，属于"传值"方式。

但当一个结构体较大时，若将该结构体作为函数的参数，由于参数传递采用值传递方式，需要较大的存储空间（堆栈）来将所有的成员压栈和出栈，影响程序的执行速度。这时可以用指向结构体的指针来作为函数的参数，此时参数的传递是按地址传递方式进行的。由于采用的是"传址"方式，只需要传递一个地址值。与前者相比大大节省了存储空间，同时还加快了程序的执行速度。其缺点是在调用函数时对指针所作的任何变动都会影响到原来的结构体变量。

## 15.11　共用体的概念

结构体变量占用的内存空间大小是其各成员所占长度的总和，如同一时刻只存放其中的一个成员数据，对内存空间是很大的浪费。共用体也是 C 语言中一种构造类型的数据结构，它所占内存空间的长度是其中最长的成员长度。各个成员的数据类型及长度虽然可能都不同，但都从同一个地址开始存放，即采用了所谓的"覆盖技术"。这种技术可使不同的变量分时使用同一个内存空间，有效提高了内存的利用效率。

## 15.12　共用体类型变量的定义

共用体类型变量的定义方式与结构体类型变量的定义相似，也有 3 种方法。

### 1. 先定义共用体类型再定义变量名

定义共用体类型的一般格式为：

union 共用体名

{

成员表列

};

定义好一个共用体类型之后,就可以用它来定义共用体变量。一般格式为:

　union　共用体名　共用体变量名 1,共用体变量名 2,……共用体变量名 n;

## 2. 在定义共用体类型的同时定义共用体变量名

一般格式为:

union 共用体名

{

成员表列

}共用体变量名 1,共用体变量名 2,……共用体变量名 n;

## 3. 直接定义共用体变量

一般格式为:

union

{

成员表列

}共用体变量名 1,共用体变量名 2,……共用体变量名 n;

可见,共用体类型与结构体类型的定义方法十分相似,只是将关键字 struct 改成了 union,但是在内存的分配上两者却有着本质的区别。结构体变量所占用的内存长度是其中各个元素所占用内存长度的总和,而共用体变量所占用的内存长度是其中最长的成员长度。例如:

```
struct exmp1
    {
    int a;
    char b;
    };
struct exmp1 x;
```

结构体变量 x 所占用的内存长度是成员 a、b 长度的总和,a 占用 2 字节,b 占用 1 字节,总共占用 3 字节。再如:

```
union exmp2
    {
    int a;
    char b;
    };
union exmp2 y;
```

共用体变量 y 所占用的内存长度是最长的成员 a 的长度,a 占用 2 字节,故总共占用 2 字节。

## 15.13 共用体变量的引用

与结构体变量类似,对共用体变量的引用也是通过对其成员的引用来实现的。引用共用体变量成员的一般格式为:

共用体变量名.共用体成员

结构体变量、共用体变量都属于构造类型数据,用于计算机工作时的各种数据存取。但很多刚学单片机的读者搞不明白,什么情况下要定义为结构体变量?什么情况下要定义为共用体变量?现在就打一通俗称的比方帮助大家加深理解。

假定,甲方和乙方都购买了 2 辆汽车(一辆大汽车、一辆小汽车),大汽车停放时占地面积 10 m²,小汽车停放时占地面积 5 m²。现在他们都要为新买的汽车建造车库(相当于定义构造类型数据),但甲方和乙方的状况不一样。甲方的运输工作白天就结束了,每天晚上 2 辆车(大、小汽车)同时停放车库内;而乙方由于产品关系,同一时刻只有一辆车停放车库内(大汽车运货时小汽车停车库内,或小汽车运货时大汽车停车库内)。显然,甲方的车库要建 15 m²(相当于定义结构体变量);而乙方的车库只要建 10 m² 就足够了(相当于定义共用体变量),建得再大也是浪费。

## 15.14 枚举类型

如果一个变量只有几种可能的值,那么可以定义为枚举类型。所谓"枚举"是将变量的值一一列举出来,变量的取值只限于列出的范围。

一个完整的枚举定义说明语句的一般格式为:

enum 枚举名{枚举值列表}变量列表;

定义和说明也可以分成两句完成:

enum 枚举名{枚举值列表};
enum  枚举名 变量列表;

例如:每星期的天数(变量 weekday)只能是星期天、星期一~星期六这几种,因此,可这样定义枚举变量:

enum weekday{sun,mon,tue,wed,thu,fri,sat}date1,date2;

或

enum weekday{sun,mon,tue,wed,thu,fri,sat};
enum weekday date1,date2;

说明：

① 在 C 编译器中对枚举元素按常量处理，故称枚举常量（**注意：不能对枚举元素进行赋值**）。

② 枚举元素作为常量，它是有值的，C 语言编译时按定义时的顺序使它们的值为 0,1,2,……

# 15.15　计时器设计(待显时间存放于结构体变量中)实验

在 51 MCU DEMO 试验板上，设计一个连续的计时器（对时、分、秒累计，计秒的范围为 0～60，计分的范围为 0～60，计时的范围为 0～9 999）。

**1. 实现方法**

采用计时单元和显示缓冲单元分开的方法，每次定时器中断时，时间递增，同时将时间的数值转存到显示缓冲区。将计时单元 hour、min、sec、cnt 定义成全局变量，而将显示缓冲区定义成一个日期结构体类型变量进行实验，大家可从中了解结构体变量成员的操作。

**2. 源程序文件**

在 D 盘建立一个文件目录(CS15 - 1)，然后建立 CS15 - 1. uv2 的工程项目，最后建立源程序文件(CS15 - 1. c)。输入下面的程序：

```
#include<REG51.H>                                      //1
#define uint unsigned int                              //2
#define uchar unsigned char                            //3
//***************************************************4
uchar code SEG7[10]={0x3f,0x06,0x5b,0x4f,0x66,0x6d,0x7d,0x07,0x7f,0x6f};//5
uchar code ACT[8]={0xfe,0xfd,0xfb,0xf7,0xef,0xdf,0xbf,0x7f};//6
uint hour;                                             //7
uchar min,sec,cnt;                                     //8
void delay(uint k);                                    //9
//**************************************************10
struct deda                                            //11
{                                                      //12
uint dhour;                                            //13
uchar dmin;                                            //14
uchar dsec;                                            //15
};                                                     //16
struct deda dis_buff;                                  //17
//**************************************************18
void initial(void)                                     //19
```

```
{                                             //20
TMOD = 0x01;                                  //21
TH0 = -(50000/256);                           //22
TL0 = -(50000 % 256);                         //23
ET0 = 1;                                      //24
TR0 = 1;                                      //25
EA = 1;                                       //26
}                                             //27
//**********************************************28
void time0(void) interrupt 1                  //29
{                                             //30
TH0 = -(50000/256);                           //31
TL0 = -(50000 % 256);                         //32
cnt ++ ;                                      //33
if(cnt>= 20){sec ++ ;cnt = 0;}               //34
if(sec>= 60){min ++ ;sec = 0;}               //35
if(min>= 60){hour ++ ;min = 0;}              //36
if(hour>9999){hour = 0;}                      //37
dis_buff.dhour = hour;                        //38
dis_buff.dmin = min;                          //39
dis_buff.dsec = sec;                          //40
}                                             //41
//**********************************************42
void main(void)                               //43
{                                             //44
    initial();                                //45
    for(;;)                                   //46
    {                                         //47
        P0 = SEG7[dis_buff.dhour % 10];       //48
        P2 = ACT[4];                          //49
        delay(1);                             //50
        P0 = SEG7[(dis_buff.dhour % 100)/10]; //51
        P2 = ACT[5];                          //52
        delay(1);                             //53
        P0 = SEG7[(dis_buff.dhour % 1000)/100]; //54
        P2 = ACT[6];                          //55
        delay(1);                             //56
        P0 = SEG7[dis_buff.dhour/1000];       //57
        P2 = ACT[7];                          //58
        delay(1);                             //59
        P0 = SEG7[dis_buff.dsec % 10];        //60
        P2 = ACT[0];                          //61
```

```
        delay(1);                          //62
        P0 = SEG7[dis_buff.dsec/10];        //63
        P2 = ACT[1];                        //64
        delay(1);                          //65
        P0 = SEG7[dis_buff.dmin % 10];      //66
        P2 = ACT[2];                        //67
        delay(1);                          //68
        P0 = SEG7[dis_buff.dmin/10];        //69
        P2 = ACT[3];                        //70
        delay(1);                          //71
    }                                       //72
}                                           //73
//*******************************************74
void delay(uint k)                          //75
{                                           //76
uint data i,j;                              //77
for(i = 0;i<k;i++){                         //78
for(j = 0;j<121;j++ )                        //79
{;}}                                        //80
}                                           //81
```

编译通过后,51 MCU DEMO 试验板接通 5 V 稳压电源,将生成的 CS15 - 1. hex 文件下载到试验板上的 89S51 单片机中(**注意**：标示"LEDMOD_DATA"及"LEDMOD_COM"的双排针应插上短路块)。8 个 LED 数码管从"00000000"开始显示,其中秒位在不停地变化。

### 3. 程序分析解释

序号 1:包含头文件 REG51.H。

序号 2、3:数据类型的宏定义。

序号 4:程序分隔。

序号 5:定义数组 SEG7[10],存放数码管 0~9 的字形码。

序号 6:定义数组 ACT[8],存放 8 位数码管的位码。

序号 7:定义"小时"变量 hour,由于累计的小时最高为 9999,因此将其定义为无符号整型变量。

序号 8:定义"分"变量 min、"秒"变量 sec、及毫秒级变量 cnt,它们均为无符号字符型变量。

序号 9:延时子函数声明。

序号 10:程序分隔。

序号 11:定义一个日期 deda 的结构体类型。

序号 12:结构体类型开始。

序号 13:定义无符号整型变量 dhour 为成员,作为显示"时"的值。

序号 14:定义无符号字符型变量 dmin 为成员,作为显示"分"的值。

序号 15:定义无符号字符型变量 dsec 为成员,作为显示"秒"的值。

序号 16:结构体类型定义结束。

序号 17:定义 deda 类型结构体的变量 dis_buff。

序号 18:程序分隔。

序号 19:定义函数名为 initial 的初始化子函数。

序号 20:initial 子函数开始。

序号 21:定时器 T0 方式 1。

序号 22～23:T0 赋定时初值。试验板的晶振频率为 11.059 2 MHz,为方便理解,我们可近似
        看作为 12.000 MHz,这样取上面的定时初值时,T0 的定时长度近似为 50 ms。

序号 24:T0 中断使能。

序号 25:启动 T0。

序号 26:开 CPU 中断。

序号 27:initial 子函数结束。

序号 28:程序分隔。

序号 29:定时器 T0 的定时中断服务子函数。

序号 30:定时中断服务子函数开始。

序号 31～32:重载定时初值。

序号 33:计数器 cnt 累加。

序号 34:计数 20 次后,恰好为 1 s(20×50 ms),这时秒单元 sec 累加,而 cnt 清除。

序号 35:秒单元 sec 计 60 次后,分单元 min 累加,而 sec 清除。

序号 36:分单元 min 计 60 次后,时单元 hour 累加,而 min 清除。

序号 37:时单元计数到 9 999 后,又回到 0。

序号 38:将时 hour 赋给结构体的变量成员 dis_buff.dhour。

序号 39:将分 min 赋给结构体的变量成员 dis_buff.dmin。

序号 40:将秒 sec 赋给结构体的变量成员 dis_buff.dsec。

序号 41:定时中断服务子函数结束。

序号 42:程序分隔。

序号 43:定义函数名为 main 的主函数。

序号 44:main 主函数开始。

序号 45:调用初始化子函数。

序号 46:for 语句用作无限循环。

序号 47:无限循环开始。

序号 48:结构变量的成员 dhous 取其个位后,再查出字形码,然后送 P0 口。

序号 49:点亮数码管的第 5 位(从右向左数起,以下同)。

序号 50:延时 1 ms 便于观察。

序号 51:结构变量的成员 dhous 取其十位后,再查出字形码,然后送 P0 口。

序号 52:点亮数码管的第 6 位。

序号 53:延时 1 ms 便于观察。

序号 54:结构变量的成员 dhous 取其百位后,再查出字形码,然后送 P0 口。

序号 55:点亮数码管的第 7 位。

序号 56:延时 1 ms 便于观察。

序号 57:结构变量的成员 dhous 取其千位后,再查出字形码,然后送 P0 口。

序号 58:点亮数码管的第 8 位。

序号 59:延时 1 ms 便于观察,然后退出。

序号 60:结构变量的成员 dsec 取其个位后,再查出字形码,然后送 P0 口。

序号 61:点亮数码管的第 1 位。

序号 62:延时 1 ms 便于观察。

序号 63:结构变量的成员 dsec 取其十位后,再查出字形码,然后送 P0 口。

序号 64:点亮数码管的第 2 位。

序号 65:延时 1 ms 便于观察。

序号 66:结构变量的成员 dmin 取其个位后,再查出字形码,然后送 P0 口。

序号 67:点亮数码管的第 3 位。

序号 68:延时 1 ms 便于观察。

序号 69:结构变量的成员 dmin 取其十位后,再查出字形码,然后送 P0 口。

序号 70:点亮数码管的第 4 位。

序号 71:延时 1 ms 便于观察。

序号 72:for 无限循环语句结束。

序号 73:main 主函数结束。

序号 74:程序分隔。

序号 75~81:延时子程序。

# 15.16　跑表设计(计时时间存放于结构体变量中)实验

## 1. 实现方法

左边 4 个数码管显示预设值,右边 4 个数码管显示计时值。这次不采用计时单元和显示缓冲单元分开的方法。只建立时间结构体类型变量,计时与显示的值均存放在它中间。

## 2. 源程序文件

在 D 盘建立一个文件目录(CS15 - 2),然后建立 CS15 - 2. uv2 的工程项目,最后建立源程序文件(CS15 - 2. c)。输入下面的程序:

```
# include <REG51.H>                              //1
# define uint unsigned int                        //2
# define uchar unsigned char                      //3
uchar code SEG7[10] = {0x3f,0x06,0x5b,0x4f,0x66,0x6d,0x7d,0x07,0x7f,0x6f};//4
uchar code ACT[8] = {0xfe,0xfd,0xfb,0xf7,0xef,0xdf,0xbf,0x7f};//5
uchar status;                                     //6
sbit OUT = P1^0;                                  //7
void delay(uint k);                               //8
//**********************************9
struct time                                       //10
{                                                 //11
uchar sec;                                        //12
```

```
uchar msec;                              //13
};                                       //14
struct time run_time,set_time;           //15
struct time * pt1, * pt2;                //16
//***********************************17
void initial(void)                       //18
{                                        //19
TMOD = 0x11;                             //20
TH0 = - (10000/256);                     //21
TL0 = - (10000 % 256);                   //22
TH1 = - (1000/256);                      //23
TL1 = - (1000 % 256);                    //24
ET0 = 1;ET1 = 1;TR1 = 1;                 //25
EA = 1;                                  //26
}                                        //27
//***********************************28
void time0(void) interrupt 1             //29
{                                        //30
TH0 = - (10000/256);                     //31
TL0 = - (10000 % 256);                   //32
run_time.msec ++ ;                       //33
if(run_time.msec>99){run_time.sec ++ ;run_time.msec = 0;}   //34
if(run_time.sec>99){run_time.msec = 0;run_time.sec = 0;}    //35
if((pt2 - >msec>0)||(pt2 - >sec>0)) //36
{                                        //37
if((pt1 - >msec == pt2 - >msec)&&(pt1 - >sec == pt2 - >sec)){TR0 = 0;OUT = 0;} //38
}                                        //39
}                                        //40
//***********************************41
void display(uchar cnt)                  //42
{                                        //43
            switch(cnt)                  //44
            {                            //45
            case 0:P0 = SEG7[run_time.msec % 10];P2 = ACT[0];break;   //46
            case 1:P0 = SEG7[run_time.msec/10];P2 = ACT[1];break;     //47
            case 2:P0 = SEG7[run_time.sec % 10];P2 = ACT[2];break;    //48
            case 3:P0 = SEG7[run_time.sec/10];P2 = ACT[3];break;      //49
            case 4:P0 = SEG7[set_time.msec % 10];P2 = ACT[4];break;   //50
            case 5:P0 = SEG7[set_time.msec/10];P2 = ACT[5];break;     //51
            case 6:P0 = SEG7[set_time.sec % 10];P2 = ACT[6];break;    //52
            case 7:P0 = SEG7[set_time.sec/10];P2 = ACT[7];break;      //53
            default:break;               //54
```

```
                }                                    //55
        }                                            //56
//*********************************57
void set_ms_display(uchar cnt)           //58
{                                        //59
                switch(cnt)              //60
                {                        //61
                case 0:P0 = SEG7[run_time.msec % 10];P2 = ACT[0];break;       //62
                case 1:P0 = SEG7[run_time.msec/10];P2 = ACT[1];break;         //63
                case 2:P0 = SEG7[run_time.sec % 10];P2 = ACT[2];break;        //64
                case 3:P0 = SEG7[run_time.sec/10];P2 = ACT[3];break;          //65
                case 4:P0 = SEG7[set_time.msec % 10]|0x80;P2 = ACT[4];break;  //66
                case 5:P0 = SEG7[set_time.msec/10]|0x80;P2 = ACT[5];break;    //67
                case 6:P0 = SEG7[set_time.sec % 10];P2 = ACT[6];break;        //68
                case 7:P0 = SEG7[set_time.sec/10];P2 = ACT[7];break;          //69
                default:break;           //70
                }                        //71
}                                        //72
//*********************************73
void set_s_display(uchar cnt)            //74
{                                        //75
                switch(cnt)              //76
                {                        //77
                case 0:P0 = SEG7[run_time.msec % 10];P2 = ACT[0];break;       //78
                case 1:P0 = SEG7[run_time.msec/10];P2 = ACT[1];break;         //79
                case 2:P0 = SEG7[run_time.sec % 10];P2 = ACT[2];break;        //80
                case 3:P0 = SEG7[run_time.sec/10];P2 = ACT[3];break;          //81
                case 4:P0 = SEG7[run_time.msec % 10];P2 = ACT[4];break;       //82
                case 5:P0 = SEG7[set_time.msec/10];P2 = ACT[5];break;         //83
                case 6:P0 = SEG7[set_time.sec % 10]|0x80;P2 = ACT[6];break;   //84
                case 7:P0 = SEG7[set_time.sec/10]|0x80;P2 = ACT[7];break;     //85
                default:break;           //86
                }                        //87
}                                        //88
//*********************************89
void time1(void) interrupt 3             //90
{                                        //91
static uchar cnt;                        //92
TH1 = - (1000/256);                      //93
TL1 = - (1000 % 256);                    //94
cnt ++ ;                                 //95
if(cnt>7)cnt = 0;                        //96
```

```
switch(status)                                    //97
{                                                 //98
case 5: display(cnt);break;                       //99
case 0: display(cnt);break;                       //100
case 1: set_ms_display(cnt);break;                //101
case 2: set_s_display(cnt);break;                 //102
default:break;                                    //103
}                                                 //104
}                                                 //105
//**********************************106
void key_s1(void)                                 //107
{                                                 //108
    P3 = 0xff;                                    //109
    if(P3 == 0xfb)                                //110
    {                                             //111
    switch(status)                                //112
    {                                             //113
    case 1:if(set_time.msec == 99)set_time.msec = 99;   //114
            else set_time.msec ++ ;break;         //115
    case 2:if(set_time.sec == 99)set_time.sec = 99;     //116
            else set_time.sec ++ ;break;          //117
    default :break;                               //118
    }                                             //119
    }                                             //120
}                                                 //121
//**********************************122
void key_s2(void)                                 //123
{                                                 //124
    P3 = 0xff;                                    //125
    if(P3 == 0xf7)                                //126
    {                                             //127
    switch(status)                                //128
    {                                             //129
    case 1:if(set_time.msec == 0)set_time.msec = 0;     //130
            else set_time.msec -- ;break;         //131
    case 2:if(set_time.sec == 0)set_time.sec = 0;       //132
            else set_time.sec -- ;break;          //133
    default :break;                               //134
    }                                             //135
    }                                             //136
}                                                 //137
//-----------------------138
```

```
void key_s4(void)                              //139
{                                              //140
    P3 = 0xff;                                 //141
        if(P3 == 0xdf){status ++ ;}            //142
        if(status == 3)status = 1;             //143
        if(status == 6)                        //144
        {run_time.msec = 0;                    //145
        run_time.sec = 0;                      //146
        status = 0;}                           //147
}                                              //148
//***************************************149
void key_s3(void)                              //150
{                                              //151
    P3 = 0xff;                                 //152
        if(P3 == 0xef){status = 5;TR0 = 1;} //153
}                                              //154
//***************************************155
void main(void)                                //156
{                                              //157
    pt1 = &run_time;pt2 = &set_time;           //158
    initial();                                 //159
    for(;;)                                    //160
    {                                          //161
        key_s1();                              //162
        key_s2();                              //163
        key_s3();                              //164
        key_s4();                              //165
        delay(300);                            //166
    }                                          //167
}                                              //168
//***************************************169
void delay(uint k)                             //170
{                                              //171
uint data i,j;                                 //172
for(i = 0;i<k;i ++ )                           //173
{for(j = 0;j<121;j ++ )                        //174
{;}}                                           //175
}                                              //176
```

编译通过后，51 MCU DEMO 试验板接通 5 V 稳压电源，将生成的 CS15 -2. hex 文件下载到试验板上的 89S51 单片机中（**注意：标示"LEDMOD_DATA"及"LED-MOD_COM"的双排针应插上短路块**）。8 个数码管显示 8 个 0，其中左边 4 个显示的为计时预设值,右边 4 个显示的为计时值。点按 S4 键,左边 4 个数码管中的个位、十位数码管的小数点点亮,说明可对个位、十位进行调整,按下 S1 键或 S2 键,可进行毫秒设定。再点按 S4 键,左边 4 个数码管中的百位、千位数码管的小数点点亮,说明可对百位、千位进行调整,按下 S1 键或 S2 键,可进行秒设定。以上为计时的预设值。点按 S3 键,跑表从 0 开始运行,当计时值与预设值相等时,跑表停止运行,同时 D0 发光二极管点亮。

### 3. 程序分析解释

序号 1:包含头文件 REG51.H。

序号 2、3:数据类型的宏定义。

序号 4:定义数组 SEG7[10],存放数码管 0~9 的字形码。

序号 5:定义数组 ACT[8],存放 8 位数码管的位码。

序号 6:定义工作状态 status,为无符号字符型变量。

序号 7:定义输出控制端。

序号 8:延时子函数声明。

序号 9:程序分隔。

序号 10:定义一个时间 time 的结构体类型。

序号 11:结构体类型开始。

序号 12:定义无符号字符型变量 sec 为成员。

序号 13:定义无符号字符型变量 msec 为成员。

序号 14:结构体类型定义结束。

序号 15:定义 time 类型结构体的变量 rnu_time、set_time。

序号 16:定义两个指向结构体类型的指针 p1、p2。

序号 17:程序分隔。

序号 18:定义函数名为 initial 的初始化子函数。

序号 19:initial 子函数开始。

序号 20:定时器 T0、T1 方式 1。

序号 21~22:T0 赋定时初值,T0 的定时长度近似为 10 ms。

序号 23~24:T1 赋定时初值,T1 的定时长度近似为 1 ms。

序号 25:T0、T1 中断使能,启动 T1。

序号 26:开 CPU 中断。

序号 27:initial 子函数结束。

序号 28:程序分隔。

序号 29:定时器 T0 的定时中断服务子函数。

序号 30:定时中断服务子函数开始。

序号 31~32:重载 T0 定时初值。

序号 33:run_time.msec 累加。

序号 34:计数 100 次后,恰好为 1 s(10×100 ms),这时秒 run_time.sec 累加,而 run_time.msec 清除。

序号 35:秒 run_time.sec 计数 100 次后,run_time.sec 及 run_time.msec 均清除。

序号 36:如果设定时间不为 0。

序号 37:执行 if 语句。

序号 38:若设定时间(set_time.sec 及 set_time.msec)与运行时间(run_time.sec 及 run_ time.msec)正好相等,则关闭定时器 T0,并点亮 LED。

序号 39:if 语句结束。

序号 40:定时中断服务子函数结束。

序号 41:程序分隔。

序号 42:定义函数名为 display 的显示子函数。

序号 43:display 子函数开始。

序号 44:switch 语句,根据状态 cnt 的值进行散转。

序号 45:switch 语句开始。

序号 46:点亮数码管从右向左数起的第 1 位(运行时间 0.01 s 显示)。

序号 47:点亮数码管从右向左数起的第 2 位(运行时间 0.1 s 显示)。

序号 48:点亮数码管从右向左数起的第 3 位(运行时间的秒显示)。

序号 49:点亮数码管从右向左数起的第 4 位(运行时间 10 s 显示)。

序号 50:点亮数码管从右向左数起的第 5 位(设定时间 0.01 s 显示)。

序号 51:点亮数码管从右向左数起的第 6 位(设定时间 0.1 s 显示)。

序号 52:点亮数码管从右向左数起的第 7 位(设定时间的秒显示)。

序号 53:点亮数码管从右向左数起的第 8 位(设定时间 10 s 显示)。

序号 54:如果 cnt 的值一项也不符合,则退出。

序号 55:switch 语句结束。

序号 56:display 子函数结束。

序号 57:程序分隔。

序号 58:定义函数名为 set_ms_display 的显示子函数。

序号 59:set_ms_display 子函数开始。

序号 60:switch 语句,根据状态 cnt 的值进行散转。

序号 61:switch 语句开始。

序号 62:点亮数码管从右向左数起的第 1 位(运行时间 0.01 s 显示)。

序号 63:点亮数码管从右向左数起的第 2 位(运行时间 0.1 s 显示)。

序号 64:点亮数码管从右向左数起的第 3 位(运行时间秒显示)。

序号 65:点亮数码管从右向左数起的第 4 位(运行时间 10 s 显示)。

序号 66:点亮数码管从右向左数起的第 5 位(设定时间 0.01 s 显示,同时小数点亮)。

序号 67:点亮数码管从右向左数起的第 6 位(设定时间 0.1 s 显示,同时小数点亮)。

序号 68:点亮数码管从右向左数起的第 7 位(设定时间的秒显示)。

序号 69:点亮数码管从右向左数起的第 8 位(设定时间 10 s 显示)。

序号 70:如果 cnt 的值一项也不符合,则退出。

序号 71:switch 语句结束。

序号 72:set_ms_display 子函数结束。

序号 73:程序分隔。

序号 74:定义函数名为 set_s_display 的显示子函数。

序号 75:set_ms_display 子函数开始。

序号 76:switch 语句,根据状态 cnt 的值进行散转。

序号 77:switch 语句开始。

序号 78:点亮数码管从右向左数起的第 1 位(运行时间 0.01 s 显示)。

序号 79:点亮数码管从右向左数起的第 2 位(运行时间 0.1 s 显示)。

序号 80:点亮数码管从右向左数起的第 3 位(运行时间的秒显示)。

序号 81:点亮数码管从右向左数起的第 4 位(运行时间 10 s 显示)。

序号 82:点亮数码管从右向左数起的第 5 位(设定时间 0.01 s 显示)。

序号 83:点亮数码管从右向左数起的第 6 位(设定时间 0.1 s 显示)。

序号 84:点亮数码管从右向左数起的第 7 位(设定时间的秒显示,同时小数点亮)。

序号 85:点亮数码管从右向左数起的第 8 位(设定时间 10 s 显示,同时小数点亮)。

序号 86:如果 cnt 的值一项也不符合,则退出。

序号 87:switch 语句结束。

序号 88:set_ms_display 子函数结束。

序号 89:程序分隔。

序号 90:定时器 T1 的定时中断服务子函数。

序号 91:定时中断服务子函数开始。

序号 92:定义静态局部变量 cnt。

序号 93~94:重载 T0 定时初值。

序号 95:cnt 累加。

序号 96:cnt 的范围为 0~7。

序号 97:switch 语句,根据状态 status 的值进行散转。

序号 98:switch 语句开始。

序号 99:当状态 status 为 5 时调用 display 子函数。

序号 100:当状态 status 为 0 时调用 display 子函数。

序号 101:当状态 status 为 1 时调用 set_ms_display 子函数。

序号 102:当状态 status 为 1 时调用 set_s_display 子函数。

序号 103:如果 status 的值一项也不符合,则退出。

序号 104:switch 语句结束。

序号 105:T1 定时中断服务子函数结束。

序号 106:程序分隔。

序号 107:定义函数名为 key_s1 的子函数。

序号 108:key_s1 子函数开始。

序号 109:P3 口置全 1 以便读取按键输入。

序号 110:如果 P3 等于 0xfb,说明 s1 键按下。

序号 111:进入 if 条件语句。

序号 112:switch 语句。

序号 113:switch 语句开始。

序号 114~115:set_time.msec 的变化范围为 0~99。

序号 116~117:set_time.sec 的变化范围为 0~99。

序号 118:一项也不符合,则退出。

序号 119:switch 语句结束。

序号 120:if 条件语句结束。

序号 121:key_s1 子函数结束。

序号 122:程序分隔。

序号 123~137:key_s2 子函数,可参考序号 107~121 对 key_s1 子函数的分析。

序号 138:程序分隔。

序号 139:定义函数名为 key_s4 的子函数。

序号 140:key_s4 子函数开始。

序号 141:P3 口置全 1 以便读取按键输入。

序号 142:如果 P3 等于 0xdf,说明 s4 键按下,status 递增。status 变化范围 1～2。

序号 143:如果 status 为 3。则置 status 为 1。

序号 144:如果 status 为 6。

序号 145～146:则清除运行时间 run_time.msec、run_time.sec。

序号 147:status 回零。

序号 148:key_s4 子函数结束。

序号 149:程序分隔。

序号 150:定义函数名为 key_s3 的子函数。

序号 151:key_s3 子函数开始。

序号 152:P2 口置全 1 以便读取按键输入。

序号 153:如果 P3 等于 0xef,说明 s3 键按下,status 赋值为 5,同时启动 T0。

序号 154:key_s3 子函数结束。

序号 155:程序分隔。

序号 156:定义函数名为 main 的主函数。

序号 157:main 主函数开始。

序号 158:指针 p1 指向结构体变量 run_time,指针 p2 指向结构体变量 set_time。

序号 159:调用初始化子函数。

序号 160:for 语句用作无限循环。

序号 161:无限循环开始。

序号 162:调用 key_s1 子函数。

序号 163:调用 key_s2 子函数。

序号 164:调用 key_s3 子函数。

序号 165:调用 key_s4 子函数。

序号 166:延时 300 ms。

序号 167:for 无限循环语句结束。

序号 168:main 主函数结束。

序号 169:程序分隔。

序号 170～176:延时子函数。

# 15.17　计时器设计(计时时间存放于共用体变量中)实验

## 1. 实现方法

在 15.15 节实验中,可以同时取用显示缓冲区内的任何数据。但是,有时设计的某些仪表或控制系统,并不需要同时取用数据,而只需分时取用,这时就没有必要将数据缓冲区定义为结构体类型,而只需定义为共用体类型即可,这将大大减少内存的开销。例如,我们将 15.15 节的实验显示方式作一下修改,第 1 分钟显示时,而下 1 分钟显示分,再下 1 分钟显示秒,反复循环。

## 2. 源程序文件

在 D 盘建立一个文件目录(CS15 - 3),然后建立 CS15 - 3.uv2 的工程项目,最后

建立源程序文件(CS15 - 3. c)。输入下面的程序:

```
#include<REG51.H>                                              //1
#define uint unsigned int                                      //2
#define uchar unsigned char                                    //3
uchar code SEG7[10] = {0x3f,0x06,0x5b,0x4f,0x66,0x6d,0x7d,0x07,0x7f,0x6f};//4
uchar code ACT[4] = {0xef,0xdf,0xbf,0x7f};                     //5
uint hour;                                                     //6
uchar min,sec,cnt;                                             //7
uchar status;                                                  //8
void delay(uint k);                                            //9
//*******************************************************10
union deda                                                     //11
{                                                              //12
uint dhour;                                                    //13
uchar dmin;                                                    //14
uchar dsec;                                                    //15
};                                                             //16
union deda dis_buff;                                           //17
//*******************************************************18
void initial(void)                                             //19
{                                                              //20
TMOD = 0x01;                                                   //21
TH0 = -(50000/256);                                            //22
TL0 = -(50000 % 256);                                          //23
    ET0 = 1;                                                   //24
    TR0 = 1;                                                   //25
    EA = 1;                                                    //26
}                                                              //27
//*******************************************************28
void time0(void) interrupt 1                                   //29
{                                                              //30
TH0 = -(50000/256);                                            //31
TL0 = -(50000 % 256);                                          //32
cnt ++ ;                                                       //33
if(cnt > = 20){sec ++ ;cnt = 0;}                               //34
if(sec > = 60){min ++ ;sec = 0;status ++ ;}                    //35
if(min > = 60){hour ++ ;min = 0;}                              //36
if(hour>9999){hour = 0;}                                       //37
if(status>2){status = 0;}                                      //38
    switch(status)                                             //39
    {                                                          //40
    case 0:dis_buff.dhour = hour;break;                        //41
    case 1:dis_buff.dmin = min;break;                          //42
```

```
        case 2:dis_buff.dsec = sec;break;                        //43
        default:break;                                           //44
        }                                                        //45
}                                                                //46
//*******************************************************47
void main(void)                                                  //48
{                                                                //49
    initial();                                                   //50
    for(;;)                                                      //51
    {                                                            //52
        switch(status)                                           //53
        {                                                        //54
        case 0:{P0 = SEG7[dis_buff.dhour % 10];                  //55
                P2 = ACT[0];                                     //56
                delay(1);                                        //57
                P0 = SEG7[(dis_buff.dhour % 100)/10];            //58
                P2 = ACT[1];                                     //59
                delay(1);                                        //60
                P0 = SEG7[(dis_buff.dhour % 1000)/100];          //61
                P2 = ACT[2];                                     //62
                delay(1);                                        //63
                P0 = SEG7[dis_buff.dhour/1000];                  //64
                P2 = ACT[3];                                     //65
                delay(1);                                        //66
                }break;                                          //67
        case 1:{P0 = SEG7[dis_buff.dmin % 10];                   //68
                P2 = ACT[2];                                     //69
                delay(1);                                        //70
                P0 = SEG7[dis_buff.dmin/10];                     //71
                P2 = ACT[3];                                     //72
                delay(1);                                        //73
                }break;                                          //74
        case 2:{P0 = SEG7[dis_buff.dsec % 10];                   //75
                P2 = ACT[0];                                     //76
                delay(1);                                        //77
                P0 = SEG7[dis_buff.dsec/10];                     //78
                P2 = ACT[1];                                     //79
                delay(1);                                        //80
                }break;                                          //81
        default:break;                                           //82
        }                                                        //83
    }                                                            //84
}                                                                //85
//*******************************************************86
```

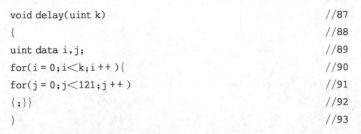

```
void delay(uint k)                                    //87
{                                                     //88
uint data i,j;                                        //89
for(i = 0;i<k;i++){                                   //90
for(j = 0;j<121;j++)                                  //91
{;}}                                                  //92
}                                                     //93
```

编译通过后，51 MCU DEMO 试验板接通 5 V 稳压电源，将生成的 CS15 -3. hex 文件下载到试验板上的 89S51 单片机中（**注意：标示"LEDMOD_DATA"及"LED-MOD_COM"的双排针应插上短路块**）。可以看到，第 1 分钟显示时，而下 1 分钟显示分，再下 1 分钟显示秒，反复循环。

## 3. 程序分析解释

序号 1：包含头文件 REG51.H。

序号 2、3：数据类型的宏定义。

序号 4：定义数组 SEG7[10]，存放数码管 0~9 的字形码。

序号 5：定义数组 ACT[4]，存放 4 位数码管的位码。

序号 6：定义"小时"变量 hour，由于累计的小时最高为 9999，因此将其定义为无符号整型变量。

序号 7：定义"分"变量 min、"秒"变量 sec，及毫秒级变量 cnt，它们均为无符号字符型变量。

序号 8：定义状态标志 status。

序号 9：延时子函数声明。

序号 10：程序分隔。

序号 11：定义一个日期 deda 的共同体类型。

序号 12：共同体类型开始。

序号 13：定义无符号整型变量 dhour 为成员，作为显示"时"的值。

序号 14：定义无符号字符型变量 dmin 为成员，作为显示"分"的值。

序号 15：定义无符号字符型变量 dsec 为成员，作为显示"秒"的值。

序号 16：共同体类型定义结束。

序号 17：定义 deda 类型共同体的变量 dis_buff。

序号 18：程序分隔。

序号 19：定义函数名为 initial 的初始化子函数。

序号 20：initial 子函数开始。

序号 21：定时器 T0 方式 1。

序号 22~23：T0 赋定时初值。试验板的晶振频率为 11.059 2 MHz，为方便理解，我们可近似看作为 12.000 MHz，这样取上面的定时初值时，T0 的定时长度近似为 50 ms。

序号 24：T0 中断使能。

序号 25：启动 T0。

序号 26：开 CPU 中断。

序号 27：initial 子函数结束。

序号 28：程序分隔。

序号 29：定时器 T0 的定时中断服务子函数。

序号 30：定时中断服务子函数开始。

序号 31～32：重载定时初值。

序号 33：计数器 cnt 累加。

序号 34：计数 20 次后，恰好为 1 s(20×50 ms)，这时秒单元 sec 累加，而 cnt 清除。

序号 35：秒单元 sec 计 60 次后，分单元 min 累加，而 sec 清除。

序号 36：分单元 min 计 60 次后，时单元 hour 累加，min 清除，状态 status 递增。

序号 37：时单元计数到 9999 后，又回到 0。

序号 38：status 的变化范围 0～2。

序号 39：switch 语句，根据 status 进行散转。

序号 40：switch 语句开始。

序号 41：将时 hour 赋给共同体的变量成员 dis_buff.dhour。

序号 42：将分 min 赋给共同体的变量成员 dis_buff.dmin。

序号 43：将秒 sec 赋给共同体的变量成员 dis_buff.dsec。

序号 44：如果 status 的值一项也不符合，则退出。

序号 45：switch 语句结束。

序号 46：定时中断服务子函数结束。

序号 47：程序分隔。

序号 48：定义函数名为 main 的主函数。

序号 49：main 主函数开始。

序号 50：调用初始化子函数。

序号 51：for 语句用作无限循环。

序号 52：无限循环开始。

序号 53：switch 语句，根据 status 进行散转。

序号 54：switch 语句开始。

序号 55：共用体变量的成员 dhous 取其个位后，再查出字形码，然后送 P0 口。

序号 56：点亮数码管的第 1 位(从右向左数起，以下同)。

序号 57：延时 1 ms 便于观察。

序号 58：共用体变量的成员 dhous 取其十位后，再查出字形码，然后送 P0 口。

序号 59：点亮数码管的第 2 位。

序号 60：延时 1 ms 便于观察。

序号 61：共用体变量的成员 dhous 取其百位后，再查出字形码，然后送 P0 口。

序号 62：点亮数码管的第 3 位。

序号 63：延时 1 ms 便于观察。

序号 64：共用体变量的成员 dhous 取其千位后，再查出字形码，然后送 P0 口。

序号 65：点亮数码管的第 4 位。

序号 66：延时 1 ms 便于观察

序号 67：退出。

序号 68：共用体变量的成员 dmin 取其个位后，再查出字形码，然后送 P0 口。

序号 69：点亮数码管的第 3 位。

序号 70：延时 1 ms 便于观察。

序号 71：共用体变量的成员 dmin 取其十位后，再查出字形码，然后送 P0 口。

序号 72：点亮数码管的第 4 位。

序号 73：延时 1 ms 便于观察。

序号 74：退出。

序号 75：共用体变量的成员 dsec 取其个位后，再查出字形码，然后送 P0 口。

序号 76:点亮数码管的第 1 位。

序号 77:延时 1 ms 便于观察。

序号 78:共用体变量的成员 dsec 取其十位后,再查出字形码,然后送 P0 口。

序号 79:点亮数码管的第 2 位。

序号 80:延时 1 ms 便于观察。

序号 81:退出。

序号 82:一项也不符合,则退出。

序号 83:switch 语句结束。

序号 84:for 无限循环语句结束。

序号 85:main 主函数结束。

序号 86:程序分隔。

序号 87~93:延时子函数。

# 15.18  枚举类型实验

做一个枚举类型的实验,在 51 MCU DEMO 试验板上,设计一个显示一星期内天数的装置。

## 1. 实现方法

个位数码管用作天数显示,S4~S1 键按二进制码排列并读取输入。例如:按下 S1 键,显示 1(代表星期一);按下 S2 键,显示 2(代表星期二);同时按下 S2、S1 键,显示 3(代表星期三);……同时按下 S3、S2、S1 键,显示 7(代表星期天)。刚通电时显示 0。

## 2. 源程序文件

在 D 盘建立一个文件目录(CS15 - 4),然后建立 CS15 - 4.uv2 的工程项目,最后建立源程序文件(CS15 - 4.c)。输入下面的程序:

```c
#include<REG51.H>                      //1
#define uint unsigned int              //2
#define uchar unsigned char            //3
uchar code SEG7[10] = {0x3f,0x06,0x5b,0x4f,0x66,0x6d,0x7d,0x07,0x7f,0x6f};//4
uchar code ACT[4] = {0xfe,0xfd,0xfb,0xf7}; //5
void delay(uint k);                    //6
//********************************7
enum week_day{mon = 1,tue,wed,thu,fri,sat,sun}; //8
enum week_day day;                     //9
//********************************10
void key_scan(void)                    //11
{    uchar temp;                       //12
     P3 = 0xff;                        //13
     temp = P3;                        //14
```

```
    if(temp! = 0xff)                         //15
    {                                        //16
        switch(temp)                         //17
        {                                    //18
        case 0xfb:day = mon;break;           //19
        case 0xf7:day = tue;break;           //20
        case 0xf3:day = wed;break;           //21
        case 0xef:day = thu;break;           //22
        case 0xeb:day = fri;break;           //23
        case 0xe7:day = sat;break;           //24
        case 0xe3:day = sun;break;           //25
        default:break;                       //26
        }                                    //27
    }                                        //28
}                                            //29
//*********************************30
void main(void)                              //31
{                                            //32
    for(;;)                                  //33
    {                                        //34
    key_scan();                              //35
    P0 = SEG7[day];                          //36
    P2 = ACT[0];                             //37
    delay(300);                              //38
    }                                        //39
}                                            //40
//*********************************41
void delay(uint k)                           //42
{                                            //43
uint data i,j;                               //44
for(i = 0;i<k;i ++){                         //45
for(j = 0;j<121;j ++ )                       //46
{;}}                                         //47
}                                            //48
```

编译通过后，51 MCU DEMO 试验板接通 5 V 稳压电源，将生成的 CS15 - 4. hex 文件下载到试验板上的 89S51 单片机中(**注意：标示"LEDMOD_DATA"及"LEDMOD_COM"的双排针应插上短路块**)。个位数码管显示 0,说明尚未进行任何操作。按下 S1 键,个位数码管显示 1(代表星期一);按下 S2 键,显示 2(代表星期二);同时按下 S2、S1 键,显示 3(代表星期三);……同时按下 S3、S2、S1 键,显示 7(代表星期天)。刚好显示出星期一～星期天。

### 3. 程序分析解释

序号 1：包含头文件 REG51.H。

序号 2、3：数据类型的宏定义。

序号 4：定义数组 SEG7[10]，存放数码管 0~9 的字形码。

序号 5：定义数组 ACT[4]，存放 4 位数码管的位码。

序号 6：延时子函数声明。

序号 7：程序分隔。

序号 8：定义枚举类型。

序号 9：定义枚举类型变量 day。

序号 10：程序分隔。

序号 11：定义函数名为 key_scan 的子函数。

序号 12：key_scan 子函数开始，定义局部变量 temp。

序号 13：P3 口置全 1 以便读取按键输入。

序号 14：读取 P3 状态至 temp。

序号 15：如果 temp 的值不为 0xff，则有键按下。

序号 16：进入 if 条件语句。

序号 17：switch 语句，根据 temp 内容散转。

序号 18：switch 语句开始。

序号 19：temp 的值为 0xfb，说明 S1 键按下，将 mon 赋给 day。

序号 20：temp 的值为 0xf7，说明 S2 键按下，将 tue 赋给 day。

序号 21：temp 的值为 0xf3，说明 S2、S1 键按下，将 wed 赋给 day。

序号 22：temp 的值为 0xef，说明 S3 键按下，将 thu 赋给 day。

序号 23：temp 的值为 0xeb，说明 S3、S1 键按下，将 fri 赋给 day。

序号 24：temp 的值为 0xe7，说明 S3、S2 键按下，将 sat 赋给 day。

序号 25：temp 的值为 0xe3，说明 S3、S2、S1 键按下，将 sun 赋给 day。

序号 26：一项也不符合，则退出。

序号 27：switch 语句结束。

序号 28：if 条件语句结束。

序号 29：key_scan 子函数结束。

序号 30：程序分隔。

序号 31：定义函数名为 main 的主函数。

序号 32：main 主函数开始。

序号 33：for 语句用作无限循环。

序号 34：无限循环开始。

序号 35：调用 key_scan 子函数。

序号 36~37：点亮个位数码管进行显示。

序号 38：延时 300 ms。

序号 39：for 无限循环语句结束。

序号 40：main 主函数结束。

序号 41：程序分隔。

序号 42~48：延时子函数。

# 第 16 章

# 定时器/计数器控制及 C51 编程

MCS-51 单片机中的 51 系列可提供两个 16 位的定时器/计数器:定时器/计数器 1 和定时器/计数器 0。它们均可用作定时器或事件计数器,为单片机系统提供计数和定时功能。52 系列除了具有定时器/计数器 1 和定时器/计数器 0 外,还有一个定时器/计数器 2,功能要比 51 系列强。

## 16.1 定时器/计数器的结构及工作原理

图 16.1 为 51 系列定时器/计数器的结构框图。由图 16.1 可见,定时器/计数器的核心是一个加 1 计数器,加 1 计数器的脉冲有两个来源,一个是外部脉冲源,另一

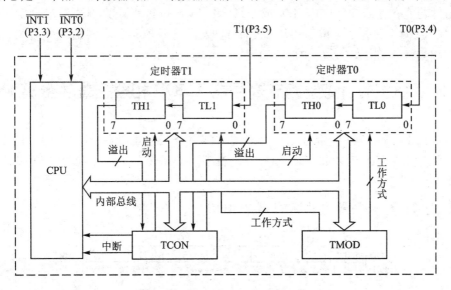

图 16.1 定时器/计数器结构框图

个是系统的时钟振荡器。计数器对两个脉冲源之一进行输入计数,每输入一个脉冲,计数值加 1。当计数到计数器为全 1 时,再输入一个脉冲就使计数值回零,同时从最高位溢出一个脉冲使特殊功能寄存器 TCON(定时器控制寄存器)的某一位 TF0 或 TF1 置 1,作为计数器的溢出中断标志。如果定时器/计数器工作处于定时状态,则表示定时的时间到,若工作于计数状态,则表示计数回零。所以,加 1 计数器的基本功能是对输入脉冲进行计数,至于其工作处于定时还是计数状态,则取决于外接什么样的脉冲源。当脉冲源为时钟振荡器(等间隔脉冲序列)时,由于计数脉冲为一时间基准,所以脉冲数乘以脉冲间隔时间就是定时时间,因此,为定时功能。当脉冲源为间隔不等的外部脉冲发生器时,就是外部事件的计数器,因此,为计数功能。

用作"定时器"时,在每个机器周期寄存器加 1,也可以把它看作是在累计机器周期。由于一个机器周期包括 12 个振荡周期,所以,它的计数速率是振荡频率的 1/12。如果单片机采用 12 MHz 晶体,则计数频率为 1 MHz,即每微秒计数器加 1。这样不但可以根据计数值计算出定时时间,也可以反过来按定时时间的要求计算出应计数的预置值。

用作"计数器"时,MCS - 51 在其对应的外输入端 T0(P3.4)或 T1(P3.5)有一个输入脉冲的负跳变时加 1。最快的计数速率是振荡频率的 1/24。

定时器/计数器 T0 由两个 8 位特殊功能寄存器 TH0 和 TL0 构成;定时器/计数器 T1 由两个 8 位特殊功能寄存器 TH1 和 TL1 构成。方式寄存器 TMOD 用于设置定时器/计数器的工作方式;控制寄存器 TCON 用于启动和停止定时器/计数器的计数,并控制定时器/计数器的状态。对于每一个定时器/计数器其内部结构实质上是一个可程控加法计数器,由编程来设置它工作的工作状态,定时状态或计数状态。8 位特殊功能寄存器 TH0 和 TL0(或 TH1 和 TL1)可被程控为不同的组合状态(13 位、16 位、两个分开的 8 位等),从而形成定时器/计数器 4 种不同的工作方式,这也只需用指令改变 TMOD 的相应位即可。

## 16.2 定时器/计数器方式寄存器 TMOD 和控制寄存器 TCON

方式寄存器 TMOD 和控制寄存器 TCON 用于控制定时器/计数器的工作方式,一旦把控制字写入 TMOD 和 TCON 后,在下一条指令的第一个机器周期初(S1P1 期间)就发生作用。

### 1. 定时器/计数器方式寄存器 TMOD

| | D7 | D6 | D5 | D4 | D3 | D2 | D1 | D0 |
|---|---|---|---|---|---|---|---|---|
| TMOD | GATE | C/$\overline{T}$ | M1 | M0 | GATE | C/$\overline{T}$ | M1 | M0 |
| (89H) | 定时器T1方式字段 | | | | 定时器T0方式字段 | | | |

其中高 4 位控制定时器 T1,低 4 位控制定时器 T0。

M1、M0:工作方式选择位。定时器/计数器具有 4 种工作方式,由 M1M0 位来定义,如表 16.1 所列。

表 16.1　定时器/计数器工作方式选择

| M1 | M0 | 工作方式 | 功能说明 |
|----|----|----------|----------|
| 0 | 0 | 方式 0 | 13 位定时器/计数器 |
| 0 | 1 | 方式 1 | 16 位定时器/计数器 |
| 1 | 0 | 方式 2 | 可自动再装入的 8 位定时器/计数器 |
| 1 | 1 | 方式 3 | 把定时器/计数器 0 分成两个 8 位的计数器,关闭定时器/计数器 T1 |

C/$\overline{\text{T}}$:选择"计数器"或"定时器"功能,C/$\overline{\text{T}}$=1 为计数器功能(计数在 T0 或 T1 端的负跳变)。C/$\overline{\text{T}}$=0 为定时器功能(计算机器周期)。

GATE:选通控制。GATE=0,由软件控制 TR0 或 TR1 位启动定时器;GATE=1,由外部中断引脚$\overline{\text{INT0}}$(P3.2)和$\overline{\text{INT1}}$(P3.3)输入电平分别控制 T0 和 T1 的运行。

## 2. 定时器/计数器控制寄存器 TCON

| bit | 8FH | 8EH | 8DH | 8CH | 8BH | 8AH | 89H | 88H |
|-----|-----|-----|-----|-----|-----|-----|-----|-----|
| TCON (88H) | TF1 | TR1 | TF0 | TR0 | IE1 | IT1 | IE0 | IT1 |

与外部中断有关

TF1:定时器 T1 溢出中断标志,当定时器 T1 溢出时由内部硬件置位,申请中断,当单片机转向中断服务程序时,由内部硬件将 TF1 标志位清 0。

TR1:定时器 T1 运行控制位,由软件置位/清除来控制定时器 T1 开启/关闭。当 GATE(TMOD.7)为 0 而 TR1 为 1 时,允许 T1 计数;当 TR1 为 0 时禁止 T1 计数。当 GATE(TMOD.7)为 1 时,仅当 TR1=1 且$\overline{\text{INT1}}$输入为高电平才允许 T1 计数,TR1=0 或$\overline{\text{INT1}}$输入低电平都禁止 T1 计数。

TF0:定时器 T0 溢出标志,其含义与 TF1 类同。

TR0:定时器 T0 的运行控制位,其含义与 TR1 类同。

IE1:外部沿触发中断 1 请求标志。检测到在$\overline{\text{INT1}}$引脚上出现的外部中断信号下降沿时,由硬件复位,请求中断。进入中断服务后被硬件自动清除。

IT1:外部中断 1 类型控制位。靠软件来设置或清除,以控制外部中断的触发类型。IT1=1 时,是下降沿触发;IT1=0 时,是低电平触发。

IE0:外部沿触发中断 0 请求标志。检测到在$\overline{\text{INT0}}$引脚上出现的外部中断信号下降沿时,由硬件复位,请求中断。进入中断服务后被硬件自动清除。

IT0:外部中断 0 类型控制位。靠软件来设置或清除,以控制外部中断的触发类型。IT0=1 时,是下降沿触发;IT0=0 时,是低电平触发。

复位时,TMOD 和 TCON 的所有位均清 0。

## 16.3　定时器/计数器的工作方式

　　2 个 16 位定时器/计数器都具有定时和计数两种功能,每种功能包括了 4 种工作方式。用户通过指令把方式字写入 TMOD 中来选择定时器/计数器的功能和工作方式,通过把计数的初始值写入 TH 和 TL 中来控制计数长度,通过对 TCON 中相应位进行置位或清 0 来实现启动定时器工作或停止计数。还可以读出 TH、TL、TCON 中的内容来查询定时器的状态。

### 1.　方式 0

　　当 M1M0 两位为 00 时,定时器/计数器被选为工作方式 0。其等效框图如图 16.2 所示。

　　方式 0 是一个 13 位的定时器/计数器。定时器 T1 的结构和操作与定时器 T0 完全相同。在这种方式下,16 位寄存器(TH0 和 TL0)只用 13 位。其中 TL0 的高 3 位未用,其余位占整个 13 位的低 5 位,TH0 占高 8 位。当 TL0 的低 5 位溢出时向 TH0 进位,而 TH0 溢出时向中断标志 TF0 进位(硬件置位 TF0),并申请中断。定时器 T0 计数溢出与否可通过查询 TF0 是否置位,或是否产生定时器 T0 中断而知道。

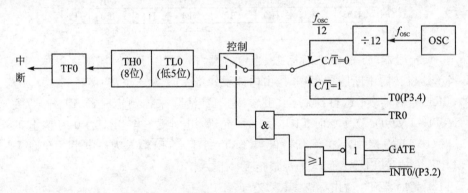

图 16.2　定时器 T0(或 T1)方式 0 结构

　　当 C/$\overline{\text{T}}$＝0 时,多路开关连接振荡器的 12 分频器输出,T0 对机器周期计数,这就是定时工作方式。

　　当 C/$\overline{\text{T}}$＝1 时,多路开关与引脚 P3.4(T0)相连,外部计数脉冲由引脚 T0 输入。当外部信号电平发生 1 到 0 跳变时,计数器加 1,这时 T0 成为外部事件计数器。

　　当 GATE＝0 时,封锁"或"门,使引脚 $\overline{\text{INT0}}$ 输入信号无效。这时,"或"门输出为常"1",打开"与"门,由 TR0 控制定时器 T0 的开启和关闭。若 TR0＝1,接通控制开关,启动定时器 T0,允许 T0 在原计数值上作加法计数,直至溢出。溢出时,计数寄存器值为 0,TF0＝1,并申请中断,T0 从 0 开始计数。因此,若希望计数器按原计数初值开始计数,在计数溢出后,应给计数器重新赋初值。若 TR0＝0,则关断控制开关,停止计数。

当 GATE=1,且 TR0=1 时,"或"门、"与"门全部打开,外部信号电平通过 $\overline{\text{INT0}}$ 直接开启或关闭定时器计数。输入"1"电平时,允许计数,否则停止计数。这种操作方法可用来测量外部信号的脉冲宽度等。

当作为计数工作方式时,计数值的范围是:$1 \sim 8192(2^{13})$。

当作为定时工作方式时,定时时间的计算公式为:

$$(2^{13} - 计数初值) \times 晶振周期 \times 12 \ 或 (2^{13} - 计数初值) \times 机器周期$$

## 2. 方式 1

当 M1M0 两位为 01 时,定时器/计数器被选为工作方式 1。其等效框图如图 16.3 所示。

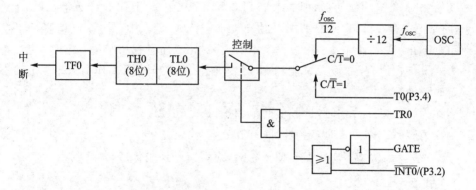

**图 16.3　定时器 T0(或 T1)方式 1 结构**

方式 1 为 16 位计数结构的工作方式,计数器由 8 位 TH0 和 8 位 TL0 构成(定时器 T1 的结构和操作与定时器 T0 完全相同)。其逻辑电路和工作情况与方式 0 完全相同,所不同的只是组成计数器的位数。

当作为计数工作方式时,计数值的范围是:$1 \sim 65536(2^{16})$。

当作为定时工作方式时,定时时间计算公式为:

$$(2^{16} - 计数初值) \times 晶振周期 \times 12 \ 或 (2^{16} - 计数初值) \times 机器周期$$

## 3. 方式 2

当 M1M0 两位为 10 时,定时器/计数器被选为工作方式 2。其等效框图如图 16.4 所示。

方式 0 和方式 1 的最大特点是计数溢出后,计数器全为 0,因此循环定时或计数应用时就存在重新设置计数初值的问题,这不但影响定时精度,而且也给程序设计带来不便。方式 2 就是针对此问题而设置的,它具有自动重新加载功能,因此也可以说方式 2 是自动重新加载工作方式。在这种工作方式下,把 16 位计数器分为两部分,即以 TL0 作计数器,以 TH0 作预置寄存器,初始化时把计数初值分别装入 TL0 和 TH0 中。当计数溢出后,由预置寄存器以硬件方法自动加载。

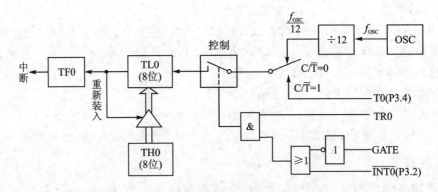

图 16.4　定时器 T0(或 T1)方式 2 结构

初始化时,8 位计数初值同时装入 TL0 和 TH0 中。当 TL0 计数溢出时,置位 TF0,同时把保存在 TH0 中的计数初值自动加载装入 TL0 中,然后 TL0 重新计数,如此重复不止,这不但省去了用户程序中的重装指令,而且有利于提高定时精度。但这种方式下计数值有限,最大只能到 256。这种自动重新加载工作方式非常适用于连续定时或计数应用。

当作为计数工作方式时,计数值的范围是:$1 \sim 256(2^8)$。

当作为定时工作方式时,定时时间计算公式为:

$$(2^8 - 计数初值) \times 晶振周期 \times 12 \ 或 (2^8 - 计数初值) \times 机器周期$$

### 4. 方式 3

当 M1M0 两位为 11 时,定时器/计数器被选为工作方式 3。

前 3 种工作方式下,对两个定时器/计数器的使用是完全相同的,但是在方式 3 下,两个定时器/计数器的工作却是不同的。

**(1) 定时器/计数器 T0**

在方式 3 下,定时器/计数器 T0 被拆成两个独立的 8 位计数器 TL0 和 TH0,其中 TL0 既可以计数用,又可以定时用,定时器/计数器 T0 的各控制位和引脚信号全归它使用。其功能和操作与方式 0 和方式 1 完全相同,而且逻辑电路结构也极其类似,如图 16.5 所示。

但 TH0 则只能作为简单的定时器使用,而且由于定时器/计数器 T0 的控制位已被 TL0 所占用,因此只好借用定时器/计数器 T1 的控制位 TR1 和 TF1,即计数溢出置位 TF1,而定时的启动和停止则受 TR1 的状态控制。

由于 TH0 只能作定时器使用而不能作计数器使用,因此在方式 3 下,定时器/计数器 T0 可以构成 2 个定时器;或一个定时器和一个计数器。

**(2)定时器/计数器 T1**

如果定时器/计数器 T0 已被设置为工作方式 3,则定时器/计数器 T1 只能设置为方式 0,方式 1 或方式 2,因为它的运行控制位 TR1 及计数溢出标志位 TF1 已被定

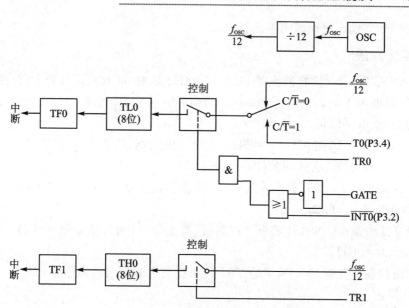

**图 16.5　定时器 T0(或 T1)方式 3 结构**

时器/计数器 T0 所占据,在这种情况下,定时器/计数器 T1 通常是作为串行口的波特率发生器使用,因为已没有计数溢出标志位 TF1 可供使用,因此就把计数溢出直接送给串行口,以决定串行通信的速率。当作为波特率发生器使用时,只需设置好工作方式,便自动运行。如要停止工作,只需送入一个把它设置为方式 3 的方式控制字就可以了。因为定时器/计数器 T1 不能在方式 3 下使用,如果硬把它设置为方式 3,就停止工作。

# 16.4　定时器/计数器的初始化

由于定时器/计数器的功能是由软件编程确定的,所以一般在使用定时器/计数器前都要对其进行初始化,使其按设定的功能工作。初始化步骤一般如下:

① 确定工作方式,对 TMOD 赋值。

② 预置定时或计数的初值,可直接将初值写入 TH0、TL0 或 TH1、TL1。

③ 根据需要开放定时器/计数器的中断,直接对 IE 位赋值。

④ 启动定时器/计数器,若已规定用软件启动,则可把 TR0 或 TR1 置"1";若已规定由外部中断引脚电平启动,则需给外引脚加启动电平。当实现了启动要求之后,定时器即按规定的工作方式和初值开始计数或定时。

# 16.5　蜂鸣器发音实验

使用定时器 T1 以方式 0 使单片机产生周期为 1000 $\mu s$ 等宽方波脉冲实验(1000 Hz

音频),在 P3.5 输出驱动蜂鸣器发音。

## 1. 实现方法

51 MCU DEMO 试验板使用 11.0592 MHz 晶振,可近似认其为 12 MHz,这样一个机器周期为 1 $\mu$s。欲产生 1000 $\mu$s 周期方波脉冲,只需在 P1.7 以 500 $\mu$s 时间交替输出高低电平即可。

① T1 为方式 0,则 M1M0＝00H。使用定时功能,C/$\overline{T}$＝0。GATE＝0。T0 不用,其有关位设为 0。这样,TMOD＝00H。

② 方式 0 为 13 位长度计数结构,设计数初值为 X,则:$(2^{13} - X) \times 1 \times 10^{-6} = 500 \times 10^{-6}$ 得 X＝7692D

X＝1111000001100B 转成十六进制后,高 8 位＝F0H,低 8 位＝0CH。即 TH1＝F0H,TL0＝0CH。

③ 由控制寄存器 TCON 中的 TR1 位来控制定时的启动和停止,TR1＝1 启动,TR1＝0 停止。

## 2. 源程序文件

在 D 盘建立一个文件目录(CS16－1),然后建立 CS16－1.uv2 的工程项目,最后建立源程序文件(CS16－1.c)。输入下面的程序:

```
# include<REG51.H>      //1
sbit BZ = P3^5;         //2
/*************************3***/
void initial(void)      //4
{                       //5
TMOD = 0x00;            //6
TH1 = 0xf0;             //7
TL1 = 0x0c;             //8
IE = 0x00;              //9
TR1 = 1;                //10
}                       //11
/************************12*********/
void main(void)         //13
{                       //14
    initial();          //15
    for(;;)             //16
    {                   //17
    while(!TF1);        //18
    TF1 = 0;            //19
    BZ = !BZ;           //20
    }                   //21
}                       //22
```

编译通过后,51 MCU DEMO 试验板接通 5 V 稳压电源,将生成的 CS16 -1. hex 文件下载到试验板上的 89S51 单片机中(**注意:标示"BEEP"的双排针应插上短路块**)。我们听到蜂鸣器中立即响起 1 kHz 音频声。

### 3. 程序分析解释

序号 1:包含头文件 REG51.H。

序号 2:定义 P3.5 为蜂鸣器输出端。

序号 3:程序分隔。

序号 4:定义函数名为 initial 的初始化子函数。

序号 5:initial 子函数开始。

序号 6:定时器 T1 方式 0。

序号 7~8:T1 赋定时初值,T1 的定时长度近似为 0.5 ms。

序号 9:禁止 T1 中断。

序号 10:启动 T1。

序号 11:initial 子函数结束。

序号 12:程序分隔。

序号 13:定义函数名为 main 的主函数。

序号 14:main 主函数开始。

序号 15:调用初始化子函数。

序号 16:for 语句用作无限循环。

序号 17:无限循环开始。

序号 18:如果定义器 T1 的溢出标志为 0,则原地等待。

序号 19:否则定义器 T1 的溢出标志为 1,则清除该标志。

序号 20:蜂鸣器输出端取反以产生音频脉冲。

序号 21:for 无限循环语句结束。

序号 22:main 主函数结束。

# 16.6　定时器 T1 以方式 1 计数实验

## 1. 实现方法

① T1 为方式 1,则 M1M0=01H。使用计数功能,C/$\overline{T}$=1,GATE=0。T0 不用,其有关位设为 0。这样,TMOD=50H。

② 方式 1 为 16 位长度自动重装载计数结构,初始化时 TH1=0,TL1=0。

③ 由控制寄存器 TCON 中的 TR1 位来控制定时的启动和停止,TR1=1 启动,TR1=0 停止。

## 2. 源程序文件

在 D 盘建立一个文件目录(CS16 - 2),然后建立 CS16 - 2. uv2 的工程项目,最后建立源程序文件(CS16 - 2. c)。输入下面的程序:

```
# include <REG51.H>                                              //1
# define uint unsigned int                                       //2
# define uchar unsigned char                                     //3
uchar code SEG7[10] = {0x3f,0x06,0x5b,0x4f,0x66,0x6d,0x7d,0x07,0x7f,0x6f};//4
uchar code ACT[4] = {0xfe,0xfd,0xfb,0xf7};                       //5
uint counter;                                                    //6
/*************************************************7***/
void initial(void)                                               //8
{                                                                //9
TMOD = 0x50;                                                     //10
TH1 = 0x00;                                                      //11
TL1 = 0x00;                                                      //12
IE = 0x00;                                                       //13
TR1 = 1;                                                         //14
}                                                                //15
/*************************************************16*****/
void delay(uint k)                                               //17
{                                                                //18
uint data i,j;                                                   //19
for(i = 0;i<k;i ++ )                                             //20
{for(j = 0;j<121;j ++ )                                          //21
{;}}                                                             //22
}                                                                //23
/*************************************************24*********/
void display(void)                                               //25
{                                                                //26
P0 = SEG7[counter % 10];P2 =  ACT[0];delay(1);                  //27
P0 = SEG7[(counter % 100)/10];P2 =  ACT[1];delay(1);           //28
P0 = SEG7[(counter/100) % 10];P2 =  ACT[2];delay(1);           //29
P0 = SEG7[counter/1000];P2 =  ACT[3];delay(1);                 //30
}                                                                //31
/*************************************************32*******/
void main(void)                                                  //33
{    uint temp1,temp2;                                           //34
    initial();                                                   //35
    for(;;)                                                      //36
    {                                                            //37
        display();                                               //38
        temp1 = TL1;temp2 = TH1;                                 //39
        counter = (temp2<<8) + temp1;                            //40
    }                                                            //41
}                                                                //42
```

编译通过后,51 MCU DEMO 试验板接通 5 V 稳压电源,将生成的 CS16‑2. hex 文件下载到试验板上的 89S51 单片机中(**注意:标示"LEDMOD_DATA"及"LED-MOD_COM"的双排针应插上短路块**)。右边 4 个数码管显示 4 个 0,说明此时计数值为 0。点按 S4 键后,计数值开始增加。有些读者可能会发现,有时点按一下 S4 键,计数值多计了好几个,其实这是由于按键的抖动效应引起,可能一下输入了好几个脉冲。但这并不影响对程序的理解。

## 3. 程序分析解释

序号 1:包含头文件 REG51.H。

序号 2、3:数据类型的宏定义。

序号 4:定义数组 SEG7[10],存放数码管 0~9 的字形码。

序号 5:定义数组 ACT[4],存放 4 位数码管的位码。

序号 6:定义计数器 counter,为无符号整型变量。

序号 7:程序分隔。

序号 8:定义函数名为 initial 的初始化子函数。

序号 9:initial 子函数开始。

序号 10:定时器 T1 方式 1,计数状态。

序号 11~12:T1 赋计数初值 0。

序号 13:禁止 T1 中断。

序号 14:启动 T1。

序号 15:initial 子函数结束。

序号 16:程序分隔。

序号 17~23:延时子函数。

序号 24:程序分隔。

序号 25:定义函数名为 display 的子函数。

序号 26:display 子函数开始。

序号 27:点亮数码管个位。

序号 28:点亮数码管十位。

序号 29:点亮数码管百位。

序号 30:点亮数码管千位。

序号 31:display 子函数结束。

序号 32:程序分隔。

序号 33:定义函数名为 main 的主函数。

序号 34:main 主函数开始。定义 temp1,temp2 为无符号整型变量。

序号 35:调用 initial 初始化子函数。

序号 36:for 语句用作无限循环。

序号 37:无限循环开始。

序号 38:调用 display 子函数。

序号 39:读取计数值。

序号 40:转换成十进制并存入 counter。

序号 41:for 无限循环语句结束。

序号 42:main 主函数结束。

## 16.7   定时器 T0 以方式 2 定时实验

使用定时器 T0 以方式 2 定时实验,使 8 个发光管每 2 分钟变换一次点亮方式(高、低互换)。

### 1. 实现方法

51 MCU DEMO 试验板使用 11.0592 MHz 晶振,可近似认其为 12 MHz,这样一个机器周期为 1 $\mu$s。在方式 1 最大定时时间 = $256 \times 12/(12 \times 10^6) = 256$ $\mu$s = 0.256 ms,显然离 2 分钟还差十万八千里。这里将 T1 设定为定时 0.2 ms,另设 4 个软件计数器 cnt1、cnt2、sec、min。其中 cnt1、cnt2 作为毫秒级的计时变量,cnt1 计数范围 0~200,cnt2 计数范围 0~25,这样计时正好为 1 s(0.2×200×25 = 1000 ms)。而 sec、min 分别进行秒、分计数。

① T1 为方式 2,则 M1M0 = 10H。使用定时功能,C/$\overline{T}$ = 0,GATE = 0。T0 不用,其有关位设为 0。这样,TMOD = 02H。

② 方式 2 为 8 位长度自动重装的定时器/计数器,当低 8 位计数器溢出时,高 8 位中的内容自动装载到低 8 位中。计数初值为:$(2^8 - X) \times 1 \times 10^{-6} = 0.2 \times 10^{-3}$,X = 38H,即 TH0 = 38H,TL0 = 38H。

③ 由控制寄存器 TCON 中的 TR0 位来控制定时的启动和停止,TR0 = 1 启动,TR0 = 0 停止。

### 2. 源程序文件

在 D 盘建立一个文件目录(CS16 - 3),然后建立 CS16 - 3. uv2 的工程项目,最后建立源程序文件(CS16 - 3. c)。输入下面的程序:

```
# include <REG51.H>                              //1
# define uchar unsigned char                     //2
uchar min,sec,cnt2,cnt1;                          //3
uchar out_val = 0x0f;                             //4
/*************************************5**********/
void initial(void)                               //6
{                                                //7
TMOD = 0x02;                                      //8
TH0 = 0x38;                                       //9
TL0 = 0x38;                                       //10
IE = 0x00;                                        //11
TR0 = 1;                                          //12
P1 = out_val;                                     //13
}                                                //14
```

```
/***********************************************15**********/
void main(void)                                 //16
{                                               //17
    initial();                                  //18
     for(;;)                                    //19
     {                                          //20
     while(! TF0);                              //21
     TF0 = 0;                                   //22
     if( ++ cnt1> = 200){cnt1 = 0;cnt2 ++ ;}    //23
     if(cnt2> = 25){cnt2 = 0; sec ++ ;}         //24
     if(sec> = 60){sec = 0;min ++ ;}            //25
     if(min> = 2){min = 0;P1 = ~out_val;}       //26
     }                                          //27
}                                               //28
```

编译通过后,51 MCU DEMO 试验板接通 5 V 稳压电源,将生成的 CS16 -3. hex 文件下载到试验板上的 89S51 单片机中(**注意：标示"LED"的双排针应插上短路块**)。刚开始左边 4 个 LED 点亮而右边 4 个 LED 熄灭;经过 120 s 后,变成右边 4 个 LED 点亮而左边 4 个 LED 熄灭;再过 120 s 后,又变成左边 4 个 LED 点亮而右边 4 个 LED 熄灭……依次循环。

### 3. 程序分析解释

序号 1:包含头文件 REG51.H。

序号 2:数据类型的宏定义。

序号 3:定义变量 min,sec,cnt2,cnt1,均为无符号整型变量。

序号 4:定义输出变量。

序号 5:程序分隔。

序号 6:定义函数名为 initial 的初始化子函数。

序号 7:initial 子函数开始。

序号 8:定时器 T0 方式 2,定时状态。

序号 9~10:T0 赋计数初值 0。

序号 11:禁止 T0 中断。

序号 12:启动 T0。

序号 13:初始化时左边 4 个 LED 点亮,而右边 4 个 LED 熄灭。

序号 14:initial 子函数结束。

序号 15:程序分隔。

序号 16:定义函数名为 main 的主函数。

序号 17:main 主函数开始。

序号 18:调用 initial 初始化子函数。

序号 19:for 语句用作无限循环。

序号 20:无限循环开始。

序号 21:如果定义器 T0 的溢出标志为 0,则原地等待。

序号 22:否则定义器 T0 的溢出标志为 0,则清除该标志。

序号 23:变量 cnt1 递增,当达到 200 时,cnt1 自身清 0,同时 cnt2 递增。

序号 24:当 cnt2 达到 25 时,cnt2 自身清 0,同时 sec 递增。

序号 25:当 sec 达到 60 时,sec 自身清 0,同时 min 递增。

序号 26:当 min 达到 2 时,min 自身清 0,同时发光管的输出状态发生变化。

序号 27:for 无限循环语句结束。

序号 28:main 主函数结束。

# 第 **17** 章
# 串行接口及 C51 编程

80C51 串行口是一个可编程的全双工串行通信接口。它用于异步通信方式（UART），与串行传送信息的外部设备相连接，或用于通过标准异步通信协议进行全双工的 8051 多机系统也可以通过同步方式，使用 TTL 或 CMOS 移位寄存器来扩充 I/O 口。

图 17.1 为串行口结构框图。80C51 单片机通过引脚 RXD(P3.0，串行数据接收端)和引脚 TXD(P3.1，串行数据发送端)与外界通信。SBUF 是串行口缓冲寄存器，包括发送寄存器和接收寄存器。它们有相同名字和地址空间，但不会出现冲突，因为一个只能被 CPU 读出数据，另一个只能被 CPU 写入数据。

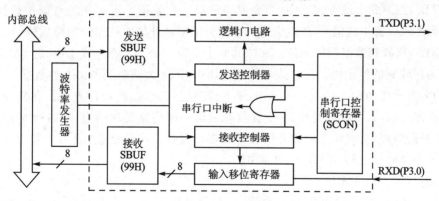

图 17.1　80C51 串行口结构框图

## 17.1　串行口的控制与状态寄存器 SCON

串行口的控制与状态寄存器 SCON 用于定义串行口的工作方式及实施接收和发送控制。字节地址为 98H，其各位定义如下。

| | D7 | D6 | D5 | D4 | D3 | D2 | D1 | D0 |
|---|---|---|---|---|---|---|---|---|
| SCON | SM0 | SM1 | SM2 | REN | TB8 | RB8 | TI | RI |
| (98H) | | | | | | | | |

SM0、SM1:串行口工作方式选择位,其定义如下。

| SM0 | SM1 | 工作方式 | 功能描述 | 波特率 |
|---|---|---|---|---|
| 0 | 0 | 方式 0 | 8 位同步移位寄存器<br>(用于扩展 I/O 口) | $f_{osc}/12$ |
| 0 | 1 | 方式 1 | 10 位 UART<br>(异步收发) | 由定时器 T1 控制可变 |
| 1 | 0 | 方式 2 | 11 位 UART<br>(异步收发) | $f_{osc}/32$ 或 $f_{osc}/64$ |
| 1 | 1 | 方式 3 | 11 位 UART<br>(异步收发) | 由定时器 T1 控制可变 |

其中 $f_{osc}$ 为晶振频率。

SM2:多机通信控制位。在方式 0 时,SM2 一定要置 0。在方式 1 中,当 SM2＝1,则只有接收到有效停止位时,RI 才置 1。在方式 2 或方式 3 中,当 SM2＝1 且接收到的第 9 位数据 RB8＝1 时,RI 才置 1;当 SM2＝0 时,接收到数据 RI 就置位。

REN:接收允许控制位。由软件置位以允许接收,又由软件清 0 来禁止接收。

TB8:在方式 2 或方式 3 中,为要发送的第 9 位数据。也可作为奇偶校验位,根据需要由软件置 1 或清 0,在多机通信中作为区别地址帧或数据帧的标志位。

RB8:接收到数据的第 9 位。在方式 0 中不使用 RB8。在方式 1 中,若 SM2＝0,RB8 为接收到的停止位。在方式 2 或方式 3 中,RB8 为接收到的第 9 位数据。

TI:发送中断标志。在方式 0 中,第 8 位发送结束时,由硬件置位。在其他方式的发送停止位前,由硬件置位。TI 置位既表示一帧信息发送结束,同时也是申请中断,可根据需要,用软件查询的方法获得数据已发送完毕的信息,或用中断的方式来发送下一个数据。TI 必须用软件清 0。

RI:接收中断标志位。在方式 0 中,当接收完第 8 位数据后,由硬件置位。在其他 3 种方式中,如果 SM2 控制位允许,串行接收到停止位的中间时刻由硬件置位。RI＝1,表示一帧数据接收完毕,可由软件查询 RI 的状态,RI＝1 则向 CPU 申请中断,CPU 响应中断准备接收下一帧数据。RI 必须用软件清 0。

# 17.2　特殊功能寄存器 PCON

PCON 是为了在 CHMOS 的 80C51 单片机上实现电源控制而附加的。其中最高位是 SMOD 它是与串行口的波特率设置有关的选择倍增位。当 SMOD＝1 时波特率提高一倍,复位后,SMOD＝0,波特率恢复。

| PCON | D7 | D6 | D5 | D4 | D3 | D2 | D1 | D0 |
|---|---|---|---|---|---|---|---|---|
| (87H) | SMOD | | | | GF1 | GF0 | PD | IDL |

SMOD:波特率倍增位。SMOD＝1 时,方式 1 或 3,波特率＝定时器 1 溢出率/16;方式 2,波特率＝定时器 1 溢出率/32。SMOD＝0 时,方式 1 或 3,波特率＝定时器 1 溢出率/32;方式 2,波特率＝定时器 1 溢出率/64。

GF1、GF0:通用标志位。用户使用软件置位、复位。

PD:掉电方式位。

IDL:待机方式位。若 IDL＝1,则进入待机工作方式。

如果 PD 和 IDL 同时为 1,则进入掉电工作方式。

复位时,PCON 中所有位均为 0。

在待机方式下,振荡器继续运行,时钟信号继续提供给中断逻辑、串行口和定时器,但提供给 CPU 的内部时钟信号被切断,CPU 停止工作。这时,堆栈指针 SP、程序计数器 PC、程序状态字 PSW、累加器 ACC 以及所有工作寄存器的内容都被保留起来。

通常 CPU 耗电量占芯片耗电的 80％～90％,因此,一但 CPU 停止工作,功耗就会大大降低。在待机方式下,AT89S51 消耗电流可由正常的 20 mA 降为 6 mA,甚至更低。

单片机终止待机方式的方法有以下两种:

① 通过硬件复位。由于在待机方式下时钟振荡器一直在运行,RST 引脚上的有效信号只须保持 2 个时钟周期就能使 IDL 复位为 0,单片机退出待机状态,从它停止运行的地址恢复程序的执行,即从空闲方式的启动指令之后继续执行。(**注意:**为了防止对端口的操作出现错误,置空闲方式指令的下一条指令不应为写端口或写外部 RAM 的指令。)

② 通过中断方法。若在待机期间,任何一个允许的中断被触发,IDL 都会被硬件置 0,从而结束待机方式,单片机进入中断服务程序。这时,通用标志 GF0 或 GF1 可用来指示中断是在正常操作还是在待机期间发生的。

在掉电方式下,单片机的工作电压可降至 2 V,使片内 RAM 处于 50 μA 左右的"饿电流"供电状态,以最小的耗电保存信息。在进入掉电方式之前,工作电压不能降低,而在退出掉电方式之前,工作电压必须恢复正常的电压值。工作电压恢复正常之前,不可进行复位。当单片机进入掉电方式时,必须使外围器件、设备处于禁止状态。为此,在请求进入掉电方式之前,应将一些必要的数据写入到 I/O 口的锁存器中,以防止外围器件或设备产生误动作。

单片机退出掉电方式的方法:

退出掉电方式的唯一方法是硬件复位。硬件复位 10 ms 即可使单片机退出掉电方式。复位后,所有的特殊功能寄存器的内容重新初始化,但内部 RAM 区的数据不变。

# 17.3　串行口的工作方式

80C51 单片机的全双工串行口具有 4 种工作方式,可通过软件编程选择。

## 1．工作方式 0

方式 0 为移位寄存器输入/输出方式。可外接移位寄存器(如 74HC164 或 74HC165)以扩展 I/O 口,也可以外接同步输入/输出设备。8 位串行数据则是从 RXD 输入或输出,TXD 用来输出同步脉冲。

输出:串行数据从 RXD 引脚输出,TXD 引脚输出移位脉冲。CPU 将数据写入发送寄存器时,立即启动发送,将 8 位数据以 $f_{osc}/12$ 的固定波特率从 RXD 输出,低位在前,高位在后。发送完一帧数据后,发送中断标志 TI 由硬件置位。

输入:当串行口以方式 0 接收时,先置位允许接收控制位 REN。此时,RXD 为串行数据输入端,TXD 仍为同步脉冲移位输出端。当(RI)＝0 和 (REN)＝1 同时满足时,开始接收。当接收到第 8 位数据时,将数据移入接收寄存器,并由硬件置位 RI。

## 2．工作方式 1

方式 1 为波特率可变的 10 位异步通信接口方式。发送或接收一帧信息,包括 1 个起始位 0,8 个数据位和 1 个停止位 1。

输出:当 CPU 执行一条指令将数据写入发送缓冲 SBUF 时,就启动发送。串行数据从 TXD 引脚输出,发送完一帧数据后,就由硬件置位 TI。

输入:在 (REN)＝1 时,串行口采样 RXD 引脚,当采样到 1～0 的跳变时,确认是开始位 0,就开始接收一帧数据。只有当(RI)＝0 且停止位为 1 或者(SM2)＝0 时,停止位才进入 RB8,8 位数据才能进入接收寄存器,并由硬件置位中断标志 RI;否则信息丢失。所以在方式 1 接收时,应先用软件清 0 RI 和 SM2 标志。

## 3．工作方式 2

方式 2 为固定波特率的 11 位 UART 方式。它比方式 1 增加了一位可程控为 1 或 0 的第 9 位数据。

输出:发送的串行数据由 TXD 端输出一帧信息为 11 位,附加的第 9 位来自 SCON 寄存器的 TB8 位,用软件置位或复位。它可作为多机通信中地址/数据信息的标志位,也可以作为数据的奇偶校验位。当 CPU 执行一条数据写入 SUBF 的指令时,就启动发送器发送。发送一帧信息后,置位中断标志 TI。

输入:在(REN)＝1 时,串行口采样 RXD 引脚,当采样到 1～0 的跳变时,确认是开始位 0,就开始接收一帧数据。在接收到附加的第 9 位数据后,当(RI)=0 或者 (SM2)=0 时,第 9 位数据才进入 RB8,8 位数据才能进入接收寄存器,并由硬件置位中断标志 RI;否则信息丢失,且不置位 RI。再过一位时间后,不管上述条件是否满足,接收电路即行复位,并重新检测 RXD 上从 1~0 的跳变。

### 4. 工作方式 3

方式 3 为波特率可变的 11 位 UART 方式。除波特率外,其余与方式 2 相同。

## 17.4　波特率选择

在串行通信中,收发双方的数据传送率(波特率)要有一定的约定。在 80C51 串行口的 4 种工作方式中,方式 0 和 2 的波特率是固定的,而方式 1 和 3 的波特率是可变的,由定时器 T1 的溢出率控制。

### 1. 方式 0 和方式 2

方式 0 的波特率固定为主振频率的 1/12;方式 2 的波特率由 PCON 中的选择位 SMOD 来决定,其公式如下:

$$波特率 = (2^{SMOD}/64) \times f_{osc}$$

也就是当 SMOD=1 时,波特率为 $1/32 f_{osc}$,当 SMOD=0 时,波特率为 $1/64 f_{osc}$。

### 2. 方式 1 和方式 3

定时器 T1 作为波特率发生器,其公式如下:

$$波特率 = (2SMOD/32) \times (定时器 T1 溢出率)$$
$$T1 溢出率 = (T1 计数率)/(产生溢出所需的周期数)$$

式中 T1 计数率取决于它工作在定时器状态还是计数器状态。当工作于定时器状态时,T1 计数率为 $f_{osc}/12$;当工作于计数器状态时,T1 计数率为外部输入频率,此频率应小于 $f_{osc}/24$。

产生溢出所需周期与定时器 T1 的工作方式、预置值有关。

定时器 T1 工作于方式 0:溢出所需周期数 = 8193−x。

定时器 T1 工作于方式 1:溢出所需周期数 = 65 536−x。

定时器 T1 工作于方式 2:溢出所需周期数 = 256−x。

因为方式 2 为自动重装入初值的 8 位定时器/计数器模式,所以用它来作波特率发生器最恰当。当时钟频率选用 11.0592 MHz 时,可以获得标准的波特率。

表 17.1 列出了常用波特率及初值。

表 17.1　常用波特率及初值

| 波特率 | $f_{osc}$/MHz | SMOD | 定时器 T1 | | |
|---|---|---|---|---|---|
| | | | C/$\overline{T}$ | 方　式 | 初　值 |
| 方式 0 最大:$1\times10^6$ | 12 | X | X | X | X |
| 方式 2 最大:$375\times10^3$ | 12 | 1 | X | X | X |
| 方式 1、3:62 500 | 12 | 1 | 0 | 2 | FFH |
| 方式 1、3:19 200 | 11.059 2 | 1 | 0 | 2 | FDH |
| 方式 1、3:9 600 | 11.059 2 | 0 | 0 | 2 | FDH |
| 方式 1、3:4 800 | 11.059 2 | 0 | 0 | 2 | FAH |
| 方式 1、3:2 400 | 11.059 2 | 0 | 0 | 2 | F4H |
| 方式 1、3:1 200 | 11.059 2 | 0 | 0 | 2 | E8H |
| 方式 1、3:137.5 | 11.059 2 | 0 | 0 | 2 | 1DH |
| 方式 1、3:110 | 6 | 0 | 0 | 2 | 72H |
| 方式 1、3:110 | 12 | 0 | 0 | 2 | FEEBH |

# 17.5　单片机与 PC 机的通信实验 1

## 1. 实现方法

　　PC 机发送一个字符给单片机,单片机收到后即在个位、十位数码管上进行显示,同时将其回发给 PC 机。要求:单片机收到 PC 机发来的信号后用串口中断方式处理,而单片机回发给 PC 机时用查询方式。

## 2. 源程序文件

　　在 D 盘建立一个文件目录(CS17-1),然后建立 CS17-1.uv2 的工程项目,最后建立源程序文件(CS17-1.c)。输入下面的程序:

```
# include <REG51.H>                                          //1
# define uchar unsigned char                                //2
# define uint unsigned int                                  //3
uchar code SEG7[10] = {0x3f,0x06,0x5b,0x4f,0x66,0x6d,0x7d,0x07,0x7f,0x6f}; //4
uchar code ACT[4] = {0xfe,0xfd,0xfb,0xf7};                  //5
/*************************************6***************/
uchar code as[] = "  Receving Data:\0";                     //7
uchar a = 0x30,b;                                           //8
//*************************************9*****
void init(void)                                             //10
```

```
{                                                   //11
TMOD = 0x20;                                        //12
TH1 = 0xfd;                                         //13
TL1 = 0xfd;                                         //14
SCON = 0x50;                                        //15
TR1 = 1;                                            //16
ES = 1;                                             //17
EA = 1;                                             //18
}                                                   //19
//**********************************************20
void delay(uint k)                                  //21
{                                                   //22
uint data i,j;                                      //23
for(i = 0;i<k;i++)                                  //24
{                                                   //25
for(j = 0;j<121;j++){;}                             //26
}                                                   //27
}                                                   //28
//**********************************************29
void main(void)                                     //30
{    uchar i;                                       //31
     init();                                        //32
     while(1)                                       //33
     {                                              //34
         P0 = SEG7[(a - 0x30)/10];                  //35
         P2 = ACT[1];                               //36
         delay(1);                                  //37
         P0 = SEG7[(a - 0x30) % 10];                //38
         P2 = ACT[0];                               //39
         delay(1);                                  //40
         if(RI)                                     //41
         {                                          //42
         RI = 0;i = 0;                              //43
         while(as[i]! = '\0'){SBUF = as[i];while(! TI);TI = 0;i++ ;} //44
         SBUF = b;while(! TI);TI = 0;               //45
         EA = 1;                                    //46
         }                                          //47
     }                                              //48
}                                                   //49
//**********************************************50
void serial_serve(void) interrupt 4                 //51
{                                                   //52
```

```
a = SBUF;                                          //53
b = a;                                             //54
EA = 0;                                            //55
}                                                  //56
```

编译通过后，51 MCU DEMO 试验板接通 5 V 稳压电源，将生成的 CS17 - 1. hex 文件下载到试验板上的 89S51 单片机中（**注意**：标示"LEDMOD_DATA"及"LEDMOD_COM"的双排针应插上短路块）。在做实验时，需要在 PC 机上进行信息发送。这个过程可以自己用 VB 6.0 设计一个人机界面，也可以使用 Windows 自带的超级终端，还有一种方法是上网下载一个小巧的串口调试软件。这里笔者使用的是一个名叫 COMPort Debuger（串口调试器软件）的免安装共享软件，其下载地址为：http://emouze.com 或 http://www.hlelectron.com。

打开串口调试器软件，其界面如图 17.2 所示。右上方为发送区，右下方为接收区。左上方的初始化区域（如波特率、数据位等）一般不必更改（初始化为：端口号 1、波特率 9600、数据位 8、停止位 1、校验位无）。若你的 PC 机串口 COM1 已占用，可考虑改用 COM2。

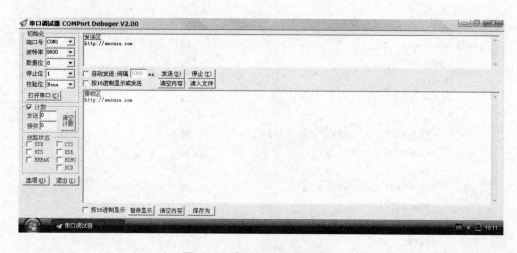

**图 17.2 串口调试器软件界面**

将 PC 机的串口与 51 MCU DEMO 试验板的串口连接好。清空发送区、接收区的原有内容，然后打开串口。实验时，要先给试验板上电，然后再打开串口调试器软件，以免接收区乱码。

本书做的实验比较简单，每次只能输入一位数字（0～9）进行发送。但是当你彻底理解并掌握了串口通信的原理，相信可以做更难的课题。

发送区输入 1，点发送，发现 51 MCU DEMO 试验板的右边两个数码管显示 01，同时接收区立即显示收到的 Receiving Data：1。发送区输入 5，点发送，我们发现试验板的右边两个数码管显示 05，同时接收区立即显示收到的 Receiving Data：5。发送区再输入 9,点发送,我们发现 51 MCU DEMO 试验板的右边两个数码管显示 09,同时接收区立即显示收到的 Receiving Data:9,其界面如图 17.3 所示。

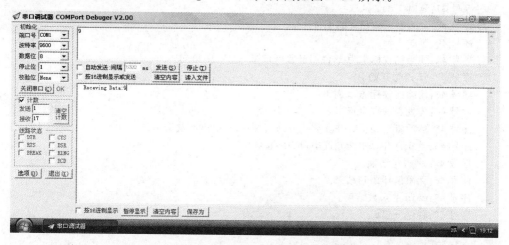

图 17.3　接收区显示收到的 Receving Data:9

## 3. 程序分析解释

序号 1:包含头文件 REG51.H。

序号 2、3:数据类型的宏定义。

序号 4:0～9 数码管的字形码。

序号 5:4 位数码管的位选码。

序号 6:程序分隔。

序号 7:显示一个预定字符串。

序号 8:定义无符号字符型全局变量 a、b。

序号 9:程序分隔。

序号 10:定义函数名为 init 的初始化子函数。

序号 11:init 子函数开始。

序号 12:定时器 T1 方式 2。

序号 13～14:波特率 9600。

序号 15:串口方式 1,10 位可变波特率,允许接收。

序号 16:启动 T1。

序号 17:串口 1 开中断。

序号 18:开总中断。

序号 19:init 函数结束。

序号 20:程序分隔。

序号 21～28:定义函数名为 delay 的延时子函数。

序号 29:程序分隔。

序号 30:定义函数名为 main 的主函数。

序号 31:main 主函数开始。定义无符号字符型局部变量 i。

序号 32:调用 init 初始化子函数。

序号 33:无限循环。

序号 34:无限循环语句开始。

序号 35～36:显示变量 a 的十位。

序号 37:延时 1 ms。

序号 38～39:显示变量 a 的个位。

序号 40:延时 1 ms。

序号 41:如果接收标志为 1,说明已收到信息,进入 if 语句。

序号 42:if 语句开始。

序号 43:清除接收标志,i 置 0。

序号 44:先发送预定字符串。

序号 45:然后将已经接收并存放在 b 的信息再送入 SBUF 发送出去。

序号 46:重新打开总中断允许串口中断接收。

序号 47:if 语句结束。

序号 48:无限循环语句结束。

序号 49:main 主函数结束。

序号 50:程序分隔。

序号 51:定义函数名为 serial_serve 的串口接收中断服务函数,使用默认的寄存器组。

序号 52:serial_serve 中断服务函数开始。

序号 53:将收到的信息存放在 a 中。

序号 54:再将 a 信息转存。

序号 55:关闭总中断。

序号 56:serial_serve 中断服务函数结束。

# 17.6 单片机与 PC 机的通信实验 2

## 1. 实现方法

PC 机发送控制指令给单片机,单片机收到后即控制 D0～D9 这 8 个发光管的亮、灭,同时收到的指令参数在个位、百位数码管上进行显示。说明:百位数码管显示发光管编号(1～8),个位数码管显示发光管的亮、灭(1 代表亮、0 代表灭)。

## 2. 控制指令的定义

上位机(PC 机)界面中,需要用户输入控制下位机(单片机)的指令,如发光管编号的选择、发光管的亮、灭选择等,转换成可以传递的 ASCII 码控制指令,通过串行数据的发送、接收和处理,实现控制动作。

对控制指令作如下的规定:

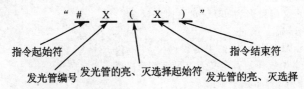

指令起始符"♯":表示一条控制指令的开始。

发光管编号"X":X=1～8,表示我们选择的是哪一位的发光管。

发光管的亮、灭选择起始符"(":单片机收到此码后,知道上位机随后发送的为发光管的亮、灭选择码。

发光管的亮、灭选择"X":X=1 或 0,代表该位的发光管亮或灭。

指令结束符")":单片机收到此码后,知道此条控制指令已结束。

## 3. 源程序文件

在 D 盘建立一个文件目录(CS17-2),然后建立 CS17-2. uv2 的工程项目,最后建立源程序文件(CS17-2. c)。输入下面的程序:

```
# include <REG51.H>                                       //1
# define uchar unsigned char                              //2
# define uint unsigned int                                //3
uchar code SEG7[10] = {0x3f,0x06,0x5b,0x4f,0x66,0x6d,0x7d,0x07,0x7f,0x6f};//4
uchar code ACT[4] = {0xfe,0xfd,0xfb,0xf7};                //5
/*******************************6****************/
sbit D0 = P1^0;                                           //7
sbit D1 = P1^1;                                           //8
sbit D2 = P1^2;                                           //9
sbit D3 = P1^3;                                           //10
sbit D4 = P1^4;                                           //11
sbit D5 = P1^5;                                           //12
sbit D6 = P1^6;                                           //13
sbit D7 = P1^7;                                           //14
# define ON 0                                             //15
# define OFF 1                                            //16
uchar a[2];                                               //17
uchar cnt;                                                //18
bit outflag;                                              //19
/***************************20************/
void delay(uint k)                                        //21
{                                                         //22
uint data i,j;                                            //23
    for(i = 0;i<k;i++)                                    //24
    {                                                     //25
    for(j = 0;j<121;j++){;}                               //26
    }                                                     //27
}                                                         //28
/***************************29************/
void init(void)                                           //30
{                                                         //31
```

```
TMOD = 0x20;                                           //32
TH1 = 0xfd;                                            //33
TL1 = 0xfd;                                            //34
SCON = 0x50;                                           //35
TR1 = 1;                                               //36
ES = 1;                                                //37
EA = 1;                                                //38
}                                                      //39
/**************************************************40***************/
void main(void)                                       //41
{                                                      //42
init();                                                //43
    while(1)                                           //44
    {                                                  //45
        P0 = SEG7[a[0]];P2 = ACT[2];delay(1);          //46
        P0 = SEG7[a[1]];P2 = ACT[0];delay(1);          //47
        if(outflag == 1)                               //48
        {                                              //49
            switch(a[0])                               //50
            {                                          //51
            case 1:if(a[1] == 1)D0 = ON;else D0 = OFF;break;     //52
            case 2:if(a[1] == 1)D1 = ON;else D1 = OFF;break;     //53
            case 3:if(a[1] == 1)D2 = ON;else D2 = OFF;break;     //54
            case 4:if(a[1] == 1)D3 = ON;else D3 = OFF;break;     //55
            case 5:if(a[1] == 1)D4 = ON;else D4 = OFF;break;     //56
            case 6:if(a[1] == 1)D5 = ON;else D5 = OFF;break;     //57
            case 7:if(a[1] == 1)D6 = ON;else D6 = OFF;break;     //58
            case 8:if(a[1] == 1)D7 = ON;else D7 = OFF;break;     //59
            default:break;                             //60
            }                                          //61
        outflag = 0;                                   //62
        }                                              //63
    }                                                  //64
}                                                      //65
/**************************************************66***************/
void serial_serve(void) interrupt 4                   //67
{                                                      //68
uchar temp;                                            //69
RI = 0;                                                //70
EA = 0;                                                //71
temp = SBUF;                                           //72
switch(cnt)                                            //73
    {                                                  //74
```

```
        case 0:if(temp == '#')cnt = 1;else outflag = 0;break;        //75
        case 1:if((temp>0x30)&&(temp<0x39)){a[0] = temp - 0x30;cnt = 2;}    //76
            else outflag = 0;break;        //77
        case 2:if(temp == '(')cnt = 3;        //78
            else outflag = 0;break;        //79
        case 3:if((temp> = 0x30)&&(temp< = 0x38)){a[1] = temp - 0x30;cnt = 4;}  //80
            else outflag = 0;break;        //81
        case 4:if(temp == ')'){cnt = 0;outflag = 1;}    //82
            else outflag = 0;break;        //83
        default:break;        //84
        }        //85
    EA = 1;        //86
    }        //87
```

　　编译通过后,51 MCU DEMO 试验板接通 5 V 稳压电源,将生成的 CS17 - 2. hex 文件下载到试验板上的 89S51 单片机中(**注意:标示"LEDMOD_DATA"、 "LEDMOD_COM"及"LED"的双排针均应插上短路块**)。

　　打开串口调试器软件。左上方的初始化区域(如波特率、数据位等)不必更改(初始化为:端口号 1、波特率 9 600、数据位 8、停止位 1、校验位无)。若你的 PC 机串口 COM1 已占用,再可考虑改用 COM2。

　　将 PC 机的串口与 51 MCU DEMO 试验板的串口连接好。清空发送区、接收区的原有内容,然后打开串口。实验时,要先给试验板上电,然后再打开串口调试器软件,以免接收区乱码。

　　发送区输入控制指令♯1(1),点发送,界面如图 17.4 所示。我们发现 51 MCU DEMO 试验板的百位、个位数码管显示 11,同时 D0 点亮;将发送区的控制指令改为 ♯1(0),再点发送,我们发现 51 MCU DEMO 试验板的百位、个位数码管显示 10,同时 D0 点亮熄灭。同理,我们共可控制 8 位的发光管亮或灭。

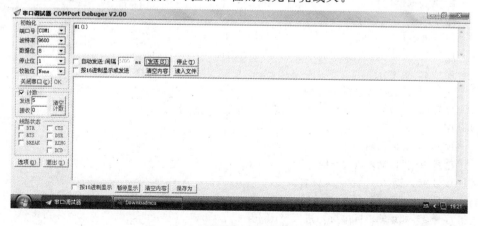

图 17.4　发送区输入控制指令♯1(1)

## 4. 程序分析解释

序号 1:包含头文件 REG51.H。

序号 2、3:数据类型的宏定义。

序号 4:0~9 数码管的字形码。

序号 5:4 位数码管的位选码。

序号 6:程序分隔。

序号 7:定义发光管 D0。

序号 8:定义发光管 D1。

序号 9:定义发光管 D2。

序号 10:定义发光管 D3。

序号 11:定义发光管 D4。

序号 12:定义发光管 D5。

序号 13:定义发光管 D6。

序号 14:定义发光管 D7。

序号 15~16:发光管亮灭宏定义。

序号 17:定义无符号字符型数组 a[2],其中 a[0]用于存放发光管编号,a[1]用于存放发光管的亮、灭选择。

序号 18:定义无符号字符型变量 cnt。

序号 19:定义位标志 outflag 用于输出控制。

序号 20:程序分隔。

序号 21~28:定义函数名为 delay 的延时子函数。

序号 29:程序分隔。

序号 30:定义函数名为 init 的初始化子函数。

序号 31:init 子函数开始。

序号 32:定时器 T1 方式 2。

序号 33~34:波特率 9600。

序号 35:串口方式 1,10 位可变波特率,允许接收。

序号 36:启动 T1。

序号 37:串口 1 开中断。

序号 38:打开总中断。

序号 39:init 函数结束。

序号 40:程序分隔。

序号 41:定义函数名为 main 的主函数。

序号 42:main 主函数开始。定义无符号字符型局部变量 i。

序号 43:调用 init 初始化子函数。

序号 44:无限循环。

序号 45:无限循环语句开始。

序号 46:显示变量 a[0](发光管编号)。

序号 47:显示变量 a[1](发光管的亮、灭选择)。

序号 48:如果输出标志为 1,进入 if 语句。

序号 49:if 语句开始。

序号 50：switch 语句，根据 a[0] 内容 (1~8) 进行散转。

序号 51：switch 语句开始。

序号 52：当 a[0] 为 1 时：如果 a[1] 为 1 点亮 D0；否则 a[1] 为 0 熄灭 D0。

序号 53：当 a[0] 为 2 时：如果 a[1] 为 1 点亮 D1；否则 a[1] 为 0 熄灭 D1。

序号 54：当 a[0] 为 3 时：如果 a[1] 为 1 点亮 D2；否则 a[1] 为 0 熄灭 D2。

序号 55：当 a[0] 为 4 时：如果 a[1] 为 1 点亮 D3；否则 a[1] 为 0 熄灭 D3。

序号 56：当 a[0] 为 5 时：如果 a[1] 为 1 点亮 D4；否则 a[1] 为 0 熄灭 D4。

序号 57：当 a[0] 为 6 时：如果 a[1] 为 1 点亮 D5；否则 a[1] 为 0 熄灭 D5。

序号 58：当 a[0] 为 7 时：如果 a[1] 为 1 点亮 D6；否则 a[1] 为 0 熄灭 D6。

序号 59：当 a[0] 为 8 时：如果 a[1] 为 1 点亮 D7；否则 a[1] 为 0 熄灭 D7。

序号 60：一项也不符合则退出。

序号 61：switch 语句结束。

序号 62：置输出标志为 0。

序号 63：if 语句结束。

序号 64：无限循环语句结束。

序号 65：main 主函数结束。

序号 66：程序分隔。

序号 67：定义函数名为 serial_serve 的串口接收中断服务函数，使用默认的寄存器组。

序号 68：serial_serve 中断服务函数开始。

序号 69：定义无符号字符型局部变量 temp。

序号 70：清除接收标志。

序号 71：关闭总中断。

序号 72：将收到的信息存放在 temp 中。

序号 73：switch 语句，根据 cnt 内容进行散转。

序号 74：switch 语句开始。

序号 75：当 cnt 为 0 时：如果 temp 为 '#'，cnt 置 1；否则 outflag 置 0。

序号 76：当 cnt 为 1 时：如果 temp 为 0x30~0x39 之间的 ASCII 码，将 temp - 0x30 存 a[0]，cnt 置 2。

序号 77：否则 outflag 置 0。

序号 78：当 cnt 为 2 时：如果 temp 为 '('，cnt 置 3。

序号 79：否则 outflag 置 0。

序号 80：当 cnt 为 3 时：如果 temp 为 0x30~0x39 之间的 ASCII 码，将 temp - 0x30 存 a[1]，cnt 置 4。

序号 81：否则 outflag 置 0。

序号 82：当 cnt 为 4 时：如果 temp 为 ')'，cnt 置 0，outflag 置 1。

序号 83：否则 outflag 置 0。

序号 84：一项也不符合则退出。

序号 85：switch 语句结束。

序号 86：关闭总中断。

序号 87：serial_serve 中断服务函数结束。

# 17.7 在 51 MCU DEMO 试验板上，进行单片机与 PC 机(个人电脑)的模拟 485 通信试验

随着数据采集系统的广泛应用，通常由单片机构成的独立应用系统，如仪器仪表、智能设备等，都需要与 PC 机之间交换数据，实现与 PC 机之间的交互通信，以充分发挥 PC 和单片机之间的功能互补，资源共享的优势。以往常用的 RS-232 通信协议在很大程度上已不能满足设计的要求，如传输速率慢，传输距离短，传输信号易受外界的干扰等缺点。

RS-485 通信协议是美国电气工业联合会(EIA)制定的利用平衡双绞线作传输线的多点通信标准。它采用差分信号进行传输；最大传输距离可以达到 1.2 km；最大可连接 32 个驱动器和收发器(即 32 台下位机)；接收器最小灵敏度可达±200 mV；最大传输速率可达 2.5 Mb/s。图 17-5 为两台设备经由两片 MAX485 通信芯片及平衡双绞传输线构成 485 通信网络。图中，左边 485 芯片的 RO、DI 脚为信号的收发脚，$\overline{RE}$、DE 脚为收发控制脚，这 4 个脚的电平是与单片机电平完全一致的 TTL 电平。A、B 脚为信号的发送、接收脚，这 2 个脚使用差分信号进行传输。右边 485 芯片的引脚功能与左边芯片完全相同。如果这 2 个 485 芯片的每一侧分别连接单片机，则可构成单片机系统的 485 通信。如果其中一侧通过 485-232 转换器连接到 PC 机，则可构成上、下位机的 485 通信系统。如果有更多的设备，也可通过此方法连接到传输总线上，构成一个多点通信网络。

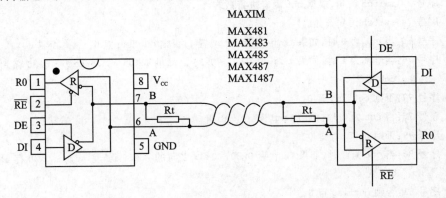

图 17-5 两台设备经由两片 MAX485 通信芯片及平衡双绞传输线构成 485 通信网络

## 1. 实现方法

上位机(PC 机)通过指令与最多 32 台下位机(单片机)进行通信，例如定义我们实验的单片机为第 31 号下位机，发"♯31,0xxxxx＊"指令控制 D1 亮，发"♯31，1xxxxx＊"指令控制 D1 灭，发"♯31,2xxxxx＊"指令控制 D1 翻转(x 代表 0～9 之间

的任意数)。由于我们现在只进行一上(上位机)一下(下位机)的单机短距离实验,不需要连接 485 芯片,因此直接使用 51 MCU DEMO 试验板的串口实验。

## 2. 源程序文件

在 D 盘建立一个文件目录(CS17-3),然后建立 CS17-3.uv2 的工程项目,最后建立源程序文件(CS17-3.c)。输入下面的程序:

```c
#include <REG51.H>                              //1
#define uchar unsigned char                     //2
#define uint unsigned int                       //3
uchar a[2],b[20];                               //4
sbit CON = P1^0;                                //5
sbit D1 = P1^1;                                 //6
#define SEND 1                                  //7
#define RECEV 0                                 //8

#define ADDRESS 31                              //9

uchar cnt,len_a,len_b;                          //10
uchar outflag;                                  //11
uchar lab;                                      //12
//*****************************************13
void delay(uint k)//延时                        //14
{                                               //15
uint data i,j;                                  //16
    for(i = 0;i<k;i++)                          //17
    {                                           //18
    for(j = 0;j<121;j++){;}                     //19
    }                                           //20
}                                               //21
/*****************************************22******/
void init(void)                                 //23
{                                               //24
TMOD = 0x20;                                    //25
TH1 = 0xfd;                                     //26
TL1 = 0xfd;                                     //27
SCON = 0x50;                                    //28
TR1 = 1;                                        //29
ES = 1;                                         //30
EA = 1;                                         //31
}                                               //32
/*****************************************33********/
void send(uchar i)                              //34
```

```
{                                           //35
SBUF = i;                                   //36
while(! TI);                                //37
TI = 0;                                     //38
}                                           //39
/**********************************40****/
void main(void)                             //41
{                                           //42
  uchar i;                                  //43
  delay(10);                                //44
  init();                                   //45
  CON = RECEV;                              //46
  for(;;) //无限循环                         //47
  {                                         //48
   if((outflag == 1)&&(lab == ADDRESS))     //49
   {                                        //50
     outflag = 0;                           //50
     delay(1);                              //51
     CON = 1;                               //52
     for(i = 0;i<len_a;i ++){send(a[i] + 0x30);}    //53
     send(',');                             //54
     for(i = 0;i<len_b;i ++){send(b[i] + 0x30);}    //55
     send(' ');                             //56

     send(0x4f);send(0x4b);                 //57
     send(0x0d);send(0x0a);                 //58
     len_a = 0;len_b = 0;                   //59
     switch(b[0])                           //60
     {                                      //61
       case 0:D1 = 0;break;                 //62
       case 1:D1 = 1;break;                 //63
       case 2:D1 = ~D1;break;               //64
       default:break;                       //65
     }                                      //66

     delay(1);                              //67
     CON = 0;                               //68
   }                                        //69

  }                                         //70
}                                           //71


/**********************************72********/
void serial_serve(void) interrupt 4         //73
```

```
{                                              //74
    uchar temp;                                //75

    RI = 0;                                    //76
    EA = 0;                                    //77
    if((cnt>0)||(cnt>10))cnt ++ ;              //78
    temp = SBUF;                                              //79

        switch(cnt)                                          //80
        {                                                    //81
        case 0:if(temp == '#'){cnt = 1;}                     //82
                else {outflag = 0;cnt = 0;}break;            //83
        case 1:break;                                        //84
        case 2:if((temp> = 0x30)&&(temp< = 0x39)){a[0] = temp - 0x30;}   //85
                else {outflag = 0;cnt = 0;}break;            //86
        case 3:if((temp> = 0x30)&&(temp< = 0x39)){a[1] = temp - 0x30;}   //87
                else if(temp == ',')                         //88
                {                                            //89
                    len_a = cnt - 2;cnt = 11;                //90
                    if(len_a == 1){lab = a[0];}              //91
                    else if(len_a == 2){lab = (a[0] * 10) + (a[1]);}   //92
                }                                            //93
                else {outflag = 0;cnt = 0;}break;            //94
        case 4:if(temp == ',')                               //95
                {                                            //96
                    len_a = cnt - 2;cnt = 11;                //97
                    if(len_a == 1){lab = a[0];}              //98
                    else if(len_a == 2){lab = (a[0] * 10) + (a[1]);}   //99
                }                                            //100
                else {outflag = 0;cnt = 0;}                  //101

        case 11:break;                                       //102
        case 12:
                if((lab == ADDRESS)&&(temp> = 0x30)&&(temp< = 0x39))   //103
                {b[cnt - 12] = temp - 0x30;}                 //104
                else {outflag = 0;cnt = 0;len_b = 0;}break;  //105
        default:if(temp == '*'){len_b = cnt - 12;cnt = 0;outflag = 1;}   //106
                else if((lab == ADDRESS)&&(temp> = 0x30)&&(temp< = 0x39))   //107
                    {b[cnt - 12] = temp - 0x30;}             //108
                    else {outflag = 0;cnt = 0;len_b = 0;}break;   //109
        }                                                    //110
    EA = 1;                                                  //111
}                                                            //112
```

编译通过后,51 MCU DEMO试验板接通5 V稳压电源,将生成的CS17 -3.hex文件下载到试验板上的单片机89S51中,注意,标示"LED"的双排针均应插上短路块。

打开串口调试器软件。左上方的初始化区域(如波特率、数据位等)不必更改(初始化为:端口号1、波特率9600、数据位8、停止位1、校验位无)。若PC机串口COM1已占用时,才可考虑改用COM2或COM3等。

将PC机的串口与51 MCU DEMO试验板的串口连接好。清空发送区、接收区的原有内容,然后打开串口。实验时,要先给试验板上电,然后才打开串口调试器软件,以免接收区乱码。

发送区输入控制指令#31,000000 *,单击发送,我们发现51 MCU DEMO试验板的发光管D1点亮;将发送区的控制指令改为#31,100000 *,单击发送,我们发现51 MCU DEMO试验板的D0熄灭;将发送区的控制指令改为#31,200000 *,再单击发送,我们发现51 MCU DEMO试验板的D1会发生翻转(点亮/熄灭)。实现了对31号下位机的控制。在发送的同时,下位机也将收到的信息回发给上位机(见图17 -6)。

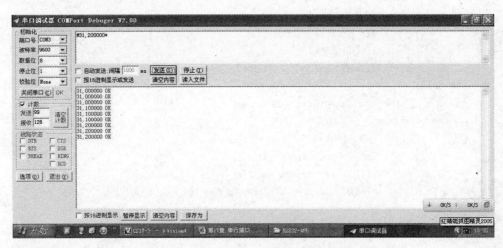

**图17 -6　下位机将收到的信息回发给上位机**

### 3. 程序分析解释

序号1:包含头文件REG51.H。

序号2、3:数据类型的宏定义。

序号4:收到的地址,及数据。

序号5:收发控制端。

序号6:LED输出。

序号7:宏定义发送。

序号8:宏定义接收。

序号9:宏定义本机地址。

序号 10:接收计数器,地址长度,数据长度。

序号 11:一次命令接收成功的输出标志。

序号 12:定义变量。

序号 13:程序分隔。

序号 14~21:延时子函数。

序号 22:程序分隔。

序号 23~32:单片机串口初始化,波特率 9600,8 位数据,无校验,1 位停止,启动串口,开串口
　　　　　中断,开总中断。

序号 33:程序分隔。

序号 34~39:发送子函数。

序号 40:程序分隔。

序号 41:主函数。

序号 42:主函数开始。

序号 43:定义局部变量。

序号 44:延时 10 ms。

序号 45:单片机初始化。

序号 46:如果外接 485 芯片,则控制 485 芯片处于接收状态。

序号 47:无限循环。

序号 48:无限循环开始。

序号 49:如果一次命令接收成功,同时接收的地址码符合本机码

序号 50:接收成功标志清零。

序号 51:延时 1 ms。

序号 52:如果外接 485 芯片,则控制 485 芯片处于发送状态。

序号 53:先回发地址。

序号 54:再回发逗号。

序号 55:再回发数据。

序号 56:回发空格。

序号 57:回发 OK 字符。

序号 58:回发回车换行。

序号 59:相关变量清零。

序号 60:switch 语句,根据 b 数组内容进行控制输出,这是一个例程。

序号 61:switch 语句开始。

序号 62:如果 b[0]为 0,D1 点亮。

序号 63:如果 b[0]为 1,D1 熄灭。

序号 64:如果 b[0]为 2,D1 翻转。

序号 65:默认退出 switch 语句。

序号 66:switch 语句结束。

序号 67:延时 1 ms。

序号 68:控制 485 芯片处于接收状态。

序号 69:If 语句结束。

序号 70:无限循环语句结束。

序号 71:主函数结束。

序号 72:程序分隔。

序号 73:串口接收中断处理函数。

序号 74:中断函数开始。

序号 75:定义局部变量。

序号 76:清除接收中断标志。

序号 77:关总中断。

序号 78:接收计数值为 0 或 10 时,cnt 不加。

序号 79:取接收值(一个字节)。

序号 80:switch 语句,根据 cnt 散转。

序号 81:switch 语句开始。

序号 82:如果第 1 次接收到的是♯,cnt 置 1。

序号 83:否则回 0。

序号 84:cnt 是 1 直接退出。

序号 85:如果第 2 次接收到 0~9 的数,转存到数组 a。

序号 86:否则回 0。

序号 87:第 3 次接收到 0~9 的数,转存到数组 a。

序号 88:否则如果第 3 次接收到逗号。

序号 89:进入判断语句。

序号 90:计算出地址长度 len_a,同时 cnt 指向 11。

序号 91:如果地址为 1 位,将地址放入变量 lab。

序号 92:否则如果地址为 2 位,将地址放入变量 lab。

序号 93:判断语句结束。

序号 94:否则如果第 3 次既不是数据也不是逗号,相关变量归 0。

序号 95:如果第 4 次接收到的是逗号。

序号 96:进入判断语句。

序号 97:计算出地址长度 len_a,同时 cnt 指向 11。

序号 98:如果地址为 1 位,将地址放入变量 lab。

序号 99:否则如果地址为 2 位,将地址放入变量 lab。

序号 100:判断语句结束。

序号 101:否则有关变量归 0。

序号 102:cnt 是 11 直接退出。

序号 103:如果本机地址 = 接收地址,并且收到了 0~9 之间的数。

序号 104:存入 b 数组。

序号 105:否则相关变量归 0。

序号 106:默认情况,如果收到的 ∗ 号,算出数据长度 len_b。一次命令接收成功标志 outflag 置 1,接收结束。

序号 107:否则如果本机地址 = 接收地址,并且收到了 0~9 之间的数。

序号 108:继续存入 b 数组。

序号 109:否则相关变量归 0。

序号 110:switch 语句结束。

序号 111:重开总中断。

序号 112:中断函数结束。

# 第 **18** 章
# 中断控制及 C51 编程

　　什么是"中断"？顾名思义中断就是中断某一工作过程去处理一些与本工作过程无关、间接相关或临时发生的事件，处理完后，再继续原工作过程。例如：你在看书，电话响了，你在书上做个记号然后去接电话，接完后在原记号处继续往下看书。如有多个中断发生，依优先法则，中断还具有嵌套特性。又如：看书时，电话响了，你在书上做个记号然后去接电话，你拿起电话和对方通话，这时门铃响了，你让打电话的对方稍等一下，你去开门，并在门旁与来访者交谈，谈话结束，关好门，回到电话机旁，拿起电话，继续通话，通话完毕，挂上电话，从做记号的地方继续往下看书。由于一个人不可能同时完成多项任务，因此只好采用中断方法，一件一件地做。

　　类似的情况在单片机中也同样存在，通常单片机中只有一个 CPU，但却要应付诸如运行程序、数据输入输出以及特殊情况处理等多项任务，为此也只能采用停下一个工作去处理另一个工作的中断方法。

　　在单片机中，"中断"是一个很重要的概念。中断技术的进步使单片机的发展和应用大大地推进了一步。所以，中断功能的强弱已成为衡量单片机功能完善与否的重要指标。

　　单片机采用中断技术后，大大提高了它的工作效率和处理问题的灵活性，主要表现在三方面：

　　① 解决了快速 CPU 和慢速外设之间的矛盾，可使 CPU、外设并行工作(宏观上看)。

　　② 可及时处理控制系统中许多随机的参数和信息。

　　③ 具备了处理故障的能力，提高了单片机系统自身的可靠性。

　　中断处理程序类似于程序设计中的调用子程序，但它们又有区别，主要是：

　　① 中断产生是随机的，它既保护断点，又保护现场，主要为外设服务和为处理各种事件服务。保护断点是由硬件自动完成的，保护现场须在中断处理程序中用相应的指令完成。

　　② 调用子程序是程序中事先安排好的，它只保护断点，主要为主程序服务(与外设无关)。

## 18.1 中断的种类

中断的应用是很广泛的,因此能引起中断的原因也是多种多样的,也就是说,要求共享 CPU 的任务很多,因此有必要对中断加以分类,通常把中断分为外中断和内中断两大类。

### 1. 外中断

外中断是由 CPU 以外的原因引起的,通过硬件电路发出中断请求,因此把这类中断称之为硬件中断。外中断主要用于实现外设的数据传送、实时处理以及人机联系等。

属于外中断的中断源主要有:

① 输入输出设备及外部存储设备。

② 实时时钟或计数电路。

③ 电源故障等。

### 2. 内中断

内中断是指由 CPU 内部原因引起的中断,由于这类中断发生在 CPU 的内部,因此称之为内中断。内中断包括陷井中断和软件中断两种。

① 陷井中断是指由 CPU 内部事件引起的中断,例如:程序执行中的故障或 CPU 内部的硬件故障等。

② 软件中断是由一些专用的软件中断指令或系统调用指令引起,通过软件中断可以引入程序断点,便于进行程序调试和故障检测。

## 18.2 MCS-51 单片机的中断系统

### 1. 中断源及控制

MCS-51 单片机共有 3 类 5 个中断源,2 个优先级,中断处理程序可实现两级嵌套,有较强的中断处理能力。

5 个中断源中,其中 2 个为外部中断请求 $\overline{INT0}$ 和 $\overline{INT1}$(由 P3.2 和 P3.3 输入),2 个为片内定时器/计数器 T0 和 T1 的溢出中断请求 TF0 和 TF1,另一个为片内串行口中断请求 TI 或 RI,这些中断请求信号分别锁存在特殊功能寄存器 TCON 和 SCON 中。

TCON:定时器/计数器控制寄存器,字节地址 88H。其锁存中断请求标志的格式如下表所列。

| TCON | TF1 | TR1 | TF0 | TR0 | IE1 | IT1 | IE0 | IT0 |
| --- | --- | --- | --- | --- | --- | --- | --- | --- |
| 位地址 | 8FH | 8EH | 8DH | 8CH | 8BH | 8AH | 89H | 88H |

其中与中断有关的控制位有 6 位：IT0、IT1、IE0、IE1、TF0、TF1。

IT0：外部中断 0 请求方式控制位。IT0＝0，为电平触发方式，$\overline{INT0}$低电平有效；IT0＝1，$\overline{INT0}$为边沿触发方式，$\overline{INT0}$输入脚上电平由高到低的负跳变有效。IT0 可由软件置"1"或清"0"。

IE0：外部中断 0 请求标志位。CPU 采样到$\overline{INT0}$端出现有效中断请求时，该位由硬件置位；当 CPU 响应中断，转向中断服务程序时由硬件将 IE0 清 0。

IT1：外部中断 1 请求方式控制位，和 IT0 类似。

IE1：外部中断 1 请求标志位，和 IE0 相同。

TF0：片内定时器/计数器 T0 溢出中断申请标志，在启动 T0 计数后，定时器/计数器 T0 从初值开始加 1 计数，当最高位产生溢出时，由硬件置位 TF0，向 CPU 申请中断，CPU 响应 TF0 中断时清除该标志位，TF0 也可用软件查询后清除。

TF1：片内的定时器/计数器 T1 的溢出中断申请标志，功能和 TF0 类同。

当 MCS－51 复位后，TCON 被清"0"。

SCON：串行口控制寄存器，字节地址为 98H。SCON 的低二位锁存串行口的接收中断和发送中断标志，其格式如下表所列。

| SCON | SM0 | SM1 | SM2 | REN | TB8 | RB8 | TI | RI |
|---|---|---|---|---|---|---|---|---|
| 位地址 | 9FH | 9EH | 9DH | 9CH | 9BH | 9AH | 99H | 98H |

TI：串行口的发送中断标志。当发送完一帧 8 位数据后，由硬件置位 TI。由于 CPU 响应发送器中断请求后，转向执行中断服务程序时并不清除 TI，TI 必须由用户在中断服务程序中清除。

RI：串行口接收中断标志。当接收完一帧 8 位数据时置位 RI。同样 RI 必须由用户的中断服务程序清 0。

MCS－51 复位以后，SCON 也被清"0"。

对于每个中断源，其开放与禁止由专用寄存器 IE 中的某一位控制，其中断次序可由专用寄存器 IP 中相应位是置 1 还是清 0 决定其为高优先级还是低优先级，这在硬件上有相应的优先级触发器予以保证。IE 和 IP 寄存器格式分述如下：

中断允许寄存器（IE）

| IE | EA | — | ET2 | ES | ET1 | EX1 | ET0 | EX0 |
|---|---|---|---|---|---|---|---|---|
| 位地址 | AFH | AEH | ADH | ACH | ABH | AAH | A9H | A8H |

与中断有关的控制位共 6 位：EA、ES、ET1、ET0、EX1、EX0。

EA：中断总允许控制位。EA＝0，禁止总中断。EA＝1，开放总中断，随后每个中断源分别由各自允许位的置位或清除确定开放或禁止。

ES：串行中断允许控制位。ES＝0，禁止串行中断。ES＝1，允许串行中断。

ET1：定时器/计数器 T1 中断允许控制位。ET1＝0，禁止 T1 中断。ET1＝1，允许 T1 中断。

EX1：外部中断源 1 中断允许控制位。EX1＝0，禁止外部中断 1。EX1＝1，允许外部中断 1。

ET0：定时器/计数器 T0 中断允许控制位。ET0＝0，禁止 T0 中断。ET0＝1，允许 T0 中断。

EX0：外部中断源 0 中断允许控制位。EX0＝0，禁止外部中断 0。EX0＝1，允许外部中断 0。

中断优先级寄存器（IP）

| IP | — | — | — | PS | PT1 | PX1 | PT0 | PX0 |
|---|---|---|---|---|---|---|---|---|
| 位地址 | BFH | BEH | BDH | BCH | BBH | BAH | B9H | B8H |

PS：串行中断优先级设定位。PS＝1，则编程为高优先级。

PT1：定时器 T1 中断优先级设定位。PT1＝1，则编程为高优先级，

PX1：外中断 1 优先级设定位。PX1＝1，则编程为高优先级。

PT0：定时器 T0 中断优先级设定位。PT0＝1，则编程为高优先级。

PX0：外中断 0 优先级设定位。PX0＝1，则编程为高优先级。

需要说明的是，单片机复位之后 IE 和 IP 均被清 0。用户可按需要置位或清除 IE 的相应位，来允许或禁止各中断源的中断申请。为使某中断源允许中断，必须同时使 EA＝1，首先使 CPU 开放中断，所以 EA 相当于中断允许的"总开关"。至于中断优先级寄存器 IP，其复位清 0 将会把各个中断源置为低优先级中断，同样，用户也可对相应位置"1"或清"0"，来改变各中断源的中断优先级。整个中断系统结构如图 18.1 所示。

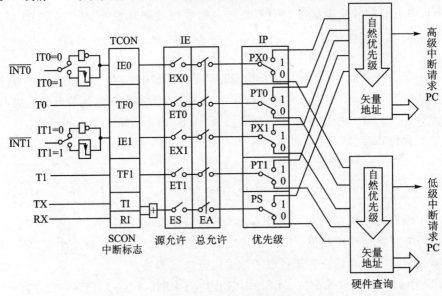

**图 18.1　中断系统结构**

MCS－51 单片机对中断优先级的处理原则是：

① 不同级的中断源同时申请中断时,先处理高优先级后处理低优先级。

② 处理低级中断又收到高级中断请求时,停止处理低优先级转而处理高优先级。

③ 正在处理高级中断却收到低级中断请求时,不理睬低优先级。

④ 同一级的中断源同时申请中断时,通过内部查询按自然优先级顺序确定应响应哪个中断申请。

对于同一优先级,单片机对其中断次序安排如下：

| 中断源 | 同一级的中断优先级 |
| --- | --- |
| 外部中断 0 | 最高级 |
| 定时器/计数器 T0 中断 | |
| 外部中断 1 | |
| 定时器/计数器 T1 中断 | |
| 串行口中断 | 最低级 |

图 18.2 为单片机响应中断的流程图及中断嵌套流程图。

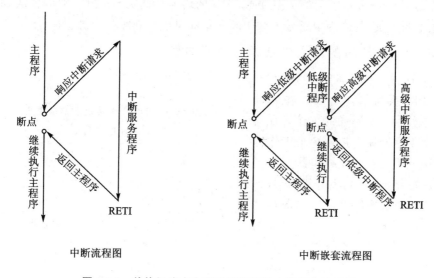

中断流程图　　　　　　　　　　中断嵌套流程图

**图 18.2　单片机响应中断的流程图及中断嵌套流程图**

## 2. 中断响应及 C51 编程

单片机响应中断的基本条件是：中断源有请求,中断允许寄存器 IE 相应位置"1",总中断开放(EA＝1)。

单片机中断响应过程：单片机一旦响应中断,首先置位相应的优先级有效触发器,然后执行一个硬件子程序调用,把断点地址压入堆栈,再把与各中断源对应的中断服务程序首地址送程序计数器 PC,同时清除中断请求标志(TI 和 RI 除外),从而控制程序转移到中断服务程序。以上过程均由中断系统自动完成。

单片机响应中断后,只保护断点而不保护现场(累加器 A 及标志位寄存器 PSW 等的内容),且不能清除串行口中断请求标志 TI 和 RI,也无法清除外输入申请信号 $\overline{INT0}$ 和 $\overline{INT1}$,因而进入中断服务子程序后,如用到上述寄存器就会破坏它原来存在的内容,一旦中断返回,将造成主程序的混乱。所以在进入中断服务子程序后,一般都要保护现场,然后再执行中断服务程序。在返回主程序前再恢复现场。所有这些应在用户编制中断处理程序时予以考虑。

C51 编译器支持在 C 语言源程序中直接编写 80C51 单片机的中断服务函数程序。以前用汇编语言编写中断服务程序时,会对堆栈出栈的保护问题而觉得头痛。为了能够在 C 语言源程序中直接编写中断服务函数,C51 编译器对函数的定义进行了扩展,增加了一个扩展关键字 interrupt。关键字 interrupt 是函数定义时的一个选项,加上这个选项就可以将一个函数定义成中断服务函数。

定义中断服务函数的一般形式为:

函数类型　函数名(形式参数表)[interrupt　n]　[using n]

关键字 interrupt 后面的 n 是中断号,n 的取值范围为 0～31。编译器从 8n+3 处产生中断向量,具体的中断号 n 和中断向量取决于不同的单片机芯片。

### 3．80C51 单片机的常用中断源和中断向量

80C51 单片机的常用中断源和中断向量如表 18.1 所列。

80C51 系列单片机可以在内部 RAM 中使用 4 个不同的工作寄存器组,每个寄存器组中包含 8 个工作寄存器(R0～R7)。C51 编译器扩展了一个关键字 using,专门用来选择 80C51 单片机中不同的工作寄存器组。using 后面的 n 是一个 0～3 的常整数,分别选中 4 个不同的工作寄存器组。在定义一个函数时 using 是一个选项,对于初学者,如果不用该选项,则由编译器选择一个寄存器组作绝对寄存器组访问。

表 18.1　80C51 单片机的常用中断源和中断向量表

| n | 中断源 | 中断向量 8n+3 |
|---|---|---|
| 0 | 外部中断 0 | 0003H |
| 1 | 定时器/计数器 0 | 000BH |
| 2 | 外部中断 1 | 0013H |
| 3 | 定时器/计数器 1 | 001BH |
| 4 | 串行口 | 0023H |

关键字 using 对函数目标代码的影响如下:

在函数的入口处将当前工作寄存器组保护到堆栈中,指定的工作寄存器内容不会改变,函数返回之前将被保护的工作寄存器组从堆栈中恢复。

使用关键字 using 在函数中确定一个工作寄存器组时必须十分小心,要保证任何寄存器组的切换都只在控制的区域内发生,如果不做到这一点将产生不正确的函数结果。

另外,带 using 属性的函数,原则上不能返回 bit 类型的值。并且关键字 using

不允许用于外部函数,关键字 interrupt 也不允许用于外部函数,它对中断函数目标代码的影响如下:

在进入中断函数时,特殊功能寄存器 ACC、B、DPH、DPL、PSW 将被保存入栈。如果不使用寄存组切换,则将中断函数中所用到的全部工作寄存器都入栈。函数返回之前,所有的寄存器内容出栈。中断函数由 80C51 单片机指令 RETI 结束。

## 18.3　编写 80C51 单片机中断函数时应严格遵循的规则

编写 80C51 单片机中断函数时应严格遵循的以下规则:

① 中断函数不能进行参数传递,如果中断函数中包含任何参数声明都将导致编译出错。

② 中断函数没有返回值,如果企图定义一个返回值将得到不正确的结果。因此,最好在定义中断函数时将其定义为 void 类型,以明确说明没有返回值。

③ 在任何情况下都不能直接调用中断函数,否则会产生编译错误。因为中断函数的返回是由 80C51 单片机指令 RETI 完成的,RETI 指令影响 80C51 单片机的硬件中断系统。

④ 如果中断函数中用到浮点运算,必须保存浮点寄存器的状态,当没有其他程序执行浮点运算时可以不保存。

⑤ 如果在中断函数中调用了其他函数,则被调用函数所使用的寄存器组必须与中断函数相同。用户必须保证按要求使用相同的寄存器组,否则会产生不正确的结果。如果定义中断函数时没有使用 using 选项,则由编译器选择一个寄存器组作绝对寄存器组访问。

## 18.4　外中断实验

### 1. 实现方法

采用中断方法实现,按动 S1 键时,触发外中断 0,实现计数或停止。

### 2. 源程序文件

在 D 盘建立一个文件目录(CS18 - 1),然后建立 CS18 - 1. uv2 的工程项目,最后建立源程序文件(CS18 - 1. c)。输入下面的程序:

```
# include <REG51.H>                                    //1
# define uchar unsigned char                           //2
# define uint unsigned int                             //3
uchar code SEG7[10] = {0x3f,0x06,0x5b,0x4f,0x66,0x6d,0x7d,0x07,0x7f,0x6f};//4
uchar ACT[4] = {0xfe,0xfd,0xfb,0xf7};                  //5
```

```
/***********************************6***********************************/
uint data cnt;                          //7
bit bdata bitflag;                      //8
/***********************************9***********************************/
void init(void)                         //10
{                                       //11
    bitflag = 0;                        //12
    EX0 = 1;                            //13
    IT0 = 1;                            //14
    EA = 1;                             //15
}                                       //16
/***********************************17***********************************/
void delay(uint k)                      //18
{                                       //19
uint data i,j;                          //20
    for(i = 0;i<k;i++)                  //21
    {                                   //22
    for(j = 0;j<121;j++){;}             //23
    }                                   //24
}                                       //25
/***********************************26***********************************/
void main(void)                         //27
{   uchar i;                            //28
    init();                             //29
    while(1)                            //30
    {                                   //31
    if(bitflag)cnt++;                   //32
    if(cnt>999)cnt = 0;                 //33
        for(i = 0;i<100;i++)            //34
        {                               //35
    P0 = SEG7[cnt/100];                 //36
    P2 = ACT[2];                        //37
    delay(1);                           //38
    P0 = SEG7[(cnt%100)/10];            //39
    P2 = ACT[1];                        //40
    delay(1);                           //41
    P0 = SEG7[cnt%10];                  //42
    P2 = ACT[0];                        //43
    delay(1);                           //44
        }                               //45
    }                                   //46
}                                       //47
```

```
/*****************************************48********************/
void extern_int0(void) interrupt 0 using 0    //49
{                                             //50
bitflag = ! bitflag;                          //51
}                                             //52
```

编译通过后,51 MCU DEMO 试验板接通 5 V 稳压电源,将生成的 CS18 -1. hex 文件下载到试验板上的 89S51 单片机中(**注意: 标示"LEDMOD_DATA"及"LED-MOD_COM"的双排针应插上短路块**)。右边 3 个 LED 数码管从"000"开始进行加法计数。按动 S1 键时,计数暂停。再按动时,计数继续。

### 3. 程序分析解释

序号 1:包含头文件 REG51.H。

序号 2、3:数据类型的宏定义。

序号 4:数码管 0~9 的字形码。

序号 5:数码管的位选码。

序号 6:程序分隔。

序号 7:定义无符号整型全局变量 cnt。

序号 8:定义全局位标志 bitflag。

序号 9:程序分隔。

序号 10:定义函数名为 init 的初始化子函数。

序号 11:init 子函数开始。P0~P3 口分别赋初值。

序号 12:bitflag 赋初值为 1。

序号 13:允许外中断 0。

序号 14:外中断 0 设为边沿触发。

序号 15:打开 CPU 中断。

序号 16:init 函数结束。

序号 17:程序分隔。

序号 18~25:定义函数名为 delay 的延时子函数。

序号 26:程序分隔。

序号 27:定义函数名为 main 的主函数。

序号 28:main 主函数开始。定义无符号字符型局部变量 i。

序号 29:调用 init 初始化子函数。

序号 30:无限循环。

序号 31:无限循环语句开始。

序号 32:如果位标志 bitflag 为 1,则变量 cnt 累加。

序号 33:变量 cnt 的范围为 0~999。

序号 34:for 循环,使显示屏显示 300 ms。

序号 35:for 循环开始。

序号 36:显示计数值 cnt 的百位。

序号 37:点亮百位数码管。

序号 38:延时 1 ms。

序号 39:显示计数值 cnt 的十位。

序号 40:点亮十位数码管。

序号 41:延时 1 ms。

序号 42:显示计数值 cnt 的个位。

序号 43:点亮个位数码管。

序号 44:延时 1 ms。

序号 45:for 循环结束。

序号 46:无限循环语句结束。

序号 47:main 主函数结束。

序号 48:程序分隔。

序号 49:定义函数名为 extern_int0 的外中断 0 服务函数,使用第一组寄存器。

序号 50:外中断 0 服务函数开始。

序号 51:这里的工作为取反位标志 bitflag。当然也可进行其他操作。

序号 52:外中断 0 服务函数结束。

# 18.5  定时中断实验

## 1. 实现方法

采用定时器 T0,定时长度设为 50 ms,每一次定时溢出时引起定时器中断,在中断服务函数中对计时器 cnt 累加。每 1 s 中控制 LED 亮 0.2 s、灭 0.8 s。完成一个低功耗的路障灯工作演示。

## 2. 源程序文件

在 D 盘建立一个文件目录(CS18 - 2),然后建立 CS18 - 2. uv2 的工程项目,最后建立源程序文件(CS18 - 2. c)。输入下面的程序:

```
# include <REG51.H>              //1
# define uchar unsigned char     //2
# define uint unsigned int       //3
/*****************************4*************************/
uchar data cnt;                  //5
/*****************************6*************************/
sbit LAMP = P1^0;                //7
/*****************************8*************************/
void init(void)                  //9
{                                //10
TMOD = 0x01;                     //11
TH0 = - (50000/256);             //12
TL0 = - (50000 % 256);           //13
ET0 = 1;                         //14
TR0 = 1;                         //15
```

```
EA = 1;                                 //16
}                                       //17
/************************18***********************/
void delay(uint k)                      //19
{                                       //20
uint data i,j;                          //21
    for(i = 0;i<k;i ++ )                //22
    {                                   //23
    for(j = 0;j<121;j ++ ){;}           //24
    }                                   //25
}                                       //26
/************************27***************************/
void time0(void) interrupt 1            //28
{                                       //29
TH0 = - (50000/256);                    //30
TL0 = - (50000 % 256);                  //31
cnt ++ ;                                //32
if(cnt< = 2)LAMP = 0;                   //33
else LAMP = 1;                          //34
if(cnt> = 20)cnt = 0;                   //35
}                                       //36
/************************37***************************/
void main(void)                         //38
{                                       //39
    init();                             //40
    while(1)                            //41
    {                                   //42
    delay(3000);                        //43
    }                                   //44
}                                       //45
```

编译通过后,51 MCU DEMO 试验板接通 5 V 稳压电源,将生成的 CS18 -2. hex 文件下载到试验板上的 89S51 单片机中(**注意:标示"LED"的双排针应插上短路块**)。右边的第 1 个 LED 周期性地闪亮,亮的时间约为 0.2 s,灭的时间约为 0.8 s。在夜晚用于路障灯指示很合适,而且灯光不是连续点亮,耗电也较省。

### 3. 程序分析解释

序号 1:包含头文件 REG51. H。

序号 2、3:数据类型的宏定义。

序号 4:程序分隔。

序号 5:定义无符号整型全局变量 cnt。

序号 6:程序分隔。

序号 7:端口定义。

序号 8:程序分隔。

序号 9:定义函数名为 init 的初始化子函数。

序号 10:init 子函数开始。

序号 11:定时器 T0 方式 0。

序号 12～13:定时初值约为 50 ms。

序号 14:允许 T0 中断。

序号 15:启动 T0。

序号 16:打开总中断。

序号 17:init 函数结束。

序号 18:程序分隔。

序号 19～26:定义函数名为 delay 的延时子函数。

序号 27:程序分隔。

序号 28:定义函数名为 timer0 的 T0 中断服务函数,使用默认的寄存器组。

序号 29:timer0 中断服务函数开始。

序号 30～31:重装 50 ms 定时初值。

序号 32:计时器 cnt 递增。

序号 33:cnt 的值小于等于 2(因每 50 ms 中断一次,因此对应时间为 0～0.2 s),点亮灯。

序号 34:否则熄灭灯。

序号 35:cnt 的值最大到 20(对应时间为 1 s),然后又从 0 开始。

序号 36:T0 中断服务函数结束。

序号 37:程序分隔。

序号 38:定义函数名为 main 的主函数。

序号 39:main 主函数开始。

序号 40:调用 init 初始化子函数。

序号 41:无限循环。

序号 42:无限循环语句开始。

序号 43:调用延时 3 s 子函数,模拟主程序工作。实际上 CPU 还可做其他事情。

序号 44:无限循环语句结束。

序号 45:main 主函数结束。

# 18.6　简易万年历实例

我们之前的实验中,如果要进行数码管的动态扫描点亮,一般的做法是:先点亮个位数码管,然后调用延时(如 1 ms)维持数码管的点亮;接下来再点亮十位数码管,然后调用延时(如1 ms)维持数码管的点亮;……直至把所有的数码管刷新一遍后,程序再去处理其他事情。待事情处理完毕后,又开始扫描刷新数码管。

这种方法,实际上是将扫描刷新数码管的工作嵌入到程序的主循环之中。当程序处理的事情较多时,会影响到数码管的显示(闪烁),或者由于扫描刷新数码管的时间较长(最少8 ms),导致系统不能及时响应实时性要求高的操作。使得设计较复杂程序时比较困难。

如果采用定时器定时中断控制来实现数码管的动态扫描点亮则相当简单,只需设置一个旋转计数器(或称数码管的位指示器),每次定时中断时进入中断服务子程序同时旋转计数器加 1,这时我们只要点亮旋转计数器指向的数码管即可。

## 1. 实现方法

采用定时器 T0 作简易万年历的时钟,定时长度设为 50 ms。另外使用定时器 T1 扫描刷新数码管,定时长度设为 1 ms。8 个数码管的显示状态依次为(从左往右):星期(一位),熄灭(一位),时(两位),分(两位),秒(两位)。

## 2. 源程序文件

在 D 盘建立一个文件目录(CS18-3),然后建立 CS18-3. uv2 的工程项目,最后建立源程序文件(CS18-3. c)。输入下面的程序:

```
# include <REG51.H>                                                //1
# define uchar unsigned char                                       //2
uchar code SEG7[10] = {0x3f,0x06,0x5b,0x4f,0x66,0x6d,0x7d,0x07,0x7f,0x6f};    //3
uchar code WEEK_SEG7[8] = {0x3f,0x06,0x5b,0x4f,0x66,0x6d,0x7d,0x7f,};         //4
uchar ACT[8] = {0xfe,0xfd,0xfb,0xf7,0xef,0xdf,0xbf,0x7f}; //5
uchar   deda,sec,min,hour,week = 1;        //6
uchar cnt;                                 //7
/**********************************8***********************/
void init(void)                            //9
{                                          //10
TMOD = 0x11;                               //11
TH0 = -(50000/256);                        //12
TL0 = -(50000 % 256);                      //13
ET0 = 1;                                   //14
TR0 = 1;                                   //15
TH1 = -(1000/256);                         //16
TL1 = -(1000 % 256);                       //17
ET1 = 1;                                   //18
TR1 = 1;                                   //19
EA = 1;                                    //20
}                                          //21
/***************************************22**************/
void time0(void) interrupt 1               //23
{                                          //24
TH0 = -(50000/256);                        //25
TL0 = -(50000 % 256);                      //26
deda ++ ;                                  //27
}                                          //28
```

```
/***********************************************29***************/
void time1(void) interrupt 3                        //30
{                                                   //31
TH1 = -(1000/256);                                 //32
TL1 = -(1000 % 256);                               //33
if(++cnt>7)cnt = 0;                                //34
switch (cnt)                                        //35
{                                                   //36
case 0:P0 = SEG7[sec % 10];P2 = ACT[0];break;       //37
case 1:P0 = SEG7[sec/10];P2 = ACT[1];break;         //38
case 2:P0 = SEG7[min % 10];P2 = ACT[2];break;       //39
case 3:P0 = SEG7[min/10];P2 = ACT[3];break;         //40
case 4:P0 = SEG7[hour % 10];P2 = ACT[4];break;      //41
case 5:P0 = SEG7[hour/10];P2 = ACT[5];break;        //42
case 6:P0 = 0x00;P2 = 0xff;break;                   //43
case 7:P0 = WEEK_SEG7[week];P2 = ACT[7];break;      //44
default:break;                                      //45
}                                                   //46
}                                                   //47
/***********************************************48**********/
void conv(void)                                     //49
{                                                   //50
if(deda> = 20){deda = 0;sec ++ ;}                   //51
if(sec> = 60){sec = 0;min ++ ;}                     //52
if(min> = 60){min = 0;hour ++ ;}                    //53
if(hour> = 24){hour = 0;week ++ ;}                  //54
if(week>7){week = 1;}                               //55
}                                                   //56
/***********************************************57**************/
void main(void)                                     //58
{                                                   //59
    init();                                         //60
    while(1)                                        //61
    {                                               //62
    conv();                                         //63
    }                                               //64
}                                                   //65
```

编译通过后,51 MCU DEMO 试验板接通 5 V 稳压电源,将生成的 CS18 -3. hex 文件下载到试验板上的 89S51 单片机中(**注意:标示"LEDMOD_DATA"及"LED-MOD_COM"的双排针应插上短路块**)。最左的数码管显示"1"(代表星期一),第二位熄灭,右边 6 位数码管则显示走时。

## 3. 程序分析解释

序号 1：包含头文件 REG51.H。

序号 2：数据类型的宏定义。

序号 3：数码管 0～9 的字形码。

序号 4：星期一～天的字形码。

序号 5：数码管的位选码。

序号 6：万年历相关变量定义。

序号 7：旋转计数器变量定义。

序号 8：程序分隔。

序号 9：定义函数名为 init 的初始化子函数。

序号 10：init 子函数开始。

序号 11：定时器 T0、T1 方式 1。

序号 12～13：T0 定时初值约为 50 ms。

序号 14：允许 T0 中断。

序号 15：启动 T0。

序号 16～17：T1 定时初值约为 1 ms。

序号 18：允许 T1 中断。

序号 19：启动 T1。

序号 20：开总中断。

序号 21：init 函数结束。

序号 22：程序分隔。

序号 23：定义函数名为 timer0 的 T0 中断服务函数，使用默认的寄存器组。

序号 24：timer0 中断服务函数开始。

序号 25～26：重装 50 ms 定时初值。

序号 27：计时器 deda 递增。

序号 28：T0 中断服务函数结束。

序号 29：程序分隔。

序号 30：定义函数名为 timer1 的 T0 中断服务函数，使用默认的寄存器组。

序号 31：timer1 中断服务函数开始。

序号 32～33：重装 1 ms 定时初值。

序号 34：旋转计数器变量 cnt 范围 0～7。

序号 35：switch 语句。

序号 36：switch 语句开始。

序号 37～44：根据 cnt 的值分别点亮 8 个数码管。

序号 45：一项也不符合则退出。

序号 46：switch 语句结束。

序号 47：T0 中断服务函数结束。

序号 48：程序分隔。

序号 49：定义函数名为 conv 的子函数。

序号 50：conv 子函数开始。

序号 51：计秒。

序号 52：计分。

序号 53：计时。

序号 54：计星期。

序号 55：星期的范围 1～7。

序号 56：conv 子函数结束。

序号 57：程序分隔。

序号 58：定义函数名为 main 的主函数。

序号 59：main 主函数开始。

序号 60：调用 init 初始化子函数。

序号 61：无限循环。

序号 62：无限循环语句开始。

序号 63：调用 conv 子函数。

序号 64：无限循环语句结束。

序号 65：main 主函数结束。

# 18.7　单片机使用定时器及中断演奏音乐

## 1. 实现方法

单片机演奏音乐的原理是，通过控制定时器的定时来产生不同频率的方波，驱动蜂鸣器后便发出不同音阶的声音，再利用延迟来控制发音时间的长短，即可控制音调中的节拍。把乐谱中的音符和相应的节拍变换为定时常数和延迟常数，作成数据表格（数组）存放在存储器中，由程序查表得到定时常数和延迟常数，分别用以控制定时器产生方波的频率和发出该频率方波的持续时间。当延迟时间到时，再查下一个音符的定时常数和延迟常数。依次进行下去，就可自动演奏出悦耳动听的音乐。

下面是歌曲"新年好"中的一段简谱：

1=C　　1 1　1 5̣　│ 3 3　3 1　│ 1 3 5 5　│ 4 3　2 —　│ 2 3　4 4　│ 3 2　1 3　│

1 3　2 5̣　│　7̣ 2 1　— —│

用定时器 T0 方式 1 来产生歌谱中各音符对应频率的方波，由 P3.5 输出驱动蜂鸣器发声。节拍的控制可通过调用延时子函数来实现。表 18.2 为简谱中的音名与频率、半周期的关系。

表 18.2　简谱中的音名与频率、半周期的关系

| 音名 | 频率/Hz | 半周期/ms | 音名 | 频率/Hz | 半周期/ms | 音名 | 频率/Hz | 半周期/ms |
|---|---|---|---|---|---|---|---|---|
| 低音 1 | 261.6 | 1.911 | 中音 1 | 523.3 | 0.955 | 高音 1 | 1046.5 | 0.478 |
| 低音 2 | 293.7 | 1.702 | 中音 2 | 587.3 | 0.851 | 高音 2 | 1174.7 | 0.426 |
| 低音 3 | 329.6 | 1.517 | 中音 3 | 659.3 | 0.758 | 高音 3 | 1318.5 | 0.379 |
| 低音 4 | 349.2 | 1.432 | 中音 4 | 698.5 | 0.716 | 高音 4 | 1396.9 | 0.358 |
| 低音 5 | 392 | 1.276 | 中音 5 | 784 | 0.638 | 高音 5 | 1568 | 0.319 |
| 低音 6 | 440 | 1.136 | 中音 6 | 880 | 0.568 | 高音 6 | 1760 | 0.284 |
| 低音 7 | 493.9 | 1.012 | 中音 7 | 987.8 | 0.506 | 高音 7 | 1975.5 | 0.253 |

各节拍的分类如表 18.3 所列。一拍是一个相对时间度量单位,一拍的长度没有限制,可以是 1 s,也可以是 0.5 s 或 0.25 s。

表 18.3　简谱中各节拍的分类

| 节拍符号 | $\underline{\underline{X}}$ | $\underline{X}$ | $\underline{X}$· | X | X· | X- | X--- |
|---|---|---|---|---|---|---|---|
| 名称 | 十六分音符 | 八分音符 | 八分符点音符 | 四分音符 | 四分符点音符 | 二分音符 | 全音符 |
| 拍数 | 1/4 拍 | 1/2 拍 | 3/4 拍 | 1 拍 | 1 又 1/2 拍 | 2 拍 | 4 拍 |

## 2. 源程序文件

在 D 盘建立一个文件目录(CS18-4),然后建立 CS18-4.uv2 的工程项目,最后建立源程序文件(CS18-4.c)。输入下面的程序:

```
#include <REG51.H>                      //1
#define uchar unsigned char             //2
#define uint unsigned int               //3
uchar j;                                //4
uchar del;                              //5
uchar val1,val2;                        //6
uchar RH,RL;                            //7
bit stop_flag;                          //8
sbit BZ = P3^5;                         //9
void music_load(void);                  //10
//****************************11
code uchar TAB[] =                       //12
    {                                    //13
    0xFE,0x25,0x01,0xFE,0x25,0x01,       //14
    0xFE,0x25,0x02,0xFD,0x80,0x02,       //15
    0xFE,0x84,0x01,0xFE,0x84,0x01,       //16
    0xFE,0x84,0x02,0xFE,0x25,0x02,       //17
    0xFE,0x25,0x01,0xFE,0x84,0x01,       //18
    0xFE,0xC0,0x02,0xFE,0xC0,0x02,       //19
    0xFE,0x98,0x01,0xFE,0x84,0x01,       //20
    0xFE,0x57,0x04,0x00,0x00,0x02,       //21
    //****************************22
    0xFE,0x57,0x01,0xFE,0x84,0x01,       //23
    0xFE,0x98,0x02,0xFE,0x98,0x02,       //24
    0xFE,0x84,0x01,0xFE,0x57,0x01,       //25
    0xFE,0x25,0x02,0xFE,0x84,0x02,       //26
    0xFE,0x25,0x01,0xFE,0x84,0x01,       //27
    0xFE,0x57,0x02,0xFD,0x80,0x02,       //28
    0xFE,0x07,0x01,0xFE,0x57,0x01,       //29
```

```
    0xFE,0x25,0x04,0x00,0x00,0x04,              //30
    0xFF,0xFF,0x01                              //31
    };                                          //32
//*********************************33
void delay(uint k)                              //34
{                                               //35
uint i,j;                                       //36
for(i = 0;i<k;i ++ ){                           //37
for(j = 0;j<120;j ++ )                          //38
{;}}                                            //39
}                                               //40
void time0(void) interrupt 1                    //41
{                                               //42
  TH0 = RH;                                     //43
  TL0 = RL;                                     //44
  val1 = RH|RL;                                 //45
  val2 = RH&RL;                                 //46 高 8 位与低 8 位相与
  if(val1 == 0x00)BZ = 1;                       //47 相或结果全 0 表示乐曲休止
  else if(val2 == 0xff){ BZ = 1; TR0 = 0;}      //48 若相与结果全 1 表示乐曲结束
  else BZ = ! BZ;                               //49 否则继续奏乐
}                                               //50
//*********************************51
void music_load(void)                           //52 装载音乐数据的函数
{                                               //53
  RH = TAB[j];                                  //54 取定时器初值高 8 位
  j ++ ;                                        //55
  RL = TAB[j];                                  //56 取定时器初值低 8 位
  j ++ ;                                        //57
  del = TAB[j];                                 //58 查延迟常数}
}                                               //59
//*********************************60
void main(void)                                 //61
{                                               //62
  TMOD = 0x01;                                  //63
  ET0 = 1;TR0 = 1;                              //64
  EA = 1;                                       //65
  j = 0;                                        //66
  while(1)                                      //67
  {                                             //68
    music_load();                               //69 装载音乐数据
    delay(del * 200);                           //70
    if(TR0!  = 0)                               //71
```

```
    j++;                                      //72
    else {delay(1000);j = 0;del = 0;TR0 = 1;} //73
  }                                           //74
}                                             //75
```

　　编译通过后,51 MCU DEMO 试验板接通 5 V 稳压电源,将生成的 CS18 -4. hex 文件下载到试验板上的单片机 89S51 中,注意,标示"BZ"的排针应插上短路块。立刻,我们能听见扬声器奏出的"新年好"音乐。

## 3. 程序分析解释

　　序号 1:包含头文件 REG51.H。

　　序号 2～3:数据类型的宏定义。

　　序号 4～7:全局变量定义。

　　序号 8:停止奏乐的位变量。

　　序号 9:扬声器定义。

　　序号 10:函数声明。

　　序号 11:程序分隔。

　　序号 12:音调及节拍的数据表格(数组)。

　　序号 13～32:数组。

　　序号 14:2 个音符及节拍的数据。以下同。

　　序号 33:程序分隔。

　　序号 34～40:延时子函数。

　　序号 41:定时器 T0 中断服务子函数,定时器 0 负责音调。

　　序号 42:T0 中断服务子函数开始。

　　序号 43～44:重装定时初值。

　　序号 45:定时初值高 8 位与低 8 位相或。

　　序号 46:定时初值高 8 位与低 8 位相与。

　　序号 47:相或结果全 0 表示乐曲休止。

　　序号 48:若相与结果全 1 表示乐曲结束。

　　序号 49:否则继续奏乐。

　　序号 50:T0 中断服务子函数结束。

　　序号 51:程序分隔。

　　序号 52:装载音乐数据的函数。

　　序号 53:函数开始。

　　序号 54:取定时器初值高 8 位。

　　序号 55:变量 j 增加 1,准备取定时器初值低 8 位。

　　序号 56:取定时器初值低 8 位。

　　序号 57:变量 j 增加 1,准备取节拍常数。

　　序号 58:取节拍常数(延时常数)。

　　序号 59:函数结束。

　　序号 60:程序分隔。

　　序号 61:主函数。

序号 62:主函数开始。

序号 63:定时器 T0 方式 1。

序号 64:使能 T0 溢出中断,启动 T0。

序号 65:开总中断。

序号 66:变量 j 清零。

序号 67:无限循环。

序号 68:无限循环开始。

序号 69:装载数组中的音乐数据

序号 70:调用延时函数,产生节拍。

序号 71:如果定时器是启动的。

序号 72:变量 j 增加,继续奏乐。

序号 73:否则一曲结束,停止一段时间。

序号 74:无限循环结束。

序号 75:主函数结束。

# 18.8  交通灯实验

在 51 MCU DEMO 试验板上做一个交通灯的实验。

正常情况下主干道绿灯亮 20 s 后,信号灯由绿灯转黄灯并闪烁 10 次(5 s),经过 5 s 的过渡后黄灯转红灯(此时次干道绿灯点亮)。

次干道绿灯亮 10 s 后,信号灯由绿灯转黄灯也闪烁 10 次(5 s),经过 5 s 的过渡后黄灯转红灯(此时主干道绿灯点亮)。

## 1. 实现方法

设定 P1.0 控制主干道红灯,P1.1 控制主干道黄灯,P1.2 控制主干道绿灯;P1.5 控制次干道红灯,P1.6 控制次干道黄灯,P1.7 控制次干道绿灯。

## 2. 源程序文件

在 D 盘建立一个文件目录(CS18-5),然后建立 CS18-5.uv2 的工程项目,最后建立源程序文件(CS18-5.c)。输入下面的程序:

```
#include <REG51.H>                        //1
#define uchar unsigned char               //2
#define uint unsigned int                 //3
#define ON 0                               //4
#define OFF 1                              //5
sbit MAIN_RED = P1^0;                      //6 主干道红灯
sbit MAIN_YELLOW = P1^1;                   //7 主干道黄灯
sbit MAIN_GREEN = P1^2;                    //8 主干道绿灯
sbit SUB_RED = P1^5;                       //9 次干道红灯
```

```c
sbit SUB_YELLOW = P1^6;                //10 次干道黄灯
sbit SUB_GREEN = P1^7;                 //11 次干道绿灯
uint count,flash_cnt;                  //12
uchar status;                          //13
void main(void)                        //14
{                                      //15
    TMOD = 0x01;                       //16
    ET0 = 1;TR0 = 1;                   //17
    EA = 1;                            //18
    TH0 = 0x4c;                        //19
    TL0 = 0x00;                        //20
    while(1);                          //21
}                                      //22
//===============================23
void time0(void) interrupt 1           //24
{                                      //25
    TH0 = 0x4c;                        //26
    TL0 = 0x00;                        //27
    switch (status)                    //28
    {                                  //29
        case 0:                        //30 东西向(主干道)绿灯与南北向(次干道)红灯亮 20 s
            MAIN_RED = OFF; MAIN_YELLOW = OFF; MAIN_GREEN = ON;//31
            SUB_RED = ON; SUB_YELLOW = OFF; SUB_GREEN = OFF;//32
            //20 秒后切换操作(50ms * 400 = 20s)
            if( ++count >= 400)//33
            {                          //34
                count = 0;             //35
                status ++ ;            //36
            }                          //37
            break;                     //38
        case 1:  //39
            if( ++ count >= 10)        //39
            {                          //40
                count = 0;             //41
                MAIN_YELLOW = ~MAIN_YELLOW; MAIN_GREEN = OFF;//42
                //闪烁 10 次                //43
                if( ++ flash_cnt >= 20)    //44
                {                      //45
                    flash_cnt = 0;     //46
                    status ++ ;        //47
                }                      //48
            }                          //49
```

```
              break；                              //50
     case 2：   //51 东西向(主干道)红灯与南北向绿灯亮 10 s
              MAIN_RED = ON；MAIN_YELLOW = OFF；MAIN_GREEN = OFF；//52
              SUB_RED = OFF；SUB_YELLOW = OFF；SUB_GREEN = ON；//53
              //10 秒后切换操作(50ms * 200 = 10s)
              if( ++ count> = 200)                 //54
              {                                    //55
                count = 0；                        //56
                status ++ ；                       //57
              }                                    //58
              break；                              //59
     case 3：   //60 南北向黄灯开始闪烁
              if( ++ count> = 10)                  //61
              {                                    //62
                count = 0；                        //63
                SUB_YELLOW = ~ SUB_YELLOW；SUB_GREEN = OFF；//64
                //闪烁 10 次
                if( ++ flash_cnt> = 20)            //65
                {                                  //66
                  flash_cnt = 0；                  //67
                  status = 0；                     //68
                }                                  //69
              }                                    //70
              break；                              //71
     }                                             //72
 }                                                 //73
```

编译通过后，51 MCU DEMO 试验板接通 5 V 稳压电源，将生成的 CS18 -5. hex 文件下载到试验板上的单片机 89S51 中，注意，标示"LED"的双排针应插上短路块。我们能从 D0～D7 的灯光亮灭上，观察出交通灯的工作状态。

## 3. 程序分析解释

序号 1：包含头文件 REG51. H。

序号 2～3：数据类型的宏定义。

序号 4：宏定义开灯为 0。

序号 5：宏定义关灯为 1。

序号 6：主干道红灯定义。

序号 7：主干道黄灯定义。

序号 8：主干道绿灯定义。

序号 9：次干道红灯定义。

序号 10：次干道黄灯定义。

序号 11：次干道绿灯定义。

序号 12:计时变量,闪烁变量定义。

序号 13:工作状态定义。

序号 14:主函数。

序号 15:主函数开始。

序号 16:定时器 T0 方式 1。

序号 17:使能定时器 T0 溢出中断,启动定时器 T0。

序号 18:使能总中断。

序号 19~20:装入 50 ms 初值。

序号 21:动态停机。

序号 22:主函数结束。

序号 23:程序分隔。

序号 24:定时器 T0 中断服务子函数。

序号 25:中断服务子函数开始。

序号 26~27:重装 50 ms 初值。

序号 28:switch 语句,根据 status 进行散转。

序号 29:switch 语句开始。

序号 30:状态变量为 0,进行匹配。

序号 31~32:主干道绿灯与次干道红灯亮 20 s。

序号 33:如果 20 s 到了(50 ms * 400 = 20 s)。

序号 34:进入 if 语句。

序号 35:计时变量 count 清零。

序号 36:状态变量增加。

序号 37:if 语句结束。

序号 38:退出 switch 语句。

序号 39:状态变量为 1,进行匹配。

序号 40:如果 0.5 s 到了。

序号 41:进入 if 语句。

序号 42:计时变量 count 清零。

序号 43:主干道黄灯开始闪烁,绿灯关闭。

序号 44:如果闪烁达 10 次。

序号 45:进入 if 语句。

序号 46:闪烁计数变量 flash_cnt 清零。

序号 47:状态变量增加。

序号 48:if 语句结束。

序号 49:if 语句结束。

序号 50:退出 switch 语句。

序号 51:状态变量为 2,进行匹配。

序号 52~53:次干道绿灯与主干道红灯亮 10 s。

序号 54:如果 10 s 到了(50 ms * 200 = 20 s)。

序号 55:进入 if 语句。

序号 56:计时变量 count 清零。

序号 57:状态变量增加。

序号 58：if 语句结束。

序号 59：退出 switch 语句。

序号 60：状态变量为 3，进行匹配。

序号 61：如果 0.5 s 到了。

序号 62：进入 if 语句。

序号 63：计时变量 count 清零。

序号 64：次干道黄灯开始闪烁，绿灯关闭。

序号 65：如果闪烁达 10 次。

序号 66：进入 if 语句。

序号 67：闪烁计数变量 flash_cnt 清零。

序号 68：状态变量清零。

序号 69：if 语句结束。

序号 70：if 语句结束。

序号 71：退出 switch 语句。

序号 72：switch 语句结束。

序号 73：中断服务子函数结束。

# 第 **19** 章

# 键盘接口技术及 **C51** 编程

键盘是单片机不可缺少的输入设备,是实现人机对话的纽带。键盘按结构形式可分为非编码键盘和编码键盘,前者是用软件方法产生键码,而后者则用硬件方法来产生键码。在单片机中使用的都是非编码键盘,因为非编码键盘结构简单、成本低廉。非编码键盘的类型很多,常用的有独立式键盘、行列式键盘等。

## 19.1　独立式键盘

独立式键盘是指将每个按键按一对一的方式直接连接到 I/O 输入线上所构成的键盘,如图 19.1 所示。

在图 19.1 中,键盘接口中使用多少根 I/O 线,键盘中就有多少个按键。键盘接口使用了 8 根 I/O 口线,该键盘就有 8 个按键。这种类型的键盘,键盘的按键比较少,且键盘中各个按键的工作互不干扰。因此,用户可以根据实际需要对键盘中的按键灵活地编码。

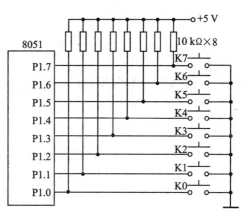

**图 19.1　独立式键盘**

最简单的编码方式就是根据 I/O 输入口所直接反映的相应按键按下的状态进行编码,称按键直接状态码。假如图 19.1 中的 K0 键被按下,则 P1 口的输入状态是 11111110,则 K0 键的直接状态编码就是 FEH。对于这样编码的独立式键盘,CPU 可以通过直接读取 I/O 口的状态来获取按键的直接状态编码值,根据这个值直接进行按键识别。这种形式的键盘结构简单,按键的识别容易。

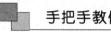
独立式键盘的缺点是需要占用较多的 I/O 口线。当单片机应用系统键盘中需要的按键比较少或 I/O 口线比较富余时，可以采用这种类型键盘。

## 19.2　行列式键盘

行列式键盘是用 $n$ 条 I/O 线作为行线，$m$ 条 I/O 线作为列线组成的键盘。在行线和列线的每一个交叉点上，设置一个按键。这样，键盘中按键的个数是 $m \times n$ 个。这种形式的键盘结构，能够有效地提高单片机系统中 I/O 口的利用率。图 19.2 为行列式键盘输入示意图，列线接 P1.0～P1.3，行线接 P1.4～P1.7。行列式键盘适合于按键输入多的情况。

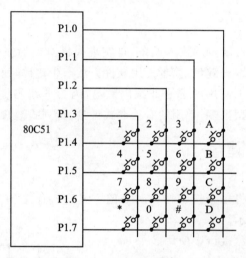

图 19.2　行列式键盘

## 19.3　独立式键盘接口的编程模式

在确定了键盘的编程结构后，就可以编制键盘接口程序。键盘接口程序的功能实际上就是驱动键盘工作，完成按键的识别，根据所识别按键的键值，完成按键子程序的正确散转，从而完成单片机应用系统对用户按键动作的预定义响应。

由于独立式键盘的每一个按键占用一条 I/O 口线，每个按键的工作不影响其他按键，因此，可以直接依据每个 I/O 口线的状态来进行子程序散转，使程序编制简练一些。

另外，可以使用键盘编码值来进行按键子程序的散转，程序更具有通用性。通用的独立式键盘接口程序由键盘管理程序、散转表和键盘处理子程序三部分组成。独立式键盘接口程序各个部分的原理如下：

① 键盘管理程序:担负键盘工作时的循环监测(看是否有键被按下)、键盘去抖动、按键识别、子程序散转(根据所识别的按键进行转子程序处理)等基本工作。

② 散转表:支持应用程序根据按键值进行正确的按键子程序跳转。

③ 键盘处理子程序:负责对具体按键的系统定义及功能执行。

## 19.4 行列式键盘接口的编程模式

行列式键盘具有更加广泛的应用,可采用计算的方法来求出键值,以得到按键特征码。现以图 19.2 为例加以说明。

① 检测出是否有键按下。方法是 P1.4~P1.7 输出全 0,然后读 P1.0~P1.3 的状态,若为全 1 则无键闭合,否则表示有键闭合。

② 有键闭合后,调用 10~20 ms 延时子程序避开按键抖动。

③ 确认键已稳定闭合后,接着判断为哪一个键闭合? 方法是对键盘进行扫描,即依次给每一条列线送 0,其余各列都为 1,并检测每次扫描的行状态。每当扫描输出某一列为 0 时,相继读入行线状态。若为全 1,表示为 0 的这列上没有键闭合,否则不为全 1,表示为 0 的这列上有键闭合。确定了闭合键的位置后,就可计算出键值,即产生键码。

行列式键盘也可采用查表法求得键值,这样,键盘接口程序更具有通用性。它的基本编程模式与独立式键盘一致,都是由键盘管理程序、散转表和按键子程序三部分组成。但是,行列式键盘的按键编码方式与独立式键盘不一样,所以,其键盘管理程序需完成键盘驱动和按键识别两项工作,而独立式键盘的管理程序只需要完成按键识别一项工作。行列式键盘如果按照键盘按键的直接工作状态进行编码,可以使得单片机系统方便地用键盘工作时端口的输入输出状态获得按键编码,按键检测容易。但直接状态编码的码值的离散性比较大,若直接用它的值进行行子程序跳转,在编程时,不好处理。因此,可以用键盘直接状态扫描码与键盘特征码一起组成一个键码查询表,程序中根据得到的键盘直接状态扫描码,用查表法查询键码查询表,得到按键特征码,程序按特征码散转。所谓的特征码就是根据子程序散转的需要,程序员自己设定的与直接状态扫描码对应的按键特征码。

## 19.5 键盘工作方式

CPU 对键盘的扫描可以采取程序控制的随机方式,即只有在 CPU 空闲时才去扫描键盘,响应操作员的键盘输入,但 CPU 在执行应用程序(若应用程序中没有键扫描程序)的过程中,不能响应键盘输入。对键盘的扫描也可采用定时方式,即利用单片机内部定时器,每隔一定时间(如 50 ms)对键盘扫描一次,这种控制方式,不管键盘上有无键闭合,CPU 总是定时地关心键盘状态。在大多数情况下,CPU 对键盘

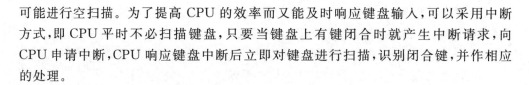

可能进行空扫描。为了提高 CPU 的效率而又能及时响应键盘输入,可以采用中断方式,即 CPU 平时不必扫描键盘,只要当键盘上有键闭合时就产生中断请求,向 CPU 申请中断,CPU 响应键盘中断后立即对键盘进行扫描,识别闭合键,并作相应的处理。

# 19.6 独立式键盘输入实验

## 1. 实现方法

在 51 MCU DEMO 试验板上做一个独立式键盘输入实验,P3 口作输入,P1 口作输出。P3 口的 P3.2 输入低电平后,P1 口的 P1.2 输出低电平,点亮 1 位发光管;P3 口的 P3.3 输入低电平后,P1 口的 P1.0~1.3 输出低电平,点亮 4 位发光管;P3 口的 P3.4 输入低电平后,P1 口的 P1.0~1.5 输出低电平,点亮 6 位发光管;P3 口的 P3.5 输入低电平后,P1 口的 P1.0~1.7 输出低电平,点亮 8 位发光管。

## 2. 源程序文件

在 D 盘建立一个文件目录(CS19-1),然后建立 CS19-1.uv2 的工程项目,最后建立源程序文件(CS19-1.c)。输入下面的程序:

```c
# include <REG51.H>                              //1
# define uint unsigned int                       //2
# define uchar unsigned char                     //3
uchar flag;                                       //4
/**********************************5****/
void delay(uint k)                                //6
{                                                 //7
uint data i,j;                                     //8
for(i = 0;i<k;i ++ )                              //9
{for(j = 0;j<121;j ++ )                           //10
{;}}                                              //11
}                                                 //12
/**********************************13*********/
uchar scan_key(void)                              //14
{                                                 //15
uchar temp;                                       //16
temp = P3;                                        //17
return temp;                                      //18
}                                                 //19
/**********************************20*********/
void main(void)                                   //21
```

```
{                                           //22
    while(1)                                //23
    {                                       //24
        P3 = 0xff;                          //25
        if(P3! = 0xff)                      //26
        {delay(20);                         //27
        P3 = 0xff;                          //28
        if(P3! = 0xff)flag = scan_key();    //29
        }                                   //30
        else flag = 0;                      //31
        switch(flag)                        //32
        {                                   //33
        case 0xfb:P1 = 0xfb;break;          //34
        case 0xf7:P1 = 0xf0;;break;         //35
        case 0xef:P1 = 0xc0;break;          //36
        case 0xdf:P1 = 0x00;;break;         //37
        default:P1 = 0xff;break;            //38
        }                                   //39
    }                                       //40
}                                           //41
```

编译通过后,51 MCU DEMO 试验板接通 5 V 稳压电源,将生成的 CS19 - 1. hex 文件下载到试验板上的 89S51 单片机中(**注意:标示"LED"的双排针应插上短路块**)。P1 口外接的 8 个 LED 均不亮。按下 S1 键,发现 P1.2 处的发光管(D2)点亮;按下 S2 后,右边 4 个发光管(D0~D3)点亮;当按下 S3 键后,右边 6 个发光管(D0~D6)点亮;最后再按下 S4 键,8 个发光管(D0~D7)全亮。不按键时,发光管全灭。

### 3. 程序分析解释

序号 1:包含头文件 REG51.H。

序号 2:数据类型的宏定义。

序号 3:定义变量 min,sec,cnt2,cnt1,均为无符号整型变量。

序号 4:定义键标志变量。

序号 5:程序分隔。

序号 6~12:延时子函数。

序号 13:程序分隔。

序号 14:定义函数名为 scan_key 的子函数。

序号 15:scan_key 子函数开始。

序号 16:定义局部变量 temp。

序号 17:读取 P3 口值至 temp 中。

序号 18:返回 temp 值。

序号 19:scan_key 子函数结束。

序号 20:程序分隔。

序号 21:定义函数名为 main 的主函数。

序号 22:main 主函数开始。

序号 23:无限循环语句。

序号 24:无限循环语句开始。

序号 25:P3 口置 0xff,准备读取输入值。

序号 26:如果 P3 口不等于 0xff,说明有键按下。

序号 27:延时 20 ms 再判,以避开干扰。

序号 28:P3 口置 0xff,准备再次读取输入值。

序号 29:如果 P3 口还是不等于 0xff,说明确实有键按下,调用 scan_key 按键扫描子函数。

序号 31:否则无键按下,置键标志 flag 为 0。

序号 32:switch 语句。

序号 33:switch 语句开始。

序号 34~37:根据 flag 的值分别对 8 个 LED 进行操作。

序号 38:一项也不符合说明无键按下,熄灭全部 LED。

序号 39:switch 语句结束。

序号 40:无限循环语句结束。

序号 41:main 主函数结束。

# 19.7 行列式键盘输入实验

## 1. 实现方法

在 51 MCU DEMO 试验板上做一个行列式键盘输入实验。通电后个位数码管显示"0",按下 0 号键,P0 口的数码管显示"0";按下 1 号键,P0 口的数码管显示"1";……按下 9 号键,P0 口的数码管显示"9";按下 A、B、C、D、♯、∗ 键,个位数码管显示"A""B""C""D""E""F"。

## 2. 源程序文件

在 D 盘建立一个文件目录(CS19 - 2),然后建立 CS19 - 2.uv2 的工程项目,最后建立源程序文件(CS19 - 2.c)。输入下面的程序:

```
#include<REG51.H>                              //1
#define uchar unsigned char                   //2
#define uint unsigned int                      //3
uchar code DIS_SEG7[16] = {0x3f,0x06,0x5b,0x4f,0x66,              //4
            0x6d,0x7d,0x07,0x7f,0x6f,0x77,0x7c,0x39,0x5e,0x79,0x71};//5
uchar code DIS_BIT[8] = {0xfe,0xfd,0xfb,0xf7,0xef,0xdf,0xbf,0x7f};    //6
uchar code SKEY[16] = {10,11,12,13,3,6,9,14,2,5,8,0,1,4,7,15};        //7
uchar code act[4] = {0xfe,0xfd,0xfb,0xf7}; //8
// = = = = = = = = = = = = = = = = = = = = = = = = = =9
```

```
void delay(uint k)              //10
{                               //11
uint data i,j;                  //12
for(i = 0;i<k;i++){             //13
for(j = 0;j<121;j++)            //14
{;}}                            //15
}                               //16
//=======================17
char scan_key(void)             //18
{                               //19
uchar i,j,in,ini,inj;           //20
bit find = 0;                   //21
for(i = 0;i<4;i++)              //22
{                               //23
P1 = act[i];                    //24
delay(10);                      //25
in = P1;                        //26
in = in>>4;                     //27
in = in|0xf0;                   //28
    for(j = 0;j<4;j++)          //29
    {                           //30
        if(act[j] == in)        //31
        {find = 1;              //32
        inj = j;ini = i;        //33
        }                       //34
    }                           //35
}                               //36
if(find == 0)return - 1;        //37
return (ini * 4 + inj);         //38
}                               //39
//=======================40
void main(void)                 //41
{    char c;                    //42
    uchar key_value;            //43
    while(1)                    //44
    {                           //45
        c = scan_key();         //46
        if(c! = - 1)key_value = SKEY[c];   //47
        P0 = DIS_SEG7[key_value];           //48
        P2 = DIS_BIT[0];        //49
```

```
        delay(2);                        //50
      }                                  //51
    }                                    //52
```

编译通过后，51 MCU DEMO 试验板接通 5 V 稳压电源，将生成的 CS19 - 2. hex 文件下载到试验板上的 89S51 单片机中（**注意**：标示"LEDMOD_DATA"及"LEDMOD_COM"的双排针应插上短路块）。这时个位数码管显示"0"。按下 0 号键，个位数码管显示"0"；按下 1 号键，个位数码管显示"1"；……按下 9 号键，P0 口的数码管显示"9"；按下 A、B、C、D、＃、＊键，个位数码管显示"A""B""C""D""E""F"。完全达到设计目的。

### 3. 程序分析解释

序号 1：包含头文件 REG51.H。

序号 2~3：数据类型的宏定义。

序号 4~5：数码管 0~F 的字形码。

序号 6：8 位数码管的位选码。

序号 7：键号值转换数组。

序号 8：键盘扫描控制信号。

序号 9：程序分隔。

序号 10~16：延时子函数。

序号 17：程序分隔。

序号 18：定义函数名为 scan_key 的子函数。

序号 19：scan_key 子函数开始。

序号 20：定义局部变量 i、j、in、ini、inj。

序号 21：定义位 find 标志并赋初值 0。

序号 22：for 循环。

序号 23：for 循环语句开始。

序号 24：由 P1 口送出扫描控制信号。

序号 25：延时 10 ms 再判，以避开干扰。

序号 26：读取 P1 口内容至 in 中。

序号 27：右移 4 位。

序号 28：高 4 位置为 1。

序号 29：for 循环。

序号 30：for 循环开始。

序号 31：if 语句检查是否有按键。

序号 32：如有按键，设定按键标志。

序号 33：记录扫描的指针值。

序号 34：if 语句结束。

序号 35：for 循环结束。

序号 36：for 循环语句结束。

序号 37：如果没按键返回 -1。

序号 38：有按键则返回按键值。

序号 39：scan_key 子函数结束。

序号 40：程序分隔。

序号 41：定义函数名为 main 的主函数。

序号 42：main 主函数开始。定义字符型局部变量 c。

序号 43：定义无符号字符型局部变量 key_value。

序号 44：无限循环语句。

序号 45：无限循环语句开始。

序号 46：调用 scan_key 子函数，返回值送 c。

序号 47：如果 c 不等于 -1，说明有键按下，转换后的键号值送 key_value。

序号 48：显示键号值。

序号 49：点亮个位数码管。

序号 50：延时 2 ms。

序号 51：无限循环语句结束。

序号 52：main 主函数结束。

在第 18 章中，已经讲到将扫描刷新数码管的子程序嵌入到程序的主循环之中时，当程序处理的事情较多时，会影响到数码管的显示（闪烁）。同理，将按键扫描子程序嵌入到程序的主循环之中时，如果程序处理的事情较多时，也会影响到按键时的实时响应。

为了使读者加深感性认识，下面做两个关于键盘工作方式的实验。一个为程序控制扫描方式的键盘输入，实时性较差。另一个为定时中断键盘扫描输入，实时性较好。通过这两个实验可以理解 CPU 对键盘的程序控制扫描与定时中断扫描的区别。

# 19.8　扫描方式的键盘输入实验

## 1. 实现方法

在 51 MCU DEMO 试验板上做一个键盘输入实验。通电后最低位数码管点亮，同时 CPU 调用 5 s 延时子程序（模拟处理其他事情）。在 5 s 延时子程序结束期间，CPU 才进行键盘的扫描，如果这时按下 1 号键，则将最低位数码管熄灭。这种 CPU 对键盘的程序控制扫描方式，有时会因 CPU 在忙于处理其他事情而延误或遗漏了对键盘输入的反应。

## 2. 源程序文件

在 D 盘建立一个文件目录（CS19 - 3），然后建立 CS19 - 3.uv2 的工程项目，最后建立源程序文件（CS19 - 3.c）。输入下面的程序：

```
# include<REG51.H>                                              //1
# define uchar unsigned char                                    //2
# define uint unsigned int                                      //3
uchar code DIS_SEG7[16] = {0x3f,0x06,0x5b,0x4f,0x66,            //4
            0x6d,0x7d,0x07,0x7f,0x6f,0x77,0x7c,0x39,0x5e,0x79,0x71}; //5
uchar code DIS_BIT[8] = {0xfe,0xfd,0xfb,0xf7,0xef,0xdf,0xbf,0x7f}; //6
uchar code SKEY[16] = {10,11,12,13,3,6,9,14,2,5,8,0,1,4,7,15};  //7
uchar code act[4] = {0xfe,0xfd,0xfb,0xf7};                      //8
// = = = = = = = = = = = = = = = = = = = = = = = = = = = = =9
void delay10ms(void)                                            //10
{                                                               //11
uint data i,j;                                                  //12
for(i = 0;i<10;i ++ ){                                          //13
for(j = 0;j<121;j ++ )                                          //14
{;}}                                                            //15
}                                                               //16
// = = = = = = = = = = = = = = = = = = = = = = = = = = = = = =17
void delay(uint k)                                              //18
{                                                               //19
uint data i,j;                                                  //20
for(i = 0;i<k;i ++ ){                                           //21
for(j = 0;j<121;j ++ )                                          //22
{;}}                                                            //23
}                                                               //24
// = = = = = = = = = = = = = = = = = = = = = = = = = = = = = =25
char scan_key(void)                                             //26
{                                                               //27
    uchar i,j,in,ini,inj;                                       //28
    bit find = 0;                                               //29
        for(i = 0;i<4;i ++ )                                    //30
        {                                                       //31
        P1 = act[i];                                            //32
        delay10ms();                                            //33
        in = P1;                                                //34
        in = in>>4;                                             //35
        in = in|0xf0;                                           //36
            for(j = 0;j<4;j ++ )                                //37
            {                                                   //38
                if(act[j] == in)                                //39
                {find = 1;                                      //40
                inj = j;ini = i;                                //41
            }                                                   //42
        }                                                       //43
```

```
    }                                              //44
    if(find == 0)return − 1;                       //45
    return (ini ∗ 4 + inj);                        //46
}                                                  //47
// = = = = = = = = = = = = = = = = = = = = = = = = =48
void main(void)                                    //49
{   char c;                                        //50
    uchar key_value;                               //51
    P0 = 0xff;P2 = 0xfe;                           //52
    while(1)                                       //53
    {                                              //54
        delay(5000);                               //55
        c = scan_key();                            //56
        if(c! = − 1)key_value = SKEY[c];           //57
        if(key_value == 1){P0 = 0xff;P2 = 0xff;}   //58
    }                                              //59
}                                                  //60
```

编译通过后,51 MCU DEMO 试验板接通 5 V 稳压电源,将生成的 CS19 – 3. hex 文件下载到试验板上的 89S51 单片机中(**注意**:标示"LEDMOD_DATA"及 "LEDMOD_COM"的双排针应插上短路块)。这时最低位数码管点亮。如果这时按下 1 号键,则 CPU 不一定有反应,因为它正在处理调用的 5 s 延时子程序。只有在 5 s 延时子程序结束期间,CPU 才进行键盘的扫描,如果这时正巧按下 1 号键,则 CPU 将最低位数码管熄灭。显然这种调用键盘的扫描子程序的实时性较差。

### 3. 程序分析解释

序号 1:包含头文件 REG51.H。

序号 2~3:数据类型的宏定义。

序号 4~5:数码管 0~F 的字形码。

序号 6:8 位数码管的位选码。

序号 7:键号值转换数组。

序号 8:键盘扫描控制信号。

序号 9:程序分隔。

序号 10~16:10 ms 延时子函数。

序号 17:程序分隔。

序号 18~24:延时子函数。

序号 25:程序分隔。

序号 26:定义函数名为 scan_key 的子函数。

序号 27:scan_key 子函数开始。

序号 28:定义局部变量 i、j、in、ini、inj。

序号 29:定义位 find 标志并赋初值 0。

序号 30:for 循环。

序号 31:for 循环语句开始。

序号 32:由 P1 口送出扫描控制信号。

序号 33:延时 10 ms 再判,以避开干扰。

序号 34:读取 P1 口内容至 in 中。

序号 35:右移 4 位。

序号 36:高 4 位置为 1。

序号 37:for 循环。

序号 38:for 循环开始。

序号 39:if 语句检查是否按键。

序号 40:如有按键,设定按键标志。

序号 41:记录扫描的指针值。

序号 42:if 语句结束。

序号 43:for 循环结束。

序号 44:for 循环语句结束。

序号 45:如果没按键返回 - 1。

序号 46:有按键则返回按键值。

序号 47:scan_key 子函数结束。

序号 48:程序分隔。

序号 49:定义函数名为 main 的主函数。

序号 50:main 主函数开始。定义字符型局部变量 c。

序号 51:定义无符号字符型局部变量 key_value。

序号 52:点亮个位数码管。

序号 53:无限循环语句。

序号 54:无限循环语句开始。

序号 55:延时 5 s。

序号 56:调用 scan_key 子函数,返回值送 c。

序号 57:如果 c 不等于 - 1,说明有键按下,转换后的键号值送 key_value。

序号 58:如果按下的为 1 号键,则熄灭个位数码管。

序号 59:无限循环语句结束。

序号 60:main 主函数结束。

# 19.9　定时中断方式的键盘输入实验

## 1. 实现方法

在 51 MCU DEMO 试验板上做一个定时中断键盘输入实验。通电后最低位数码管点亮,同时 CPU 调用 5 s 延时子程序(模拟做其他事情)。按下 1 号键,马上将最低位数码管熄灭。这种 CPU 对键盘的定时中断扫描方式,只要定时时间足够短(几十 ms),就不会因 CPU 在忙于处理其他事情而延误或遗漏了对键盘输入的反应。

## 2. 源程序文件

在 D 盘建立一个文件目录(CS19 - 4),然后建立 CS19 - 4. uv2 的工程项目,最后

建立源程序文件(CS19 - 4.c)。输入下面的程序:

```c
# include<REG51.H>                          //1
# define uchar unsigned char                //2
# define uint unsigned int                  //3
uchar code DIS_SEG7[16] = {0x3f,0x06,0x5b,0x4f,0x66,      //4
           0x6d,0x7d,0x07,0x7f,0x6f,0x77,0x7c,0x39,0x5e,0x79,0x71};
                                            //5
uchar code DIS_BIT[8] = {0xfe,0xfd,0xfb,0xf7,0xef,0xdf,0xbf,0x7f};
                                            //6
uchar code SKEY[16] = {10,11,12,13,3,6,9,14,2,5,8,0,1,4,7,15};
                                            //7
uchar code act[4] = {0xfe,0xfd,0xfb,0xf7}; //8
// = = = = = = = = = = = = = = = = = = = = = = = =9
void delay10ms(void)                        //10
{                                           //11
uint data i,j;                              //12
for(i = 0;i<10;i ++ ){                      //13
for(j = 0;j<121;j ++ )                      //14
{;}}                                        //15
}                                           //16
// = = = = = = = = = = = = = = = = = = = = = = = =17
void delay(uint k)                          //18
{                                           //19
uint data i,j;                              //20
for(i = 0;i<k;i ++ ){                       //21
for(j = 0;j<121;j ++ )                      //22
{;}}                                        //23
}                                           //24
// = = = = = = = = = = = = = = = = = = = = = = = =25
char scan_key(void)                         //26
{                                           //27
uchar i,j,in,ini,inj;                       //28
bit find = 0;                               //29
    for(i = 0;i<4;i ++ )                    //30
    {                                       //31
    P1 = act[i];                            //32
    delay10ms();                            //33
    in = P1;                                //34
    in = in>>4;                             //35
    in = in|0xf0;                           //36
        for(j = 0;j<4;j ++ )                //37
        {                                   //38
```

```
        if(act[j] == in)                    //39
        {find = 1;                           //40
        inj = j;ini = i;                     //41
        }                                    //42
     }                                       //43
  }                                          //44
  if(find == 0)return - 1;                   //45
  return (ini * 4 + inj);                    //46
}                                            //47
// = = = = = = = = = = = = = = = = = = = =48
void init(void)                              //49
{                                            //50
TMOD = 0x01;                                 //51
TH0 = - (50000/256);                         //52
TL0 = - (50000 % 256);                       //53
ET0 = 1;                                     //54
TR0 = 1;                                     //55
EA = 1;                                      //56
}                                            //57
// = = = = = = = = = = = = = = = = = = = =58
void main(void)                              //59
{                                            //60
   init();                                   //61
   P0 = 0xff;P2 = 0xfe;                       //62
   while(1)                                  //63
   {                                         //64
       delay(5000);                          //65
   }                                         //66
}                                            //67
// = = = = = = = = = = = = = = = = = = = =68
void time0(void) interrupt 1                 //69
{                                            //70
char c;  uchar key_value;                    //71
TH0 = - (50000/256);                         //72
TL0 = - (50000 % 256);                       //73
c = scan_key();                              //74
if(c! = - 1)key_value = SKEY[c];             //75
if(key_value == 1){P0 = 0xff;P2 = 0xff;}     //76
}                                            //77
```

编译通过后,51 MCU DEMO 试验板接通 5 V 稳压电源,将生成的 CS19 -4. hex 文件下载到试验板上的 89S51 单片机中(**注意**:标示"LEDMOD_DATA"及"LED-MOD_COM"的双排针应插上短路块)。这时最低位数码管点亮。如果这时按下 1

号键,则 CPU 马上就有反应,将最低位数码管熄灭。这种 CPU 对键盘的定时中断扫描方式,当定时设置为几十 ms 时,对键盘输入的实时响应很好。

### 3. 程序分析解释

序号 1:包含头文件 REG51.H。

序号 2~3:数据类型的宏定义。

序号 4~5:数码管 0~F 的字形码。

序号 6:8 位数码管的位选码。

序号 7:键号值转换数组。

序号 8:键盘扫描控制信号。

序号 9:程序分隔。

序号 10~16:10 ms 延时子函数。

序号 17:程序分隔。

序号 18~24:延时子函数。

序号 25:程序分隔。

序号 26:定义函数名为 scan_key 的子函数。

序号 27:scan_key 子函数开始。

序号 28:定义局部变量 i、j、in、ini、inj。

序号 29:定义位 find 标志并赋初值 0。

序号 30:for 循环。

序号 31:for 循环语句开始。

序号 32:由 P1 口送出扫描控制信号。

序号 33:延时 10 ms 再判断,以避开干扰。

序号 34:读取 P1 口内容至 in 中。

序号 35:右移 4 位。

序号 36:高 4 位置为 1。

序号 37:for 循环。

序号 38:for 循环开始。

序号 39:if 语句检查是否按键。

序号 40:如有按键,设定按键标志。

序号 41:记录扫描的指针值。

序号 42:if 语句结束。

序号 43:for 循环结束。

序号 44:for 循环语句结束。

序号 45:如果没按键返回 -1。

序号 46:有按键则返回按键值。

序号 47:scan_key 子函数结束。

序号 48:程序分隔。

序号 49:定义函数名 init 的子函数。

序号 50:init 子函数开始。

序号 51:设置定时器 T0 方式 1。

序号 52、53:T0 载入定时初值(在晶振为 11.059 2 MHz 时定时约 50 ms)。

序号 54:T0 打开中断。

序号 55:启动 T0。

序号 56:总中断允许。

序号 57:init 子函数结束。

序号 58:程序分隔。

序号 59:定义函数名为 main 的主函数。

序号 60:main 主函数开始。定义字符型局部变量 c。

序号 61:定义无符号字符型局部变量 key_value。

序号 62:点亮个位数码管。

序号 63:无限循环语句。

序号 64:无限循环语句开始。

序号 65:延时 5 s。

序号 66:无限循环语句结束。

序号 67:main 主函数结束。

序号 68:程序分隔。

序号 69:定义函数名为 timer0 的 T0 中断服务函数,使用默认的寄存器组。

序号 70:timer0 中断服务函数开始。

序号 71:定义字符型局部变量 c。定义无符号字符型局部变量 key_value。

序号 74:调用 scan_key 子函数,返回值送 c。

序号 75:如果 c 不等于 -1,说明有键按下,转换后的键号值送 key_value。

序号 76:如果按下的为 1 号键,则熄灭个位数码管。

序号 77:T0 中断服务函数结束。

# 第 **20** 章

# LED 显示器接口技术及 C51 编程

在单片机系统中,经常用 LED(发光二极管)数码显示器来显示单片机系统的工作状态、运算结果等各种信息,LED 数码显示器(俗称 LED 数码管)是单片机与人对话的一种重要输出设备。

## 20.1　LED 数码显示器构造及特点

图 20.1 是 LED 数码显示器的构造。它实际上是由 8 个发光二极管构成,其中 7 个发光二极管排列成"8"字形的笔画段,另一个发光二极管为圆点形状,安装在显示器的右下角作为小数点使用。通过发光二极管亮暗的不同组合,从而可显示出 0~9 的阿拉伯数字符号以及其他能由这些笔画段构成的各种字符。

图 20.1　LED 数码显示器的构造

LED 数码显示器的内部结构共有两种不同形式,一种是共阳极显示器,其内部电路见图 20.2,即 8 个发光二极管的正极全部连接在一起组成公共端,8 个发光二极管的负极则各自独立引出;另一种是共阴极显示器,其内部电路见图 20.3,即 8 个发光二极管的负极全部连接在一起组成公共端,8 个发光二极管的正极则各自独立引出。

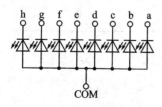

图 20.2　共阳极显示器内部电路

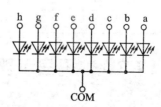

图 20.3　共阴极显示器内部电路

LED数码显示器中的发光二极管共有两种连接方法：

① 共阳极接法。把发光二极管的阳极连在一起,使用时公共阳极接+5 V,这时阴极接低电平的该段发光二极管就导通点亮,而接高电平的则不点亮。

② 共阴极接法。把发光二极管的阴极连在一起,使用时公共阴极接地,这时阳极接高电平的该段发光二极管就导通点亮,而接低电平的则不点亮。

驱动电路中的限流电阻 R,通常根据 LED 的工作电流计算而得到,$R=(V_{cc}-V_{led})/I_{led}$。式中,$V_{cc}$为电源电压(+5 V),$V_{led}$为 LED 压降(一般取 2 V 左右),$I_{led}$为工作电流(可取 1~20 mA)。R 通常取数百欧姆。

我们实验中使用的AT89S51单片机,其 P0~P3 口具有 20 mA 的灌电流输出能力,因此可直接驱动共阳极的 LED 数码显示器。

为了显示数字或符号,要为 LED 数码显示器提供代码,因为这些代码是为显示字形的,因此称之为字形代码。7 段发光二极管,再加上一个小数点位,共计 8 位代码,由一个数据字节提供。各数据位的对应关系如表20.1所列。

表 20.1　各数据位的对应关系

| 数据位 | D7 | D6 | D5 | D4 | D3 | D2 | D1 | D0 |
|---|---|---|---|---|---|---|---|---|
| 显示段 | h | g | f | e | d | c | b | a |

LED 数码显示器的字形(段)码表如表 20.2 所列。

表 20.2　LED 数码显示器的字形(段)码表

| 显示字形 | 字形码(共阳极) | 字形码(共阴极) | 显示字形 | 字形码(共阳极) | 字形码(共阴极) |
|---|---|---|---|---|---|
| 0 | C0H | 3FH | 9 | 90H | 6FH |
| 1 | F9H | 06H | A | 88H | 77H |
| 2 | A4H | 5BH | B | 83H | 7CH |
| 3 | B0H | 4FH | C | C6H | 39H |
| 4 | 99H | 66H | D | A1H | 5EH |
| 5 | 92H | 6DH | E | 86H | 79H |
| 6 | 82H | 7DH | F | 8EH | 71H |
| 7 | F8H | 07H | 熄灭 | FFH | 00H |
| 8 | 80H | 7FH | | | |

# 20.2　LED 数码显示器显示方法

在单片机应用系统中,LED 数码显示器的显示方法有两种:静态显示法和动态扫描显示法。

## 1. 静态显示法

　　所谓静态显示,就是每一个显示器各笔画段都要独占具有锁存功能的输出口线,CPU 把欲显示的字形代码送到输出口上,就可以使显示器显示出所需的数字或符号,此后,即使 CPU 不再去访问它,显示的内容也不会消失(因为各笔画段接口具有锁存功能)。

　　静态显示法的优点是显示程序十分简单,显示亮度大,由于 CPU 不必经常扫描显示器,所以节约了 CPU 的工作时间。但静态显示也有其缺点,主要是占用的 I/O 口线较多,硬件成本也较高。所以静态显示法常用在显示器数目较少的应用系统中。图 20.4 为静态显示示意图。

　　图 20.4 中由 74LS273(8D 锁存器)作扩展输出口,输出控制信号由 P2.0 和 $\overline{\text{WR}}$ 合成,当二者同时为 0 时,或门输出为 0,将 P0 口数据锁存到 74LS273 中,口地址为 FEEEH。输出口线的低 4 位和高 4 位分别接 BCD－7 段显示译码驱动器 74LS47,它们驱动 2 位数码管作静态的连续显示。

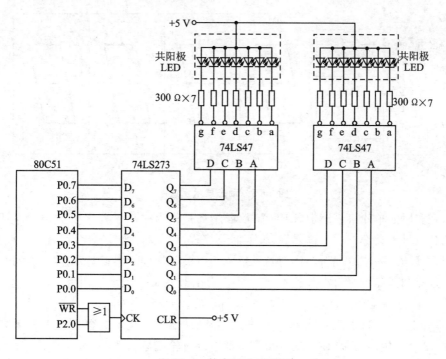

**图 20.4　静态显示示意图**

## 2. 动态扫描显示法

　　动态扫描显示是单片机应用系统中最常用的显示方式之一。它是把所有显示器的 8 个笔画段 a～h 的各段同名端互相并接在一起,并把它们接到字段输出口上。为了防止各个显示器同时显示相同的数字,各个显示器的公共端 COM 还要受到另一组信号控制,即把它们接到位输出口上。这样,对于一组 LED 数码显示器需要由两组信号来控制:一组是字段输出口输出的字形代码,用来控制显示的字形,称为段码;另一组是位输出口输出的控制信号,用来选择第几位显示器工作,称为位码。在这两组信号的控制下,可以一位一位地轮流点亮各个显示器显示各自的数码,以实现动态扫描显示。在轮流点亮一遍的过程中,每位显示器点亮的时间则是极为短暂的(1～5 ms)。由于 LED 具有余辉特性以及人眼视觉的惰性,尽管各位显示器实际上是分时断续地显示,但只要适当选取扫描频率,给人眼的视觉印象就会是在连续稳定地显示,并不察觉有闪烁现象。动态扫描显示由于各个数码管的字段线是并联使用的,因而大大简化了硬件线路。图 20.5 为动态显示示意图。

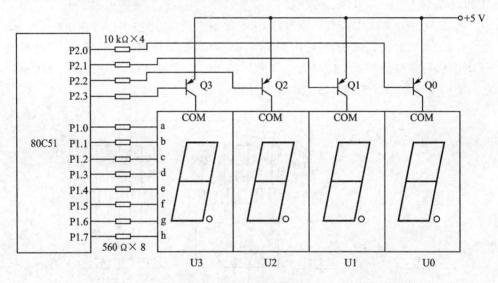

图 20.5　动态显示示意图

在实际的单片机系统中,LED 显示程序都是作为一个子程序供监控程序调用,因此各位显示器都扫过一遍之后,就返回监控程序。返回监控程序后,进行一些其他操作,再调用显示扫描程序。通过这种反复调用来实现 LED 数码显示器的动态扫描。

动态扫描显示接口电路虽然硬件简单,但在使用时必须反复调用显示子程序,若 CPU 要进行其他操作,那么显示子程序只能插入循环程序中,这往往束缚了 CPU 的工作,降低了 CPU 的工作效率。另外扫描显示电路中,显示器数目也不宜太多,一般在 12 个以内,否则会使人察觉出显示器在分时轮流显示。

## 20.3　静态显示实验

### 1. 实现方法

在 51 MCU DEMO 试验板上做一个静态显示实验,通电后最低位数码管静态显示"8",而 8 个发光管则闪烁。

## 2. 源程序文件

在 D 盘建立一个文件目录(CS20 - 1),然后建立 CS20 - 1. uv2 的工程项目,最后建立源程序文件(CS20 - 1. c)。输入下面的程序:

```
#include <REG51.H>                    //1
#define uint unsigned int             //2
#define uchar unsigned char           //3
uchar code DIS_SEG7[16] = {0x3f,0x06,0x5b,0x4f,0x66,          //4
            0x6d,0x7d,0x07,0x7f,0x6f,0x77,0x7c,0x39,0x5e,0x79,0x71};//5
uchar code DIS_BIT[8] = {0xfe,0xfd,0xfb,0xf7,0xef,0xdf,0xbf,0x7f};     //6
/**************************7******************/
void delay(uint k)                    //8
{                                     //9
uint data i,j;                        //10
for(i = 0;i<k;i ++ )                  //11
{for(j = 0;j<121;j ++ )               //12
{;}}                                  //13
}                                     //14
/**************************15***********/
void main(void)                       //16
{                                     //17
    P0 = DIS_SEG7[8];                 //18
    P2 = DIS_BIT[0];                  //19
    while(1)                          //20
     {                                //21
       P1 = ~P1;                      //22
       delay(500);                    //23
     }                                //24
}                                     //25
```

编译通过后,51 MCU DEMO 试验板接通 5 V 稳压电源,将生成的 CS20 -1. hex 文件下载到试验板上的 89S51 单片机中(**注意:标示"LEDMOD_DATA""LEDMOD_COM"及"LED"的双排针应插上短路块**)。这时个位数码管显示"8",而 8 个发光管则以 1 Hz 的速率闪烁。

## 3. 程序分析解释

序号 1:包含头文件 REG51.H。
序号 2~3:数据类型的宏定义。
序号 4~5:数码管 0~8 的字形码。
序号 6:数码管的位选码。

序号 7:程序分隔。

序号 8~14:延时子函数。

序号 15:程序分隔。

序号 16:定义函数名为 main 的主函数。

序号 17:main 主函数开始。定义无符号字符型局部变量 key_flag。

序号 18~19:对 P0、P2 口置数点亮个位数码管(显示"8")。

序号 20:无限循环。

序号 21:无限循环语句开始。

序号 22:取反 P1 口,使 8 个 LED 闪烁。

序号 23:调用 0.5 s 延时子函数。

序号 24:无限循环语句结束。

序号 25:main 主函数结束。

可以看出,一开始 CPU 对 P0、P2 口置数点亮个位数码管(显示"8"),以后 CPU 不再访问 P0、P2 口。由于 P0、P2 口具有锁存作用,因此,个位数码管被持续点亮,处于静态显示状态。下面将在 51 MCU DEMO 试验板上做慢速扫描动态显示与快速扫描动态显示的对比实验。

# 20.4　慢速扫描动态显示实验

从 P0 口依次慢速(时间为 0.1 s)送显"87654321"这 8 个字。

## 1. 源程序文件

在 D 盘建立一个文件目录(CS20-2),然后建立 CS20-2.uv2 的工程项目,最后建立源程序文件(CS20-2.c)。输入下面的程序:

```
# include <REG51.H>                          //1
# define uint unsigned int                   //2
# define uchar unsigned char                 //3
uchar code DIS_SEG7[16] = {0x3f,0x06,0x5b,0x4f,0x66,              //4
          0x6d,0x7d,0x07,0x7f,0x6f,0x77,0x7c,0x39,0x5e,0x79,0x71};//5
uchar code DIS_BIT[8] = {0xfe,0xfd,0xfb,0xf7,0xef,0xdf,0xbf,0x7f};    //6
/*****************************7***********/
void delay(uint k)                           //8
{                                            //9
uint data i,j;                               //10
for(i = 0;i<k;i++)                           //11
{for(j = 0;j<121;j++)                        //12
{;}}                                         //13
}                                            //14
/*****************************15***********/
```

```
void main(void)                              //16
{                                            //17
    uchar cnt;                               //18
    while(1)                                 //19
    {                                        //20
      for(cnt = 0;cnt<8;cnt++)               //21
      {P0 = DIS_SEG7[cnt + 1];               //22
       P2 = DIS_BIT[cnt];                    //23
       delay(100);}                          //24
    }                                        //25
}                                            //26
```

编译通过后,51 MCU DEMO 试验板接通 5 V 稳压电源,将生成的 CS20 -2. hex 文件下载到试验板上的 89S51 单片机中(**注意:标示"LEDMOD_DATA"及"LED-MOD_COM"的双排针应插上短路块**)。这时从最低位到最高位数码管,出现移动点亮的"12345678"8 个数,每位数码管的点亮时间约为 0.1 s。即右边第一个(个位)数码管显示"1"字 0.1 s,随即熄灭;接下来十位数码管显示"2"字 0.1 s,随即熄灭;再下来百位数码管显示"3"字 0.1 s,随即熄灭;……最后最高位数码管显示"8"字 0.1 s,随即熄灭。重复循环,反复不已。显示过程采用了分时动态扫描的方法依次点亮八位数码管,但由于每位数码管在点亮 0.1 s 的过程中,其他 7 位数码管处于熄灭状态,扫描频率太低,因此观察起来很不舒服。

## 2. 程序分析解释

序号 1:包含头文件 REG51.H。

序号 2~3:数据类型的宏定义。

序号 4~5:数码管 0~8 的字形码。

序号 6:数码管的位选码。

序号 7:程序分隔。

序号 8~14:延时子函数。

序号 15:程序分隔。

序号 16:定义函数名为 main 的主函数。

序号 17:main 主函数开始。

序号 18:定义无符号字符型局部变量 cnt。

序号 19:无限循环。

序号 20:无限循环语句开始。

序号 21:for 循环,用于对 8 个数码管进行扫描。

序号 22:for 循环语句开始。P0 口送出待显字形码。

序号 23:P2 口送出位选码。

序号 24:调用 0.1 s 延时子函数。

序号 25:无限循环语句结束。

序号 26:main 主函数结束。

## 20.5　快速扫描动态显示实验

从 P0 口依次快速(时间为 1 ms)送显"87654321"这 8 个字。

### 1. 源程序文件

在 D 盘建立一个文件目录(CS20 - 3),然后建立 CS20 - 3. uv2 的工程项目,最后建立源程序文件(CS20 - 3. c)。输入下面的程序:

```
# include <REG51.H>                          //1
# define uint unsigned int                    //2
# define uchar unsigned char                  //3
uchar code DIS_SEG7[16] = {0x3f,0x06,0x5b,0x4f,0x66,            //4
            0x6d,0x7d,0x07,0x7f,0x6f,0x77,0x7c,0x39,0x5e,0x79,0x71};
                                              //5
uchar code DIS_BIT[8] = {0xfe,0xfd,0xfb,0xf7,0xef,0xdf,0xbf,0x7f};
                                              //6
/*****************************7***************************/
void delay(uint k)                            //8
{                                             //9
uint data i,j;                                //10
for(i = 0;i<k;i ++ )                          //11
{for(j = 0;j<121;j ++ )                       //12
{;}}                                          //13
}                                             //14
/***************************15**********/
void main(void)                               //16
{                                             //17
    uchar cnt;                                //18
    while(1)                                  //19
    {                                         //20
      for(cnt = 0;cnt<8;cnt ++ )              //21
      {P0 = DIS_SEG7[cnt + 1];                //22
       P2 = DIS_BIT[cnt];                     //23
       delay(1);}                             //24
    }                                         //25
}                                             //26
```

编译通过后,51 MCU DEMO 试验板接通 5 V 稳压电源,将生成的 CS20 -3. hex 文件下载到试验板上的 89S51 单片机中(**注意：标示"LEDMOD_DATA"及"LED-MOD_COM"的双排针应插上短路块**)。可看到 8 个数码管同时稳定地显示"87654321"这 8 个数,没有闪烁感。这次尽管也采用了分时动态扫描的方法依次点亮 8 位数码管,但由于每位数码管点亮的时间仅为 1 ms,扫描频率较高,故显示效果十分理想。

## 2. 程序分析解释

序号 1:包含头文件 REG51.H。

序号 2～3:数据类型的宏定义。

序号 4～5:数码管 0～8 的字形码。

序号 6:数码管的位选码。

序号 7:程序分隔。

序号 8～14:延时子函数。

序号 15:程序分隔。

序号 16:定义函数名为 main 的主函数。

序号 17:main 主函数开始。

序号 18:定义无符号字符型局部变量 cnt。

序号 19:无限循环。

序号 20:无限循环语句开始。

序号 21:for 循环,用于对 8 个数码管进行扫描。

序号 22:for 循环语句开始。P0 口送出待显字形码。

序号 23:P2 口送出位选码。

序号 24:调用 1 ms 秒延时子函数。

序号 25:无限循环语句结束。

序号 26:main 主函数结束。

# 20.6　实时时钟实验

## 1. 实现方法

我们在 18 章中,已经做了一个简单的实时时钟实验(参见 18.6 节),但该实验没有校时功能,即不能通过按键对时间进行校准。这次我们做的实时时钟可进行校准,应当说又前进了一步。为了进行校时,我们定义 P3.2 外部按键 S1 为分调整键,P3.3 外部按键 S2 为时调整键,P3.4 外部按键 S3 为星期调整键,并且建立一个按键扫描子程序让主程序循环调用它。对秒的调整意义不大,我们就不进行调整了。

## 2. 源程序文件

在 D 盘建立一个文件目录(CS20-4),然后建立 CS20-4.uv2 的工程项目,最后建立源程序文件(CS20-4.c)。输入下面的程序:

```
# include <REG51.H>                                          //1
# define uchar unsigned char                                 //2
# define uint unsigned int                                   //3
uchar code SEG7[10] = {0x3f,0x06,0x5b,0x4f,0x66,0x6d,0x7d,0x07,0x7f,0x6f};//4
```

```
uchar code WEEK_SEG7[8] = {0x3f,0x06,0x5b,0x4f,0x66,0x6d,0x7d,0x7f,};//5
uchar ACT[8] = {0xfe,0xfd,0xfb,0xf7,0xef,0xdf,0xbf,0x7f}; //6
uchar deda,sec,min,hour,week = 1;//7
uchar cnt;                                                    //8
/******************************************************9***************/
void init(void)                                              //10
{                                                            //11
TMOD = 0x11;                                                 //12
TH0 = - (50000/256);                                         //13
TL0 = - (50000 % 256);                                       //14
ET0 = 1;                                                     //15
TR0 = 1;                                                     //16
TH1 = - (1000/256);                                          //17
TL1 = - (1000 % 256);                                        //18
ET1 = 1;                                                     //19
TR1 = 1;                                                     //20
EA = 1;                                                      //21
}                                                            //22
/*****************************************************23*************/
void time0(void) interrupt 1                                 //24
{                                                            //25
TH0 = - (50000/256);                                         //26
TL0 = - (50000 % 256);                                       //27
deda ++ ;                                                    //28
}                                                            //29
/*****************************************************30*************/
void time1(void) interrupt 3                                 //31
{                                                            //32
TH1 = - (1000/256);                                          //33
TL1 = - (1000 % 256);                                        //34
if( ++ cnt>7)cnt = 0;                                        //35
switch (cnt)                                                 //36
{                                                            //37
case 0:P0 = SEG7[sec % 10];P2 = ACT[cnt];break;              //38
case 1:P0 = SEG7[sec/10];P2 = ACT[cnt];break;                //39
case 2:P0 = SEG7[min % 10];P2 = ACT[cnt];break;              //40
case 3:P0 = SEG7[min/10];P2 = ACT[cnt];break;                //41
case 4:P0 = SEG7[hour % 10];P2 = ACT[cnt];break;             //42
case 5:P0 = SEG7[hour/10];P2 = ACT[cnt];break;               //43
case 6:P0 = 0x00;P2 = 0xff;break;                            //44
case 7:P0 = WEEK_SEG7[week];P2 = ACT[cnt];break;             //45
default:break;                                               //46
}                                                            //47
}                                                            //48
```

```
/*************************************************49*************/
void conv(void)                                      //50
{                                                    //51
if(deda> = 20){deda = 0;sec ++ ;}                    //52
if(sec> = 60){sec = 0;min ++ ;}                      //53
if(min> = 60){min = 0;hour ++ ;}                     //54
if(hour> = 24){hour = 0;week ++ ;}                   //55
if(week>7){week = 1;}                                //56
}                                                    //57
/*************************************************58*************/
void delay(uint k)                                   //59
{                                                    //60
uint data i,j;                                       //61
for(i = 0;i<k;i ++ ){                                //62
for(j = 0;j<121;j ++ )                               //63
{;}}                                                 //64
}                                                    //65
/*************************************************66*************/
uchar scan_key(void)                                 //67
{                                                    //68
uchar temp;                                          //69
P3 = 0xff;                                           //70
temp = P3;                                           //71
if(temp! = 0xff)                                     //72
   {delay(20);                                       //73
    temp = P3;                                       //74
    if(temp! = 0xff)return temp;                     //75
    }                                                //76
return 0;                                            //77
}                                                    //78
/*************************************************79*************/
void main(void)                                      //80
{uchar key_flag;                                     //81
    init();                                          //82
    while(1)                                         //83
    {                                                //84
    conv();                                          //85
    key_flag = scan_key();                           //86
    switch(key_flag)                                 //87
       {                                             //88
       case 0xfb:if( ++ min>59)min = 0;delay(300);break;  //89
       case 0xf7:if( ++ hour>23)hour = 0;delay(300);break;  //90
       case 0xef:if( ++ week>7)week = 1;delay(300);break;  //91
       default:break;                               //92
```

```
        }                                               //93
      }                                                 //94
    }                                                   //95
```

    编译通过后,51 MCU DEMO 试验板接通 5 V 稳压电源,将生成的 CS20 -4. hex 文件下载到试验板上的 89S51 单片机中(**注意:标示"LEDMOD_DATA"及"LED-MOD_COM"的双排针应插上短路块**)。最左的数码管显示"1"(代表星期一),第二位熄灭,右边 6 位数码管则显示走时。按下 S1 键,可调整分(1~59);按下 S2 键,可调整时(1~23);按下 S3 键,可调整星期(一~日)。

### 3. 程序分析解释

    序号 1:包含头文件 REG51. H。

    序号 2~3:数据类型的宏定义。

    序号 4:数码管 0~9 的字形码。

    序号 5:星期一~日的字形码。

    序号 6:数码管的位选码。

    序号 7:万年历相关变量定义。

    序号 8:旋转计数器变量定义。

    序号 9:程序分隔。

    序号 10:定义函数名为 init 的初始化子函数。

    序号 11:init 子函数开始。

    序号 12:定时器 T0、T1 方式 1。

    序号 13~14:T0 定时初值约为 50 ms。

    序号 15:允许 T0 中断。

    序号 16:启动 T0。

    序号 17~18:T1 定时初值约为 1 ms。

    序号 19:允许 T1 中断。

    序号 20:启动 T1。

    序号 21:打开总中断。

    序号 22:init 函数结束。

    序号 23:程序分隔。

    序号 24:定义函数名为 timer0 的 T0 中断服务函数,使用默认的寄存器组。

    序号 25:timer0 中断服务函数开始。

    序号 26~27:重装 50 ms 定时初值。

    序号 28:计时器 deda 递增。

    序号 29:T0 中断服务函数结束。

    序号 30:程序分隔。

    序号 31:定义函数名为 timer1 的 T0 中断服务函数,使用默认的寄存器组。

    序号 32:timer1 中断服务函数开始。

    序号 33~34:重装 1 ms 定时初值。

    序号 35:旋转计数器变量 cnt 范围 0~7。

    序号 36:switch 语句。

    序号 37:switch 语句开始。

序号 38~45:根据 cnt 的值分别点亮 8 个数码管。

序号 46:一项也不符合则退出。

序号 47:switch 语句结束。

序号 48:T0 中断服务函数结束。

序号 49:程序分隔。

序号 50:定义函数名为 conv 的子函数。

序号 51:conv 子函数开始。

序号 52:计秒。

序号 53:计分。

序号 54:计时。

序号 55:计星期。

序号 56:星期的范围 1~7。

序号 57:conv 子函数结束。

序号 58:程序分隔。

序号 59~65:延时子函数。

序号 66:程序分隔。

序号 67:定义函数名为 scan_key 的子函数。

序号 68:scan_key 子函数开始。

序号 69:定义局部变量 temp。

序号 70:将 P3 口置全 1,准备读取输入。

序号 71:读取 P3 口值至 temp 中。

序号 72:如果 temp 不等于 0xff,说明有键按下。

序号 73:延时 20 ms 再判,以避开干扰。

序号 74:再次读取 P3 口值至 temp 中。

序号 75:如果 temp 确实不等于 0xff,说明有键按下,返回 temp 值。

序号 76:语句结束。

序号 77:如果无键按下,则返回 0。

序号 78:scan_key 子函数结束。

序号 79:程序分隔。

序号 80:定义函数名为 main 的主函数。

序号 81:main 主函数开始。定义无符号字符型局部变量 key_flag。

序号 82:调用 init 初始化子函数。

序号 83:无限循环。

序号 84:无限循环语句开始。

序号 85:调用 conv 子函数。

序号 86:调用 scan_key 按键扫描子函数。

序号 87:switch 语句,根据 key_flag 进行散转。

序号 88:switch 语句开始。

序号 89:如果 S1 键按下,调整分(1~59)。

序号 90:如果 S2 键按下,调整时(1~23)。

序号 91:如果 S3 键按下,调整星期(一~日)。

序号 92:一项也不符合说明无键按下,直接退出。

序号 93:switch 语句结束。

序号 94:无限循环语句结束。

序号 95:main 主函数结束。

# 第 **21** 章

# I²C 串行接口器件 24C01 及 C51 编程

## 21.1  EEPROM AT24CXX 的性能特点

AT24CXX 系列内存是 Atmel 公司生产的高集成度串行 EEPROM,可进行电擦除,提供的接口形式是 I²C。普通的 AT24CXX 封装有 DIP - 8、SOIC - 14 和 SOIC - 8 三种形式,三种形式封装的引脚定义如图 21.1 所示。

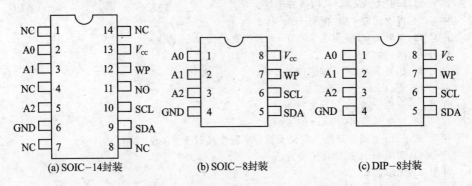

(a) SOIC-14封装　　　(b) SOIC-8封装　　　(c) DIP-8封装

**图 21.1  AT24CXX 三种形式封装的引脚定义**

### 1. AT24CXX 的引脚定义

AT24CXX 的引脚定义如下:

$V_{cc}$:电源。

SCL(Serial  Clock):串行时钟,在时钟的上升沿,数据写入 EEPROM;在时钟的下降沿,数据从 EEPROM 被读出。

SDA(Serial Data):双向数据端口。这是一个漏极开路的引脚,满足"线与"的条件,在使用过程中需要加上拉电阻(典型值:100 kHz 时为 10 kΩ,400 kHz 时为 1 kΩ)。

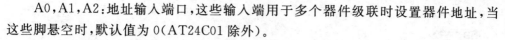

A0,A1,A2:地址输入端口,这些输入端用于多个器件级联时设置器件地址,当这些脚悬空时,默认值为 0(AT24C01 除外)。

WP(Write Protect):写保护,当该引脚连接到 GND 或悬空时,芯片可以进行正常的读/写操作;当连接到 $V_{CC}$ 时,则所有的内容都被写保护(只能读)。

GND:地。

## 2. AT24CXX 系列存储器的特点

AT24CXX 系列存储器的特点如下:

① 可以适应标准电压和低电压操作,AT24CXX 系列能够使用的工作电压如下:

5.0 V($V_{CC}$=4.5~5.5 V)

2.7 V($V_{CC}$=2.7~5.5 V)

2.5 V($V_{CC}$=2.5~5.5 V)

1.8 V($V_{CC}$=1.8~5.5 V)

② 数据传输速率可变,当工作电压为 5 V 时,传输速率是 400 kHz;当工作电压为 2.7 V、2.5 V 以及 1.8 V 时,传输速率是 100 kHz。

③ 分页式存储方式,每页的大小为 8 字节,根据内存容量的不同,支持不同大小的页面写入方式。

④ 自计时写周期小于 10 ms。

⑤ 高可靠性:可以进行 100 万次读/写操作,资料保存时间长于 100 年。

AT24CXX 系列 EEPROM 的种类和特征如表 21.1 所列。

表 21.1　AT24CXX 系列的内存的种类和特征

| 型　号 | 容量/KB | 页 | 页面写入字节 |
| --- | --- | --- | --- |
| AT24C01 | 1 | 8 字节/页,128 页 | 8 字节/页 |
| AT24C02 | 2 | 8 字节/页,256 页 | 8 字节/页 |
| AT24C04 | 4 | 8 字节/页,256 页,2 块 | 16 字节/页 |
| AT24C08 | 8 | 8 字节/页,256 页,4 块 | 16 字节/页 |
| AT24C16 | 16 | 8 字节/页,256 页,8 块 | 16 字节/页 |

## 3. AT24CXX 系列 EEPROM 的内部结构

AT24CXX 系列 EEPROM 的内部结构如图 21.2 所示,其中各个单元功能如下:

**(1) 启动和停止逻辑单元**

接收资料引脚上的电平信号,进行判断是否进行启动和停止操作。

**(2) 串行控制逻辑单元**

根据 SCL、SDA 以及“启动”“停止”逻辑单元发出的各种信号进行区分并排列出

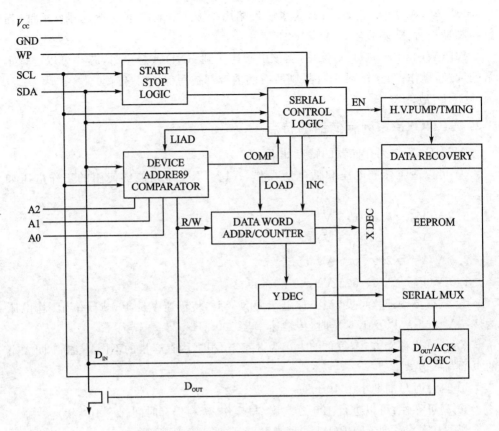

**图 21.2　AT24CXX 系列 EEPROM 的内部结构**

有关的"寻址""读数据"和"写数据"等逻辑，将它们传送到相应的操作单元。例如：当操作命令为"寻址"的时候，它将通知地址计数器加 1 并启动器件地址比较器进行工作。在"读数据"时，它控制"数据输出确认逻辑单元"；在"写数据"时候，它控制升压/定时电路，以便向 EEPROM 电路提供编程所需要的高电压。

**（3）地址/计数器单元**

产生访问 EEPROM 所需要的存储单元的地址，并将其分别送到 X 译码器进行字选（字长 8 位），送到 Y 译码器进行位选。

**（4）升压/定时单元**

由于 EEPROM 资料写入的时候需要向电路施加编程高电压，为了解决单一电源电压的供电问题，芯片生产厂家采用了电压的片内提升电路。电压的提升范围一般可以达到12～21.5 V。

**（5）数据输入/输出应答逻辑单元**

地址和资料均以 8 位码串行输入/输出。数据传送时，每成功传送一个字节数据后，接收器都必须产生一个应答信号，在第 9 个时钟周期的时候将 SDA 线置于低电压作为应答信号。

## 21.2 AT24CXX 系列 EEPROM 芯片的寻址

### 1. 从器件地址

主器件通过发送一个起始信号启动发送过程,然后发送它所要寻址的从器件的地址。8 位从器件地址的高 4 位 D7~D4 固定为 1010(如表 21.2 所列),接下来的 3 位 D3~D1(A2、A1、A0)为器件的片选地址位或作为存储器页地址选择位,用来定义哪个器件以及器件的哪个部分被主器件访问,最多可以连接 8 个 AT24C01/02、4 个 AT24C04、2 个 AT24C08、8 个 AT24C32/64 和 4 个 AT24C256 器件到同一总线上,这些位必须与硬连线输入脚 A2、A1、A0 相对应。1 个 AT24Cl6/128 可单独被系统寻址。从器件 8 位地址的最低位 D0 作为读/写控制位,"1"表示对从器件进行读操作,"0"表示对从器件进行写操作。在主器件发送起始信号和从器件地址字节后,AT24CXX 监视总线,并当其地址与发送的从地址相符时响应一个应答信号(通过 SDA 线)。AT24CXX 再根据读/写控制位(R/W̄)的状态进行读/写操作。表 21.2 中 A0、A1 和 A2 对应器件的引脚 1、2 和 3,a8、a9 和 a10 对应为存储阵列页地址选择位。

表 21.2 从器件地址

| 型 号 | 控制码 | 片 选 | 读/写 | 总线访问的器件 |
|---|---|---|---|---|
| AT24C01 | 1010 | A2A1A0 | 1/0 | 最多 8 个 |
| AT24C02 | 1010 | A2A1A0 | 1/0 | 最多 8 个 |
| AT24C04 | 1010 | A2A1a8 | 1/0 | 最多 4 个 |
| AT24C08 | 1010 | A2a9a8 | 1/0 | 最多 2 个 |
| AT24C16 | 1010 | a10a9a8 | 1/0 | 只有 1 个 |

### 2. 应答信号

I²C 总线数据传送时,每成功地传送一个字节数据后,接收器都必须产生一个应答信号,应答的器件在第 9 个时钟周期时将 SDA 线拉低,表示其已收到一个 8 位数据。AT24CXX 在接收到起始信号和从器件地址之后响应一个应答信号。如果器件已选择了写操作,则在每接收一个 8 位字节之后响应一个应答信号。

当 AT24CXX 工作在读模式时,在发送一个 8 位数据后释放 SDA 线,并监视一个应答信号,一旦接收到应答信号,AT24CXX 继续发送数据;如主器件没有发送应答信号,器件停止传送数据并等待一个停止信号。主器件必须发一个停止信号给 AT24CXX,使其进入备用电源模式并使器件处于已知的状态。应答时序图如图 21.3 所示。

### 3. 数据地址分配

AT24CXX 系列串行 EEPROM 数据地址分配一览表如表 21.2 所列。AT24C01/02/04/08/16 的 A8～A15 位无效,只有 A0～A7 是有效位。对于 AT24C01/02 正好合适,但对于 AT24C04/08/16 来说,则需要

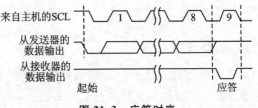

图 21.3　应答时序

a8、a9、a10 页面地址选择位(如表 21.2 所列)进行相应的配合。

# 21.3　写操作方式

### 1. 字节写

如图 21.4 所示为 AT24CXX 字节写时序图。在字节写模式下,主器件发送起始命令和从器件地址信息("R/$\overline{\text{W}}$"位置 0)给从器件,主器件在收到从器件产生的应答信号后发送 1 个 8 位字节地址写入 AT24C01/02/04/08/16 的地址指针。主器件在收到从器件的另一个应答信号后,再发送数据到被寻址的存储单元。AT24CXX 再次应答,并在主器件产生停止信号后开始内部数据的擦写。在内部擦写过程中,AT24CXX 不再应答主器件的任何请求。

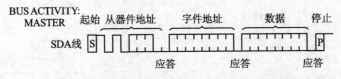

图 21.4　AT24C01/02/04/08/16 字节写时序图

### 2. 页　写

如图 21.5 所示为 AT24CXX 页写时序图。在页写模式下,AT24C01/02/04/08/16 可一次写入 8/16/16/16/16 个字节数据。页写操作的启动和字节写一样,不同的是在于传送了一字节数据后并不产生停止信号。主器件被允许发送 P(AT24C01:P＝7;AT24C02/04/08/16:P＝15)个额外的字节。每发送一个字节数据后,AT24CXX 产生一个应答位,且内部低 3/3/4/4/4 位地址加 1,高位保持不变。如

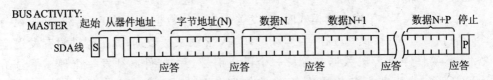

图 21.5　AT24C01/02/04/08/16 页写时序图

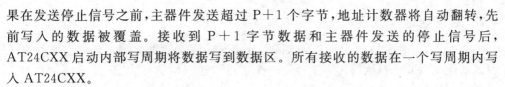

果在发送停止信号之前,主器件发送超过 P+1 个字节,地址计数器将自动翻转,先前写入的数据被覆盖。接收到 P+1 字节数据和主器件发送的停止信号后,AT24CXX 启动内部写周期将数据写到数据区。所有接收的数据在一个写周期内写入 AT24CXX。

页写时应该注意器件的页"翻转"现象,如 AT24C01 的页写字节数为 8,从 0 页首址 00H 处开始写入数据,当页写入数据超过 8 个时,会页"翻转";若从 03H 处开始写入数据,当页写入数据超过 5 个时,会页"翻转",其他情况依次类推。

### 3. 应答查询

可以利用内部写周期时禁止数据输入这一特性。一旦主器件发送停止位指示主器件操作结束时,AT24CXX 启动内部写周期,应答查询立即启动,包括发送一个起始信号和进行写操作的从器件地址。如果 AT24CXX 正在进行内部写操作,不会发送应答信号。如果 AT24CXX 已经完成了内部自写周期,将发送一个应答信号,主器件可以继续进行下一次读写操作。

### 4. 写保护

写保护操作特性可避免由于操作不当而造成对存储区域内部数据的改写。当 WP 引脚接高时,整个寄存器区全部被保护起来而变为只可读取。AT24CXX 可以接收从器件地址和字节地址,但是装置在接收到第一个数据字节后不发送应答信号,从而避免寄存器区域被编程改写。

## 21.4　读操作方式

对 AT24CXX 读操作的初始化方式和写操作时一样,仅把"R/$\overline{W}$"位置为 1。它有 3 种不同的读操作方式:读当前地址内容、读随机地址内容和读顺序地址内容。

### 1. 立即地址读取

如图 21.6 所示为 AT24CXX 立即地址读时序图。AT24CXX 的地址计数器内容为最后操作字节的地址加 1。也就是说,如果上次读/写的操作地址为 N,则立即读的地址从地址 N+1 开始。如果 N=E(AT24C01,E=127;AT24C02,E=255;AT24C04,E=511;AT24C08,E=1023;AT24Cl6,E=2047),则计数器将翻转到 0 且继续输出数据。AT24CXX 接收到从器件地址信号后("R/$\overline{W}$"位置 1),它首先发送一个应答信号,然后发送一

图 21.6　立即地址读时序图

个 8 位字节数据。主器件不发送应答信号,但要产生一个停止信号。

## 2. 随机地址读取

如图 21.7 所示为 AT24CXX 随机地址读时序图。随机读操作允许主器件对寄存器的任意字节进行读操作。主器件首先通过发送起始信号、从器件地址和它想读取的字节数据的地址执行一个伪写操作。在 AT24CXX 应答之后,主器件重新发送起始信号和从器件地址,此时"R/W̄"置 1,AT24CXX 响应并发送应答信号,然后输出所要求的一个 8 位字节数据。主器件不发送应答信号但产生一个停止信号。

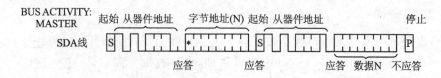

**图 21.7    AT24C01/02/04/08/16 随机地址读时序图**

## 3. 顺序地址读取

如图 21.8 所示为 AT24CXX 顺序地址读时序图。顺序读操作可通过立即读或选择性读操作启动。在 AT24CXX 发送完一个 8 位字节数据后,主器件产生一个应答信号来响应,告知 AT24CXX 主器件要求更多的数据。对应每个主机产生的应答信号,AT24CXX 将发送一个 8 位字节数据。当主器件不发送应答信号而发送停止位时结束此操作。

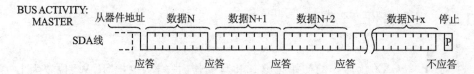

**图 21.8    顺序地址读时序图**

从 AT24CXX 输出的数据按顺序由 N~N+1 输出。读操作时地址计数器在 AT24CXX 整个地址内增加,这样,整个寄存器区域可在一个读操作内全部读出。当读取的字节超过 E(AT24C01,E = 127;AT24C02,E = 255;AT24C04,E = 511;AT24C08,E=1023;AT24C16,E=2047),计数器将翻转到零并继续输出数据字节。

# 21.5    读写 AT24C01 的相关功能子函数

要实现对 I²C 串行 EEPROM    AT24C01 的高效控制,必须按照模块设计方式,建立起相关的子函数,下面先详细介绍用 C51 设计的子函数。

## 1. 启动读写时序子函数

```
void start()        //启动读写时序。
```

```
{
SDA = 1;_nop_();_nop_();_nop_();_nop_();
SCL = 1;_nop_();_nop_();_nop_();_nop_();
SDA = 0;_nop_();_nop_();_nop_();_nop_();
SCL = 0;_nop_();_nop_();_nop_();_nop_();
}
```

## 2. 停止操作子函数

```
void stop()      //停止操作
{
SDA = 0;_nop_();_nop_();_nop_();_nop_();
SCL = 1;_nop_();_nop_();_nop_();_nop_();
SDA = 1;_nop_();_nop_();_nop_();_nop_();
}
```

## 3. 应答子函数

```
void ack()      //应答
{
SCL = 1;_nop_();_nop_();_nop_();_nop_();    //产生时钟脉冲
SCL = 0;_nop_();_nop_();_nop_();_nop_();
}
```

## 4. 8 位移位输出子函数

```
void shift8(char a)     //8 位移位输出
{
data uchar i;           //在 data 区定义的无符号字符型局部变量
com_data = a;          //a 传递给 com_data,com_data 为 bdata 区定义的一个字符型全局变量
for(i = 0;i<8;i++ )
{
SDA = mos_bit;         //com_data 的最高位(mos_bit)移位输出
SCL = 1;_nop_();_nop_();_nop_();_nop_();_nop_();_nop_();//产生时钟脉冲
SCL = 0;_nop_();_nop_();_nop_();_nop_();_nop_();_nop_();
com_data = com_data * 2; //com_data 左移一位
}
}
```

## 5. 读 24C01A 中 a 地址单元的数据

```
uchar rd_24c01(char a)              //读 24C01A 中 a 地址单元的数据
{
data uchar i,command;               //在 data 区定义的无符号字符型局部变量
SDA = 1;_nop_();_nop_();_nop_();_nop_();
```

```
SCL = 0;_nop_();_nop_();_nop_();_nop_();
start();                                //启动读写时序
command = 160;                          //芯片寻址(10100000)写
shift8(command);                        //发送给 AT24C01
ack();                                  //调用应答子函数
shift8(a);                              //发送 AT24C01 中的子地址
ack();                                  //调用应答子函数
start();                                //启动读写时序
command = 161;                          //芯片寻址(10100001)读
shift8(command);                        //发送给 AT24C01
ack();                                  //调用应答子函数
SDA = 1;_nop_();_nop_();_nop_();_nop_();
for(i = 0;i<8;i++)                       //AT24C01 的 a 单元内容读入 com_data 中
{
com_data = com_data * 2;                // com_data 左移一位
SCL = 1;_nop_();_nop_();_nop_();_nop_();_nop_();_nop_();
low_bit = SDA;
SCL = 0;_nop_();_nop_();_nop_();_nop_();_nop_();_nop_();
}
stop();                                 //停止操作
return(com_data);                       //返回读取的内容
}
```

## 6. 将 RAM 中 b 地址单元的数据写入 24C01A 中 a 地址单元中

```
void wr_24c01(char a,char b)            //将 RAM 中 b 地址单元的数据写入 24C01A 中 a 地址单元中
{
data uchar command;                     //在 data 区定义的无符号字符型局部变量
_nop_();_nop_();_nop_();_nop_();_nop_();
SDA = 1;_nop_();_nop_();_nop_();_nop_();
SCL = 0;_nop_();_nop_();_nop_();_nop_();
start();                                //启动读写时序
command = 160;                          //芯片寻址(10100000)写
shift8(command);                        //发送给 AT24C01
ack();                                  //调用应答子函数
shift8(a);                              //发送 AT24C01 中的子地址
ack();                                  //调用应答子函数
shift8(b);                              //发送 RAM 中 b 地址单元的数据
ack();                                  //调用应答子函数
stop();                                 //停止操作
_nop_();_nop_();_nop_();_nop_();_nop_();
}
```

**7. 延时子函数**

```
void delay_iic(int n)      //延时
{
int i;
for(i=1;i<n;i++){reset();}
}
```

# 21.6　读写 AT24C01 实验

## 1. 实现方法

使用按键 S1、S2,取得一个 0~255 之间的数值(在数码管的低 3 位上显示)。按下 S3 键后,将该数写入 AT24C01 的 10 号单元中。按下 S4 键则从 AT24C01 中读出该数并进行显示。

## 2. 源程序文件

在 D 盘建立一个文件目录(CS21-1),然后建立 CS21-1.uv2 的工程项目,最后建立源程序文件(CS21-1.c)。输入下面的程序:

```
# include <REG51.H>                                    //1
# include <intrins.H>                                  //2
# define uchar unsigned char                           //3
# define uint unsigned int                             //4
uchar code SEG7[10] = {0x3f,0x06,0x5b,0x4f,0x66,0x6d,0x7d,0x07,0x7f,0x6f};//5
uchar ACT[4] = {0xfe,0xfd,0xfb,0xf7};                  //6
sbit SDA = P3^7;                                       //7
sbit SCL = P3^6;                                       //8
bdata char com_data;                                   //9
sbit mos_bit = com_data^7;                             //10
sbit low_bit = com_data^0;                             //11
uchar cnt,x;                                           //12
void delay_iic(int n);                                 //13
uchar rd_24c01(char a);                                //14
void wr_24c01(char a,char b);                          //15
/*********************************16***********/
void init(void)                                        //17
{                                                      //18
TMOD = 0x01;                                           //19
TH0 = -(1000/256);                                     //20
TL0 = -(1000%256);                                     //21
```

```
ETO = 1;                                          //22
TRO = 1;                                          //23
EA = 1;                                           //24
}                                                 //25
/*******************************************26******/
uchar scan_key(void)                             //27
{                                                //28
uchar temp;                                       //29
temp = P3;                                        //30
return temp;                                      //31
}                                                //32
/*******************************************33******/
void delay(uint k)                               //34
{                                                //35
uint data i,j;                                    //36
for(i = 0;i<k;i ++ )                             //37
{for(j = 0;j<121;j ++ )                          //38
{;}}                                             //39
}                                                //40
/*******************************************41****/
void main(void)                                  //42
{uchar key_val;                                   //43
init();                                          //44
   while(1)                                       //45
   {                                              //46
      key_val = scan_key();                       //47
     switch(key_val)                             //48
        {                                         //49
        case 0xfb:if(x<255)x ++ ;delay(300);break;                //50
        case 0xf7:if(x>0)x -- ;delay(300);break;                  //51
        case 0xef:EA = 0;wr_24c01(10,x);delay_iic(250);EA = 1;break;   //52
        case 0xdf:EA = 0;x = rd_24c01(10);delay_iic(250);EA = 1;break;  //53
        default:break;                           //54
        }                                         //55
   }                                              //56
}                                                //57
/*******************************************58*********/
void time0(void) interrupt 1                     //59
{                                                //60
uchar dis_val;                                     //61
THO = - (1000/256);                              //62
TLO = - (1000 % 256);                            //63
```

```
dis_val = x;                                       //64
if( ++ cnt>2)cnt = 0;                              //65
switch (cnt)                                       //66
{                                                  //67
case 0:P0 = SEG7[dis_val % 10];P2 = ACT[cnt];break;        //68
case 1:P0 = SEG7[(dis_val % 100)/10];P2 = ACT[cnt];break;  //69
case 2:P0 = SEG7[dis_val/100];P2 = ACT[cnt];break;         //70
default:break;                                     //71
}                                                  //72
}                                                  //73
/******************************************74**********/
void start()                                       //75
{                                                  //76
SDA = 1;_nop_();_nop_();_nop_();_nop_();            //77
SCL = 1;_nop_();_nop_();_nop_();_nop_();            //78
SDA = 0;_nop_();_nop_();_nop_();_nop_();            //79
SCL = 0;_nop_();_nop_();_nop_();_nop_();            //80
}                                                  //81
//****************************************82***************
void stop()                                        //83
{                                                  //84
SDA = 0;_nop_();_nop_();_nop_();_nop_();            //85
SCL = 1;_nop_();_nop_();_nop_();_nop_();            //86
SDA = 1;_nop_();_nop_();_nop_();_nop_();            //87
}                                                  //88
//****************************************89
void ack()                                         //90
{                                                  //91
SCL = 1;_nop_();_nop_();_nop_();_nop_();            //92
SCL = 0;_nop_();_nop_();_nop_();_nop_();            //93
}                                                  //94
//****************************************95
void shift8(char a)                                //96
{                                                  //97
data uchar i;                                       //98
com_data = a;                                      //99
for(i = 0;i<8;i ++ )                               //100
{                                                  //101
SDA = mos_bit;                                      //102
SCL = 1;_nop_();_nop_();_nop_();_nop_();_nop_();_nop_();   //103
SCL = 0;_nop_();_nop_();_nop_();_nop_();_nop_();_nop_();   //104
com_data = com_data * 2;                            //105
```

```
}                                               //106
}                                               //107
//********************************************108
uchar rd_24c01(char a)                          //109
{                                               //110
data uchar i,command;                           //111
SDA = 1;_nop_();_nop_();_nop_();_nop_();         //112
SCL = 0;_nop_();_nop_();_nop_();_nop_();         //113
start();                                        //114
command = 160;                                  //115
shift8(command);                                //116
ack();                                          //117
shift8(a);                                      //118
ack();                                          //119
start();                                        //120
command = 161;                                  //121
shift8(command);                                //122
ack();                                          //123
SDA = 1;_nop_();_nop_();_nop_();_nop_();         //124
for(i = 0;i<8;i ++ )                            //125
{                                               //126
com_data = com_data * 2;                        //127
SCL = 1;_nop_();_nop_();_nop_();_nop_();_nop_();_nop_();    //128
low_bit = SDA;                                  //129
SCL = 0;_nop_();_nop_();_nop_();_nop_();_nop_();_nop_();    //130
}                                               //131
stop();                                         //132
return(com_data);                               //133
}                                               //134
//********************************************135
void wr_24c01(char a,char b)                     //136
{                                               //137
data uchar command;                             //138
_nop_();_nop_();_nop_();_nop_();_nop_();         //139
SDA = 1;_nop_();_nop_();_nop_();_nop_();         //140
SCL = 0;_nop_();_nop_();_nop_();_nop_();         //141
start();                                        //142
command = 160;                                  //143
shift8(command);                                //144
ack();                                          //145
shift8(a);                                      //146
ack();                                          //147
```

```
shift8(b);                              //148
ack();                                  //149
stop();                                 //150
_nop_();_nop_();_nop_();_nop_();_nop_(); //151
}                                       //152
//******************************************153
void delay_iic(int n)                   //154
{                                       //155
int i;                                  //156
for(i=1;i<n;i++){;}                      //157
}                                       //158
```

## 3. 程序分析解释

序号 1～2:包含头文件。

序号 3～4:数据类型的宏定义。

序号 5:数码管 0～9 的字形码。

序号 6:数码管的位选码。

序号 7:AT24C01 数据线定义。

序号 8:AT24C01 时钟线定义。

序号 9～12:全局变量定义。

序号 13～15:函数定义。

序号 16:程序分隔。

序号 17:定义函数名为 init 的初始化子函数。

序号 18:init 子函数开始。

序号 19:定时器 T0 方式 1。

序号 20～21:T0 定时初值约为 1 ms。

序号 22:允许 T0 中断。

序号 23:启动 T0。

序号 24:开总中断。

序号 25:init 函数结束。

序号 26:程序分隔。

序号 27:定义函数名为 scan_key 的子函数。

序号 28:scan_key 子函数开始。

序号 29:定义局部变量 temp。

序号 30:读取 P3 口值至 temp 中。

序号 31:返回 temp 值。

序号 32:scan_key 子函数结束。

序号 33:程序分隔。

序号 34～40:延时子函数。

序号 41:程序分隔。

序号 42:定义函数名为 main 的主函数。

序号 43:main 主函数开始。定义无符号字符型局部变量 key_val。

序号 44：调用 init 初始化子函数。

序号 45：无限循环。

序号 46：无限循环语句开始。

序号 47：调用 scan_key 按键扫描子函数，其返回值存入 key_val 中。

序号 48：switch 语句，根据 key_val 进行散转。

序号 49：switch 语句开始。

序号 50：如果 S1 键按下，数值增加（最大 255）。

序号 51：如果 S2 键按下，数值减少（最小 0）。

序号 52：如果 S3 键按下，将数值写入 AT24C01 的 10 号单元保存。

序号 53：如果 S4 键按下，从 AT24C01 的 10 号单元读出数据。

序号 54：一项也不符合说明无键按下，直接退出。

序号 55：switch 语句结束。

序号 56：无限循环语句结束。

序号 57：main 主函数结束。

序号 58：程序分隔。

序号 59：定义函数名为 timer0 的 T0 中断服务函数，使用默认的寄存器组。

序号 60：timer0 中断服务函数开始。

序号 61：定义局部变量 dis_val。

序号 62～63：重装 1 ms 定时初值。

序号 64：待显数值传送给 dis_val。

序号 65：旋转计数器变量 cnt 范围 0～2。

序号 66：switch 语句。

序号 67：switch 语句开始。

序号 68～70：根据 cnt 的值分别点亮 3 个数码管。

序号 71：一项也不符合则退出。

序号 72：switch 语句结束。

序号 73：T0 中断服务函数结束。

序号 74：程序分隔。

序号 75～81：启动读写时序的子函数。

序号 82：程序分隔。

序号 83～88：停止操作子函数。

序号 89：程序分隔。

序号 90～94：应答子函数。

序号 95：程序分隔。

序号 96～107：8 位移位输出。

序号 108：程序分隔。

序号 109～134：读 24C01A 中 a 地址单元的数据。

序号 135：程序分隔。

序号 136～152：将 RAM 中 b 地址单元的数据写入 24C01A 中 a 地址单元中。

序号 153：程序分隔。

序号 154～158：延时子函数。

# 21.7　具有断电后记忆定时时间的实时时钟实验

### 1. 实现方法

我们在第 20 章中,做了可进行校时的实时时钟实验(参见 20.6 节),这里做的实时时钟实验可设定定时值,用于控制其他设备。例如:设定晚上 19:00 路灯点亮,而早上 6:00 路灯熄灭,实现自动控制。为了防止偶而断电或停机后再开机致使定时设定值丢失,这里使用了 AT24C01 来记忆设定的定时值。

为了进行校时及定时值设定,我们共规定了 5 种工作状态。状态 0(status==0):正常走时;状态 1(status==1):输入定时 1 的"分";状态 2(status==2):输入定时 1 的"时";状态 3(status==3):输入定时 2 的"分";状态 4(status==4):输入定时 2 的"时"。

此次实验使用了试验板的右侧 6 个数码管。

状态 0(在正常走时过程中),从右往左的显示依次为:"秒"显示(2 位);"分"显示(2 位);"时"显示(2 位)。

状态 1(输入定时 1 的"分"过程中),从右往左的显示依次为:状态显示(1 位);无显示或显示 8 字的最上一横,代表定时 1 不启动或已启动(1 位);定时 1"分"显示(2 位)、定时 1"时"显示(2 位)。其中百位、千位数码管最亮,其他的则显暗淡,表示此时输入的为百位、千位数码管显示所对应的定时 1"分"。

状态 2(输入定时 1 的"时"过程中),从右往左的显示依次为:状态显示(1 位);无显示或显示 8 字的最上一横,代表定时 1 不启动或已启动(1 位);定时 1"分"显示(2 位)、定时 1"时"显示(2 位)。其中万位、十万位数码管最亮,其他的则显暗淡,表示此时输入的为万位、十万位数码管显示所对应的定时 1"时"。

状态 3(输入定时 2 的"分"过程中),从右往左的显示依次为:状态显示(1 位);无显示或显示 8 字的最上一横,代表定时 2 不启动或已启动(1 位);定时 2"分"显示(2 位)、定时 2"时"显示(2 位)。其中百位、千位数码管最亮,其他的则显暗淡,表示此时输入的为百位、千位数码管显示所对应的定时 2"分"。

状态 4(输入定时 2 的"时"过程中),从右往左的显示依次为:状态显示(1 位);无显示或显示 8 字的最上一横,代表定时 2 不启动或已启动(1 位);定时 2"分"显示(2 位)、定时 2"时"显示(2 位)。其中万位、十万位数码管最亮,其他的则显暗淡,表示此时输入的为万位、十万位数码管显示所对应的定时 2"时"。

对 AT24C01 内部存储单元的规划如下:

80、81 号单元,存放定时 1 的分、时值;90、91 号单元,存放定时 2 的分、时值;70、71 号单元,存放定时 1、2 时启动标志;100 号单元,存放首次写入 AT24C01 的标志,若写入过 AT24C01,则 100 号单元置数 88。

## 2. 源程序文件

在 D 盘建立一个文件目录(CS21 - 2),然后建立 CS21 - 2. uv2 的工程项目,最后建立源程序文件(CS21 - 2. c)。输入下面的程序:

```
# include<REG51. H>                                    //1
# include <intrins. H>                                 //2
# define uint unsigned int                             //3
# define uchar unsigned char                           //4
uchar code SEG7[10] = {0x3f,0x06,0x5b,0x4f,0x66,0x6d,0x7d,0x07,0x7f,0x6f};//5
uchar code ACT[6] = {0xfe,0xfd,0xfb,0xf7,0xef,0xdf};//6
# define INC_KEY 0xfb                                  //7
# define DEC_KEY 0xf7                                  //8
# define OK_KEY 0xef                                   //9
# define STATUS_KEY 0xdf                               //10
# define ON 0                                          //11
# define OFF 1                                         //12
sbit SDA = P3^7;                                       //13
sbit SCL = P3^6;                                       //14
sbit OUTPUT = P1^0;                                    //15
/**********************************16********************/
uchar status;                                          //17
uchar deda,sec,min,hour;                               //18
uchar set1_dat[2],set2_dat[2];                         //19
bit set1_flag,set2_flag;                               //20
/**********************************21********************/
uchar key(void);                                       //22
void pout(void);                                       //23
void delay(uint k);                                    //24
bdata char com_data;                                   //25
sbit mos_bit = com_data^7;                             //26
sbit low_bit = com_data^0;                             //27
void delay_iic(int n);                                 //28
uchar rd_24c01(char a);                                //29
void wr_24c01(char a,char b);                          //30
/**********************************31********************/
void initial(void)                                     //32
{uchar rd_val;                                         //33
rd_val = rd_24c01(100);delay_iic(250);                 //34
if(rd_val == 88)                                       //35
{set1_dat[0] = rd_24c01(80);delay_iic(250);            //36
set1_dat[1] = rd_24c01(81);delay_iic(250);             //37
set2_dat[0] = rd_24c01(90);delay_iic(250);             //38
```

```
set2_dat[1] = rd_24c01(91);delay_iic(250);      //39
set1_flag = (bit)rd_24c01(70);delay_iic(250); //40
set2_flag = (bit)rd_24c01(71);delay_iic(250); //41
}                                               //42
TMOD = 0x11;                                    //43
TH0 = - (50000/256);                            //44
TL0 = - (50000 % 256);                          //45
TH1 = - (1000/256);                             //46
TL1 = - (1000 % 256);                           //47
TR0 = 1;ET0 = 1;TR1 = 1;ET1 = 1;                //48
EA = 1;                                         //49
}                                               //50
/*******************************************51**********************/
void main(void)                                 //52
{uchar key_val;                                 //53
initial();                                      //54
    for(;;)                                     //55
    {                                           //56
    key_val = key();                            //57
    pout();                                     //58
        if(key_val == STATUS_KEY)               //59
        {status ++ ;                            //60
            if(status == 5)                     //61
            {status = 0;                        //62
            EA = 0;                             //63
                wr_24c01(100,88);delay_iic(250);            //64
                wr_24c01(80,set1_dat[0]);delay_iic(250);    //65
                wr_24c01(81,set1_dat[1]);delay_iic(250);    //66
                wr_24c01(90,set2_dat[0]);delay_iic(250);    //67
                wr_24c01(91,set2_dat[1]);delay_iic(250);    //68
                wr_24c01(70,(uchar)set1_flag);delay_iic(250);    //69
                wr_24c01(71,(uchar)set2_flag);delay_iic(250);    //70
            EA = 1;                             //71
            }                                   //72
        delay(300);                             //73
        }                                       //74
// = = = = = = = = = = = = = = = = = = = = = = = = = =75= = = = = = = = = = = = = = = = =
        if(key_val == INC_KEY)                  //76
        {                                       //77
            switch(status)                      //78
            {                                   //79
            case 1:if(set1_dat[0]<60)set1_dat[0] ++ ;delay(300);break; //80
```

```
        case 2:if(set1_dat[1]<23)set1_dat[1]++;delay(300);break; //81
        case 3:if(set2_dat[0]<60)set2_dat[0]++;delay(300);break; //82
        case 4:if(set2_dat[1]<23)set2_dat[1]++;delay(300);break; //83
        default:break;                       //84
        }                                    //85
    }                                        //86
//=============================87====================
    if(key_val == DEC_KEY)                   //88
    {                                        //89
        switch(status)                       //90
        {                                    //91
        case 1:if(set1_dat[0]>0)set1_dat[0]--;delay(300);break;  //92
        case 2:if(set1_dat[1]>0)set1_dat[1]--;delay(300);break;  //93
        case 3:if(set2_dat[0]>0)set2_dat[0]--;delay(300);break;  //94
        case 4:if(set2_dat[1]>0)set2_dat[1]--;delay(300);break;  //95
        default:break;                       //96
        }                                    //97
    }                                        //98
//=============================99====================
    if(key_val == OK_KEY)                    //100
    {                                        //101
        if((status == 1)||(status == 2)){set1_flag = !set1_flag;delay(300);}
                                             //102
        if((status == 3)||(status == 4)){set2_flag = !set2_flag;delay(300);}
                                             //103
    }                                        //104
    }                                        //105
}                                            //106
/*********************************************107*******************/
uchar key(void)                              //108
{                                            //109
uchar temp;                                  //110
P3 = 0xff;                                   //111
temp = P3;                                   //112
    if(temp! = 0xff)                         //113
    {                                        //114
    delay(30);                               //115
    P3 = 0xff;                               //116
    temp = P3;                               //117
    }                                        //118
return (temp);                               //119
}                                            //120
```

```
/************************************121*********************/
void pout(void)                                    //122
{                                                  //123
    if(set1_flag)                                  //124
    {                                              //125
    if((min == set1_dat[0])&&(hour == set1_dat[1]))OUTPUT = ON;      //126
    }                                              //127
    else OUTPUT = OFF;                             //128
    //------------------------------129
    if(set2_flag)                                  //130
    {                                              //131
    if((min == set2_dat[0])&&(hour == set2_dat[1]))OUTPUT = OFF;     //132
    }                                              //133
    else OUTPUT = OFF;                             //134
}                                                  //135
/************************************136*********************/
void time0_serve(void) interrupt 1                 //137
{                                                  //138
TH0 = -(50000/256);                                //139
TL0 = -(50000 % 256);                              //140
deda++ ;                                           //141
if(deda >= 20){deda = 0;sec ++ ;}                  //142
if(sec>59){sec = 0;min ++ ;}                       //143
if(min>59){min = 0;hour ++ ;}                      //144
if(hour>23){hour = 0;}                             //145
}                                                  //146
/************************************147*********************/
void time1_serve(void) interrupt 3                 //148
{                                                  //149
    static uchar time_cnt;                         //150
    static bit bit_flag;                           //151
    TH1 = -(1000/256);                             //152
    TL1 = -(1000 % 256);                           //153
    time_cnt ++ ;                                  //154
    bit_flag = ~bit_flag;                          //155
    //-----------------------------------156
    if(status == 0){if(time_cnt>5)time_cnt = 0;}//157
    else {if(time_cnt>29)time_cnt = 0;}           //158
    //---------------------------------------159
    if(status == 0)                               //160
      {                                           //161
            switch(time_cnt)                      //162
```

```
            {                                                       //163
        case 0:P0 = SEG7[sec % 10];P2 = ACT[time_cnt];break;         //164
        case 1:P0 = SEG7[sec/10];P2 = ACT[time_cnt];break;          //165
        case 2:P0 = SEG7[min % 10];P2 = ACT[time_cnt];break;        //166
        case 3:P0 = SEG7[min/10];P2 = ACT[time_cnt];break;          //167
        case 4:P0 = SEG7[hour % 10];P2 = ACT[time_cnt];break;       //168
        case 5:P0 = SEG7[hour/10];P2 = ACT[time_cnt];break;         //169
        default:break;                          //170
            }                                   //171
        }                                       //172
    //---------------------------173-----------
if(status == 1)                                 //174
    {                                           //175
        switch(time_cnt)                        //176
            {                                   //177
        case 0:P0 = SEG7[status];P2 = ACT[time_cnt];break;          //178
        case 1:if(set1_flag)P0 = 0x01;                              //179
            else 0 = 0x00;P2 = ACT[time_cnt];break;                 //180
        case 2:P0 = SEG7[set1_dat[0] % 10];P2 = ACT[time_cnt];break; //181
        case 3:P0 = SEG7[set1_dat[0]/10];P2 = ACT[time_cnt];break;  //182
        case 4:P0 = SEG7[set1_dat[1] % 10];P2 = ACT[time_cnt];break; //183
        case 5:P0 = SEG7[set1_dat[1]/10];P2 = ACT[time_cnt];break;  //184
        default:if(bit_flag){P0 = SEG7[set1_dat[0] % 10];P2 = ACT[2];} //185
            else P0 = SEG7[set1_dat[0]/10];P2 = ACT[3];}break;      //186
            }                                   //187
        }                                       //188
    //---------------------189---------------
if(status == 2)                                 //190
    {                                           //191
        switch(time_cnt)                        //192
            {                                   //193
        case 0:P0 = SEG7[status];P2 = ACT[time_cnt];break;          //194
        case 1:if(set1_flag)P0 = 0x01;                              //195
            else P0 = 0x00;P2 = ACT[time_cnt];break;                //196
        case 2:P0 = SEG7[set1_dat[0] % 10];P2 = ACT[time_cnt];break; //197
        case 3:P0 = SEG7[set1_dat[0]/10];P2 = ACT[time_cnt];break;  //198
        case 4:P0 = SEG7[set1_dat[1] % 10];P2 = ACT[time_cnt];break; //199
        case 5:P0 = SEG7[set1_dat[1]/10];P2 = ACT[time_cnt];break;  //200
        default:if(bit_flag){P0 = SEG7[set1_dat[1] % 10];P2 = ACT[4];} //201
            else P0 = SEG7[set1_dat[1]/10];P2 = ACT[5];}break;      //202
            }                                   //203
        }                                       //204
```

```
//----------------------205----------------
    if(status == 3)                                //206
    {                                              //207
        switch(time_cnt)                           //208
        {                                          //209
        case 0:P0 = SEG7[status];P2 = ACT[time_cnt];break;              //210
        case 1:if(set2_flag)P0 = 0x01;                                 //211
            else P0 = 0x00;P2 = ACT[time_cnt];break;                   //212
        case 2:P0 = SEG7[set2_dat[0] % 10];P2 = ACT[time_cnt];break;   //213
        case 3:P0 = SEG7[set2_dat[0]/10];P2 = ACT[time_cnt];break;     //214
        case 4:P0 = SEG7[set2_dat[1] % 10];P2 = ACT[time_cnt];break;   //215
        case 5:P0 = SEG7[set2_dat[0]/10];P2 = ACT[time_cnt];break;     //216
        default:if(bit_flag){P0 = SEG7[set2_dat[0] % 10];P2 = ACT[2];} //217
            else {P0 = SEG7[set2_dat[0]/10];P2 = ACT[3];}break;        //218
        }                                          //219
    }                                              //220
//----------------------221----------------
    if(status == 4)                                //222
    {                                              //223
        switch(time_cnt)                           //224
        {                                          //225
        case 0:P0 = SEG7[status];P2 = ACT[time_cnt];break;             //226
        case 1:if(set2_flag)P0 = 0x01;                                 //227
            else P0 = 0x00;P2 = ACT[time_cnt];break;                   //228
        case 2:P0 = SEG7[set2_dat[0] % 10];P2 = ACT[time_cnt];break;   //229
        case 3:P0 = SEG7[set2_dat[0]/10];P2 = ACT[time_cnt];break;     //230
        case 4:P0 = SEG7[set2_dat[1] % 10];P2 = ACT[time_cnt];break;   //231
        case 5:P0 = SEG7[set2_dat[1]/10];P2 = ACT[time_cnt];break;     //232
        default:if(bit_flag){P0 = SEG7[set2_dat[1] % 10];P2 = ACT[4];} //233
            else {P0 = SEG7[set2_dat[1]/10];P2 = ACT[5];}break;        //234
        }                                          //235
    }                                              //236
}                                                  //237
/**********************************************238*************************/
void delay(uint k)                                 //239
{                                                  //240
uint data i,j;                                     //241
for(i = 0;i<k;i ++ ){                              //242
for(j = 0;j<121;j ++ )                             //243
{;}}                                               //244
}                                                  //245
/**********************************************246**************/
```

```
void start()                                           //247
{                                                      //248
SDA = 1;_nop_();_nop_();_nop_();_nop_();_nop_();_nop_();//249
SCL = 1;_nop_();_nop_();_nop_();_nop_();_nop_();_nop_();//250
SDA = 0;_nop_();_nop_();_nop_();_nop_();_nop_();_nop_();//251
SCL = 0;_nop_();_nop_();_nop_();_nop_();_nop_();_nop_();//252
}                                                      //253
//*********************************************254***************
void stop()                                            //255
{                                                      //256
SDA = 0;_nop_();_nop_();_nop_();_nop_();_nop_();_nop_();//257
SCL = 1;_nop_();_nop_();_nop_();_nop_();_nop_();_nop_();//258
SDA = 1;_nop_();_nop_();_nop_();_nop_();_nop_();_nop_();//259
}                                                      //260
//*********************************************261
void ack()                                             //262
{                                                      //263
SCL = 1;_nop_();_nop_();_nop_();_nop_();_nop_();_nop_();//264
SCL = 0;_nop_();_nop_();_nop_();_nop_();_nop_();_nop_();//265
}                                                      //266
//*********************************************267
void shift8(char a)                                    //268
{                                                      //269
data uchar i;                                          //270
com_data = a;                                          //271
for(i = 0;i<8;i++)                                     //272
{                                                      //273
SDA = mos_bit;                                         //274
SCL = 1;_nop_();_nop_();_nop_();_nop_();_nop_();_nop_();_nop_();_nop_();//275
SCL = 0;_nop_();_nop_();_nop_();_nop_();_nop_();_nop_();_nop_();_nop_();//276
com_data = com_data * 2;                               //277
}                                                      //278
}                                                      //279
//*********************************************280
uchar rd_24c01(char a)                                 //281
{                                                      //282
data uchar i,command;                                  //283
SDA = 1;_nop_();_nop_();_nop_();_nop_();_nop_();_nop_();_nop_();_nop_();//284
SCL = 0;_nop_();_nop_();_nop_();_nop_();_nop_();_nop_();_nop_();_nop_();//285
start();                                               //286
command = 160;                                         //287
shift8(command);                                       //288
```

```
ack();                                                          //289
shift8(a);                                                      //290
ack();                                                          //291
start();                                                        //292
command = 161;                                                  //293
shift8(command);                                                //294
ack();                                                          //295
SDA = 1;_nop_();_nop_();_nop_();_nop_();_nop_();_nop_();//296
for(i = 0;i<8;i++)                                              //297
{                                                               //298
com_data = com_data * 2;                                        //299
SCL = 1;_nop_();_nop_();_nop_();_nop_();_nop_();_nop_();_nop_();_nop_();//300
low_bit = SDA;                                                  //301
SCL = 0;_nop_();_nop_();_nop_();_nop_();_nop_();_nop_();_nop_();_nop_();//302
}                                                               //303
stop();                                                         //304
return(com_data);                                               //305
}                                                               //306
//*******************************************307
void wr_24c01(char a,char b)                                    //308
{                                                               //309
data uchar command;                                             //310
_nop_();_nop_();_nop_();_nop_();_nop_();_nop_();_nop_();//311
SDA = 1;_nop_();_nop_();_nop_();_nop_();_nop_();_nop_();//312
SCL = 0;_nop_();_nop_();_nop_();_nop_();_nop_();_nop_();//313
start();                                                        //314
command = 160;                                                  //315
shift8(command);                                                //316
ack();                                                          //317
shift8(a);                                                      //318
ack();                                                          //319
shift8(b);                                                      //320
ack();                                                          //321
stop();                                                         //322
_nop_();_nop_();_nop_();_nop_();_nop_();_nop_();_nop_();//323
}                                                               //324
//*******************************************325
void delay_iic(int n)                                           //326
{                                                               //327
int i;                                                          //328
for(i = 1;i<n;i++){}                                            //329
}                                                               //330
```

编译通过后,51 MCU DEMO 试验板接通 5 V 稳压电源,将生成的 CS21 -2. hex 文件下载到试验板上的 89S51 单片机中(**注意：标示"LEDMOD_DATA"、"LED-MOD_COM"及"LED"的双排针应插上短路块**)。此时 6 个数码管全亮,显示走时。按动一下 S4 键,最右的数码管显示 1(状态 1),其中百位、千位数码管最亮,其他的则显暗淡,表示此时可对百位、千位数码管显示所对应的定时 1"分"进行输入,按下 S1 键,"分"递增,按下 S2 键,"分"递减。再按动一下 S4 键,最右的数码管显示 2(状态 2),……当最右的数码管显示 4(状态 4)之后,再按动一下 S4 键,又回到 6 个数码管全亮,显示走时。

在状态 1 或 2 时,调整好定时 1 的数值后,按动一下 S3 键,则右数第二个数码管从不亮变为显示 8 字的最上一横,代表定时 1 已启动。同理,在状态 3 或 4 时,调整好定时 2 的数值后,按动一下 S3 键,则右数第二个数码管从不亮变为显示 8 字的最上一横,代表定时 2 已启动。

### 3. 程序分析解释

序号 1~2:包含头文件。

序号 3~4:数据类型的宏定义。

序号 5:数码管 0~9 的字形码。

序号 6:数码管的位选码。

序号 7~10:S1~S4 键的端口定义。

序号 11~12:开、关宏定义。

序号 13:AT24C01 数据线定义。

序号 14:AT24C01 时钟线定义。

序号 15:输出端定义。

序号 16:程序分隔。

序号 17:状态变量定义。

序号 18:走时变量定义。

序号 19:定义两个数组 set1_dat[2]、set2_dat[2],用于存放定时 1、定时 2 的数值。

序号 20:定义两个位标志 set1_flag、set2_flag,作为定时 1、定时 2 的启动标志。

序号 21:程序分隔。

序号 22~30:函数定义。

序号 31:程序分隔。

序号 32:定义函数名为 init 的初始化子函数。

序号 33:initial 子函数开始,定义局部变量 rd_val。

序号 34:读取 AT24C01 中 100 号单元。

序号 35:if 语句,如果读出的内容为 88,说明 AT24C01 已存放过数据,可以使用里面存放的定时值。

序号 36~41:从 AT24C01 中读出定时 1、定时 2 的数值及定时 1、定时 2 的启动标志。

序号 42:if 语句结束。

序号 43:定时器 T0、T1 方式 1。

序号 44～45:T0 定时初值约为 50 ms。

序号 46～47:T1 定时初值约为 1 ms。

序号 48:允许 T0 中断,启动 T0。允许 T1 中断,启动 T1。

序号 49:开总中断。

序号 50:initial 函数结束。

序号 51:程序分隔。

序号 52:定义函数名为 main 的主函数。

序号 53:main 主函数开始。定义无符号字符型局部变量 key_val。

序号 54:调用 initial 初始化子函数。

序号 55:无限循环。

序号 56:无限循环语句开始。

序号 57:调用 key 按键扫描子函数,其返回值存入 key_val 中。

序号 58:调用输出判断子函数。

序号 59:if 语句,如果 S4 键按下。

序号 60:状态值递增。

序号 61:if 语句,如果状态为 5。

序号 62:状态值范围 0～4。

序号 63:关总中断,准备对 AT24C01 进行读写操作。

序号 64～70:将相关内容写入 AT24C01 中对应单元。

序号 71:重新开放总中断。

序号 72:if 语句结束。

序号 73:延时 300 ms。

序号 74:if 语句结束。

序号 75:程序分隔。

序号 76:if 语句,如果 S1 键按下。

序号 77:if 语句开始。

序号 78:switch 语句,根据 status 进行散转。

序号 79:switch 语句开始。

序号 80:如果状态为 1,定时 1"分"递增(最大 59)。

序号 81:如果状态为 2,定时 1"时"递增(最大 23)。

序号 82:如果状态为 3,定时 2"分"递增(最大 59)。

序号 83:如果状态为 4,定时 2"时"递增(最大 23)。

序号 84:一项也不符合说明无键按下,直接退出。

序号 85:switch 语句结束。

序号 86:if 语句结束。

序号 87:程序分隔。

序号 88:if 语句,如果 S2 键按下。

序号 89:if 语句开始。

序号 90:switch 语句,根据 status 进行散转。

序号 91:switch 语句开始。

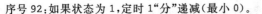

序号 92:如果状态为 1,定时 1"分"递减(最小 0)。

序号 93:如果状态为 2,定时 1"时"递减(最小 0)。

序号 94:如果状态为 3,定时 2"分"递减(最小 0)。

序号 95:如果状态为 4,定时 2"时"递减(最小 0)。

序号 96:一项也不符合说明无键按下,直接退出。

序号 97:switch 语句结束。

序号 98:if 语句结束。

序号 99:程序分隔。

序号 100:if 语句,如果 S3 键按下。

序号 101:if 语句开始。

序号 102:如果状态为 1 或 2,取反定时 1 的启动标志。

序号 103:如果状态为 3 或 4,取反定时 2 的启动标志。

序号 104:if 语句结束。

序号 105:无限循环语句结束。

序号 106:main 主函数结束。

序号 107:程序分隔。

序号 108:定义函数名为 key 的子函数。

序号 109:key 子函数开始。

序号 110:定义局部变量 temp。

序号 111:置 P3 口为全 1,准备读取输入状态。

序号 112:读取 P3 口值至 temp 中。

序号 113:如果读取值不为全 1,可能有键按下。

序号 114:if 语句开始。

序号 115:延时 30 ms。

序号 116:再次置 P3 口为全 1,准备读取输入状态。

序号 117:读取 P3 口值至 temp 中。

序号 118:if 语句结束。

序号 119:返回 temp 值。

序号 120:scan_key 子函数结束。

序号 121:程序分隔。

序号 122:定义函数名为 pout 输出判断子函数。

序号 123:pout 子函数开始。

序号 124:if 语句,如果定时 1 的启动标志为 1。

序号 125:if 语句开始。

序号 126:如果走时的"时"、"分"与定时 1 的"时"、"分"完全相同,输出打开。

序号 127:if 语句结束。

序号 128:否则,如果定时 1 的启动标志不为 1,输出关闭。

序号 129:程序分隔。

序号 130:if 语句,如果定时 2 的启动标志为 1。

序号 131:if 语句开始。

序号 132:如果走时的"时"、"分"与定时 2 的"时"、"分"完全相同,输出关闭。

序号 133:if 语句结束。

序号 134:否则,如果定时 2 的启动标志不为 1,输出关闭。

序号 135:pout 子函数结束。

序号 136:程序分隔。

序号 137:定义函数名为 time0_serve 的 T0 中断服务函数,使用默认的寄存器组。

序号 138:time0_serve 中断服务函数开始。

序号 139~140:重装 50 ms 定时初值。

序号 141:50 ms 计数变量递加。

序号 142:50 ms 计数变量满 20,则秒变量加 1。

序号 143:秒变量满 60,则分变量加 1。

序号 144:分变量满 60,则时变量加 1。

序号 145:时变量满 24,则时变量归 0。

序号 146:T0 中断服务函数结束。

序号 147:程序分隔。

序号 148:定义函数名为 time1_serve 的 T1 中断服务函数,使用默认的寄存器组。

序号 149:time1_serve 中断服务函数开始。

序号 150:定义静态的局部变量 time_cnt。

序号 151:定义静态的局部位变量 bit_flag。

序号 152~153:重装 1 ms 定时初值。

序号 154:变量 time_cnt 递加。

序号 155:位变量 bit_flag 取反。

序号 156:程序分隔。

序号 157:状态为 0,则 time_cnt 范围 0~5(平均扫描 6 位数码管)。

序号 158:否则状态不为 0,则 time_cnt 范围 0~29(其中 2 位数码管多扫描,显得特别亮)。

序号 159:程序分隔。

序号 160:if 语句,如果状态为 0。

序号 161:if 语句开始。

序号 162:switch 语句,根据 time_cnt 进行散转。

序号 163:switch 语句开始。

序号 164:如果 time_cnt 为 0,点亮个位数码管(秒的低位)。

序号 165:如果 time_cnt 为 1,点亮十位数码管(秒的高位)。

序号 166:如果 time_cnt 为 2,点亮百位数码管(分的低位)。

序号 167:如果 time_cnt 为 3,点亮千位数码管(分的高位)。

序号 168:如果 time_cnt 为 4,点亮万位数码管(时的低位)。

序号 169:如果 time_cnt 为 5,点亮十万位数码管(时的高位)。

序号 170:一项也不符合,直接退出。

序号 171:switch 语句结束。

序号 172:if 语句结束。

序号 173:程序分隔。

序号 174：if 语句,如果状态为 1。

序号 175：if 语句开始。

序号 176：switch 语句,根据 time_cnt 进行散转。

序号 177：switch 语句开始。

序号 178：如果 time_cnt 为 0,点亮个位数码管(状态为 1)。

序号 179：如果 time_cnt 为 1,如果定时 1 的启动标志为 1,点亮十位数码管 8 字的上面一横。

序号 180：否则,如果定时 1 的启动标志为 0,熄灭十位数码管。

序号 181：如果 time_cnt 为 2,点亮百位数码管(定时 1 分的低位)。

序号 182：如果 time_cnt 为 3,点亮千位数码管(定时 1 分的高位)。

序号 183：如果 time_cnt 为 4,点亮万位数码管(定时 1 时的低位)。

序号 184：如果 time_cnt 为 5,点亮十万位数码管(定时 1 时的高位)。

序号 185：一项也不符合,如果位变量 bit_flag 为 1,点亮百位数码管(定时 1 分的低位)。

序号 186：否则,如果位变量 bit_flag 为 0,点亮千位数码管(定时 1 分的高位)。

序号 187：switch 语句结束。

序号 188：if 语句结束。

序号 189：程序分隔。

序号 190：if 语句,如果状态为 2。

序号 191：if 语句开始。

序号 192：switch 语句,根据 time_cnt 进行散转。

序号 193：switch 语句开始。

序号 194：如果 time_cnt 为 0,点亮个位数码管(状态为 2)。

序号 195：如果 time_cnt 为 1,如果定时 1 的启动标志为 1,点亮十位数码管 8 字的上面一横。

序号 196：否则,如果定时 1 的启动标志为 0,熄灭十位数码管。

序号 197：如果 time_cnt 为 2,点亮百位数码管(定时 1 分的低位)。

序号 198：如果 time_cnt 为 3,点亮千位数码管(定时 1 分的高位)。

序号 199：如果 time_cnt 为 4,点亮万位数码管(定时 1 时的低位)。

序号 200：如果 time_cnt 为 5,点亮十万位数码管(定时 1 时的高位)。

序号 201：一项也不符合,如果位变量 bit_flag 为 1,点亮万位数码管(定时 1 时的低位)。

序号 202：否则,如果位变量 bit_flag 为 0,点亮十万位数码管(定时 1 时的高位)。

序号 203：switch 语句结束。

序号 204：if 语句结束。

序号 205：程序分隔。

序号 206：if 语句,如果状态为 3。

序号 207：if 语句开始。

序号 208：switch 语句,根据 time_cnt 进行散转。

序号 209：switch 语句开始。

序号 210：如果 time_cnt 为 0,点亮个位数码管(状态为 3)。

序号 211：如果 time_cnt 为 1,如果定时 2 的启动标志为 1,点亮十位数码管 8 字的上面一横。

序号 212：否则,如果定时 2 的启动标志为 0,熄灭十位数码管。

序号 213：如果 time_cnt 为 2,点亮百位数码管(定时 2 分的低位)。

序号 214:如果 time_cnt 为 3,点亮千位数码管(定时 2 分的高位)。

序号 215:如果 time_cnt 为 4,点亮万位数码管(定时 2 时的低位)。

序号 216:如果 time_cnt 为 5,点亮十万位数码管(定时 2 时的高位)。

序号 217:一项也不符合,如果位变量 bit_flag 为 1,点亮百位数码管(定时 2 分的低位)。

序号 218:否则,如果位变量 bit_flag 为 0,点亮千位数码管(定时 2 分的高位)。

序号 219:switch 语句结束。

序号 220:if 语句结束。

序号 221:程序分隔。

序号 222:if 语句,如果状态为 4。

序号 223:if 语句开始。

序号 224:switch 语句,根据 time_cnt 进行散转。

序号 225:switch 语句开始。

序号 226:如果 time_cnt 为 0,点亮个位数码管(状态为 4)。

序号 227:如果 time_cnt 为 1,如果定时 2 的启动标志为 1,点亮十位数码管 8 字的上面一横。

序号 228:否则,如果定时 2 的启动标志为 0,熄灭十位数码管。

序号 229:如果 time_cnt 为 2,点亮百位数码管(定时 2 分的低位)。

序号 230:如果 time_cnt 为 3,点亮千位数码管(定时 2 分的高位)。

序号 231:如果 time_cnt 为 4,点亮万位数码管(定时 2 时的低位)。

序号 232:如果 time_cnt 为 5,点亮十万位数码管(定时 2 时的高位)。

序号 233:一项也不符合,如果位变量 bit_flag 为 1,点亮万位数码管(定时 2 时的低位)。

序号 234:否则,如果位变量 bit_flag 为 0,点亮十万位数码管(定时 2 时的高位)。

序号 235:switch 语句结束。

序号 236:if 语句结束。

序号 237:time1_serve 中断服务函数结束。

序号 238:程序分隔。

序号 239～245:延时子函数。

序号 246:程序分隔。

序号 247～253:启动读写时序的子函数。

序号 254:程序分隔。

序号 255～260:停止操作子函数。

序号 261:程序分隔。

序号 262～266:应答子函数。

序号 267:程序分隔。

序号 268～279:8 位移位输出。

序号 280:程序分隔。

序号 281～306:读 24C01A 中 a 地址单元的数据。

序号 307:程序分隔。

序号 308～324:将 RAM 中 b 地址单元的数据写入 24C01A 中 a 地址单元中

序号 325:程序分隔。

序号 326～330:延时子函数。

# 第 **22** 章

# 16×2 点阵字符液晶模块及 **C51** 驱动

在小型智能化电子产品中,普通的 7 段 LED 数码管只能用来显示数字,若遇到要显示英文字母、图像或汉字时,则必须选择使用液晶显示器(简称 LCD)。

LCD 显示器的应用很广,简单的如手表、计算器上的液晶显示器,复杂的如笔记本电脑上的显示器等,都使用 LCD。在一般的商务办公机器上,如复印机和传真机,以及一些娱乐器材、医疗仪器上,也常常看见 LCD 的足迹。

LCD 可分为两种类型,一种是字符模式 LCD,另一种是图形模式 LCD。本章介绍的 16×2 LCD 为字符型点矩阵式 LCD 模组(Liquid Crystal Display Module,简称 LCM),或称字符型 LCD。市场上有各种不同品牌的字符显示类型的 LCD,但大部分的控制器都是使用同一块芯片来控制的,编号为 HD44780,或是兼容的控制芯片。

## 22.1    16×2 点阵字符液晶显示器概述

字符型液晶显示模块是一类专门用于显示字母、数字、符号等的点阵型液晶显示模块。在显示器件的电极图形设计上,它是由若干个 5×7 或 5×11 等点阵字符位组成。每一个点阵字符位都可以显示一个字符。点阵字符位之间空有一个点距的间隔起到了字符间距和行距的作用。

目前常用的有 16 字×1 行、16 字×2 行、20 字×2 行和 40 字×2 行等的字符模组。这些 LCM 虽然显示的字数各不相同,但是都具有相同的输入输出界面。

16×2 点阵字符液晶模块是由点阵字符液晶显示器件和专用的行、列驱动器,控制器及必要的连接件,结构件装配而成,可以显示数字和英文字符。这种点阵字符模块本身带有字符发生器,显示容量大,功能丰富。

液晶点阵字符模块的点阵排列是由 5×7、5×8 或 5×11 的一组组像素点阵排列组成的。每组为 1 位,每位间有一点的间隔,每行间也有一行的间隔,所以不能显示图形。

一般在模块控制、驱动器内具有已固化好的 192 个字符字模的字符库 CGROM，还具有让用户自定义建立专用字符的随机存储器 CGRAM，允许用户建立 8 个 5×7 点阵的字符。点阵字符模块具有丰富的显示功能，其控制器主要为日立公司的 HD44780 及其替代集成电路，驱动器为 HD44100 及其替代的兼容集成电路。

## 22.2　液晶显示器的突出优点

液晶显示器和其他显示器相比，具有以下突出的优点：
① 低电压、场致驱动。
② 微功耗，仅 $1~\mu W/cm^2$。
③ 平板显示，体积小而薄。
④ 与集成电路匹配方便、简单。
⑤ 被动显示，不怕光冲刷。
⑥ 可彩色、黑白显示，效果逼真。
⑦ 显示面积可大可小，目前世界上最大的液晶电视尺寸已超过 50 英寸。
⑧ 易于大批量生产。
⑨ 随着工艺的提高，成品率还会进一步提高，成本也会进一步下降。
液晶显示器的缺点：
① 视角较小。
② 显示质量不算最高。
③ 响应速度较慢，对快速移动图像可能有一些拖尾，目前正在克服中。

## 22.3　16×2 字符型液晶显示模块的特性

16×2 字符型液晶显示模块（LCM）的特性如下：
① +5 V 电压，反视度（明暗对比度）可调整。
② 内含振荡电路，系统内含重置电路。
③ 提供各种控制命令，如：清除显示器、字符闪烁、光标闪烁、显示移位等多种功能。
④ 显示用数据 DDRAM 共有 80 字节。
⑤ 字符发生器 CGROM 有 160 个 5×7 点阵字型。
⑥ 字符发生器 CGRAM 可由使用者自行定义 8 个 5×7 的点阵字型。

## 22.4　16×2 字符型液晶显示模块的引脚及功能

16×2 字符型液晶显示模块（LCM）的引脚功能如下：
1 脚（$V_{DD}/V_{SS}$）：电源 5(1±10%)V 或接地。

2 脚($V_{SS}/V_{DD}$):接地或电源 5(1±10%)V。

3 脚($V_O$):反视度调整。使用可变电阻调整,通常接地。

4 脚(RS):寄存器选择。1:选择数据寄存器;0:选择指令寄存器。

5 脚(R/$\overline{W}$):读/写选择。1:读;0:写。

6 脚(E):使能操作。1:LCM 可做读写操作;0:LCM 不能做读写操作。

7 脚(DB0):双向数据总线的第 0 位。

8 脚(DB1):双向数据总线的第 1 位。

9 脚(DB2):双向数据总线的第 2 位。

10 脚(DB3):双向数据总线的第 3 位。

11 脚(DB4):双向数据总线的第 4 位。

12 脚(DB5):双向数据总线的第 5 位。

13 脚(DB6):双向数据总线的第 6 位。

14 脚(DB7):双向数据总线的第 7 位。

15 脚($V_{DD}$):背光显示器电源+5 V。

16 脚($V_{SS}$):背光显示器接地。

说明:由于生产 LCM 厂商众多,使用时应注意电源引脚 1、2 的不同。LCM 数据读写方式可以分为 8 位和 4 位 2 种,以 8 位数据进行读写则 DB7~DB0 都有效,若以 4 位方式进行读写,则只用到 DB7~DB4。

## 22.5  16×2 字符型液晶显示模块的内部结构

LCM 的内部结构可分为三个部分:LCD 控制器、LCD 驱动器、LCD 显示装置,如图 22.1 所示。

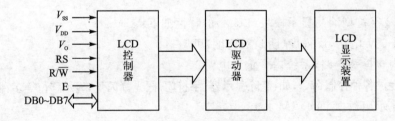

**图 22.1  LCM 的内部结构**

LCM 与单片机(MCU)之间是利用 LCM 的控制器进行通信。HD44780 是集驱动器与控制器于一体,专用于字符显示的液晶显示控制驱动集成电路。HD44780 是字符型液晶显示控制器的代表电路,了解熟知 HD44780,将可通晓字符型液晶显示控制器的工作原理。

# 22.6　液晶显示控制驱动集成电路 HD44780 的特点

液晶显示控制驱动集成电路 HD44780 的特点：

① HD44780 不仅作为控制器而且还具有驱动 40×16 点阵液晶像素的能力，并且 HD44780 的驱动能力可通过外接驱动器扩展 360 列驱动。

② HD44780 的显示缓冲区及用户自定义的字符发生器 CGRAM 全部内藏在芯片内。

③ HD44780 具有适用于 M6800 系列 MCU 的接口，并且接口数据传输可为 8 位数据传输和 4 位数据传输两种方式。

④ HD44780 具有功能较强的指令集，可实现字符移动、闪烁等显示功能。

图 22.2 为 HD44780 的内部组成结构。

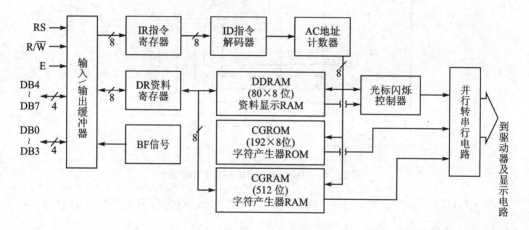

**图 22.2　HD44780 的内部组成结构**

由于 HD44780 的 DDRAM 容量所限，HD44780 可控制的字符为每行 80 个字。也就是 5×80＝400 点。HD44780 内藏有 16 路行驱动器和 40 路列驱动器，所以 HD44780 本身就具有驱动 16×40 点阵 LCD 的能力，（即单行 16 个字符或两行 8 个字符）。如果在外部加一个 HD44100 外扩展多 40 路/列驱动，则可驱动 16×2LCD，如图 22.3 所示。

当 MCU 写入指令设置了显示字符体的形式和字符行数后，驱动器的液晶显示驱动的占空比系数就确定了下来，驱动器在时序发生器的作用下，产生帧扫描信号和扫描时序，同时把由字符代码确定的字符数据通过并/串转换电路串行输出给外部列驱动器和内部列驱动器，数据的传输顺序总是起始于显示缓冲区所对应一行显示字符的最高地址的数据。当全部一行数据到位后，锁存时钟 $CL_1$ 将数据锁存在列驱动器的锁存器内，最后传输的 40 位数据，也就是说各显示行的前 8 个字符位总是被锁

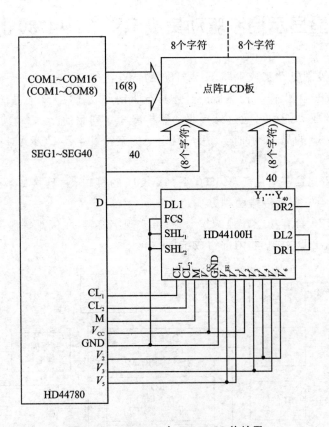

图 22.3　HD44780 加 HD44100 外扩展

存在 HD44780 的内部列驱动器的锁存器中。$CL_1$ 同时也是行驱动器的移位脉冲,使得扫描行更新。如此循环,使得屏幕上呈现字符的组合。

# 22.7　HD44780 的工作原理

HD44780 的引脚图如图 22.4 所示。

## 1. DDRAM——数据显示用 RAM

DDRAM——数据显示用 RAM(Data display RAM,简称 DDRAM)。

DDRAM 用来存放要 LCD 显示的数据,只要将标准的 ASCII 码送入 DDRAM,内部控制电路会自动将数据传送到显示器上,例如:要 LCD 显示字符 A,则只须将 ASCII 码 41H 存入 DDRAM 即可。DDRAM 有 80 字节空间,共可显示 80 个字(每个字为 1 字节),其存储器地址与实际显示位置的排列顺序与 LCM 的型号有关,如图 22.5 所示。

图 22.5(a)为 16 字×1 行的 LCM,它的地址从 00H 到 0FH;图 22.5(b)为 20 字

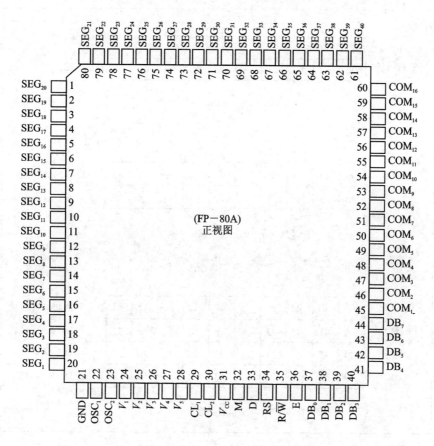

**图 22.4　HD44780 引脚图**

×2 行的 LCM，第 1 行的地址从 00H 到 13H，第 2 行的地址从 40H 到 53H；图 22.5 (c)为 20 字×4 行的 LCM，第 1 行的地址从 00H 到 13H，第 2 行的地址从 40H 到 53H，第 3 行的地址从 14H 到 27H，第 4 行的地址从 54H 到 67H。

## 2. CGROM——字符产生器 ROM

CGROM——字符产生器 ROM(Character Generator 的 ROM，简称 CGROM)。

CGROM 储存了 192 个 5×7 的点矩阵字型，CGROM 的字型要经过内部电路的转换才会传到显示器上，仅能读出不可写入。字型或字符的排列方式与标准的 ASCII 码相同，例如：字符码 31H 为"1"字符，字符码 41H 为"A"字符。如我们要在 LCD 中显示 A，就是将 A 的 ASCII 代码 41H 写入 DDRAM 中，同时电路到 CGROM 中将 A 的字型点阵数据找出来显示在 LCD 上。字符与字符码对照表如表 22.1 所列。

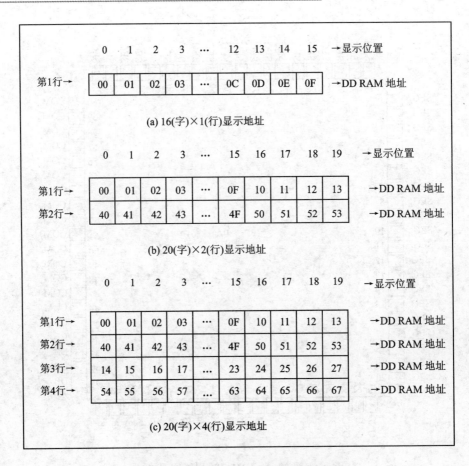

图 22.5　DDRAM 地址与显示位置映射图

## 3. CGRAM——字型、字符产生器 RAM

CGRAM——字型、字符产生器 RAM（Character Generator RAM，简称 CGRAM）。

CGRAM 是供使用者储存自行设计的特殊造型的造型码 RAM，CGRAM 共有 512 bit（64 B）。一个 5×7 点矩阵字型占用 8×8 bit，所以 CGRAM 最多可存 8 个造型。

## 4. IR——指令寄存器

IR——指令寄存器（Instruction Register，简称 IR）。

IR 寄存器负责储存 MCU 要写给 LCM 的指令码。当 MCU 要发送一个命令到 IR 寄存器时，必须要控制 LCM 的 RS、R/$\overline{W}$ 及 E 这 3 个引脚，当 RS 及 R/$\overline{W}$ 引脚信号为 0，E 引脚信号由 1 变为 0 时，就会把在 DB0～DB7 引脚上的数据送入 IR 寄存器。

表 22.1　字符与字符码对照表

| 低4位 | 高4位 | | | | | | | | | | | | | |
|---|---|---|---|---|---|---|---|---|---|---|---|---|---|---|
| | 0000 | 0010 | 0011 | 0100 | 0101 | 0110 | 0111 | 1010 | 1011 | 1100 | 1101 | 1110 | 1111 |
| xxxx0000 | CG RAM (1) | | | | | | | | | | | | |
| xxxx0001 | (2) | | | | | | | | | | | | |
| xxxx0010 | (3) | | | | | | | | | | | | |
| xxxx0011 | (4) | | | | | | | | | | | | |
| xxxx0100 | (5) | | | | | | | | | | | | |
| xxxx0101 | (6) | | | | | | | | | | | | |
| xxxx0110 | (7) | | | | | | | | | | | | |
| xxxx0111 | (8) | | | | | | | | | | | | |
| xxxx1000 | (1) | | | | | | | | | | | | |
| xxxx1001 | (2) | | | | | | | | | | | | |
| xxxx1010 | (3) | | | | | | | | | | | | |
| xxxx1011 | (4) | | | | | | | | | | | | |
| xxxx1100 | (5) | | | | | | | | | | | | |
| xxxx1101 | (6) | | | | | | | | | | | | |
| xxxx1110 | (7) | | | | | | | | | | | | |
| xxxx1111 | (8) | | | | | | | | | | | | |

### 5. DR——数据寄存器

DR——数据寄存器(Data Register,简称 DR)。

DR 寄存器负责储存 MCU 要写到 CGRAM 或 DDRAM 的数据,或储存 MCU 要从 CGRAM 或 DDRAM 读出的数据,因此 DR 寄存器可视为一个数据缓冲区,它 也是由 LCM 的 RS、R/$\overline{\text{W}}$ 及 E 等 3 个引脚来控制。当 RS 及 R/$\overline{\text{W}}$ 引脚信号为 1,E 引脚信号由 1 变为 0 时,LCM 会将 DR 寄存器内的数据由 DB0~DB7 输出以供 MCU 读取;当 RS 引脚信号为 1,R/$\overline{\text{W}}$ 引脚信号为 0,E 引脚信号由 1 变为 0 时,就会 把在 DB0~DB7 引脚上的数据存入 DR 寄存器。

### 6. BF——忙碌标志信号

BF——忙碌标志信号(Busy Flag,简称 BF)。

BF 的功能是告诉 MCU,LCM 内部是否正忙着处理数据。当 BF=1 时,表示 LCM 内部正在处理数据,不能接受 MCU 送来的指令或数据。LCM 设置 BF 的原因 是 MCU 处理一个指令的时间很短,只需几 $\mu$s 左右,而 LCM 得花上 40 $\mu$s~1.64 ms 的时间,所以 MCU 要写数据或指令到 LCM 之前,必须先查看 BF 是否为 0。

### 7. AC——地址计数器

AC——地址计数器(Address Counter,简称 AC)。

AC 的工作是负责计数写到 CGRAM、DDRAM 数据的地址,或从 DDRAM、CGRAM 读出数据的地址。使用地址设定指令写到 IR 寄存器后,则地址数据会经 过指令解码器(Instruction Decoder),再存入 AC。当 MCU 从 DDRAM 或 CGRAM 存取资料时,AC 依照 MCU 对 LCM 的操作而自动地修改它的地址计数值。

# 22.8　LCD 控制器的指令

用 MCU 来控制 LCD 模块,方式十分简单,LCD 模块其内部可以看成两组寄存 器,一个为指令寄存器,一个为数据寄存器,由 RS 引脚来控制。所有对指令寄存器 或数据寄存器的存取均需检查 LCD 内部的忙碌标志 BF,此标志用来告知 LCD 内部 是否正在工作,并不允许接收任何的控制命令。而此位的检查可以令 RS=0,用读取 DB7 来加以判断,当此 DB7 为 0 时,才可以写入指令或数据寄存器。LCD 控制器的 指令共有 11 组,以下分别介绍。

### 1. 清除显示器

| RS | R/$\overline{\text{W}}$ | E | DB7 | DB6 | DB5 | DB4 | DB3 | DB2 | DB1 | DB0 |
|----|-----|---|-----|-----|-----|-----|-----|-----|-----|-----|
| 0 | 0 | 1 | 0 | 0 | 0 | 0 | 0 | 0 | 0 | 1 |

指令代码为 01H,将 DDRAM 数据全部填入"空白"的 ASCII 代码 20H,执行此

指令将清除显示器的内容,同时光标移到左上角。

## 2. 光标归位设定

| RS | R/$\overline{W}$ | E | DB7 | DB6 | DB5 | DB4 | DB3 | DB2 | DB1 | DB0 |
|----|----|----|----|----|----|----|----|----|----|----|
| 0 | 0 | 1 | 0 | 0 | 0 | 0 | 0 | 0 | 1 | * |

　　指令代码为 02H,地址计数器被清 0,DDRAM 数据不变,光标移到左上角。
* 表示可以为 0 或 1。

## 3. 设定字符进入模式

| RS | R/$\overline{W}$ | E | DB7 | DB6 | DB5 | DB4 | DB3 | DB2 | DB1 | DB0 |
|----|----|----|----|----|----|----|----|----|----|----|
| 0 | 0 | 1 | 0 | 0 | 0 | 0 | 0 | 1 | I/D | S |

| I/D | S | 工作情形 |
|----|----|----|
| 0 | 0 | 光标左移一格,AC 值减一,字符全部不动 |
| 0 | 1 | 光标不动,AC 值减一,字符全部右移一格 |
| 1 | 0 | 光标右移一格,AC 值加一,字符全部不动 |
| 1 | 1 | 光标不动,AC 值加一,字符全部左移一格 |

## 4. 显示器开关

| RS | R/$\overline{W}$ | E | DB7 | DB6 | DB5 | DB4 | DB3 | DB2 | DB1 | DB0 |
|----|----|----|----|----|----|----|----|----|----|----|
| 0 | 0 | 1 | 0 | 0 | 0 | 0 | 1 | D | C | B |

　　D:显示屏开启或关闭控制位,D=1 时,显示屏开启;D=0 时,则显示屏关闭,但显示数据仍保存于 DDRAM 中。

　　C:光标出现控制位,C=1 时,则光标会出现在地址计数器所指的位置;C=0 则光标不出现。

　　B:光标闪烁控制位,B=1 光标出现后会闪烁;B=0,光标不闪烁。

## 5. 显示光标移位

| RS | R/$\overline{W}$ | E | DB7 | DB6 | DB5 | DB4 | DB3 | DB2 | DB1 | DB0 |
|----|----|----|----|----|----|----|----|----|----|----|
| 0 | 0 | 1 | 0 | 0 | 0 | 1 | S/C | R/L | * | * |

　　* 表示可以为 0 或 1。

| S/C | R/L | 工作情形 |
|----|----|----|
| 0 | 0 | 光标左移一格,AC 值减一 |
| 0 | 1 | 光标右移一格,AC 值加一 |
| 1 | 0 | 字符和光标同时左移一格 |
| 1 | 1 | 字符和光标同时右移一格 |

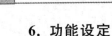
### 6. 功能设定

| RS | R/W̄ | E | DB7 | DB6 | DB5 | DB4 | DB3 | DB2 | DB1 | DB0 |
|----|------|---|-----|-----|-----|-----|-----|-----|-----|-----|
| 0 | 0 | 1 | 0 | 0 | 1 | DL | N | F | * | * |

*表示可以为 0 或 1。

DL:数据长度选择位。DL＝1 时为 8 位(DB7～DB0)数据转移;DL＝0 时则为 4 位数据转移,使用 DB7～DB4 位,分 2 次送入一个完整的字符数据。

N:显示屏为单行或双行选择。N＝1 为双行显示;N＝0 则为单行显示。

F:大小字符显示选择。当 F＝1 时,为 5×10 字型(有的产品无此功能);当 F＝0 时,则为 5×7 字型。

### 7. CGRAM 地址设定

| RS | R/W̄ | E | DB7 | DB6 | DB5 | DB4 | DB3 | DB2 | DB1 | DB0 |
|----|------|---|-----|-----|-----|-----|-----|-----|-----|-----|
| 0 | 0 | 1 | 0 | 1 | A5 | A4 | A3 | A2 | A1 | A0 |

设定下一个要读写数据的 CGRAM 地址(A5～A0)。

### 8. DDRAM 地址设定

| RS | R/W̄ | E | DB7 | DB6 | DB5 | DB4 | DB3 | DB2 | DB1 | DB0 |
|----|------|---|-----|-----|-----|-----|-----|-----|-----|-----|
| 0 | 0 | 1 | 1 | A6 | A5 | A4 | A3 | A2 | A1 | A0 |

设定下一个要读写数据的 DDRAM 地址(A6～A0)。

### 9. 忙碌标志 BF 或 AC 地址读取

| RS | R/W̄ | E | DB7 | DB6 | DB5 | DB4 | DB3 | DB2 | DB1 | DB0 |
|----|------|---|-----|-----|-----|-----|-----|-----|-----|-----|
| 0 | 1 | 1 | BF | A6 | A5 | A4 | A3 | A2 | A1 | A0 |

LCD 的忙碌标志 BF 用以指示 LCD 目前的工作情况,当 BF＝1 时,表示正在做内部数据的处理,不接受 MCU 送来的指令或数据。当 BF＝0 时,则表示已准备接收命令或数据。当程序读取此数据的内容时,DB7 表示忙碌标志,而另外 DB6～DB0 的值表示 CGRAM 或 DDRAM 中的地址,至于是指向那一地址则根据最后写入的地址设定指令而定。

### 10. 写数据到 CGRAM 或 DDRAM 中

| RS | R/W̄ | E | DB7 | DB6 | DB5 | DB4 | DB3 | DB2 | DB1 | DB0 |
|----|------|---|-----|-----|-----|-----|-----|-----|-----|-----|
| 1 | 0 | 1 | | | | | | | | |

先设定 CGRAM 或 DDRAM 地址,再将数据写入 DB7～DB0 中,以使 LCD 显示

出字形。也可将使用者自创的图形存入 CGRAM。

### 11. 从 CGRAM 或 DDRAM 中读取数据

| RS | R/$\overline{\text{W}}$ | E | DB7 | DB6 | DB5 | DB4 | DB3 | DB2 | DB1 | DB0 |
|---|---|---|---|---|---|---|---|---|---|---|
| 1 | 1 | 1 | | | | | | | | |

先设定 CGRAM 或 DDRAM 地址,再读取其中的数据。

# 22.9　LCM 工作时序

控制 LCD 所使用的芯片 HD44780 其读写周期约为 1 μs 左右,这与 80C51 单片机的读写周期相当,所以很容易与 80C51 单片机相互配合使用。

### 1. 读取时序

读取时序如图 22.6 所示。

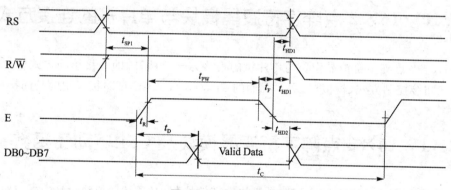

图 22.6　读取时序图

### 2. 写入时序

写入时序如图 22.7 所示。

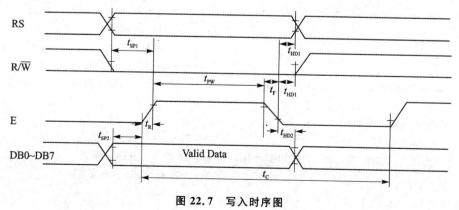

图 22.7　写入时序图

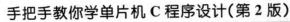

时序参数如表 22.2 所列。

**表 22.2  时序参数表**

| 时序参数 | 符 号 | 极限值 | | | 单 位 | 测试条件 |
|---|---|---|---|---|---|---|
| | | 最小值 | 典型值 | 最大值 | | |
| E 信号周期 | $t_C$ | 400 | — | — | ns | 引脚 E |
| E 脉冲宽度 | $t_{PW}$ | 150 | — | — | ns | |
| E 上升沿/下降沿时间 | $t_R$，$t_F$ | — | — | 25 | ns | |
| 地址建立时间 | $t_{SP1}$ | 30 | — | — | ns | 引脚 E、RS、R/$\overline{W}$ |
| 地址保持时间 | $t_{HD1}$ | 10 | — | — | ns | |
| 数据建立时间（读操作） | $t_D$ | — | — | 100 | ns | 引脚 DB0～DB7 |
| 数据保持时间（读操作） | $t_{HD2}$ | 20 | — | — | ns | |
| 数据建立时间（写操作） | $t_{SP2}$ | 40 | — | — | ns | |
| 数据保持时间（写操作） | $t_{HD2}$ | 10 | — | — | ns | |

# 22.10  16×2 点阵字符液晶模块与单片机的连接方式

16×2 点阵字符液晶模块与单片机的连接方式有两种，即直接访问方式（总线方式）和间接控制方式（模拟口线）。我们的 51 MCU DEMO 试验板采用的是间接控制方式。

# 22.11  16×2 点阵字符液晶模块及 C51 驱动子函数

要实现对 16×2 点阵字符液晶模块的高效控制，必须按照模块设计方式，建立起相关的子函数，下面先详细介绍用 C51 设计的各功能子函数。

### 1. 写命令到 LCM 子函数

```
void WriteCommandLCM(uchar CMD,uchar Attribc)   //函数名为 WriteCommandLCM 的写指令
                                                //到 LCM 子函数。定义 CMD、Attribc 为
                                                //无符号字符型变量
{                                               //WriteCommandLCM 子函数开始
if(Attribc)WaitForEnable();                     //若 Attribc 为"真"，则调用 WaitForEnable
                                                //子函数进行忙检测
LCM_RS = 0;LCM_RW = 0;_nop_();                   //选中指令寄存器，写模式
DataPort = CMD;_nop_();                          //将变量 CMD 中的指令传送至数据口
LCM_EN = 1;_nop_();_nop_();LCM_EN = 0;           // LCM_EN 端产生脉冲下降沿
}                                               // WriteCommandLCM 子函数结束
```

## 2. 写数据到 LCM 子函数

```
void WriteDataLCM(uchar dataW)          //函数名为 WriteDataLCM 的写数据到 LCM 子函数。
                                        //定义 dataW 为无符号字符型变量
{                                       // WriteDataLCM 子函数开始
WaitForEnable();                        //调用 WaitForEnable 子函数检测忙信号
LCM_RS = 1;LCM_RW = 0;_nop_();          //选中数据寄存器,写模式
DataPort = dataW;_nop_();               //将变量 dataW 中数据传送至数据口
LCM_EN = 1;_nop_();_nop_();LCM_EN = 0;  // LCM_EN 端产生脉冲下降沿
}                                       // WriteDataLCM 子函数结束
```

## 3. 检测忙信号子函数

```
void WaitForEnable(void)                //函数名为 WaitForEnable 的检测忙信号子函数
{                                       //WaitForEnable 子函数开始
DataPort = 0xff;                        //置数据口为全 1
LCM_RS = 0;LCM_RW = 1;_nop_();          //选中指令寄存器,读模式
LCM_EN = 1;_nop_();_nop_();             //置 LCM_EN 端为高电平,读使能
while(DataPort&0x80);                   //检测忙信号。当数据口内容与 0x80 相与后不
                                        //为 0 时,程序原地踏步
LCM_EN = 0;                             //置 LCM_EN 端为低电平
}                                       // WaitForEnable 子函数结束
```

## 4. 显示光标定位子函数

```
void LocateXY(char posx,char posy)      //显示光标定位子函数,函数名为 LocateXY,
                                        //定义 posx、posxy 为字符型变量
{                                       // LocateXY  子函数开始
uchar temp;                             //定义 temp 为无符号字符型变量
    temp& = 0x7f;                       // temp  的变化范围 0～15
    temp = posx&0x0f;                   //屏蔽高 4 位
    posy& = 0x01;                       // posy 的变化范围 0～1
    if(posy)temp| = 0x40;               //若 posy 为 1(显示第 2 行),地址码 + 0x40
    temp| = 0x80;                       //指令码为地址码 + 0x80
    WriteCommandLCM(temp,0);            // 将指令 temp 写入 LCM,忽略忙信号检测
}                                       // LocateXY 子函数结束
```

## 5. 显示指定坐标的一个字符(x=0～15,y=0～1)子函数

```
void DisplayOneChar(uchar x,uchar y,uchar Wdata)//显示指定坐标的一个
    //字符(x = 0～15,y = 0～1)子函数,函数名为 DispOneChar,
    //定义 x、y、Wdata 为无符号字符型变量
{                                       // DispOneChar 函数开始
LocateXY(x,y);                          //调用 LocateXY 函数定位显示地址
```

```
        WriteDataLCM(Wdata);              //将数据 Wdata 写入 LCM
    }                                     // DispOneChar 函数结束
```

### 6. 演示第二行移动字符串子函数

```
    void Display(uchar dd)                //演示第 2 行移动字符串子函数,函数名为
                                          //Display,定义 dd 为无符号字符型变量
    {                                     // Display 子函数开始
    uchar i;                              //定义 i 为无符号字符型变量
        for(i = 0;i<16;i++){              //进入 for 语句循环
        DisplayOneChar(i,1,dd++);         //显示单个字符
        dd& = 0x7f;                       //dd 的变化范围 0~127
        if(dd<32)dd = 32;                 //dd 的最小值为 32,这样 dd 的变化范围为 32~127
        }                                 //for 语句结束
    }                                     //Display 函数结束
```

### 7. 显示指定坐标的一串字符子函数 1

```
    void DisplayListChar(uchar X,uchar Y,uchar code * DData)
    //显示指定坐标的一串字符(X = 0~15,Y = 0~1)子函数,函数名为 DisplayListChar,
    //定义 X、Y 为无符号字符型变量,DData 为指向 code 区的无符号字符型指针变量
    {                                     //DisplayListChar 函数开始
    uchar ListLength = 0;                 //定义 ListLength 为无符号字符型变量,并赋初值为 0
    Y& = 0x1;                             //Y 的变化范围 0~1
    X& = 0xF;                             //X 的变化范围 0~15
        while(X< = 15)                    //X< = 15 时进入 while 语句循环
        {                                 //while 语句开始
        DisplayOneChar(X,Y,DData[ListLength]);//显示单个字符
        ListLength ++ ;                   //数组指针递增
        X ++ ;                            //X 轴坐标递增
        }                                 //while 语句结束
    }                                     //DisplayListChar 函数结束
```

### 8. 显示指定坐标的一串字符子函数 2

```
    void ePutstr(uchar x,uchar y,uchar code * ptr) //显示指定坐标的一串字符
            //(x = 0~15,y = 0~1)子函数,函数名为 ePutstr,定义 x、y 为无
            //符号字符型变量,ptr 为指向 code 区的无符号字符型指针变量
    {                                     //ePutstr 子函数开始
    uchar i,l = 0;                        //定义 i、l 为无符号字符型变量
        while(ptr[l]>31){l ++ ;}          // ptr[l]大于 31 时,为 ASCII 码,进入 while 语
                                          //句循环,l 累加,计算出字符串长度
        for(i = 0;i<l;i++){               //进入 for 语句循环
        DisplayOneChar(x ++ ,y,ptr[i]);   //显示单个字符,同时 x 轴坐标递增
```

```
    if(x == 16){                              //若 x 等于 16,进入 if 语句
        x = 0;y^= 1;                          //x 赋 0,y 与 1 按位异或(取反)
    }                                         //if 语句结束
    }                                         //for 语句结束
}                                             //ePutstr 子函数结束
```

# 22.12　在 51 MCU DEMO 试验板上实现 16×2LCM 演示程序 1

## 1. 实现方法

第 1 行显示"- This is a LCD -!",第 2 行显示"- Design by ZXH -!"。通电后 2 行字符从右向左移到显示屏,然后向右退出显示屏。接着 2 行字符显示于屏幕并闪烁 5 次。最后 2 行字符从右向左滚动显示,无限循环。

## 2. 源程序文件

在 D 盘建立一个文件目录(CS22 - 1),然后建立 CS22 - 1. uv2 的工程项目,最后建立源程序文件(CS22 - 1. c)。输入下面的程序:

```
# include <REG51. H>                          //1
# include<INTRINS. H>                         //2
# define uchar unsigned char                  //3
# define uint unsigned int                    //4
# define DataPort P0                          //5
sbit LCM_RS = P2^0;                           //6
sbit LCM_RW = P2^1;                           //7
sbit LCM_EN = P2^2;                           //8
uchar code str0[] = {" - This is a LCD - !"}; //9
uchar code str1[] = {" - Design by ZXH - !"}; //10
uchar code str2[] = {"                    "}; //11
/*********************************************12***************/
void delay(unsigned int k)                    //13
{                                             //14
unsigned int i,j;                             //15
for(i = 0;i<k;i ++ ){                         //16
for(j = 0;j<121;j ++ )                        //17
{;}}                                          //18
}                                             //19
/*********************************************20***************/
void WaitForEnable(void)                      //21
{                                             //22
```

```
DataPort = 0xff;                                        //23
LCM_RS = 0;LCM_RW = 1;_nop_();                          //24
LCM_EN = 1;_nop_();_nop_();                             //25
while(DataPort&0x80);                                   //26
LCM_EN = 0;                                             //27
}                                                       //28
/***********************************************29*******************/
void WriteCommandLCM(uchar CMD,uchar Attribc)          //30
{                                                       //31
if(Attribc)WaitForEnable();                             //32
LCM_RS = 0;LCM_RW = 0;_nop_();                          //33
DataPort = CMD;_nop_();                                 //34
LCM_EN = 1;_nop_();_nop_();LCM_EN = 0;                  //35
}                                                       //36
/***********************************************37*******************/
void WriteDataLCM(uchar dataW)                          //38
{                                                       //39
WaitForEnable();                                        //40
LCM_RS = 1;LCM_RW = 0;_nop_();                          //41
DataPort = dataW;_nop_();                               //42
LCM_EN = 1;_nop_();_nop_();LCM_EN = 0;                  //43
}                                                       //44
/***********************************************45*******************/
void InitLcd()                                          //46
{                                                       //47
WriteCommandLCM(0x38,1);                                //48
WriteCommandLCM(0x08,1);                                //49
WriteCommandLCM(0x01,1);                                //50
WriteCommandLCM(0x06,1);                                //51
WriteCommandLCM(0x0c,1);                                //52
}                                                       //53
/***********************************************54**********************/
void DisplayOneChar(unsigned char X,unsigned char Y,unsigned char DData)//55
{                                                       //56
Y& = 1;                                                 //57
X& = 15;                                                //58
if(Y)X| = 0x40;                                         //59
X| = 0x80;                                              //60
WriteCommandLCM(X,0);                                   //61
WriteDataLCM(DData);                                    //62
}                                                       //63
/***********************************************64***************/
```

```
void DisplayListChar(uchar X,uchar Y,uchar code * DData)//65
{                                               //66
uchar ListLength = 0;                           //67
Y& = 0x1;                                        //68
X& = 0xF;                                        //69
while(X< = 15)                                   //70
{                                               //71
DisplayOneChar(X,Y,DData[ListLength]);          //72
ListLength ++ ;                                  //73
X ++ ;                                           //74
}                                               //75
}                                               //76
/**********************************************77******************/
void main(void)                                 //78
{                                               //79
char i,m;                                        //80
delay(500);                                      //81
InitLcd();                                       //82
/**********************************************83*******/
for(i = 15;i> = 0;i-- )                          //84
{                                               //85
WriteCommandLCM(0x01,1);                         //86
DisplayOneChar(i,0,0x20);                        //87
DisplayListChar(i,0,str0);                       //88
DisplayListChar(i,1,str1);                       //89
delay(200);                                      //90
}                                               //91
delay(2800);                                     //92
/**********************************************93*******/
for(i = 0;i<16;i ++ )                            //94
{                                               //95
WriteCommandLCM(0x01,1);                         //96
DisplayOneChar(i,0,0x20);                        //97
DisplayListChar(i,0,str0);                       //98
DisplayListChar(i,1,str1);                       //99
delay(200);                                      //100
}                                               //101
WriteCommandLCM(0x01,1);                         //102
delay(3000);                                     //103
/**********************************************104************/
for(i = 0;i<10;i ++ )                            //105
{                                               //106
```

```
WriteCommandLCM(0x01,1);                              //107
delay(500);                                           //108
DisplayListChar(0,0,str0);                            //109
DisplayListChar(0,1,str1);                            //110
delay(500);                                           //111
i++ ;                                                 //112
}                                                     //113
delay(3000);                                          //114
/*************************************************115************/
while(1)                                              //116
{                                                     //117
/*************************************************118************/
for(i = 15;i> = 0;i-- )                               //119
{                                                     //120
WriteCommandLCM(0x01,1);                              //121
DisplayOneChar(i,0,0x20);                             //122
DisplayListChar(i,0,str0);                            //123
DisplayListChar(i,1,str1);                            //124
delay(200);                                           //125
}                                                     //126
/*************************************************127************/
for(i = 1;i<16;i++ )                                  //128
{                                                     //129
m = 16 - i;                                           //130
WriteCommandLCM(0x01,1);                              //131
DisplayOneChar(0,0,0x20);                             //132
DisplayListChar(0,0,&str0[i]);                        //133
DisplayListChar(0,1,&str1[i]);                        //134
DisplayListChar(m,0,str2);                            //135
DisplayListChar(m,1,str2);                            //136
delay(200);                                           //137
}                                                     //138
WriteCommandLCM(0x01,1);                              //139
delay(200);                                           //140
}                                                     //141
}                                                     //142
```

编译通过后,51 MCU DEMO 试验板 LCD16×2 单排座上(16 芯)正确插上 16 ×2 字符液晶模组(脚号对应,不能插反),接通 5 V 稳压电源,将生成的 CS22 -1. hex 文件下载到试验板上的 89S51 单片机中(**注意:标示"LEDMOD_DATA"的双排针 需插上短路块,而标示"LEDMOD_DATA"的双排针不能插短路块**)。可以看到,液 晶上显示的内容正是设计要求的。

## 3. 程序分析解释

序号 1～2:包含头文件。

序号 3～4:数据类型的宏定义。

序号 5:端口定义。

序号 6～8:引脚定义。

序号 9～11:待显示字符串。

序号 12:程序分隔。

序号 13～19:延时子函数。

序号 20:程序分隔。

序号 21～28:检测忙信号子函数。

序号 29:程序分隔。

序号 30～36:写命令到 LCM 子函数。

序号 37:程序分隔。

序号 38～44:写数据到 LCM 子函数。

序号 45:程序分隔。

序号 46:函数名为 InitLcd 的 LCM 初始化子函数。

序号 47:InitLcd 函数开始。

序号 48:8 位数据传送,2 行显示,5×7 字型,检测忙信号。

序号 49:关闭显示,检测忙信号。

序号 50:清屏,检测忙信号。

序号 51:显示光标右移设置,检测忙信号。

序号 52:显示屏打开,光标不显示、不闪烁,检测忙信号。

序号 53:InitLcd 函数结束。

序号 54:程序分隔。

序号 55～63:显示指定坐标一个字符的子函数。

序号 64:程序分隔。

序号 65～76:显示指定坐标一串字符的子函数。

序号 77:程序分隔。

序号 78:定义函数名为 main 的主函数。

序号 79:main 主函数开始。

序号 80:定义字符型局部变量。

序号 81:延时 500 ms,等电源稳定。

序号 82:调用 LCM 初始化子函数。

序号 83:程序分隔。

序号 84～91:for 循环,将待显示字符串从右向左移到显示屏上进行显示。

序号 92:延时 2 800 ms,停顿一下。

序号 93:程序分隔。

序号 94～101:for 循环,将待显示字符串从左向右移出显示屏。

序号 102:清屏。

序号 103:延时 3 000 ms,停顿一下。

序号 104:程序分隔。

序号 105～113:显示屏字符串闪烁 5 次。

序号 114:延时 3 000 ms,停顿一下。

序号 115:程序分隔。

序号 116:无限循环。

序号 117:无限循环语句开始。

序号 118:程序分隔。

序号 119～126:for 循环,将待显示字符串从右向左移到显示屏上进行显示。

序号 127:程序分隔。

序号 128～138:for 循环,将待显示字符串从左向右移出显示屏。

序号 139:清屏。

序号 140:延时 200 ms,停顿一下。

序号 141:无限循环语句结束。

序号 142:main 主函数结束。

# 22.13  在 51 MCU DEMO 试验板上实现 16×2LCM 演示程序 2

## 1. 实现方法

第 1 行显示预定的字符串,第 2 行显示移动的 ASCII 字符。

## 2. 源程序文件

在 D 盘建立一个文件目录(CS22 - 2),然后建立 CS22 - 2. uv2 的工程项目,最后建立源程序文件(CS22 - 2. c)。输入下面的程序:

```
#include <REG51.H>                                    //1
#include<INTRINS.H>                                   //2
#define uchar unsigned char                           //3
#define uint unsigned int                             //4
#define DataPort P0                                    //5
sbit LCM_RS = P2^0;                                    //6
sbit LCM_RW = P2^1;                                    //7
sbit LCM_EN = P2^2;                                    //8
uchar code exampl[] = "ForAnExample www.hlelectron.com ";//9
void Delay400ms(void);                                 //10
void Delay5ms(void);                                   //11
void WaitForEnable(void);                              //12
void WriteDataLCM(uchar data W);                       //13
void WriteCommandLCM(uchar CMD,uchar Attribc);         //14
void InitLcd(void);                                    //15
void Display(uchar dd);                                //16
```

```
void DisplayOneChar(uchar x,uchar y,uchar Wdata);        //17
void ePutstr(uchar x,uchar y,uchar code * ptr);          //18
//***************************************************19
void main(void)                                          //20
{                                                        //21
    uchar temp;                                          //22
    Delay400ms();                                        //23
    InitLcd();                                           //24
    temp = 32;                                           //25
    ePutstr(0,0,exampl);                                 //26
    Delay400ms();                                        //27
    Delay400ms();                                        //28
    Delay400ms();                                        //29
    Delay400ms();                                        //30
    Delay400ms();                                        //31
    Delay400ms();                                        //32
    Delay400ms();                                        //33
    Delay400ms();                                        //34
    while(1)                                             //35
    {                                                    //36
        temp& = 0x7f;                                    //37
        if(temp<32)temp = 32;                            //38
        Display(temp ++ );                               //39
        Delay400ms();                                    //40
    }                                                    //41
}                                                        //42
/***********************************************43*************/
void InitLcd(void)                                       //44
{                                                        //45
WriteCommandLCM(0x38,0);                                 //46
Delay5ms();                                              //47
WriteCommandLCM(0x38,0);                                 //48
Delay5ms();                                              //49
WriteCommandLCM(0x38,0);                                 //50
Delay5ms();                                              //51
WriteCommandLCM(0x38,1);                                 //52
WriteCommandLCM(0x08,1);                                 //53
WriteCommandLCM(0x01,1);                                 //54
WriteCommandLCM(0x06,1);                                 //55
WriteCommandLCM(0x0c,1);                                 //56
}                                                        //57
/**********************************************58*******/
```

```
void Delay5ms(void)                              //59
{                                                //60
uint i = 5552;                                   //61
while(i--);                                       //62
}                                                //63
/***************************************************64******/
void Delay400ms(void)                            //65
{                                                //66
uchar i = 5;                                      //67
uint j;                                           //68
    while(i--)                                    //69
    {                                            //70
    j = 7269;                                     //71
    while(j--);                                   //72
    }                                            //73
}                                                //74
/***************************************************75*******/
void LocateXY(char posx,char posy)               //76
{                                                //77
uchar temp;                                       //78
    temp& = 0x7f;                                 //79
    temp = posx&0x0f;                             //80
    posy& = 0x01;                                 //81
    if(posy)temp| = 0x40;                         //82
    temp| = 0x80;                                 //83
    WriteCommandLCM(temp,0);                      //84
}                                                //85
/***************************************************86*******/
void WaitForEnable(void)                         //87
{                                                //88
DataPort = 0xff;                                  //89
LCM_RS = 0;LCM_RW = 1;_nop_();                    //90
LCM_EN = 1;_nop_();_nop_();                       //91
while(DataPort&0x80);                             //92
LCM_EN = 0;                                       //93
}                                                //94
/***************************************************95********/
void WriteDataLCM(uchar dataW)                    //96
{                                                //97
WaitForEnable();                                  //98
LCM_RS = 1;LCM_RW = 0;_nop_();                    //99
DataPort = dataW;_nop_();                         //100
```

```
LCM_EN = 1;_nop_();_nop_();LCM_EN = 0;                    //101
}                                                         //102
/**************************************103***********/
void WriteCommandLCM(uchar CMD,uchar Attribc)            //104
{                                                         //105
if(Attribc)WaitForEnable();                               //106
LCM_RS = 0;LCM_RW = 0;_nop_();                            //107
DataPort = CMD;_nop_();                                   //108
LCM_EN = 1;_nop_();_nop_();LCM_EN = 0;                    //109
}                                                         //110
/**************************************111***********/
void Display(uchar dd)                                    //112
{                                                         //113
uchar i;                                                  //114
    for(i = 0;i<16;i ++ ){                                //115
    DisplayOneChar(i,1,dd ++ );                           //116
    dd& = 0x7f;                                           //117
    if(dd<32)dd = 32;                                     //118
    }                                                     //119
}                                                         //120
/**************************************121***********/
void DisplayOneChar(uchar x,uchar y,uchar Wdata)         //122
{                                                         //123
LocateXY(x,y);                                            //124
WriteDataLCM(Wdata);                                      //125
}                                                         //126
/**************************************127***********/
void ePutstr(uchar x,uchar y,uchar code * ptr)           //128
{                                                         //129
uchar i,l = 0;                                            //130
    while(ptr[l]>31){l ++ ;}                              //131
    for(i = 0;i<l;i ++ ){                                 //132
    DisplayOneChar(x ++ ,y,ptr[i]);                       //133
    if(x == 16){                                          //134
        x = 0;y = 1;                                      //135
    }                                                     //136
    }                                                     //137
}                                                         //138
```

编译通过后,51 MCU DEMO 试验板 LCD16×2 单排座上(16 芯)正确插上 16 ×2 字符液晶模组(脚号对应,不能插反),接通 5 V 稳压电源,将生成的 CS22 -2. hex 文件下载到试验板上的 89S51 单片机中(**注意**: 标示"LEDMOD_DATA"的双排针需插上短路块,而标示"LEDMOD_DATA"的双排针不能插短路块)。可以看到,液晶上第 1 行显示"ForAnExample www",第 2 行显示". hlelectron. com "。数秒钟后,第 2 行变为移动的 ASCII 字符。

### 3. 程序分析解释

序号 1:包含头文件 REG51.H。

序号 2:包含头文件 INTRINS.H。

序号 3、4:数据类型的宏定义。

序号 5:宏定义。

序号 6~8:端口定义。

序号 9:待显示字符串。

序号 10~18:函数声明。

序号 19:程序分隔。

序号 20:定义函数名为 main 的主函数。

序号 21:main 主函数开始。

序号 22:定义局部变量。

序号 23:延时 400 ms,等电源稳定。

序号 24:调用 LCM 初始化子函数。

序号 25:局部变量赋初值。

序号 26:第 1 行及第 2 行显示一个预定字符串。

序号 27~34:保留显示内容 3.2 s。

序号 35:无限循环。

序号 36:无限循环语句开始。

序号 37:只显示 ASCII 字符。

序号 38:屏蔽控制字符,不予显示。

序号 39:显示 ASCII 字符。

序号 40:延时 400 ms,便于观察。

序号 41:无限循环语句结束。

序号 42:main 主函数结束。

序号 43:程序分隔。

序号 44:函数名为 InitLcd 的 LCM 初始化子函数。

序号 45:InitLcd 函数开始。

序号 46:8 位数据传送,2 行显示,5×7 字型,不检测忙信号。

序号 47:延时 5 ms。

序号 48:8 位数据传送,2 行显示,5×7 字型,不检测忙信号。

序号 49:延时 5 ms。

序号 50:8 位数据传送,2 行显示,5×7 字型,不检测忙信号。

序号 51:延时 5 ms。

序号 52:8 位数据传送,2 行显示,5×7 字型,检测忙信号。

序号 53:关闭显示,检测忙信号。

序号 54:清屏,检测忙信号。

序号 55:显示光标右移设置,检测忙信号。

序号 56:显示屏打开,光标不显示、不闪烁,检测忙信号。

序号 57:InitLcd 函数结束。

序号 58:程序分隔。

序号 59~63:5 ms 短延时子函数。

序号 64:程序分隔。

序号 65~74:400 ms 长延时子函数。

序号 75:程序分隔。

序号 76~85:显示光标定位子函数,函数名为 LocateXY ,定义 posx 、posxy 为字符型变量。

序号 86:程序分隔。

序号 87~94:检测忙信号子函数。

序号 95:程序分隔。

序号 96~102:写数据到 LCM 子函数。

序号 103:程序分隔。

序号 104~110:写命令到 LCM 子函数。

序号 111:程序分隔。

序号 112~120:演示第 2 行移动字符串子函数。

序号 121:程序分隔。

序号 122~126:显示指定坐标一个字符的子函数。

序号 127:程序分隔。

序号 128~138:显示指定坐标的一串字符子函数。

# 22.14　设计一个液晶显示的 4 位整数运算计算器

## 1. 实现方法

以 51 MCU DEMO 试验板上的行列式按键 0~9 为数字键输入,A 键为"加"键,B 键为"减"键,C 键为"乘"键,D 键为"除"键,♯ 键为"＝"键,＊键为"清除"键。

该计算器为简易的 4 位整数计算器,输入及运算、显示的数据长度为 4 位,超过 4 位出错。使用时可以像市售计算器一样连续输入运算,也可以按"＝"键后继续运算。

## 2. 源程序文件

在 D 盘建立一个文件目录(CS22 - 3),然后建立 CS22 - 3. uv2 的工程项目,最后建立源程序文件(CS22 - 3. c)。输入下面的程序:

```
# include <REG51.H>              //1
# include <intrins.h>            //2
# include <math.h>               //3
# define uchar unsigned char     //4
# define uint unsigned int       //5
# define MAX_lenth 4             //6
```

```
sbit Bz = P3^5;                                      //7
# include"lcd. c"                                    //8
# include"key. c"                                    //9
uchar OP1_code,OP2_code;                             //10
uchar sign = 1;                                      //11
uchar Error_flag = 0;                                //12
uchar OUTPUT_lenth;                                  //13
signed long x,y;                                     //14
uchar num_strx[4];                                   //15
uchar num_stry[4];                                   //16
uchar num_idx;                                       //17
uchar key_val,key_char;                              //18
uchar i;                                             //19
uchar status = 0;                                    //20
uchar in_status = 0;                                 //21
// = = = = = = = = = = = = = = = = = = = = = =22
void delay(unsigned int k);                          //23
void Beep(void);                                     //24
void operator_process(char oper_code);               //25
void display(long dat);                              //25
long comb(uchar idx,uchar * p);                      //26
void input_x(void);                                  //27
void input_y(void);                                  //28
// = = = = = = = = = = = = = = = = = = = = = =29
uchar code str0[] = {" computer test! "};            //30
uchar code str1[] = {"              0"};             //31
uchar code str2[] = {"               "};            //32
uchar code str3[] = {"   = = =ERROR = = =   "};      //33
code uchar key_tab[] = {"0123456789 + - * / = C"};   //34
//*********************************35
void main(void)                                      //36
{                                                    //37
  delay(500);                                        //38
  InitLcd();                                         //39
  DisplayTitle(0,0,str0);                            //40
  DisplayTitle(0,1,str1);                            //41
  while(1)                                           //42
  {                                                  //43
    key_val = key_scan();                            //44
    key_char = key_tab[key_val];                     //45
    if(key_val<15)                                   //46
    {                                                //47
```

```
        Beep();                                          //48
        if((OP1_code == '=')&&(key_char == '0'))        //49
        {                                                //50
          OP1_code = 0;OP2_code = 0;x = y = 0;           //51
            key_val = 0;key_char = 0;num_idx = 0;        //52
          status = 0;in_status = 0;sign = 1;             //53
          Error_flag = 0;                                //54
          DisplayTitle(0,1,str1);                        //55
        }                                                //56
        //**************************57
        switch(status)                                   //58
        {                                                //59
          case 0: if(key_val<10)                         //60
                  {                                      //61
                    for(i = 0;i<4;i++){num_strx[i] = 0;num_stry[i] = 0;}//62
                  }                                      //63
                    status = 1;                          //64
          case 1: input_x();break;                       //65
          case 2: input_y();break;                       //66
            default:break;                               //67
        }                                                //68
        while(key_scan()! = 16)delay(200);               //69
      }                                                  //70
      else if(key_val == 15)                             //71
      {                                                  //72
        Beep();                                          //73
        OP1_code = 0;OP2_code = 0;x = y = 0;             //74
        key_val = 0;key_char = 0;num_idx = 0;            //75
        status = 0;in_status = 0;sign = 1;               //76
        Error_flag = 0;                                  //77
        DisplayTitle(0,1,str1);                          //78
        while(key_scan()! = 16)delay(200);               //79
      }                                                  //80
    }                                                    //81
}                                                        //82
/*********************************83*****************/
void delay(unsigned int k)                               //84
{                                                        //85
  unsigned int i,j;                                      //86
  for(i = 0;i<k;i++)                                      //87
  {                                                      //88
    for(j = 0;j<121;j++)                                 //89
```

```
        {;}                                              //90
    }                                                    //91
}                                                        //92
//***********************************93
void input_x(void)                                       //94
{                                                        //95
    if(key_val<10)                                       //96
    {                                                    //97
      if(in_status == 0)                                 //98
      {                                                  //99
          if(key_val>0)                                  //100
          {                                              //101
          in_status = 1;num_strx[0] = key_val;num_idx = 1;//102
          DisplayTitle(0,1,str2);              //103 先清屏
          DisplayOneChar(15,1,num_strx[0] + 0x30); //104
          }                                              //105
      }                                                  //106
      else                                               //107
      {                                                  //108
          if((num_idx>0)&&(num_idx<MAX_lenth)) //109
          {                                              //110
              num_strx[num_idx] = key_val;               //111
              DisplayListChar(15 - num_idx,1,num_strx,num_idx);//112
              num_idx ++ ;                               //113
          }                                              //114
      }                                                  //115
    }                                                    //116
    else if((key_val>9)&&(key_val<15))                   //117
    {                                                    //118
      if(key_char == '=') {key_char = 0;goto end_x;}  //119
      x = comb(num_idx,num_strx);                        //120
      num_idx = 0; status = 2;in_status = 0;             //121
      OP1_code = key_char;                               //122
      DisplayOneChar(0,1,OP1_code);                      //123
      end_x:;                                            //124
    }                                                    //125
}                                                        //126
//**********************************127
void input_y(void)                                       //128
{                                                        //129
    if(key_val<10)                                       //130
    {                                                    //131
```

```
    if(in_status == 0)                              //132
    {                                               //133
        if((key_val>= 0)&&(Error_flag == 0))    //134
        {                                           //135
          in_status = 1;num_stry[0] = key_val;num_idx = 1;//136
            DisplayTitle(0,1,str2);                //137 先清屏
            DisplayOneChar(15,1,num_stry[0] + 0x30);//138
        }                                           //139
        if((key_val == 0)&&(Error_flag == 1))    //140
        {                                           //141
          OP1_code = 0;OP2_code = 0;x = y = 0;    //142
            key_val = 0;key_char = 0;num_idx = 0; //143
            status = 0;in_status = 0;sign = 1;    //144
            Error_flag = 0;                        //145
            DisplayTitle(0,1,str1);                //146
        }                                           //147
    }                                               //148
    else    if(num_stry[0]! = 0)                 //149
    {                                               //150
        if((num_idx>0)&&(num_idx<MAX_lenth))    //151
        {                                           //152
        num_stry[num_idx] = key_val;             //153
        DisplayListChar(15 - num_idx,1,num_stry,num_idx);//154
        num_idx ++ ;                             //155
        }                                           //156
    }                                               //157
}                                                   //158
else if((key_val>9)&&(key_val<15))              //159
{                                                   //160
  if(key_char == ' = ')                           //161
  {                                                 //162
    y = comb(num_idx,num_stry);                   //163
    num_idx = 0; in_status = 0;                   //164
    operator_process(OP1_code);                   //165
    display(x);                                    //166
    DisplayOneChar(0,1,' = ');                     //167
    for(i = 0;i<4;i ++ )num_stry[i] = 0;         //168
    in_status = 0;y = 0;                          //169
    OP1_code = ' = ';                             //170
  }                                                 //171
  else    if((OP1_code == ' = ')&&(key_char! = ' = '))//172
  {                                                 //173
```

```
        OP1_code = key_char;                              //174
        num_idx = 0; in_status = 0;                       //175
        display(x);                                       //176
        DisplayOneChar(0,1,OP1_code);                     //177
        for(i = 0;i<4;i++)num_stry[i] = 0;                //178
        in_status = 0;y = 0;                              //179
    }                                                     //180
    else    if((OP1_code! = '=')&&(key_char! = '='))//181
    {                                                     //182
        OP2_code = key_char;                              //183
        y = comb(num_idx,num_stry);                       //184
        num_idx = 0; in_status = 0;                       //185
        operator_process(OP1_code);                       //186
        display(x);                                       //187
        DisplayOneChar(0,1,OP2_code);                     //188
        OP1_code = OP2_code; OP2_code = 0;                //189
        for(i = 0;i<4;i++)num_stry[i] = 0;                //190
        in_status = 0;y = 0;                              //191
    }                                                     //192
    }                                                     //193
}                                                         //194
/***************************************************195************/
void operator_process(uchar oper_code)                    //196
{                                                         //197
  if(x<0){sign = 0;x = labs(x);}                           //198
//***************************************************199*************
  switch(oper_code)                                       //200
  {                                                       //201
    case '+':if((!sign)&&(x> = y)){x = x − y;sign = 0;}       //202
          else if((!sign)&&(x<y)){x = y − x;sign = 1;}      //203
             else if(sign){x = x + y;sign = 1;}            //204
             break;                                        //205
    case '−':if((sign)&&(x> = y)){x = x − y;sign = 1;}        //206
          else if((sign)&&(x<y)){x = y − x;sign = 0;}       //207
             else if(!sign){x = x + y;sign = 0;}           //208
             break;                                        //209
    case '*':x = x * y;break;                              //210
    case '/':                                             //211
          if(y){x/ = y;Error_flag = 0;break;}              //212
            else                                          //213
            {                                             //214
             Error_flag = 1;                               //215
```

```
            x = y = 0;                                      //216
            OP1_code = 0;                                   //217
            break;                                          //218
        }                                                   //219
    default:break;                                          //220
  }                                                         //221
  //***********************************************222
    if(x>9999){Error_flag = 1;}                             //223
}                                                           //224
/*********************************225****************/
void display(long dat)                                      //226
{                                                           //227
  uchar temp;                                               //228
 if(Error_flag == 0)                                        //229
 {                                                          //230
  DisplayTitle(0,1,str2);                                   //231
  DisplayOneChar(0,1,OP2_code);                             //232
  if(temp = dat/1000)                                       //233
  {DisplayOneChar(12,1,temp + 0x30);OUTPUT_lenth = 4;           //234
   temp = (dat/100) % 10;DisplayOneChar(13,1,temp + 0x30);      //235
   temp = (dat/10) % 10;DisplayOneChar(14,1,temp + 0x30);       //236
   temp = dat % 10;DisplayOneChar(15,1,temp + 0x30);}           //237
  else if(temp = dat/100)                                   //238
      {DisplayOneChar(13,1,temp + 0x30);OUTPUT_lenth = 3;       //239
       temp = (dat/10) % 10;DisplayOneChar(14,1,temp + 0x30);   //240
       temp = dat % 10;DisplayOneChar(15,1,temp + 0x30);}       //241
      else if(temp = dat/10)                                    //242
          {DisplayOneChar(14,1,temp + 0x30);OUTPUT_lenth = 2;   //243
           temp = dat % 10;DisplayOneChar(15,1,temp + 0x30);}   //244
          else                                              //245
             {temp = dat % 10;OUTPUT_lenth = 1;             //246
             DisplayOneChar(15,1,temp + 0x30);}             //247
  if(sign == 0)                                             //248
   {                                                        //249
   switch(OUTPUT_lenth)                                     //250
   {                                                        //251
   case 4:DisplayOneChar(11,1,'-');break;                   //252
   case 3:DisplayOneChar(12,1,'-');break;                   //253
   case 2:DisplayOneChar(13,1,'-');break;                   //254
   case 1:DisplayOneChar(14,1,'-');break;                   //255
   default:break;                                           //256
   }                                                        //257
```

```
        }                                                      //258
      }                                                        //259
    else DisplayTitle(0,1,str3);                               //260
  }                                                            //261
/************************************262************/
long comb(uchar idx,uchar * p)                                 //263
{                                                              //264
   long ttemp;                                                 //265
      switch(idx)                                              //266
      {                                                        //267
       case 0:break;                                           //268
       case 1:ttemp = p[0];break;                              //269
       case 2:ttemp = p[0] * 10 + p[1];break;                  //270
       case 3:ttemp = p[0] * 100 + p[1] * 10 + p[2];break;             //271
       case 4:ttemp = p[0] * 1000 + p[1] * 100 + p[2] * 10 + p[3];break;     //272
       default:break;                                          //273
      }                                                        //274
   return ttemp;                                               //275
}                                                              //276
/************************************277************/
void Beep(void)                                                //278
{                                                              //279
 uchar i;                                                      //280
 for(i = 0;i<100;i ++ )                                        //281
 {Bz = ! Bz;delay(1);}                                         //282
 Bz = 1;                                                       //283
}                                                              //284
```

CS22 - 3.c 程序输入完成后,再新建 2 个程序文件 key.c 及 lcd.c,其内容主要是我们在第 19 章做过的行列式键盘输入实验和本章的 16x2 液晶演示程序实验,因此不再具体介绍了,详细内容读者可查看配书光盘内的实验程序文件。

编译通过后,51 MCU DEMO 试验板 LCD16x2 单排座上(16 芯)正确插上 16x2 字符液晶模组(脚号对应,不能插反),接通 5 V 稳压电源,将生成的 CS22 - 3.hex 文件下载到试验板上的单片机 89S51 中,注意,标示"LEDMOD_DATA"的双排针需插上短路块,而标示"LEDMOD_DATA"的双排针不能插短路块。我们看到,液晶上第一行显示"computer test!",第二行的右下角显示数据为 0。

试着按动一下按键 1,蜂鸣器"滴"响一下,同时右下角的数字显示变为"1";按动一下按键 A,左下角的显示出现"+";再按动一下按键 2,右下角的数字变为"2",同时"+"号消失;按动一下按键#,左下角的显示出现"=",右下角出现"3",表示本次的计算结果为 3。

　　同样,读者朋友可输入其他数据进行运算,但要注意,一是不能输入小数,只能是整数;二是输入或运算的整数最大不能超过 4 位。

## 3. 程序分析解释

　　序号 1～3:包含头文件 REG51.H。

　　序号 4～5:变量类型标识的宏定义。

　　序号 6:宏定义输入的数据长度为 4 位。

　　序号 7:蜂鸣器驱动端。

　　序号 8:包含液晶驱动文件。

　　序号 9:包含按键扫描文件。

　　序号 10:第 1 操作码,第 2 操作码

　　序号 11:正负号标志,1 代表正,0 代表负。

　　序号 12:错误标志,1 代表错误,0 代表正确。

　　序号 13:输出数据的长度。

　　序号 14:数据运算变量 x,y。

　　序号 15:输入数据的 x 缓冲区。

　　序号 16:输入数据的 y 缓冲区。

　　序号 17:输入数据的索引。

　　序号 18:按键输入的数据及对应的字符码。

　　序号 19:全局变量。

　　序号 20:工作状态。

　　序号 21:输入状态分步。

　　序号 22:程序分隔。

　　序号 23～28:函数声明。

　　序号 29:程序分隔。

　　序号 30～33:液晶显示的预定行内容。

　　序号 34:字符码表。

　　序号 35:程序分隔。

　　序号 36:主函数。

　　序号 37:主函数开始。

　　序号 38:延时 500mS 等电源稳定。

　　序号 39:液晶初始化。

　　序号 40:液晶上面一行显示" computer test!"。

　　序号 41:液晶下面一行显示"　　　　0"。

　　序号 42:无限循环。

　　序号 43:无限循环开始。

　　序号 44:读取键值。

　　序号 45:根据键值得到按键字符码。

　　序号 46:键值小于 15 为有效操作。

　　序号 47:进入 if 语句。

　　序号 48:有按键蜂鸣器"滴"响一下。

　　序号 49:如果上次按过等号,这次按 0,则全部初始化。

序号 50:进入 if 语句。

序号 51~54:所有的变量进行初始化。

序号 55:液晶第二行显示"            0"。

序号 56:if 语句结束。

序号 57:程序分隔。

序号 58:根据工作状态来切换。

序号 59:进入 switch 语句。

序号 60:工作状态为 0 时,如果第 1 次按下为数字键。

序号 61:进入 if 语句。

序号 62:清除 2 个缓冲区。

序号 63:if 语句结束。

序号 64:然后状态切换到 1。

序号 65:工作状态为 0 时,输入第一操作数 x 及显示。

序号 66:工作状态为 1 时,输入第二操作数 y 及显示。

序号 67:其它情况就退出。

序号 68:switch 语句结束。

序号 69:等待按键释放。

序号 70:if 语句结束。

序号 71:否则如果键值为 15(清除键)。

序号 72:进入 if 语句。

序号 73:有按键蜂鸣器响一下。

序号 74~77:所有的变量初始化。

序号 78:液晶第二行显示"            0"。

序号 79:等待按键释放。

序号 80:if 语句结束。

序号 81:无限循环结束。

序号 82:主函数结束。

序号 83:程序分隔。

序号 84~92:延时子函数。

序号 93:程序分隔。

序号 94:输入第一操作数 x 的子函数(此时工作状态为 1)。

序号 95:子函数开始。

序号 96:如果得到数字键(数字小于 10)。

序号 97:进入 if 语句。

序号 98:如果进入状态为 0 时(第 1 次进入)。

序号 99:进入 if 语句。

序号 100:第 1 个必须是大于 0 的数字键。

序号 101:进入 if 语句。

序号 102:进入 1 次后转为进入状态 1。

序号 103:先清屏。

序号 104:个位显示 1 个数字"            x"。

序号 105:if 语句结束。

序号 106:if 语句结束。

序号 107:否则如果进入状态为 1 时(第 2 次进入)。

序号 108:进入 else 语句。

序号 109:索引在 1~3 之间有效(即输入 4 位数字)。

序号 110:进入 if 语句。

序号 111:继续存入数字键缓冲区。

序号 112:显示第 1 操作数 x。

序号 113:数据索引增加。

序号 114:if 语句结束。

序号 115:else 语句结束。

序号 116:if 语句结束。

序号 117:否则如果得到命令键(数字大于 9 而小于 15)。

序号 118:进入 else if 语句。

序号 119:如果第 1 次命令键为 '=',则退出。

序号 120:分步输入的数据进行合成。

序号 121:索引归 0,工作状态转向 2,进入状态清 0。

序号 122:命令键暂存入第 1 操作码中。

序号 123:液晶左下角显示第 1 操作码。

序号 124:标号 end_x 为退出处。

序号 125:退出 else if 语句。

序号 126:子函数结束。

序号 127:程序分隔。

序号 128:输入第二操作数 y 的子函数(此时工作状态为 2)。

序号 129:子函数开始。

序号 130:如果得到数字键(数字小于 10)。

序号 131:进入 if 语句。

序号 132:如果进入状态为 0 时(第 1 次进入)。

序号 133:进入 if 语句。

序号 134:第 1 个必须是大于 0 的数字键。

序号 135:进入 if 语句。

序号 136:进入 1 次后转为进入状态 1。

序号 137:先清屏。

序号 138:个位显示 1 个数字"　　　　y"。

序号 139:结束 if 语句。

序号 140:如果在出错的情况下,按 0 键则初始化。

序号 141:进入 if 语句。

序号 142~145:所有的变量初始化。

序号 146:液晶第二行显示"　　　　0"。

序号 147:结束 if 语句。

序号 148:结束 if 语句。

序号 149:否则如果进入状态为 1 时(第 2 次进入)。

序号 150:进入 else if 语句。

序号 151：索引在 1～3 之间有效(即输入 4 位数字)。

序号 152：进入 if 语句。

序号 153：继续存入数字键缓冲区中。

序号 154：显示第 2 操作数 y。

序号 155：数据索引增加。

序号 156：结束 if 语句。

序号 157：结束 else if 语句。

序号 158：结束 if 语句。

序号 159：否则如果得到命令键(数字大于 9 而小于 15)。

序号 160：进入 if 语句。

序号 161：如果第 2 次命令键为 '='，则进行运算并显示。

序号 162：进入 if 语句。

序号 163：分步输入的数据进行合成。

序号 164：索引归 0，进入状态清 0。

序号 165：进行运算处理。

序号 166：显示 x 的值。

序号 167：液晶左下角显示第 2 命令键 '='。

序号 168：清空 y 数据缓冲区。

序号 169：进入状态及 y 变量清 0。

序号 170：命令键"＝"暂存入第 1 操作码。

序号 171：结束 if 语句。

序号 172：否则如果上次命令为"＝"号，本次为运算号，继续运算。

序号 173：进入 else if 语句。

序号 174：命令键暂存入第 1 操作码中。

序号 175：索引归 0，进入状态回 0。

序号 176：显示 x 的值。

序号 177：显示第 1 操作码。

序号 178：清空 y 数据缓冲区。

序号 179：进入状态及 y 变量清 0。

序号 180：结束 else if 语句。

序号 181：否则如果上次命令为运算号，本次也为运算号，继续运算。

序号 182：进入 else if 语句。

序号 183：命令键暂存入第 2 操作码。

序号 184：分步输入的数据进行合成。

序号 185：索引归 0，进入状态回 0。

序号 186：进行运算处理。

序号 187：显示 x 的值。

序号 188：显示第 2 操作码。

序号 189：然后将第 2 操作码存入第 1 操作码，同时清除第 2 操作码。

序号 190：清空 y 数据缓冲区。

序号 191：进入状态及 y 变量清 0。

序号 192：结束 else if 语句。

序号 193:结束 else if 语句。

序号 194:子函数结束。

序号 195:程序分隔。

序号 196:数学运算处理子函数。

序号 197:子函数开始。

序号 198:如果 x 小于 0,取负数的绝对值。

序号 199:程序分隔。

序号 200:switch 语句,根据操作码进行数学运算。

序号 201:switch 语句开始。

序号 202～204:加法运算。

序号 205:退出。

序号 206～208:减法运算。

序号 209:退出。

序号 210:乘法运算。

序号 211:除法运算。

序号 212:如果除数不为 0。

序号 213～219:否则出错标志置 1,相关变量清零。

序号 220:不符合则退出。

序号 221:结束 switch 语句。

序号 222:程序分隔。

序号 223:运算完成后,如果 x 大于 4 位数,显示错误。

序号 224:子函数结束。

序号 225:程序分隔。

序号 226:显示运算结果的子函数。

序号 227:子函数开始。

序号 228:定义局部变量 temp。

序号 229:如果没有错误。

序号 230:进入 if 语句。

序号 231:清屏。

序号 232:液晶屏左下角显示第 2 操作码。

序号 233～247:显示运算结果。

序号 248:如果出现负号标志。

序号 249:进入 if 语句。

序号 250～257:根据输出数据的长度显示负号。

序号 258:结束 if 语句。

序号 259:结束 if 语句。

序号 260:否则显示错误。

序号 261:子函数结束。

序号 262:程序分隔。

序号 263:根据索引,将数组中分步输入的数据进行合成的子函数。

序号 264：子函数开始。

序号 265：定义局部变量。

序号 266～274：根据索引,将数组中的数据进行合成。

序号 275：返回合成的数据。

序号 276：子函数结束。

序号 277：程序分隔。

序号 278～284：蜂鸣器响一下子函数。

# 22.15　液晶显示高精度温度测试仪的设计及实验

## 1. 实现方法

使用单总线测温器件 DS18B20 实现高精度的温度测试。要求测温范围达-55～
+125 ℃,测温分辨率为 0.1 ℃。以 16x2 液晶进行显示,使用杜邦连接线将
DS18B20 的三个脚连接到 51 MCU DEMO 试验板上,具体为：DS18B20 的 1 脚连接
到 GND;2 脚连接到 P1.7;3 脚连接到+5 V。

## 2. 单线数字温度传感器 DS18B20 介绍

DS18B20 是美国 DALLAS 半导体公司继 DS1820 之后推出的一种改进型智能
温度传感器。与传统的热敏电阻相比,它能够直接读出被测温度并且可根据实际要求
通过简单的编程实现 9～12 位的数字值读数方式。可以分别在 93.75 ms 和 750 ms 内
完成 9 位和 12 位的数字量,并且从 DS18B20 读出的信息或写入 DS18B20 的信息仅
需要一根口线(单线接口)读写,温度变换功率来源于数据总线,总线本身也可以向所
挂接的 DS18B20 供电,而无需额外电源。因而使用 DS18B20 可使系统结构更趋简
单,可靠性更高。它在测温精度、转换时间、传输距离、分辨率等方面较 DS1820 有了
很大的改进。图 22-8 为 DS18B20 的外形封装。表 22-3 为其引脚定义。

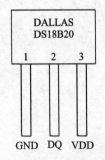

图 22-8　DS18B20 的外形封装

表 22-3　DS18B20 的引脚定义

| 引脚号 | 说　明 |
| --- | --- |
| VDD | 可选的供电电压输入 |
| GND | 地 |
| DQ | 数据输入/输出 |

## 3. DS18B20 内部结构与原理

图 22-9 为 DS18B20 的内部结构。主要由 64 位闪速 ROM、非易失性温度报警

触发器 TH 和 TL、高速暂存存储器、配置寄存器、温度传感器等组成。

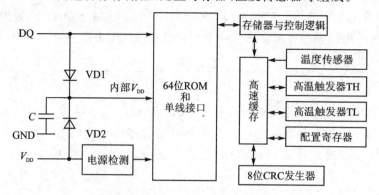

图 22 - 9　DS18B20 的内部结构

（1）64 位闪速 ROM 的结构如下：

| 8 位校验 CRC | 48 位序列号 | 8 位工厂代码(10H) |
|---|---|---|
| MSB　　　　　LSB | MSB　　　　　LSB | MSB　　　　　LSB |

开始 8 位是产品类型的编号，接着是每个器件的唯一的序号，共有 48 位，最后 8 位是前 56 位的 CRC 校验码，这也是多个 DS18B20 可以采用一线进行通信的原因。

（2）非易市失性温度报警触发器 TH 和 TL，可通过软件写入用户报警上下限。

（3）高速暂存存储器：

DS18B20 温度传感器的内部存储器包括一个高速暂存 RAM 和一个非易失性的可电擦除的 $E^2RAM$。后者用于存储 TH，TL 值。数据先写入 RAM，经校验后再传给 $E^2RAM$。而配置寄存器为高速暂存器中的第 5 个字节，它的内容用于确定温度值的数字转换分辨率，DS18B20 工作时按此寄存器中的分辨率将温度转换为相应精度的数值。该字节各位的定义如下：

| TM | R1 | R0 | 1 | 1 | 1 | 1 | 1 |
|---|---|---|---|---|---|---|---|

低 5 位一直都是 1，TM 是测试模式位，用于设置 DS18B20 在工作模式还是在测试模式。在 DS18B20 出厂时该位被设置为 0，用户不要去改动，R1 和 R0 决定温度转换的精度位数，即是来设置分辨率，如表 22 - 4 所列（DS18B20 出厂时被设置为 12 位）。可见，设定的分辨率越高，所需要的温度数据转换时间就越长。因此，在实际应用中要在分辨率和转换时间权衡考虑。

表 22 - 4　R1 和 R0 决定温度转换的精度位数

| R1 | R0 | 分辨率 | 温度最大转换时间/ms |
|---|---|---|---|
| 0 | 0 | 9 位 | 93.75 |
| 0 | 1 | 10 位 | 187.5 |
| 1 | 0 | 11 位 | 275.00 |
| 1 | 1 | 12 位 | 750.00 |

高速暂存存储器除了配置寄存器外,还有其他 8 个字节,其分配如下所示。其中温度信息(第 1,2 字节)、TH 和 TL 值第 3,4 字节、第 6~8 字节未用,表现为全逻辑 1;第 9 字节读出的是前面所有 8 个字节的 CRC 码,可用来保证通信正确。

| 温度低位 | 温度高位 | TH | TL | 配置 | 保留 | 保留 | 保留 | 8 位 CRC |
|---|---|---|---|---|---|---|---|---|
| LSB | | | | | | | | MSB |

当 DS18B20 接收到温度转换命令后,开始启动转换。转换完成后的温度值就以 16 位带符号扩展的二进制补码形式存储在高速暂存存储器的第 1,2 字节。单片机可通过单线接口读到该数据,读取时低位在前,高位在后,数据格式以 0.0625℃/LSB 形式表示。温度值格式如下:

| S | S | S | S | S | $2^6$ | $2^5$ | $2^4$ | $2^3$ | $2^2$ | $2^1$ | $2^0$ | $2^{-1}$ | $2^{-2}$ | $2^{-3}$ | $2^{-4}$ |
|---|---|---|---|---|---|---|---|---|---|---|---|---|---|---|---|
| MSB | | | | | | | | | | | | | | | LSB |

测得的温度计算:当符号位 S=0 时,直接将二进制位转换为十进制;当符号位 S=1 时,先将补码变换为原码,再计算十进制值。表 22-5 是部分温度值所对应的二进制或十六进制。

表 22-5　部分温度值所对应的二进制或十六进制

| 温度(℃) | 二进制表示 | | 十六进制表示 |
|---|---|---|---|
| +125 | 00000111 | 11010000 | 07D0H |
| +25.0625 | 00000001 | 10010001 | 0191H |
| +0.5 | 00000000 | 00001000 | 0008H |
| 0 | 00000000 | 00000000 | 0000H |
| -0.5 | 11111111 | 11111000 | FFF8H |
| -25.0625 | 11111110 | 01101111 | FE6FH |
| -55 | 11111100 | 10010000 | FC90H |

DS18B20 完成温度转换后,就把测得的温度值与 TH,TL 作比较,若 T>TH 或 T<TL,则将该器件内的告警标志置位,并对主机发出的告警搜索命令作出响应。因此,可用多只 DS18B20 同时测量温度并进行告警搜索。

(4) CRC 的产生:

在 64 位 ROM 的最高有效字节中存储有循环冗余校验码(CRC)。主机根据 ROM 的前 56 位来计算 CRC 值,并和存入 DS18B20 中的 CRC 值做比较,以判断主机收到的 ROM 数据是否正确。

### 4. DS18B20 特点

(1) 独特的单线接口方式,DS18B20 与微处理器连接时仅需要一条口线即可实现微处理器与 DS18B20 的双向通信。

(2) 在使用中不需要任何外围元件。

（3）可用数据线供电，电压范围：＋3.0～＋5.5 V。

（4）测温范围：－55～＋125℃。固有测温分辨率为0.5℃。

（5）通过编程可实现9～12位的数字读数方式。

（6）用户可自设定非易失性的报警上下限值。

（7）支持多点组网功能，多个DS18B20可以并联在唯一的三线上，实现多点测温。

（8）负压特性，电源极性接反时，温度计不会因发热而烧毁，但不能正常工作。

虽然DS18B20有诸多优点，但使用起来并非易事，由于采用单总线数据传输方式，DS18B20的数据I/O均由同一条线完成。因此，对读/写的操作时序要求严格。为保证DS18B20的严格I/O时序，软件设计中需要做较精确的延时。

### 5. 1－Wire 总线操作

DS18B20的1－wire总线硬件接口电路如图22-10所示。

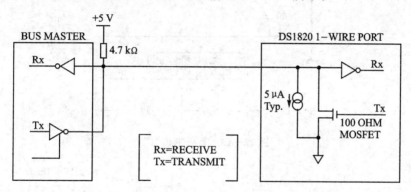

图22-10 DS18B20的1－wire总线硬件接口电路

1－wire总线支持一主多从式结构，硬件上需外接上拉电阻。当一方完成数据通信需要释放总线时，只需将总线置高电平即可；若需获取总线进行通信时则要监视总线是否空闲，若空闲，则置低电平获得总线控制权。

1－wire总线通信方式需要遵从严格的通信协议，对操作时序要求严格。几个主要的操作时序：总线复位、写数据位、读数据位的控制时序如图22-11～图22-15所示。

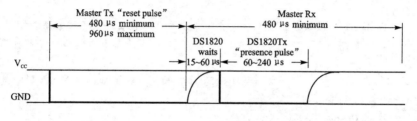

图22-11 总线复位

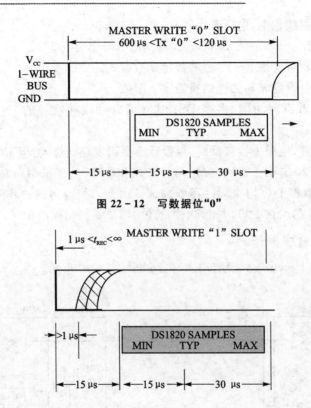

图 22 - 12 写数据位"0"

图 22 - 13 写数据位"1"

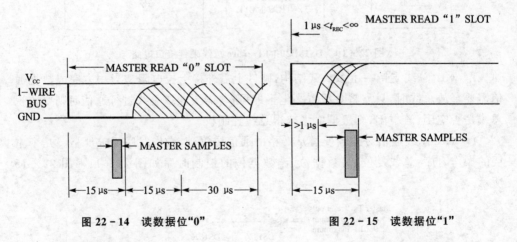

图 22 - 14 读数据位"0"　　　　　图 22 - 15 读数据位"1"

（1）总线复位

置总线为低电平并保持至少 480 μs，然后拉高电平，等待从端重新拉低电平作为响应，则总线复位完成。

（2）写数据位"0"

置总线为低电平并保持至少 15 μs，然后保持低电平 15 ～45 μs 等待从端对电平采样,最后拉高电平完成写操作。

(3) 写数据位"1"

置总线为低电平并保持 $1 \sim 15\,\mu s$,然后拉高电平并保持 $15 \sim 45\,\mu s$ 等待从端对电平采样,完成写操作。

(4) 读数据位"0"或"1"

置总线为低电平并保持至少 $1\,\mu s$,然后拉高电平保持至少 $1\,\mu s$,在 $15\,\mu s$ 内采样总线电平获得数据,延时 $45\,\mu s$ 完成读操作。

## 6. DS18B20 初始化流程

DS18B20 初始化流程如表 22-6 所列。

**表 22-6　DS18B20 初始化流程**

| 主机状态 | 命令/数据 | 说　明 |
|---|---|---|
| 发送 | Reset | 复位 |
| 接收 | Presence | 从机应答 |
| 发送 | 0xCC | 忽略 ROM 匹配(对单从机系统) |
| 发送 | 0x4E | 写暂存器命令 |
| 发送 | 2 字节数据 | 设置温度值边界 TH、TL |
| 发送 | 1 字节数据 | 温度计模式控制字 |

## 7. DS18B20 温度转换及读取流程

DS18B20 温度转换以及读取流程如表 22-7 所列。

**表 22-7　DS18B20 温度转换以及读取流程**

| 主机状态 | 命令/数据 | 说　明 |
|---|---|---|
| 发送 | Reset | 复位 |
| 接收 | Presence | 从机应答 |
| 发送 | 0xCC | 忽略 ROM 匹配(对单从机系统) |
| 发送 | 0x44 | 温度转换命令 |
| 等待 | | 等待 100~200 ms |
| 发送 | Reset | 复位 |
| 接收 | Presence | 从机应答 |
| 发送 | 0xCC | 忽略 ROM 匹配(对单从机系统) |
| 发送 | 0xBE | 读取内部寄存器命令 |
| 读取 | 9 字节数据 | 前 2 字节为温度数据 |

l-wire 总线支持一主多从式通信,所以支持该总线的器件在交互数据过程需要完成器件寻址（ROM 匹配）以确认是哪个从机接受数据,器件内部 ROM 包含了该器件的唯一 ID。对于一主一从结构,ROM 匹配过程可以省略。

## 8. 源程序文件

在 D 盘建立一个文件目录(CS22-4),然后建立 CS22-4.uv2 的工程项目,最后建立源程序文件(CS22-4.c)。输入下面的程序:

```c
# include <REG51.H>                                         //1
# include <intrins.h>                                       //2
# define uchar unsigned char                                //3
# define uint unsigned int                                  //4
# include"lcd.c"                                            //5
uchar code str0[] = {"Real temperature"};                   //6
uchar code str1[] = {"Temperatu:    . C"};                  //7
# define delay_5us() {_nop_();_nop_();_nop_();_nop_();_nop_();} //8
sbit DQ = P1^7;                                             //9
uchar Flag_1820Error = 0;                                   //10
uchar e[4];                                                 //11
uchar temh,teml;                                            //12
uchar sign;                                                 //13
//======================14
void delay_15us(void)                                       //15
{                                                           //16
 uchar k;                                                   //17
 for(k = 0;k<1;k++)                                         //18
 delay_5us();                                               //19
}                                                           //20
//======================21
void delay_50us(void)                                       //22
{                                                           //23
 uchar k;                                                   //24
 for(k = 0;k<5;k++)                                         //25
 delay_5us();                                               //26
}                                                           //27
//======================28
void delay(uint k)                                          //29
{                                                           //30
uint data i,j;                                              //31
    for(i = 0;i<k;i++)                                      //32
    {                                                       //33
    for(j = 0;j<121;j++){;}                                 //34
```

```
    }                                                //35
}                                                    //36
// = = = = = = = = = = = = = = = = = = = = = =37
void init_1820(void)                                 //38
{                                                    //39
    uchar i;                                         //40
    uint j = 0;                                      //41
    DQ = 1;                                          //42
    DQ = 0;                                          //43
    for(i = 0;i<10;i++)delay_50us();                 //44
    DQ = 1;                                          //45
    delay_15us();                                    //46
    delay_15us();                                    //47
    Flag_1820Error = 0;                              //48
    while(DQ)                                        //49
    { delay_50us();                                  //50
      j++;                                           //51
      if(j>= 18000){Flag_1820Error = 1;break;}       //52
    }                                                //53
    DQ = 1;                                          //54
    for(i = 0;i<5;i++)delay_50us();                  //55
}                                                    //56
/**********************************57********/
void write_1820(uchar x)                             //58
{                                                    //59
    uchar m;                                         //60
    for(m = 0;m<8;m++)                               //61
    {                                                //62
     if(x&(1<<m))                                    //63
     {P1& = ~(1<<7);delay_5us();                     //64
      P1| = (1<<7);                                  //65
      delay_15us();                                  //66
      delay_15us();                                  //67
      delay_15us();                                  //68
     }                                               //69
     else                                            //70
     {P1& = ~(1<<7);delay_15us();                    //71
      delay_15us();                                  //72
      delay_15us();                                  //73
      delay_15us();                                  //74
      P1| = (1<<7);                                  //75
     }                                               //76
```

```
    }                                          //77
    P1| = (1<<7);                             //78
}                                              //79
/*******************************80************/
uchar read_1820(void)                          //81
{                                              //82
    uchar temp,n;                              //83
    temp = 0;                                  //84
    for(n = 0;n<8;n ++ )                       //85
    {                                          //86
     P1& = ~(1<<7);                            //87
     delay_5us();                              //88
     P1| = (1<<7);                             //89
     delay_5us();                              //90
     if(DQ)temp| = (1<<n);                     //91
     else temp& = ~(1<<n);                     //92
     delay_15us();                             //93
     delay_15us();                             //94
     delay_15us();                             //95
    }                                          //96
    return (temp);                             //97
}                                              //98
/*******************************99************/
void read_temperature(void)                    //100
{                                              //101
    uchar tempval;                             //102
    init_1820();                               //103
    write_1820(0xcc);                          //104
    write_1820(0x44);                          //105
    delay(100);                                //106
    init_1820();                               //107
    write_1820(0xcc);                          //108
    write_1820(0xbe);                          //109
    teml = read_1820();                        //110
    temh = read_1820();                        //111
    if(temh&0xf8)sign = 0;                     //112
    else sign = 1;                             //113
    if(sign == 0){temh = 255 - temh;teml = 255 - teml;}//114
    temh = temh<<4;                            //115
    temh| = (teml&0xf0)>>4;                    //116
    teml = teml&0x0f;                          //117
    teml = (teml * 10)/16;                     //118
```

```
    tempval = temh;e[0] = tempval/100;                           //119
    tempval = temh;e[1] = (tempval/10) % 10;                     //120
    tempval = temh;e[2] = tempval % 10;                          //121
    tempval = teml;e[3] = tempval;                               //122
}                                                                //123
// = = = = = = = = = = = = = = = = = = = = = = =124
void display_temperature(uchar e[])                              //125
{                                                                //126
  if(sign)                                                       //127
  {                                                              //128
    if(e[0]>0)                                                   //129
    {DisplayOneChar(10,1,e[0] + 0x30);                           //130
    DisplayOneChar(11,1,e[1] + 0x30);                            //131
    DisplayOneChar(12,1,e[2] + 0x30);                            //132
    DisplayOneChar(14,1,e[3] + 0x30);}                           //133
    else if(e[1]>0)                                              //134
        {DisplayOneChar(10,1,' ');                               //135
        DisplayOneChar(11,1,e[1] + 0x30);                        //136
        DisplayOneChar(12,1,e[2] + 0x30);                        //137
        DisplayOneChar(14,1,e[3] + 0x30);}                       //138
        else if(e[2]>0)                                          //139
            {DisplayOneChar(10,1,' ');                           //140
            DisplayOneChar(11,1,' ');                            //141
            DisplayOneChar(12,1,e[2] + 0x30);                    //142
            DisplayOneChar(14,1,e[3] + 0x30);}                   //143
                else                                             //144
                {DisplayOneChar(10,1,' ');                       //145
                    DisplayOneChar(11,1,' ');                    //146
                    DisplayOneChar(12,1,'0');                    //147
                    DisplayOneChar(14,1,e[3] + 0x30);}           //148
  }                                                              //149
  else                                                           //150
  {                                                              //151
    if(e[1]>0)                                                   //152
        {DisplayOneChar(10,1,'-');                               //153
        DisplayOneChar(11,1,e[1] + 0x30);                        //154
        DisplayOneChar(12,1,e[2] + 0x30);                        //155
        DisplayOneChar(14,1,e[3] + 0x30);}                       //156
        else if(e[2]>0)                                          //157
            {DisplayOneChar(10,1,' ');                           //158
            DisplayOneChar(11,1,'-');                            //159
            DisplayOneChar(12,1,e[2] + 0x30);                    //160
```

```
            DisplayOneChar(14,1,e[3]+0x30);}         //161
        else                                          //162
        {DisplayOneChar(10,1,' ');                    //163
            DisplayOneChar(11,1,'-');                 //164
            DisplayOneChar(12,1,'0');                 //165
            DisplayOneChar(14,1,e[3]+0x30);}          //166
    }                                                 //167
}                                                     //168
//=======================169
void display_error(void)                              //170
{                                                     //171
  DisplayOneChar(10,1,'-');                           //172
  DisplayOneChar(11,1,'-');                           //173
  DisplayOneChar(12,1,'-');                           //174
  DisplayOneChar(14,1,'-');                           //175
}                                                     //176
//=========================177
void main(void)                                       //178
{                                                     //179
  delay(500);                                         //180
  InitLcd();                                          //181
  DisplayTitle(0,0,str0);                             //182
  DisplayTitle(0,1,str1);                             //183
  while(1)                                            //184
  {                                                   //185
    if(Flag_1820Error==0)read_temperature();          //186
    if(Flag_1820Error==0)display_temperature(e);      //187
    else display_error();                             //188
  }                                                   //189
}                                                     //190
```

　　CS22-4.c 程序输入完成后,与上个实验一样,再新建 1 个程序文件 lcd.c,详细内容读者可查看配书光盘内的实验程序文件。

　　编译通过后,51 MCU DEMO 试验板 LCD16x2 单排座上(16 芯)正确插上 16x2 字符液晶模组(脚号对应,不能插反),接通 5 V 稳压电源,将生成的 CS22-4.hex 文件下载到试验板上的单片机 89S51 中,注意,标示"LEDMOD_DATA"的双排针需插上短路块,而标示"LEDMOD_DATA"的双排针不能插短路块。

　　随后,断电,使用杜邦连接线将 DS18B20 的三个脚连接到 51 MCU DEMO 试验板上,再重复一下:DS18B20 的 1 脚连接到 GND;2 脚连接到 P1.7;3 脚连接到 +5 V。我们看到,液晶上第一行显示"Real temperature",第二行的右下方显示测得的温度数据。

## 9. 程序分析解释

序号 1～2:包含头文件 REG51.H。

序号 3～4:变量类型标识的宏定义。

序号 5:包含液晶的驱动文件。

序号 6～7:预定显示行。

序号 8:宏定义 5us 短延时。

序号 9:单总线管脚定义。

序号 10:DS18B20 损坏标志。

序号 11:e 数组存放测得的温度。

序号 12:测量得到温度的高 8 位和低 8 位字节。

序号 13:温度正负标志,1 为温度正;0 为温度负。

序号 14:程序分隔。

序号 15～20:15 $\mu$s 短延时。

序号 21:程序分隔。

序号 22～27:50 $\mu$s 短延时。

序号 28:程序分隔。

序号 29～36:k 毫秒延时函数。

序号 37:程序分隔。

序号 38:DS18B20 的初始化子函数。

序号 39:初始化子函数开始。

序号 40～41:定义局部变量。

序号 42:拉高单总线。

序号 43:拉低单总线。

序号 44:低电平保持至少 480 $\mu$s。

序号 45:拉高单总线。

序号 46～47:等待 15～60 $\mu$s。

序号 48:首先置 DS18B20 损坏标志为 0(认为 DS18B20 是好的)。

序号 49:等待从端重新拉低电平作为响应。

序号 50:等待 50 $\mu$s。

序号 51:变量 j 增加。

序号 52:如果 0.9 s 后从端没有响应,则 DS18B20 是坏的,损坏标志置 1。

序号 53:while 语句结束。

序号 54:拉高单总线。

序号 55:等待 250 $\mu$s。

序号 56:子函数结束。

序号 57:程序分隔。

序号 58:写 DS18B20 数据的子函数,x 为待写的一字节数据。

序号 59:子函数开始。

序号 60:定义局部变量 m。

序号 61:for 循环,准备写 8 个位。

序号 62:for 循环开始。

序号 63：如果数据位为高电平，写数据，首先从低位开始。

序号 64：拉低电平，等待 5 $\mu$s。

序号 65：写入"1"。

序号 66～68：等待 15～45 $\mu$s。

序号 69：结束 if 语句。

序号 70：否则数据位为低电平，写数据。

序号 71：拉低电平并写入"0"，等待 15 $\mu$s。

序号 72～74：等待 15～45 $\mu$s。

序号 75：拉高总线电平。

序号 76：结束 else 语句。

序号 77：结束 for 循环。

序号 78：拉高总线电平。

序号 79：子函数结束。

序号 80：程序分隔。

序号 81：读 DS18B20 数据的子函数。

序号 82：子函数开始。

序号 83：定义局部变量 m,n。

序号 84：首先 temp 置 0。

序号 85：for 循环，准备读 8 个位。

序号 86：for 循环开始。

序号 87：拉低总线。

序号 88：等待 5 $\mu$s。

序号 89：拉高总线。

序号 90：等待 5 $\mu$s。

序号 91：如果读到总线为高电平，放入 temp 变量相应的位置。

序号 92：否则读到总线为低电平，也放入 temp 变量相应的位置。

序号 93～95：等待 45 $\mu$s。

序号 96：结束 for 循环。

序号 97：返回读取的一个字节数据。

序号 98：子函数结束。

序号 99：程序分隔。

序号 100：读取 DS18B20 测得的温度子函数。

序号 101：子函数开始。

序号 102：定义局部变量。

序号 103：复位 DS18B20。

序号 104～105：发出转换命令。

序号 106：等待 100 ms。

序号 107：再次复位 DS18B20。

序号 108～109：发出读温度命令。

序号 110～111：读取到温度(前 2 个字节)。

序号 112：测得的温度为负。

序号 113：否则测得的温度为正。

序号 114:如果负的温度取补码。

序号 115～116:temh 存放温度的整数值。

序号 117～118:teml 存放温度的小数值。

序号 119～122:读取的温度数据转存数组 e 中。

序号 123:子函数结束。

序号 124:程序分隔。

序号 125:显示温度子函数。

序号 126:显示温度子函数开始。

序号 127:如果温度为正。

序号 128:进入 if 语句。

序号 129～133:如果温度达 100℃ 以上,进行显示。

序号 134～138:否则如果温度在 100℃ 以下,进行显示。

序号 139～143:否则如果温度在 10℃ 以下,进行显示。

序号 144～148:否则如果温度在 0℃ 以下,进行显示。

序号 149:结束 if 语句。

序号 150:否则温度为负。

序号 151:进入 else 语句。

序号 152～156:如果温度低于 −10℃ 以下,进行显示。

序号 157～161:否则如果温度大于 −10℃,进行显示。

序号 162～166:否则如果温度大于 −1℃,进行显示。

序号 167:结束 else 语句。

序号 168:子函数结束。

序号 169:程序分隔。

序号 170～176:显示 DS18B20 损坏的子函数,显示"−−−.−"。

序号 177:程序分隔。

序号 178:主函数。

序号 179:主函数开始。

序号 180:等待 500 ms,等电源稳定。

序号 181:液晶初始化。

序号 182～183:液晶显示两行预定字符串。

序号 184:无限循环。

序号 185:无限循环开始。

序号 186:如果 DS18B20 是好的,读取温度值。

序号 187:如果 DS18B20 是好的,显示读取的温度值到液晶上。

序号 188:否则,显示显示 DS18B20 损坏。

序号 189:无限循环结束。

序号 190:主函数结束。

# 第 **23** 章

# 点阵图形液晶模块及 **C51** 编程

  点阵图形液晶模块是一种用于显示各类图像、符号、汉字的显示模块，其显示屏的点阵像素连续排列，行和列在排布中没有间隔，因此可以显示连续、完整的图形。当然它也能显示字母、数字等字符。点阵图形液晶模块依控制芯片的不同，其功能及控制方法与点阵字符液晶模块相比略有不同。点阵图形液晶模块的控制芯片生产厂商较多，以下为典型的几种。

- HD61202：日立公司产品。
- T6963C：东芝公司产品。
- HD61830(B)：日立公司产品。
- SED1330(E-1330)：精工公司产品。
- MSM6255：冲电气公司产品。

  介绍点阵图形液晶模块，实际上就是介绍它的控制芯片。这里以市场上常见的 $128 \times 64$ 点阵图形液晶模块为例来做介绍，该液晶模块采用日立的 HD61202 和 HD61203 芯片组成。$128 \times 64$ 点阵图形液晶模块，表示横向有 128 点，纵向有 64 点，如果以汉字 $16 \times 16$ 点而言，每行可显示 8 个中文字，4 行共计 32 个中文字。用 HD61202 和 HD61203 芯片组成的 $128 \times 64$ 点阵图形液晶模块方框示意图，如图 23.1 所示。点阵图形液晶 $128 \times 64$ 是 STN 点矩阵 LCD 模组，由列驱动器 HD61202、行驱动器 HD61203 组成，可以直接与 8 位单片机相接。$128 \times 64$ 点阵图形液晶模块里有两个 HD61202，每个有 512 字节（4096 位）供 RAM 显示。RAM 显示存储器单元的每位数据与 LCD 每点的像素状态 1/0 完全一致（1＝亮，0＝灭）。

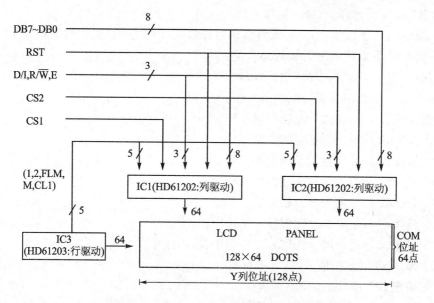

图 23.1　128×64 点阵图形液晶模块方框示意图

# 23.1　128×64 点阵图形液晶模块的特性

128×64 点阵图形液晶模块的特性如下：

① ＋5 V 电压，反视度（明暗对比度）可调整。

② 背光分为两种：（EL 冷光）背光和 LED 背光。

③ 行驱动：COM1～COM64（或 X1～X64）为行位址，由芯片 HD61203 做行驱动。

④ 列驱动：Y1～Y128（或 SEG1～SEG128）为列位址，由 2 颗芯片 HD61202 驱动，第 1 颗芯片 U2 驱动 Y1～Y64，第 2 颗芯片 HD61202 驱动 Y65～Y128。

⑤ 左半屏/右半屏控制由 CS1/CS2 片选决定。CS1＝1，CS2＝0 时，U2 选中，U3 不选中，即选择左半屏；CS1＝0，CS2＝1 时，U3 选中，U2 不选中，即选择右半屏。

⑥ 列驱动器 HD61202 有 512 字节的寄存器，所以 U2 和 U3 加起来共有 1024 字节寄存器。

# 23.2　128×64 点阵图形液晶模块的引脚及功能

128×64 点阵图形液晶模块的引脚及功能如下：

1 脚（$V_{SS}$）：接地。

2 脚（$V_{DD}$）：电源 5(1±5%)V。

3 脚（$V_O$）：反视度调整。

4 脚（D/I）：寄存器选择。1：选择数据寄存器；0：选择指令寄存器。

5 脚(R/$\overline{\text{W}}$):读/写选择。1:读;0:写。

6 脚(E):使能操作。1:LCM 可做读写操作;0:LCM 不能做读写操作。

7 脚(DB0):双向数据总线的第 0 位。

8 脚(DB1):双向数据总线的第 1 位。

9 脚(DB2):双向数据总线的第 2 位。

11 脚(DB3):双向数据总线的第 3 位。

11 脚(DB4):双向数据总线的第 4 位。

12 脚(DB5):双向数据总线的第 5 位。

13 脚(DB6):双向数据总线的第 6 位。

14 脚(DB7):双向数据总线的第 7 位。

15 脚(CS1):左半屏片选信号。1:选中;0:不选中。

16 脚(CS2):右半屏片选信号。1:选中;0:不选中。

17 脚(RST):复位信号,低电平有效。

18 脚(VEE):LCD 负压驱动脚(−10~18 V)。

19 脚(NC):空脚(或接背光电源)。

20 脚(NC):空脚(或接背光电源)。

## 23.3　128×64 点阵图形液晶模块的内部结构

128×64 点阵图形液晶模块的内部结构可分为 3 个部分:LCD 控制器、LCD 驱动器、LCD 显示装置,如图 23.2 所示。应注意的是,无背光液晶模块同 EL、LED 背光的液晶模块内部结构有较大的区别(**特别注意**:第 19、20 脚的供电来源及相关参数),图 23.3 为具有 EL 背光的点阵图形液晶模块方框示意图。表 23.1 为 EL/LED 背光供电参数表。图 23.4 为 128×64 点阵图形液晶模块的供电原理及对比度调整电路。LCD 与 MCU 之间是利用 LCD 的控制器进行通信。

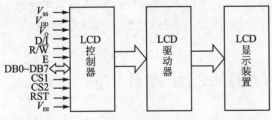

图 23.2　128×64 点阵图形液晶模块的内部结构

**表 23.1　EL/LED 背光供电参数表**

| 接　口 | 背　光 | | | |
|---|---|---|---|---|
| | $R_{BL}$ | | $V_{BL}$ | |
| | LED | EL | LED | EL |
| 19,20 PIN | 5 Ω | 0 Ω | 5 V DC | 110 V AC 400 Hz |

点阵图形液晶 128×64 分行列驱动器,HD61203 是行驱动器,HD61202 是列动控制器。HD61202、HD61203 是点阵图形液晶显示控制器的代表电路。熟知

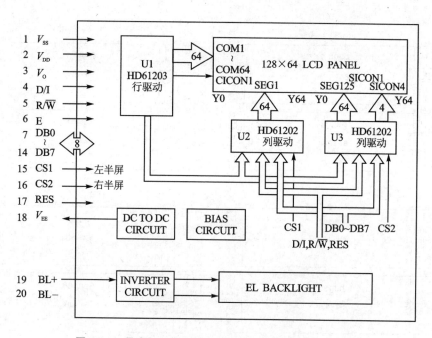

图 23.3　具有 EL 背光的点阵图形液晶模块方框示意图

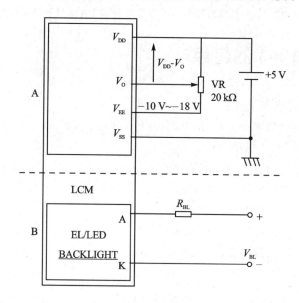

图 23.4　128×64 点阵图形液晶模块的供电原理及对比度调整电路

HD61202、HD61203 将可通晓点阵图形液晶显示控制器的工作原理。图 23.5 为 128×64 点阵图形液晶的显示位置和 RAM 显示存储器映射图。

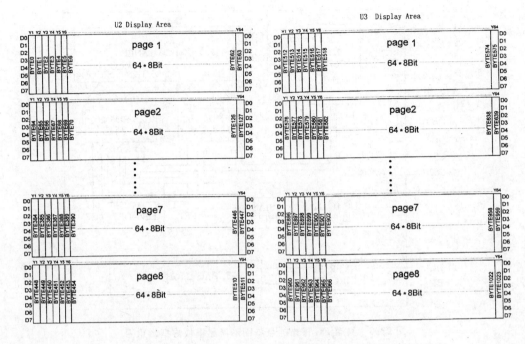

图 23.5　128×64 点阵图形液晶的显示位置和 RAM 显示存储器映射图

# 23.4　HD61203 的特点

HD61203 的特点如下：

① 低阻抗输入(最大 1.5 kΩ)的图形 LCD 普通行驱动器。

② 内部 64 路 LCD 驱动电路。

③ 低功耗(显示时耗电仅 5 mW)。

④ 工作电压：$V_{CC}$ = 5(1±5%)V。

⑤ LCD 显示驱动电压=8～17 V。

⑥ 100 脚扁平塑料封装(FP-100)。

⑦ HD61203 的引脚图如图 23.6 所示。

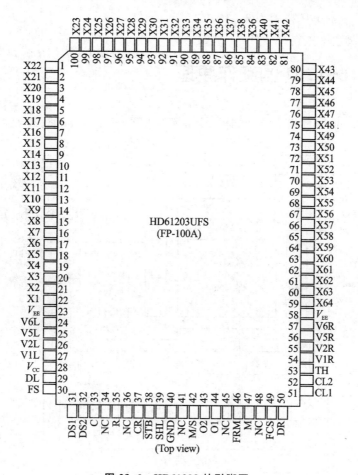

图 23.6　HD61203 的引脚图

## 23.5　HD61202 的特点

HD61202 的特点如下：

① 图形 LCD 列驱动器组成显示 RAM 数据。

② 像素点亮/熄灭直接由内部 RAM 显示存储器单元。RAM 数据单元为"1"时，对应的像素点亮；RAM 数据单元为"0"时，对应的像素点灭。

③ 内部 RAM 地址自动递增。

④ 显示 RAM 容量达 512 字节（4 096 位）。

⑤ 8 位并行接口，适配 M6800 时序。

⑥ 内部 LCD 列驱动电路为 64 路。

⑦ 简单而较强的指令功能，可实现显示数据读/写、显示开/关、设置地址、设置开始行、读状态等。

⑧ LCD 驱动电压范围为 8～17 V。

⑨ 100 脚扁平塑料封装(FP－100)。

# 23.6 HD61202 的工作原理

HD61202 的内部组成结构如图 23.7 所示。图 23.8 为 HD61203 的引脚图。

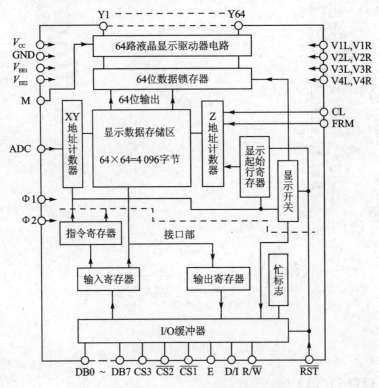

**图 23.7 HD61202 的内部组成结构**

## 1. I/O 缓冲器

I/O 缓冲器为双向三态数据缓冲器。是 HD61202 内部总线与计算机总线连接部。其作用是将两个不同时钟下工作的系统连接起来,实现通信。I/O 缓冲器在 3 个片选信号 CS1、CS2 和 CS3 组合有效状态下,I/O 缓冲器开放,实现 HD61202 与计算机之间的数据传递。当片选信号组合为无效状态时,I/O 缓冲器将中断 HD61202 内部总线与计算机数据总线的联系,对外总线呈高阻状态。

## 2. 输入寄存器

输入寄存器用于暂时储存要写入显示 RAM(显示存储器)的资料。因为数据是由 MCU 写入输入寄存器,然后再由内部处理后自动地写入显示存储器内。当 CS＝1,D/I＝1,且 R/$\overline{\text{W}}$＝1 时,数据在使能信号 E 的下降沿被锁入输入寄存器。

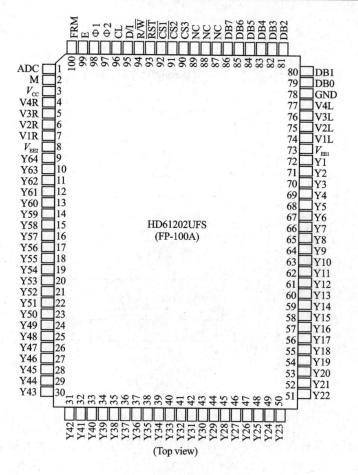

图 23.8　HD61203 的引脚图

## 3. 输出寄存器

从显示 RAM 中读出的数据首先暂时储存在输出寄存器。MCU 要从输出寄存器中读出数据则要令 CS＝D/I＝R/$\overline{\text{W}}$＝1。不过读数据命令时,存于输出寄存器中的数据是在 E 脚为高电平时输出;然后在 E 脚信号落为低电平时,地址指针指向的显示数据接着被锁入输出寄存器而且地址指针递增。输出寄存器中,会因读数据的指令而被再写入新的数据,若为地址指针设定指令则数据维持不变。因此,发送完地址设定指令之后随即发送读取数据指令,将无法得到所指定地址的数据,必须再接着读取一次数据,该指定地址的数据才会输出。

## 4. 显示存储器电路

HD61202 具有 4 096 位显示存储器。其结构是以一个 64×64 位的方阵形式排布的。显示存储器的作用一是存储计算机传来的显示数据;二是作为控制信号源直接控制液晶驱动电路的输出。显示存储器为双端口存储器结构,结构原理示意图如

图 23.9 所示。

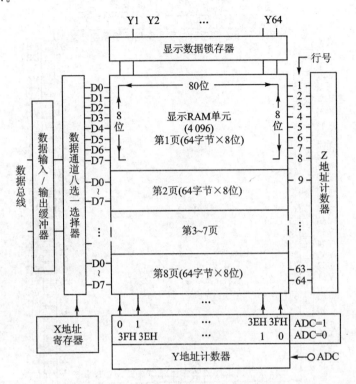

图 23.9  HD61202 双端口存储器结构

从数据总线侧看有 64 位,按 8 位数据总线长度分成 8 路,称为页面,由 X 地址寄存器控制;每个页面都有 64 个字节,用 Y 地址计数器控制,这一侧是提供给计算机操作的,是双向传输形式。XY 地址计数器选择了计算机所要操作的显示存储器的页面和列地址,从而唯一地确定计算机所要访问的显示存储器单元。从驱动数据传输面看有 64 位,共 64 行,这一侧是提供给驱动器使用的,仅有输出形式。

HD61202 列驱动器为 64 列驱动输出,正好与显示存储器列向(纵向)单元对应。Z 地址计数器为显示行指针,用来选择当前要传输的数据行。

## 5. XY 地址计数器

XY 地址计数器为 9 位的寄存器,它确定了计算机所需访问的显示存储器单元的地址。X 地址计数器为高 3 位,Y 地址计数器为低 6 位,分别有各自的指令来设定 X、Y 地址。计算机在访问显示存储器之前必须要设置 XY 地址计数器。计算机写入或读出显示存储器的数据代表显示屏上某一列上的垂直 8 点的数据。D0 代表最上一的点数据。

X 地址计数器是 1 个 3 位页地址寄存器,其输出控制着显示存储器中 8 个页面的选择,也就是控制着数据传输通道的八选一选择器。X 地址寄存器可以由计算机以指令形式设置。X 地址寄存器没有自动修改功能,所以要想转换页面需要重新设置 X 地址寄存器的内容。

Y 地址计数器是 1 个 6 位循环加 1 计数器。它管理某一页面上的 64 个单元,该数据总线上的 64 位数据直接控制驱动电路输出 Y1~Y64 的输出波形。Y 地址计数器可以由计算机以指令形式设置,它和页地址指针结合唯一选通显示存储器的一个单元。Y 地址计数器具有自动加 1 功能。在显示存储器读/写操作后 Y 地址计数器将自动加 1。当计数器加至 3FH 后循环归 0 再继续递加。

### 6. 显示起始行寄存器

显示起始行寄存器为 6 位寄存器,它规定了显示存储器所对应显示屏上第 1 行的行号。该行的数据将作为显示屏上第 1 行显示状态的控制信号。显示起始行寄存器的内容由计算机以指令代码的格式写入。此寄存器指定 RAM 中某一行数据对应到 LCD 屏幕的最上行,可用做荧幕卷动。

### 7. Z 地址计数器

Z 地址计数器也为 6 位地址计数器,用于确定当前显示行的扫描地址。Z 地址计数器具有自动加 1 功能,它与行驱动器的行扫描输出同步,选择相应的列驱动器的数据输出。在行驱动器发来的 CL 时钟信号脉冲的下降沿时加 1。在 FRM 信号的高电平时置入显示起始行寄存器的内容,以作为再循环显示的开始。

### 8. 显示开/关触发器

该触发器的输出一路控制显示数据锁存器的清除端,一路返回到接口控制电路作为状态字中的一位,表示当前的显示状态。该触发器的作用就是控制显示驱动输出的电平以控制显示屏的开关。在触发器输出为"关"电平时,显示数据锁存器的输入被封锁并将输出置"0",从而使显示驱动输出全部为非选择波形,显示屏呈不显示状态。在触发器输出为"开"电平时,显示数据锁存器受 CL 控制,显示驱动输出受显示驱动数据总线上数据控制,显示屏将呈显示状态。显示开/关触发器受逻辑电路控制,计算机可以通过硬件/RST 复位和软件指令"显示开关设置"的写入来设置显示开/关触发器的输出状态。

### 9. 指令寄存器

指令寄存器用于接收计算机发来的指令代码,通过译码将指令代码置入相关的寄存器或触发器内。

### 10. 状态字寄存器

状态字寄存器是 HD61202 与计算机通信时唯一的"握手"信号。状态字寄存器向计算机表示了 HD61202 当前的工作状态。其中最主要的是忙碌信号(Busy),当忙碌信号为"1",表示 HD61202 正在忙于内部运作,除了状态读取指令外,其他任何指令都不被接受。忙碌信号（Busy）是由状态字读取指令所读出 DB7 表示。每次要发指令前,应先确定忙碌信号已为"0"。

### 11. 显示数据锁存器

数据要从显示数据 RAM 中输出到液晶驱动电路前,先暂时储存于此锁存器中,在时钟信号上升沿时数据被锁存。显示器开/关指令控制此锁存器动作,不会影响显示数据 RAM 中的数据。

## 23.7  HD61202 的工作过程

计算机要想访问 HD61202,必须首先读取状态字寄存器的内容,主要是要判别状态字中的"Busy"标志;在"Busy"标志表示为 0 时,计算机方可访问 HD61202。在写操作时,HD61202 在计算机写操作信号的作用下将计算机发来的数据锁存进输入寄存器内,使其转到 HD61202 内部时钟的控制之下,同时 HD61202 将 I/O 缓冲器封锁,置"Busy"标志位为 1,向计算机提供 HD61202 正在处理计算机发来的数据的信息。HD61202 根据计算机在写数据时提供的 D/I 状态将输入寄存器的内容送入指令寄存器处理或显示存储器相应的单元,处理完成后,HD61202 将撤销对 I/O 缓冲器的封锁,同时将"Busy"标志位清 0,向计算机表示 HD61202 已准备好接收下一个操作。

在读显示数据时,计算机要有一个操作周期的延时,即"空读"的过程。这是因为在计算机读操作下,HD61202 向数据总线提供输出寄存器当前的数据,并在读操作结束时将当前地址指针所指的显示存储器单元的数据写入输出寄存器内,同时将列地址计数器加 1。也就是说计算机不是直接读取到显示存储器单元,而是读取一个中间寄存器——输出寄存器的数据。而这个数据是上一次读操作后存入到输出寄存器的内容,这个数据可能是上一地址单元的内容,也可能是地址修改前某一单元的内容。因此,在计算机设置所要读取的显示存储器地址后,第一次的读操作实际上是要求 HD61202 将所需的显示存储器单元的数据写入输出寄存器中,供计算机读取。只有从下一次计算机的读操作起,计算机才能读取所需的显示数据。

## 23.8  点阵图形液晶模块的控制器指令

128×64 图形液晶模块的控制指令共有 7 个,为:显示开/关、设置页（PAGE1～PAGE8）、读状态、设置开始显示行、设置列地址 Y、写显示数据、读显示数据。

### 1. 显示器开关

| R/$\overline{W}$ | D/I | DB7 | DB6 | DB5 | DB4 | DB3 | DB2 | DB1 | DB0 |
|---|---|---|---|---|---|---|---|---|---|
| 0 | 1 | 0 | 0 | 1 | 1 | 1 | 1 | 1 | D |

D：显示屏开启或关闭控制位。D＝1 时，显示屏开启；D＝0 时，则显示屏关闭，但显示数据仍保存于 DDRAM 中。

## 2. 设置页（X 地址）

| R/$\overline{W}$ | D/I | DB7 | DB6 | DB5 | DB4 | DB3 | DB2 | DB1 | DB0 |
|---|---|---|---|---|---|---|---|---|---|
| 0 | 0 | 1 | 0 | 1 | 1 | 1 | A | A | A |

显示 RAM 数据的 X 地址 AAA（二进制）被设置在 X 地址寄存器。设置后，读/写都在这一指定的页里执行，直到下页设置后再往下页执行，该指令设置了页面地址，X 地址寄存器的内容。HD61202 将显示存储器分成 8 页，指令代码中 AAA 就是要确定当前所要选择的页面地址，取值范围为 0～7H，代表第 1～8 页。

## 3. 读状态

| R/$\overline{W}$ | D/I | DB7 | DB6 | DB5 | DB4 | DB3 | DB2 | DB1 | DB0 |
|---|---|---|---|---|---|---|---|---|---|
| 1 | 0 | Busy | 0 | ON/OFF | Reset | 0 | 0 | 0 | 0 |

Busy：表示当前 HD61202 接口控制电路运行状态。Busy＝1 表示 HD61202 正忙于处理 MCU 发来的指令或数据，此时接口电路被封锁，不能接受除读状态以外的任何操作；Busy＝0 表示 HD61202 接口控制电路已处于空闲状态，等待 MCU 的访问。

ON/OFF：表示当前的显示状态。ON/OFF＝1 表示开显示状态；ON/OFF＝0 表示关显示状态。

Reset：当 Reset＝1 状态时，HD61202 处于复位工作状态；当 Reset＝0 状态时，HD61202 为正常工作状态。

## 4. 显示开始行

| R/$\overline{W}$ | D/I | DB7 | DB6 | DB5 | DB4 | DB3 | DB2 | DB1 | DB0 |
|---|---|---|---|---|---|---|---|---|---|
| 0 | 0 | 1 | 1 | A | A | A | A | A | A |

该指令设置了显示起始行寄存器的内容。HD61202 有 64 行显示的管理能力，该指令中 AAAAAA（二进制）为显示起始行的地址，取值在 0～3FH（0～63）范围内，它规定了显示屏上最顶一行所对应的显示存储器的行地址。如果定时地、等间距地修改（如加 1 或减 1）显示起始行寄存器的内容，则显示屏将呈现显示内容向上或向下平滑滚动的显示效果。

## 5. 设置 Y 地址

| R/$\overline{W}$ | D/I | DB7 | DB6 | DB5 | DB4 | DB3 | DB2 | DB1 | DB0 |
|---|---|---|---|---|---|---|---|---|---|
| 0 | 0 | 0 | 1 | A | A | A | A | A | A |

该指令设置了Y地址计数器的内容,AAAAAA=0~3FH(0~63)代表某一页面上的某一单元地址,随后的一次读或写数据将在这个单元上进行。Y地址计数器具有自动加1功能,在每一次读/写数据后它将自动加1,所以在连续进行读/写数据时,Y地址计数器不必每次都设置一次。页面地址的设置和列地址的设置将显示存储器单元唯一地确定下来,为后来的显示数据的读/写作了地址的选通。

### 6. 写显示数据

| R/$\overline{\text{W}}$ | D/I | DB7 | DB6 | DB5 | DB4 | DB3 | DB2 | DB1 | DB0 |
|---|---|---|---|---|---|---|---|---|---|
| 0 | 1 | D | D | D | D | D | D | D | D |

该操作将8位数据写入先前已确定的显示存储器单元内,操作完成后列地址计数器自动加1。

### 7. 读显示数据

| R/$\overline{\text{W}}$ | D/I | DB7 | DB6 | DB5 | DB4 | DB3 | DB2 | DB1 | DB0 |
|---|---|---|---|---|---|---|---|---|---|
| 1 | 1 | D | D | D | D | D | D | D | D |

该操作将HD61202接口部的输出寄存器内容读出,然后列地址计数器自动加1。必须注意的是,进行读操作之前,必须有一次空读操作,紧接着再读才会读出所要读的单元中的数据。

## 23.9 HD61202 的操作时序图

对HD61202的操作必须严格按照时序进行。

### 1. 写入时序

写入时序如图23.10所示。

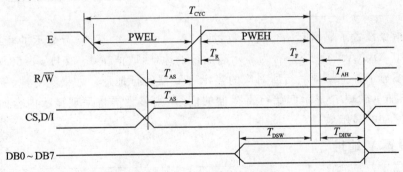

图 23.10　HD61202 的写入时序

## 2. 读取时序

读取时序如图 23.11 所示。

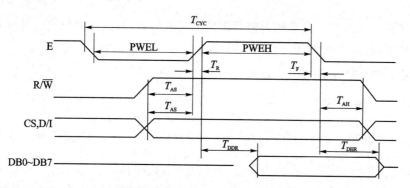

图 23.11　HD61202 的读取时序

## 3. 时序参数

时序参数见表 23.2 所列。

表 23.2　HD61202 的时序参数

| 项　目 | 符　号 | 最小值 | 典型值 | 最大值 | 单　位 |
|---|---|---|---|---|---|
| E 周期时间 | $T_{CYC}$ | 1000 | — | — | ns |
| E 高电平宽度 | $P_{weh}$ | 450 | — | — | ns |
| E 低电平宽度 | $P_{wel}$ | 450 | — | —25 | ns |
| E 上升时间 | $T_R$ | — | | 25 | ns |
| E 下降时间 | $T_F$ | — | | | ns |
| 地址建立时间 | $T_{AS}$ | 140 | — | — | ns |
| 地址保持时间 | $T_{AH}$ | 10 | — | — | ns |
| 数据建立时间 | $T_{DSW}$ | 200 | | | ns |
| 数据延时时间 | $T_{DDR}$ | — | | 320 | ns |
| 数据保持时间(写) | $T_{DHW}$ | 10 | | | ns |
| 数据保持时间(读) | $T_{DHR}$ | 20 | | | ns |

注：$T_a = -20 \sim +75\,℃$，$V_{GND} = 0$ V，$V_{CC} = 2.7 \sim 5.5$ V。

# 23.10　128×64 点阵图形液晶模块与单片机的连接方式

128×64 点阵图形液晶模块与单片机的连接方式也有两种，即直接访问方式(总线方式)和间接控制方式(模拟口线)。我们的 51 MCU DEMO 试验板采用的是间接控制方式。

# 23.11   128×64 点阵图形液晶模块及 C51 驱动子函数

要实现对 128×64 点阵图形液晶模块的高效控制,必须按照模块设计方式,建立起相关的子程序,下面详细介绍用 C51 设计的各功能子函数。

## 1. 判 LCM 忙子函数

```
void lcd_busy(void)                  //函数名为 lcd_busy 的判 LCM 忙子函数
{                                    //lcd_busy 函数开始
RS = 0;RW = 1;DataPort = 0xff;       //选择指令寄存器,选择读方式,LCM 数据口置全 1
while(1){                            //while 循环体,无限循环
EN = 1;                             //使能,将 LCM 的状态读入 MCU
if(DataPort<0x80) break;            //若数据口读入的数据小于 0x80,说明最高位为 0
                                    //LCM 空闲,执行 break 语句跳出 while 循环体
EN = 0;                            //禁能
}                                   // while 循环体结束
EN = 0;                            //禁能
}                                   //lcd_busy 函数结束
```

## 2. 写指令到 LCM 子函数

```
void wcode(uchar c,uchar csl,uchar csr)//函数名为 wcode 的写指令到 LCM 子函数
                                    //定义 c、csl、csr 为无符号字符型变量
{                                   // wcode 函数开始
CS1 = csl;                          //将 csl、csr 变量赋予 CS1、CS2
CS2 = csr;                          //用以选择 LCM 的左半屏或右半屏
lcd_busy();                         //调用判 LCM 忙子函数
RS = 0;                            //选择指令寄存器
RW = 0;                            //选择写
DataPort = c;                       //将变量 c 赋予 LCM 数据口
EN = 1;                            //使能
EN = 0;                            //禁能
}                                   // wcode 函数结束
```

## 3. 写数据到 LCM 子函数

```
void wdata(uchar c,uchar csl,uchar csr)//函数名为 wdata 的写数据子函数
                                    //定义 c、csl、csr 为无符号字符型变量
{                                   // wdata 函数开始
CS1 = csl;                          //将 csl、csr 变量赋予 CS1、CS2
CS2 = csr;                          //用以选择 LCM 的左半屏或右半屏
lcd_busy();                         //调用判 LCM 忙子函数
RS = 1;                            //选择数据寄存器
```

```
RW = 0;                                  //选择写
DataPort = c;                            //将变量 c 赋予 LCM 数据口
EN = 1;                                  //使能
EN = 0;                                  //禁能
}                                        // wdata 函数结束
```

## 4. 设定起始行子函数

```
void set_startline(uchar i)              //函数名为 set_startline 的设定起始行子函数
                                         //定义 i 为无符号字符型变量
{                                        // set_startline 函数开始
i = 0xc0 + i;                            //设定起始行指令代码
wcode(i,1,1);                            //将指令代码写入 LCM 的左半屏及右半屏
}                                        // set_startline 函数结束
```

## 5. 定位 x 方向、y 方向的子函数

```
void set_xy(uchar x,uchar y)             //函数名为 set_xy 的定位 x 方向、y 方向的
                                         //子函数。定义 x、y 为无符号字符型变量
{                                        // set_xy 函数开始
x = x + 0x40;                            //设定 x 列的指令代码
y = y + 0xb8;                            //设定 y 页的指令代码
wcode(x,1,1);                            //将 x 列的指令代码写入 LCM 的左半屏及右半屏
wcode(y,1,1);                            //将 y 页的指令代码写入 LCM 的左半屏及右半屏
}                                        // set_xy 函数结束
```

## 6. 屏幕开启、关闭子函数

```
void dison_off(uchar o)                  //函数名为 dison_off 的屏幕开启、关闭子函数
                                         //定义 o 为无符号字符型变量
{                                        // dison_off 函数开始
o = o + 0x3e;                            //设定开、关屏幕的指令代码。o 为 1 开,o 为 0 关
wcode(o,1,1);                            //将开、关屏幕的指令代码写入 LCM 的左半屏及
                                         //右半屏
}                                        // dison_off 函数结束
```

## 7. 复位子函数

```
void reset()                             //函数名为 reset 的复位子函数
{                                        // reset 函数开始
RST = 0;                                 //复位端置低电平
delay(20);                               //延时一会
RST = 1;                                 //复位端置高电平
delay(20);                               //延时一会
}                                        // reset 函数结束
```

### 8. 根据 x、y 地址定位,将数据写入 LCM 左或右半屏的子函数

```
void lw(uchar x, uchar y, uchar dd)     //函数名为 lw 的写数据至 LCM 子函数
                                        //定义 x、y、dd 为无符号字符型局部变量
{                                       //lw 子函数开始
if(x> = 64)                             //若 x 大于等于 64,说明为右半屏操作
{set_xy(x-64,y);                        //x(列)值减去 64,获得右半屏定位
wdata(dd,0,1);}                         //将 dd 变量中的数据写入 LCM 右半屏
else                                    //否则 x 小于 64,说明为左半屏操作
{set_xy(x,y);                           //获得左半屏定位
wdata(dd,1,0);}                         //将 dd 变量中的数据写入 LCM 左半屏
}                                       //lw 子函数结束
```

### 9. 显示汉字子函数

```
void display_hz(uchar xx, uchar yy, uchar n, uchar fb)
                                        //函数名为 display_hz 的显示汉字子函数。
                                        //定义 xx、yy、n、fb 为无符号字符型局部变量
                                        //其中 xx、yy 为列、页定位值,n 为汉字点阵码表
                                        //中的第 n 个汉字,fb 为反白显示选择
{                                       //子函数开始
uchar i,dx;                             //定义 i、dx 为无符号字符型局部变量
for(i = 0;i<16;i++)                     //for 循环体,用于扫描汉字的上半部分
{dx = hz[2*i+n*32];                     //取得第 n 个汉字的上半部分数据代码
if(fb)dx = 255-dx;                      //若 fb 不为 0,获得反白数据代码
lw(xx*8+i,yy,dx);                       //将数据代码写入 LCM
dx = hz[(2*i+1)+n*32];                  //取得第 n 个汉字的下半部分数据代码
if(fb)dx = 255-dx;                      //若 fb 不为 0,获得反白数据代码
lw(xx*8+i,yy+1,dx);                     //将数据代码写入 LCM
}                                       //for 循环体结束
}                                       //display_hz 子函数结束
```

# 23.12 128×64LCM 演示程序 1

### 1. 实现方法

在 51 MCU DEMO 试验板上的 128×64 点阵图形液晶上显示汉字,屏幕上第 1 行显示"朝辞白帝彩云间,",第 2 行显示"千里江陵一日还,",第 3 行显示"两岸猿声啼不住,",第 4 行显示"轻舟已过万重山。",其中第 3、4 行反白显示。

### 2. 源程序文件

在 D 盘建立一个文件目录(CS23-1),然后建立 CS23-1.uv2 的工程项目,最后

建立源程序文件(CS23-1.c)。输入下面的程序：

```
#include <REG51.H>                              //1
#define uchar unsigned char                     //2
#define uint unsigned int                       //3
sbit CS1 = P2^4;                                //4
sbit CS2 = P2^3;                                //5
sbit RS = P2^7;                                 //6
sbit RW = P2^6;                                 //7
sbit EN = P2^5;                                 //8
sbit RST = P2^2;                                //9
#define DataPort P0                             //10
/*******************************11************/
void delay(unsigned long v);                    //12
void wcode(uchar c,uchar csl,uchar csr);        //13
void wdata(uchar c,uchar csl,uchar csr);        //14
void set_startline(uchar i);                    //15
void set_xy(uchar x,uchar y);                   //16
void dison_off(uchar o);                        //17
void reset();                                   //18
void lcd_init(void);                            //19
void lw(uchar x, uchar y, uchar dd);            //20
void display_hz(uchar x, uchar y, uchar n, uchar fb);//21
uchar code hz[];                                //22
/*******************************23****************/
void main(void)                                 //24
{                                               //25
uchar loop;                                     //26
lcd_init();                                     //27
delay(1000);                                    //28
while(1)                                        //29
{                                               //30
/*******************************31**********/
for(loop = 0;loop<8;loop++)                     //32
    {display_hz(2*loop,0,loop,0);               //33
    display_hz(2*loop,0,loop,0);                //34
    display_hz(2*loop,0,loop,0);                //35
    display_hz(2*loop,0,loop,0);                //36
    display_hz(2*loop,0,loop,0);                //37
    display_hz(2*loop,0,loop,0);                //38
    display_hz(2*loop,0,loop,0);                //39
    display_hz(2*loop,0,loop,0);}               //40
```

```
/**********************************************41*********/
for(loop = 0;loop<8;loop ++ )                      //42
    {display_hz(2 * loop,2,loop + 8,0);            //43
    display_hz(2 * loop,2,loop + 8,0);             //44
    display_hz(2 * loop,2,loop + 8,0);             //45
    display_hz(2 * loop,2,loop + 8,0);             //46
    display_hz(2 * loop,2,loop + 8,0);             //47
    display_hz(2 * loop,2,loop + 8,0);             //48
    display_hz(2 * loop,2,loop + 8,0);             //49
    display_hz(2 * loop,2,loop + 8,0);}            //50
/**********************************************51*********/
for(loop = 0;loop<8;loop ++ )                      //52
    {display_hz(2 * loop,4,loop + 16,1);           //53
    display_hz(2 * loop,4,loop + 16,1);            //54
    display_hz(2 * loop,4,loop + 16,1);            //55
    display_hz(2 * loop,4,loop + 16,1);            //56
    display_hz(2 * loop,4,loop + 16,1);            //57
    display_hz(2 * loop,4,loop + 16,1);            //58
    display_hz(2 * loop,4,loop + 16,1);            //59
    display_hz(2 * loop,4,loop + 16,1);}           //60
/**********************************************61*********/
for(loop = 0;loop<8;loop ++ )                      //62
    {display_hz(2 * loop,6,loop + 24,1);           //63
    display_hz(2 * loop,6,loop + 24,1);            //64
    display_hz(2 * loop,6,loop + 24,1);            //65
    display_hz(2 * loop,6,loop + 24,1);            //66
    display_hz(2 * loop,6,loop + 24,1);            //67
    display_hz(2 * loop,6,loop + 24,1);            //68
    display_hz(2 * loop,6,loop + 24,1);            //69
    display_hz(2 * loop,6,loop + 24,1);}           //70
/**********************************************71*********/
delay(10000);                                      //72
}                                                  //73
}                                                  //74
/* ------------------------75---------- */
void delay(unsigned long v)                        //76
{                                                  //77
while(v! = 0)v -- ;                                //78
}                                                  //79
/* ------------------------80---------- */
void lcd_busy(void)                                //81
{                                                  //82
```

```
RS = 0;RW = 1;DataPort = 0xff;                //83
while(1){                                      //84
EN = 1;                                        //85
if(DataPort<0x80) break;                       //86
EN = 0;                                        //87
}                                              //88
EN = 0;                                        //89
}                                              //90
/* ---------------------------91----------- */
void wcode(uchar c,uchar csl,uchar csr)        //92
{                                              //93
CS1 = csl;                                     //94
CS2 = csr;                                     //95
lcd_busy();                                    //96
RS = 0;                                        //97
RW = 0;                                        //98
DataPort = c;                                  //99
EN = 1;                                        //100
EN = 0;                                        //101
}                                              //102
/* ---------------------------103------------- */
void wdata(uchar c,uchar csl,uchar csr)        //104
{                                              //105
CS1 = csl;                                     //106
CS2 = csr;                                     //107
lcd_busy();                                    //108
RS = 1;                                        //109
RW = 0;                                        //110
DataPort = c;                                  //111
EN = 1;                                        //112
EN = 0;                                        //113
}                                              //114
/* ---------------------------115------------- */
void lw(uchar x, uchar y, uchar dd)            //116
{                                              //117
if(x> = 64)                                    //118
{set_xy(x-64,y);                               //119
wdata(dd,0,1);}                                //120
else                                           //121
{set_xy(x,y);                                  //122
wdata(dd,1,0);}                                //121
}                                              //122
```

```
/* ---------------------------123-------------------*/
void set_startline(uchar i)                    //124
{                                              //125
i = 0xc0 + i;                                  //126
wcode(i,1,1);                                  //127
}                                              //128
/* ---------------------------129---------------------*/
void set_xy(uchar x,uchar y)                   //130
{                                              //131
x = x + 0x40;                                  //132
y = y + 0xb8;                                  //133
wcode(x,1,1);                                  //134
wcode(y,1,1);                                  //135
}                                              //136
/* ---------------------------137-------------*/
void dison_off(uchar o)                        //138
{                                              //139
o = o + 0x3e;                                  //140
wcode(o,1,1);                                  //141
}                                              //142
/* ---------------------------143-------------*/
void reset()                                   //144
{                                              //145
RST = 0;                                       //146
delay(20);                                     //147
RST = 1;                                       //148
delay(20);                                     //149
}                                              //150
/* ---------------------------151---------------*/
void lcd_init(void)                            //152
{uchar x,y;                                    //153
reset();                                       //154
set_startline(0);                              //155
dison_off(0);                                  //156
for(y = 0;y<8;y++)                             //157
    {                                          //158
    for(x = 0;x<128;x++)lw(x,y,0);             //159
    }                                          //160
dison_off(1);                                  //161
}                                              //162
/* ---------------------------163---------------*/
void display_hz(uchar xx, uchar yy, uchar n, uchar fb) //164
```

```
{                                        //165
uchar i,dx;                              //166
for(i = 0;i<16;i++)                      //167
{dx = hz[2 * i + n * 32];                //168
if(fb)dx = 255 - dx;                     //169
lw(xx * 8 + i,yy,dx);                    //170
dx = hz[(2 * i + 1) + n * 32];           //171
if(fb)dx = 255 - dx;                     //172
lw(xx * 8 + i,yy + 1,dx);                //173
}                                        //174
}                                        //175
/**********************************176*************************/
uchar code hz[] =                        //177
{0x00,0x04,0x00,0x04,0x00,0x04,0xFE,0x04,0x92,0x04,0x92,0x04,0x92,0x04,0x92,
0xFF,
0x92,0x04,0x92,0x04,0x92,0x04,0x92,0x04,0xFE,0x04,0x00,0x04,0x00,0x04,0x00,0x00,/*"
朝",0*/
0x24,0x00,0x24,0x7E,0x24,0x22,0xFC,0x23,0x22,0x22,0x22,0x7E,0xA0,0x00,0x84,0x04,
0x94,0x04,0xA5,0x04,0x86,0xFF,0x84,0x04,0xA4,0x04,0x94,0x04,0x84,0x04,0x00,0x00,/*"
辞",1*/
0x00,0x00,0x00,0x00,0xF8,0x7F,0x08,0x21,0x08,0x21,0x0C,0x21,0x0B,0x21,0x08,0x21,
0x08,0x21,0x08,0x21,0x08,0x21,0x08,0x21,0xF8,0x7F,0x00,0x00,0x00,0x00,0x00,0x00,/*"
白",2*/
0x80,0x00,0x64,0x00,0x24,0x00,0x24,0x3F,0x2C,0x01,0x34,0x01,0x25,0x01,0xE6,0xFF,
0x24,0x01,0x24,0x11,0x34,0x21,0x2C,0x1F,0xA4,0x00,0x64,0x00,0x24,0x00,0x00,0x00,/*"
帝",3*/
0x82,0x20,0x8A,0x10,0xB2,0x08,0x86,0x06,0xDB,0xFF,0xA1,0x02,0x91,0x04,0x8D,0x58,
0x88,0x48,0x20,0x20,0x10,0x22,0x08,0x11,0x86,0x08,0x64,0x07,0x40,0x02,0x00,0x00,/
*"彩",4*/
0x40,0x00,0x40,0x20,0x44,0x70,0x44,0x38,0x44,0x2C,0x44,0x27,0xC4,0x23,0xC4,0x31,
0x44,0x10,0x44,0x12,0x46,0x14,0x46,0x18,0x64,0x70,0x60,0x20,0x40,0x00,0x50,0x00,/
*"云",5*/
0x00,0x00,0xF8,0xFF,0x01,0x00,0x06,0x00,0x00,0x00,0xF0,0x07,0x92,0x04,0x92,0x04,
0x92,0x04,0x92,0x04,0xF2,0x07,0x02,0x40,0x02,0x80,0xFE,0x7F,0x00,0x00,0x00,0x00,/*"
间",6*/
0x00,0x00,0x00,0x00,0x00,0x58,0x00,0x38,0x00,0x00,0x00,0x00,0x00,0x00,0x00,0x00,
0x00,0x00,0x00,0x00,0x00,0x00,0x00,0x00,0x00,0x00,0x00,0x00,0x00,0x00,0x00,0x00,/
*",",7*/
0x40,0x00,0x40,0x00,0x44,0x00,0x44,0x00,0x44,0x00,0x44,0x00,0x44,0x00,0xFC,0x7F,
0x42,0x00,0x42,0x00,0x42,0x00,0x43,0x00,0x42,0x00,0x60,0x00,0x40,0x00,0x00,0x00,/
*"千",8*/
0x00,0x40,0x00,0x40,0xFF,0x44,0x91,0x44,0x91,0x44,0x91,0x44,0x91,0x44,0xFF,0x7F,
```

0x91,0x44,0x91,0x44,0x91,0x44,0x91,0x44,0xFF,0x44,0x00,0x40,0x00,0x40,0x00,0x00,/ * "
里",9 * /

0x10,0x04,0x60,0x04,0x01,0x7E,0xC6,0x01,0x30,0x20,0x00,0x20,0x04,0x20,0x04,0x20,
0x04,0x20,0xFC,0x3F,0x04,0x20,0x04,0x20,0x04,0x20,0x04,0x20,0x00,0x20,0x00,0x00,/ * "
江",10 * /

0x00,0x00,0xFE,0xFF,0x22,0x02,0x5A,0x04,0x86,0x43,0x10,0x48,0x94,0x24,0x74,0x22,
0x94,0x15,0x1F,0x09,0x34,0x15,0x54,0x23,0x94,0x60,0x94,0xC0,0x10,0x40,0x00,0x00,/ * "
陵",11 * /

0x00,0x00,0x80,0x00,0x80,0x00,0x80,0x00,0x80,0x00,0x80,0x00,0x80,0x00,0x80,0x00,
0x80,0x00,0x80,0x00,0x80,0x00,0x80,0x00,0x80,0x00,0xC0,0x00,0x80,0x00,0x00,0x00,/
* "一",12 * /

0x00,0x00,0x00,0x00,0x00,0x00,0xFE,0x3F,0x42,0x10,0x42,0x10,0x42,0x10,0x42,0x10,
0x42,0x10,0x42,0x10,0x42,0x10,0xFE,0x3F,0x00,0x00,0x00,0x00,0x00,0x00,0x00,0x00,/ * "
日",13 * /

0x40,0x40,0x41,0x20,0xCE,0x1F,0x04,0x20,0x00,0x42,0x02,0x41,0x82,0x40,0x42,0x40,
0xF2,0x5F,0x0E,0x40,0x42,0x40,0x82,0x40,0x02,0x47,0x02,0x42,0x00,0x40,0x00,0x00,/ * "
还",14 * /

0x00,0x00,0x00,0x00,0x00,0x58,0x00,0x38,0x00,0x00,0x00,0x00,0x00,0x00,0x00,0x00,
0x00,0x00,0x00,0x00,0x00,0x00,0x00,0x00,0x00,0x00,0x00,0x00,0x00,0x00,0x00,0x00,/
* ",",15 * /

0x02,0x00,0xF2,0x7F,0x12,0x08,0x12,0x04,0x12,0x03,0xFE,0x00,0x92,0x10,0x12,0x09,
0x12,0x06,0xFE,0x01,0x12,0x01,0x12,0x26,0x12,0x40,0xFB,0x3F,0x12,0x00,0x00,0x00,/ * "
两",16 * /

0x00,0x40,0x00,0x20,0xE0,0x1F,0x2E,0x04,0xA8,0x04,0xA8,0x04,0xA8,0x04,0xA8,0x04,
0xAF,0xFF,0xA8,0x04,0xA8,0x04,0xA8,0x04,0xA8,0x04,0xAE,0x04,0x20,0x04,0x00,0x00,/ * "
岸",17 * /

0x20,0x04,0x12,0x42,0x0C,0x81,0x9C,0x40,0xE3,0x3F,0x10,0x10,0x14,0x08,0xD4,0xFD,
0x54,0x43,0x5F,0x27,0x54,0x09,0x54,0x11,0xD4,0x69,0x14,0xC4,0x10,0x44,0x00,0x00,/ * "
猿",18 * /

0x02,0x40,0x12,0x30,0xD2,0x0F,0x52,0x02,0x52,0x02,0x52,0x02,0x52,0x02,0xDF,0x03,
0x52,0x02,0x52,0x02,0x52,0x02,0x52,0x02,0xD2,0x07,0x12,0x00,0x02,0x00,0x00,0x00,/
* "声",19 * /

0xFC,0x0F,0x04,0x02,0x04,0x02,0xFC,0x07,0x80,0x00,0x64,0x00,0x24,0x3F,0x2C,0x01,
0x35,0x01,0xE6,0xFF,0x24,0x11,0x34,0x21,0xAC,0x1F,0x66,0x00,0x24,0x00,0x00,0x00,/ * "
啼",20 * /

0x00,0x00,0x02,0x08,0x02,0x04,0x02,0x02,0x02,0x01,0x82,0x00,0x42,0x00,0xFE,0x7F,
0x06,0x00,0x42,0x00,0xC2,0x00,0x82,0x01,0x02,0x07,0x03,0x02,0x02,0x00,0x00,0x00,/
* "不",21 * /

0x40,0x00,0x20,0x00,0xF0,0x7F,0x0C,0x00,0x03,0x20,0x08,0x21,0x08,0x21,0x09,0x21,
0x0A,0x21,0xFC,0x3F,0x08,0x21,0x08,0x21,0x8C,0x21,0x08,0x31,0x00,0x20,0x00,0x00,/ * "
住",22 * /

0x00,0x00,0x00,0x00,0x00,0x58,0x00,0x38,0x00,0x00,0x00,0x00,0x00,0x00,0x00,0x00,

0x00,0x00,0x00,0x00,0x00,0x00,0x00,0x00,0x00,0x00,0x00,0x00,0x00,0x00,0x00,0x00,/
* ",",23 * /

0xC4,0x08,0xB4,0x08,0x8F,0x08,0xF4,0xFF,0x84,0x04,0x84,0x44,0x04,0x41,0x82,0x41,
0x42,0x41,0x22,0x41,0x12,0x7F,0x2A,0x41,0x46,0x41,0xC2,0x41,0x00,0x41,0x00,0x00,/ * "
轻",24 * /

0x80,0x00,0x80,0x80,0x80,0x40,0x80,0x30,0xFC,0x0F,0x84,0x00,0x86,0x02,0x95,0x04,
0xA4,0x0C,0x84,0x40,0x84,0x80,0xFC,0x7F,0x80,0x00,0x80,0x00,0x80,0x00,0x00,0x00,/ * "
舟",25 * /

0x00,0x00,0x00,0x00,0xE2,0x3F,0x42,0x20,0x42,0x20,0x42,0x20,0x42,0x20,0x42,0x20,
0x42,0x20,0x42,0x20,0x42,0x20,0x7E,0x20,0x00,0x20,0x00,0x3C,0x00,0x10,0x00,0x00,/ * "
已",26 * /

0x80,0x40,0x81,0x20,0x8E,0x1F,0x04,0x20,0x00,0x20,0x10,0x40,0x50,0x40,0x90,0x43,
0x10,0x41,0x10,0x48,0x10,0x50,0xFF,0x4F,0x10,0x40,0x10,0x40,0x10,0x40,0x00,0x00,/ * "
过",27 * /

0x00,0x00,0x02,0x40,0x02,0x20,0x02,0x10,0x02,0x0C,0x82,0x03,0x7E,0x00,0x22,0x00,
0x22,0x20,0x22,0x60,0x22,0x20,0xF2,0x1F,0x22,0x00,0x02,0x00,0x02,0x00,0x00,0x00,/ * "
万",28 * /

0x08,0x40,0x08,0x40,0x0A,0x48,0xEA,0x4B,0xAA,0x4A,0xAA,0x4A,0xAA,0x4A,0xFF,0x7F,
0xA9,0x4A,0xA9,0x4A,0xA9,0x4A,0xE9,0x4B,0x08,0x48,0x08,0x40,0x08,0x40,0x00,0x00,/ * "
重",29 * /

0x00,0x00,0x00,0x20,0xE0,0x7F,0x00,0x20,0x00,0x20,0x00,0x20,0x00,0x20,0xFF,0x3F,
0x00,0x20,0x00,0x20,0x00,0x20,0x00,0x20,0xE0,0x7F,0x00,0x00,0x00,0x00,/ * "
山",30 * /

0x00,0x00,0x00,0x18,0x00,0x24,0x00,0x24,0x00,0x18,0x00,0x00,0x00,0x00,0x00,0x00,
0x00,0x00,0x00,0x00,0x00,0x00,0x00,0x00,0x00,0x00,0x00,0x00,0x00,0x00,0x00,0x00};/
* "。",31 * /

编译通过后,51 MCU DEMO 试验板 LCD128×64 单排座上(20 芯)正确插上
128×64 点阵图形液晶模块(脚号对应,不能插反),接通 5 V 稳压电源,将生成的
CS23-1.hex 文件下载到试验板上的 89S51 单片机中(**注意：标示"LEDMOD_DA-TA"的双排针需插上短路块,而标示"LEDMOD_COM"的双排针不能插短路块**)。
液晶屏显示出李白的唐诗。如果液晶屏的显示效果不理想,我们可以调整电位器
128×64LCD ADJ,改变液晶屏的对比度。汉字点阵码表由专用的软件生成,读者朋
友也可上网站 http://www.hlelectron.com 下载 PCtoLCD2002 软件来制作自己所
需的汉字点阵码表。

## 3. 程序分析解释

序号 1:包含头文件 REG51.H。

序号 2～3:变量类型标识的宏定义。

序号 4:引脚定义,左半屏片选信号。

序号 5:引脚定义,右半屏片选信号。

序号 6:引脚定义,寄存器选择。

序号 7:引脚定义,读/写选择。

序号 8:引脚定义,使能操作。

序号 9:引脚定义,复位信号。

序号 10:端口定义,双向数据总线。

序号 11:程序分隔。

序号 12~22:函数列表。

序号 23:程序分隔。

序号 24:定义函数名为 main 的主函数。

序号 25:main 主函数开始。

序号 26:定义局部变量。

序号 27:调用 LCM 初始化子函数。

序号 28:延时一会。

序号 29:无限循环。

序号 30:无限循环语句开始。

序号 31:程序分隔。

序号 32~40:for 循环,显示第 1 行(8 个字)。

序号 41:程序分隔。

序号 42~50:for 循环,显示第 2 行(8 个字)。

序号 51:程序分隔。

序号 52~60:for 循环,显示第 3 行(8 个字)。

序号 61:程序分隔。

序号 62~70:for 循环,显示第 4 行(8 个字)。

序号 71:程序分隔。

序号 72:延时一会。

序号 73:无限循环语句结束。

序号 74:main 主函数结束。

序号 75:程序分隔。

序号 76:函数名为 delay 的延时子函数。定义 v 为长变量。

序号 77:delay 函数开始。

序号 78:while 循环体,v 自减后若不为 0 则继续循环自减。

序号 79:delay 函数结束。

序号 80:程序分隔。

序号 81~90:判 LCM 忙子函数。

序号 91:程序分隔。

序号 92~102:写指令到 LCM 子函数。

序号 103:程序分隔。

序号 104~114:写数据到 LCM 子函数。

序号 115:程序分隔。

序号 116~122:根据 x、y 地址定位,将数据写入 LCM 左半屏或右半屏的子函数。

序号 123:程序分隔。

序号 124~128:设定起始行子函数。

序号 129:程序分隔。

序号 130～136:定位 x 方向、y 方向的子函数。

序号 137:程序分隔。

序号 138～142:屏幕开启、关闭子函数。

序号 143:程序分隔。

序号 144～150:复位子函数。

序号 151:程序分隔。

序号 152:函数名为 lcd_init 的 LCM 初始化子函数。

序号 153:lcd_init 子函数开始,定义 x、y 为无符号字符型局部变量。

序号 154:调用 LCM 复位子函数。

序号 155:设定起始行为第 1 行。

序号 156:显示屏关。

序号 157:建立一个循环 8 次(共 8 页)的 for 循环体。

序号 158:for 循环体开始。

序号 159:建立一个循环 128 次(共 128 列)的 for 循环体,每列置 0。

序号 160:for 循环体结束。

序号 161:显示屏开。

序号 162:lcd_init 子函数结束。

序号 163:程序分隔。

序号 164～175:显示汉字子函数。

序号 176:程序分隔。

序号 177～程序结束:汉字点阵码表。

# 23.13　128×64LCM 演示程序 2

## 1. 实现方法

在 51 MCU DEMO 试验板上的 128×64 点阵图形液晶上显示图像。注意,该图像并不是像显示汉字一样,先生成点阵码,然后扫描到液晶屏上,而是用计算的方法,将起点坐标与终点坐标换算成一条直线并显示到液晶屏上。这里我们要显示的是一条小舢舨。

## 2. 源程序文件

在 D 盘建立一个文件目录(CS23 - 2),然后建立 CS23 - 2.uv2 的工程项目,最后建立源程序文件(CS23 - 2.c)。输入下面的程序:

```c
# include <REG51.H>                 //1
# include<math.h>                   //2
#define uchar unsigned char        //3
#define uint unsigned int          //4
sbit CS1 = P2^4;                    //5
```

```
sbit CS2 = P2^3;                                    //6
sbit RS = P2^7;                                     //7
sbit RW = P2^6;                                     //8
sbit EN = P2^5;                                     //9
sbit RST = P2^2;                                    //10
#define DataPort P0                                 //11
/************常用操作命令和参数宏定义************12**********/
#define DISPON 0x3f                                 //13
#define DISPOFF 0x3e                                //14
#define DISPFIRST 0xc0                              //15
#define SETX 0x40                                   //16
#define SETY 0xb8                                   //17
#define Lcdbusy 0x80                                //18
/***********************************************19**********/
#define MODL 0x00                                   //20
#define MODM 0x40                                   //21
//#define MODR 0x80                                 //22
#define LCMLIMIT 0x80                               //23
//#define LCMLIMIT 0xc0                             //24
/***********************************************25**********/
uchar col,row,cbyte;                                //26
bit xy;                                             //27
/************函数声明***************************28**********/
void Lcminit(void);                                 //29
void Delay(unsigned long MS);                       //30
void lcdbusyL(void);                                //31
void lcdbusyM(void);                                //32
//void lcdbusyR(void);                              //33
void Wrdata(uchar X);                               //34
void Lcmcls(void);                                  //35
void Lcmclsxx(void);                                //36
void wtcom(void);                                   //37
void Locatexy(void);                                //38
void WrcmdL(uchar X);                               //39
void WrcmdM(uchar X);                               //40
//void WrcmdR(uchar X);                             //41
void Rddata(void);                                  //42
void Linehv(uchar length);                          //43
void point(void);                                   //44
void Linexy(uchar endx, uchar endy);                //45
/************复位子函数*************************46****************/
void reset()                                        //47
```

```
{                                          //48
RST = 0;                                   //49
Delay(20);                                 //50
RST = 1;                                   //51
Delay(20);                                 //52
}                                          //53
/******************主函数*****************54***************/
void main(void)                            //55
{                                          //56
col = 0;                                   //57
row = 0;                                   //58
Delay(10);                                 //59
Lcminit();                                 //60
Delay(1000);                               //61
/******************先画出船上建筑************62**********/
col = 0;                                   //63
row = 32;                                  //64
xy = 1;                                    //65
Linehv(127);                               //66
/* ---------------------------67-----------*/
col = 33;                                  //68
row = 48;                                  //69
xy = 1;                                    //70
Linehv(30);                                //71
col = 36;                                  //72
row = 32;                                  //73
xy = 0;                                    //74
Linehv(16);                                //75
col = 64;                                  //76
row = 48;                                  //77
xy = 1;                                    //78
Linehv(30);                                //79
col = 91;                                  //80
row = 32;                                  //81
xy = 0;                                    //82
Linehv(16);                                //83
/* ---------------------------84--------------*/
col = 10;                                  //85
row = 32;                                  //86
xy = 0;                                    //87
Linehv(27);                                //88
/******************画出船底的弧形***********89**********/
```

```
col = 0;                                            //90
row = 32;                                           //91
Linexy(10,16);                                      //92
col = 10;                                           //93
row = 16;                                           //94
Linexy(30,8);                                       //95
col = 30;                                           //96
row = 8;                                            //97
Linexy(64,5);                                       //98
/* - - - - - - - - - - - - - - - - - - - - - - - -99 - - - - - - - - - - - - - */
col = 65;                                           //100
row = 5;                                            //101
Linexy(97,8);                                       //102
col = 97;                                           //103
row = 8;                                            //104
Linexy(117,16);                                     //105
col = 117;                                          //106
row = 16;                                           //107
Linexy(127,32);                                     //108
/* - - - - - - - - - - - - - - - - - - - - - - - -109 - - - - - - - - - - - - - */
while(1);                                           //110
}                                                   //111
/*********************画斜线子函数*****************112***********/
void Linexy(uchar endx, uchar endy)                 //113
{                                                   //114
register uchar t;                                   //115
char xerr = 0,yerr = 0,delta_x,delta_y,distance;    //116
uchar incx,incy;                                    //117
delta_x = endx - col;                               //118
delta_y = endy - row;                               //118
if(delta_x>0)incx = 1;                              //119
else if(delta_x == 0)incx = 0;                      //120
    else incx = - 1;                                //121
if(delta_y>0)incy = 1;                              //122
else if(delta_y == 0)incy = 0;                      //123
    else incy = - 1;                                //124
delta_x = cabs(delta_x);                            //125
delta_y = cabs(delta_y);                            //126
if(delta_x>delta_y) distance = delta_x;             //127
else distance = delta_y;                            //128
/* - - - - - - - - -开始画线 - - - - - - - - - - -129 - - - - - - - - - - - - - */
for(t = 0;t< = distance + 1;t ++ ){                 //130
```

```
        point();                                          //131
        xerr + = delta_x;                                 //132
        yerr + = delta_y;                                 //133
        if(xerr>distance){                                //134
        xerr - = distance;                                //135
        col + = incx;                                     //136
        }                                                 //137
        if(yerr>distance){                                //138
        yerr - = distance;                                //139
        row + = incy;                                     //140
        }                                                 //141
                        }                                 //142
        }                                                 //143
/***********画水平、垂直线子函数****************144***************/
void Linehv(uchar length)                                 //145
{                                                         //146
uchar xs,ys;                                              //147
if(xy){ys = col;                                         //148
    for(xs = 0;xs<length;xs ++ ){                        //149
        col = ys + xs;                                    //150
        point();}                                         //151
            }                                             //152
else {xs = row;                                          //153
    for(ys = 0;ys<length;ys ++ )                         //154
        {                                                 //155
        row = xs + ys;                                    //156
        point();}                                         //157
        }                                                 //158
}                                                         //159
/*******************画点子函数****************160***********/
void point(void)                                          //161
{                                                         //162
uchar x1,y1,x,y;                                          //163
x1 = col;                                                 //164
y1 = row;                                                 //165
row = y1>>3;                                              //166
Rddata();                                                 //167
y = y1&0x07;                                              //168
x = 0x01;                                                 //169
x = x<<y;                                                 //170
Wrdata(cbyte|x);                                          //171
col = x1;                                                 //172
```

```
row = y1;                                    //173
}                                            //174
```

/*************全屏幕清屏子函数*****************175***********/
```
void Lcmcls(void)                            //176
{                                            //177
 for(row = 0;row<8;row++)                    //178
   {for(col = 0;col<LCMLIMIT;col++)          //179
    Wrdata(0);}                              //180
}                                            //181
```

/*************全屏幕置黑子函数*****************182***********/
```
void Lcmclsxx(void)                          //183
{                                            //184
for(row = 0;row<8;row++)                     //185
for(col = 0;col<LCMLIMIT;col++)              //186
Wrdata(255);                                 //187
}                                            //188
```

/***********读取液晶 x 列、y 页坐标处的数据至全局变量 cbyte 中****189********/
```
void Rddata(void)                            //190
{                                            //191
Locatexy();                                  //192
DataPort = 0xff;                             //193
RS = 1;                                      //194
RW = 1;                                      //195
EN = 1;                                      //196
cbyte = DataPort;                            //197
EN = 0;                                      //198
Locatexy();                                  //199
DataPort = 0xff;                             //200
RS = 1;                                      //201
RW = 1;                                      //202
EN = 1;                                      //203
cbyte = DataPort;                            //204
EN = 0;                                      //205
}                                            //206
```

/**********将数据 X 写入液晶 x 列、y 页坐标处*******207***/
```
void Wrdata(uchar X)                         //208
{                                            //209
Locatexy();                                  //210
RS = 1;                                      //211
RW = 0;                                      //212
DataPort = X;                                //213
EN = 1;                                      //214
```

```
EN = 0;                                        //215
}                                              //216
/*****************写命令至左区**************217************/
void WrcmdL(uchar X)                           //218
{                                              //219
lcdbusyL();                                    //220
RS = 0;                                        //221
RW = 0;                                        //222
DataPort = X;                                  //223
EN = 1;EN = 0;                                 //224
}                                              //225
/*****************写命令至中区**************226********/
void WrcmdM(uchar X)                           //227
{                                              //228
lcdbusyM();                                    //229
RS = 0;                                        //230
RW = 0;                                        //231
DataPort = X;                                  //232
EN = 1;EN = 0;                                 //233
}                                              //234
/*****************写命令至右区************235************/
void WrcmdR(uchar X)                           //236
{                                              //237
lcdbusyR();                                    //238
RS = 0;                                        //239
RW = 0;                                        //240
DataPort = X;                                  //241
EN = 1;EN = 0;                                 //242
}                                              //243
/*****************左区判忙子函数**********244*************/
void lcdbusyL(void)                            //245
{                                              //246
CS1 = 1;CS2 = 0;                               //247
wtcom();                                       //248
}                                              //249
/*****************中区判忙子函数**********250*************/
void lcdbusyM(void)                            //251
{                                              //252
CS1 = 0;CS2 = 1;                               //253
wtcom();                                       //254
}                                              //255
/*****************右区判忙子函数**********256*************/
```

```
/ * void lcdbusyR(void)                           //257
{                                                 //258
CS1 = ?;CS2 = ?;                                  //259
wtcom();                                          //260
} * /                                             //261
/********************公用判忙等待子函数*********262**********/
void wtcom(void)                                  //263
{                                                 //264
RS = 0;                                           //265
RW = 1;                                           //266
DataPort = 0xff;                                  //267
EN = 1;                                           //268
while(DataPort&Lcdbusy);                          //269
EN = 0;                                           //270
}                                                 //271
/***********根据设定的 col、row 坐标数据,定位 LCM 下一个操作单元******272******/
void Locatexy(void)                               //273
{                                                 //274
uchar x,y;                                        //275
switch(col&0xc0)                                  //276
{                                                 //277
case 0:{lcdbusyL();break;}                        //278
case 0x40:{lcdbusyM();break;}                     //279
//case 0x80:{lcdbusyR();break;}                   //280
}                                                 //281
x = col&0x3f|SETX;                                //282
y = row&0x07|SETY;                                //283
wtcom();                                          //284
RS = 0;                                           //285
RW = 0;                                           //286
DataPort = y;                                     //287
EN = 1;EN = 0;                                    //288
wtcom();                                          //289
RS = 0;                                           //290
RW = 0;                                           //291
DataPort = x;                                     //292
EN = 1;EN = 0;                                    //293
}                                                 //294
/********************液晶屏初始化***************295***************/
void Lcminit(void)                                //296
{                                                 //297
reset();                                          //298
```

```
cbyte = DISPFIRST;                              //299
WrcmdL(cbyte);                                  //300
WrcmdM(cbyte);                                  //301
//WrcmdR(cbyte);                                //302
cbyte = DISPOFF;                                //303
WrcmdL(cbyte);                                  //304
WrcmdM(cbyte);                                  //305
//WrcmdR(cbyte);                                //306
cbyte = DISPON;                                 //307
WrcmdL(cbyte);                                  //308
WrcmdM(cbyte);                                  //309
//WrcmdR(cbyte);                                //310
Lcmcls();                                       //311
Delay(10000);                                   //312
Lcmclsxx();                                     //313
Delay(10000);                                   //314
Lcmcls();                                       //315
Delay(30000);                                   //316
col = 0;                                        //317
row = 0;                                        //318
Locatexy();                                     //319
}                                               //320
/***************延时子函数*******************321*****/
void Delay(unsigned long MS)                    //322
{                                               //323
while(MS! = 0)MS -- ;                           //324
}                                               //325
```

编译通过后,51 MCU DEMO 试验板 LCD128×64 单排座上(20 芯)正确插上 128×64 点阵图形液晶模块(脚号对应,不能插反),接通 5 V 稳压电源,将生成的 CS23 - 2. hex 文件下载到试验板上的 89S51 单片机中(**注意:标示"LEDMOD_DA-TA"的双排针需插上短路块,而标示"LEDMOD_COM"的双排针不能插短路块**)。 液晶屏上清晰地显示出一条古代小舢舨。

### 3. 程序分析解释

序号 1:包含头文件 REG51.H。

序号 2:包含头文件 math.h 。

序号 3、4:数据类型的宏定义。

序号 5~10:引脚定义。

序号 11:端口宏定义。

序号 12:程序分隔。

序号 13~18:常用操作命令和参数宏定义。

序号 13：显示屏开宏定义。

序号 14：显示屏关宏定义。

序号 15：起始行显示宏定义。

序号 16：X 定位(页)宏定义。

序号 17：Y 定位(列)宏定义。

序号 18：LCM 忙判断宏定义。

序号 19：程序分隔。

序号 20：左区宏定义。

序号 21：左区与中区分界宏定义。

序号 22：中区与右区分界宏定义。

序号 23：中区的边界宏定义。

序号 24：右区的边界(这里不用，在使用 192×64 液晶屏时才用)宏定义。

序号 25：程序分隔。

序号 26：列、行、数据的全局变量定义。

序号 27：画线位标志，"1"水平线，"0"垂直线。

序号 28：程序分隔。

序号 29：液晶模块初始化子函数。

序号 30：延时子函数。

序号 31：左区判忙子函数。

序号 32：中区判忙子函数。

序号 33：右区判忙子函数(这里不用，在使用 192×64 液晶屏时才用)。

序号 34：写数据至 LCM。

序号 35：LCM 清屏。

序号 36：LCM 全屏置黑。

序号 37：公用判忙等待子函数。

序号 38：光标定义。

序号 39：写命令至左区。

序号 40：写命令至中区。

序号 41：写命令至右区(这里不用，在使用 192×64 液晶屏时才用)。

序号 42：读 LCM 状态子函数。

序号 43：水平、垂直画线子函数。

序号 44：画点子函数。

序号 45：画斜线子函数。

序号 46：程序分隔。

序号 47：复位子函数。

序号 48：复位子函数开始。

序号 49：复位端置 0。

序号 50：延时 20 ms。

序号 51：复位端置 1。

序号 52：延时 20 ms。

序号 53：复位子函数结束。

序号 54：程序分隔。

序号 55：定义函数名为 main 的主函数。

序号 56：main 主函数开始。

序号 57～58：定位 0 列、0 页。

序号 59：延时一会。

序号 60：液晶模块初始化。

序号 61：延时一会。

序号 62：程序分隔。

序号 63～64：定位 x 方位 0、y 方位 32。

序号 65：水平线。

序号 66：画线，长度 127。

序号 67：程序分隔。

序号 68～69：定位 x 方位 33、y 方位 48。

序号 70：水平线。

序号 71：画线，长度 30。

序号 72～73：定位 x 方位 36、y 方位 32。

序号 74：垂直线。

序号 75：画线，长度 16。

序号 76～77：定位 x 方位 64、y 方位 48。

序号 78：水平线。

序号 79：画线，长度 30。

序号 80～81：定位 x 方位 91、y 方位 32。

序号 82：垂直线。

序号 83：画线，长度 16。

序号 84：程序分隔。

序号 85～86：定位 x 方位 10、y 方位 32。

序号 87：垂直线。

序号 88：画线，长度 27。

序号 89：程序分隔。

序号 90～91：定位 x 方位 0、y 方位 32。

序号 92～94：画斜线，终点为 x 方位 10、y 方位 16。

序号 95：画斜线，终点为 x 方位 30、y 方位序号 8。

序号 96～97：定位 x 方位 30、y 方位 8。

序号 98：画斜线，终点为 x 方位 64、y 方位 5。

序号 99：程序分隔。

序号 100～101：定位 x 方位 65、y 方位 5。

序号 102：画斜线，终点为 x 方位 97、y 方位 8。

序号 103～104：定位 x 方位 97、y 方位 8。

序号 105：画斜线，终点为 x 方位 117、y 方位 16。

序号 106～107：定位 x 方位 117、y 方位 16。

序号 108：画斜线，终点为 x 方位 127、y 方位 32。

序号 109：程序分隔。画舢版结束。

序号 110：死循环。

序号 111：主函数结束。

序号 112：程序分隔。

序号 113～143:画斜线子函数。

序号 144:程序分隔。

序号 145:函数名为 Linehv 的画水平、垂直线子函数,定义 length 为线段长度的无符号字符型变量。

序号 146:画水平、垂直线子函数开始。

序号 147:定义 xs、ys 为无符号字符型变量。

序号 148:if 语句。如果 xy 为 1,为水平划线。

序号 149～152:for 循环体。

序号 153:否则 xy 为 0,为垂直划线。

序号 154～158:for 循环体。

序号 159:画水平、垂直线子函数结束。

序号 160:程序分隔。

序号 161:画点子函数。

序号 162:画点子函数开始。

序号 163:定义 x1、y1、x、y 为无符号字符型变量。

序号 164:x 方向坐标 col 赋予 x1(暂存)。

序号 165:y 方向坐标 row 赋予 y1(暂存)。

序号 166:y1 右移 3 位后赋予 row,获得 y 方向的页地址。

序号 167:读取列(x)地址、页(y)地址处的数据。

序号 168:计算出该页(1 字节)内的 y 轴点位置地址。

序号 169:x 赋值 0x01。

序号 170:移入所画点。

序号 171:画上屏幕。

序号 172～173:恢复 x、y 坐标。

序号 174:画点子函数结束。

序号 175:程序分隔。

序号 176:函数名为 Lcmcls 的全屏幕清屏子函数。

序号 177:函数开始。

序号 178～180:将数据 0 写到屏幕。

序号 181:函数结束。

序号 182:程序分隔。

序号 183:函数名为 Lcmclsxx 的全屏幕置黑子函数。

序号 184:函数开始。

序号 185～187:将 8 位数据全 1(255)写到屏幕。

序号 188:函数结束。

序号 189:程序分隔。

序号 190:函数名为 Rddata 的子函数。

序号 191:函数开始。

序号 192:坐标定位。

序号 193:LCM 口置全 1。

序号 194:选择数据寄存器。

序号 195:选择读。

序号 196:使能。

序号 197：虚读一次。

序号 198：禁能。

序号 199：坐标定位。

序号 200：LCM 数据口置全 1。

序号 201：选择数据寄存器。

序号 202：选择读。

序号 203：使能。

序号 204：读取数据（真读）。

序号 205：禁能。

序号 206：函数结束。

序号 207：程序分隔。

序号 208：函数名为 Wrdata 的子函数，定义 X 为无符号字符型变量。

序号 209：函数开始。

序号 210：坐标定位。

序号 211：选择数据寄存器。

序号 212：选择写。

序号 213：将数据 X 写入 LCM 口。

序号 214：使能。

序号 215：禁能。

序号 216：函数结束。

序号 217：程序分隔。

序号 218：函数名为 WrcmdL 的子函数，定义 X 为无符号字符型变量。

序号 219：函数开始。

序号 220：调用左区判忙子函数。

序号 221：选择指令寄存器。

序号 222：选择写。

序号 223：数据输出至数据口。

序号 224：使能，禁能。

序号 225：函数结束。

序号 226：程序分隔。

序号 227：函数名为 WrcmdM 的子函数，定义 X 为无符号字符型变量。

序号 228：函数开始。

序号 229：调用中区判忙子函数。

序号 230：选择指令寄存器。

序号 231：选择写。

序号 232：数据输出至数据口。

序号 233：使能，禁能。

序号 234：函数结束。

序号 235：程序分隔。

序号 236：函数名为 WrcmdR 的子函数，定义 X 为无符号字符型变量。

序号 237：函数开始。

序号 238：调用右区判忙子函数。

序号 239：选择指令寄存器。

序号 240:选择写。

序号 241:数据输出至数据口。

序号 242:使能,禁能。

序号 243:函数结束。

序号 244:程序分隔。

序号 245:函数名为 lcdbusyL 的左区判忙子函数。

序号 246:函数开始。

序号 247:选中左区。

序号 248:调用判忙等待子函数。

序号 249:函数结束。

序号 250:程序分隔。

序号 251:函数名为 lcdbusyM 的中区判忙子函数。

序号 252:函数开始。

序号 253:选中中区。

序号 254:调用判忙等待子函数。

序号 255:函数结束。

序号 256:程序分隔。

序号 257:函数名为 lcdbusyR 的右区判忙子函数(这里不用)。

序号 258:函数开始。

序号 259:根据所用 LCM 器件决定取值。

序号 260:调用判忙等待子函数。

序号 261:函数结束。

序号 262:程序分隔。

序号 263:函数名为 wtcom 的公用判忙等待子函数。

序号 264:函数开始。

序号 265:选择指令寄存器。

序号 266:选择读。

序号 267:数据 0xff 输出至数据口。

序号 268:使能。

序号 269:若 LCM 忙则等待。

序号 270:禁能。

序号 271:函数结束。

序号 272:程序分隔。

序号 273:函数名为 Locatexy 的子函数。

序号 274:函数开始。

序号 275:定义 x,y 为无符号字符型变量。

序号 276:switch 语句,限定 x 列最大值为 192。

序号 277:switch 语句开始。

序号 278:判左区忙。

序号 279:判中区忙。

序号 280:判右区忙(这里不用)。

序号 281:switch 语句结束。

序号 282:获得 x 列(0~63)地址。

序号 283:获得 y 页(0～7)地址。

序号 284:调用判忙等待子函数。

序号 285:选择指令寄存器。

序号 286:选择写。

序号 287:y 页地址传送至 LCM 口。

序号 288:使能,禁能。

序号 289:调用判忙等待子函数。

序号 290:选择指令寄存器。

序号 291:选择写。

序号 292:x 列地址传送至 LCM 口。

序号 293:使能,禁能。

序号 294:函数结束。

序号 295:程序分隔。

序号 296:函数名为 Lcminit 的液晶屏初始化子函数。

序号 297:函数开始。

序号 298:调用复位子函数。

序号 299:定义起始行为 0 行。

序号 300:写命令至左区。

序号 301:写命令至中区。

序号 302:写命令至右区(这里不用)。

序号 303:关闭显示屏。

序号 304:写命令至左区。

序号 305:写命令至中区。

序号 306:写命令至右区(这里不用)。

序号 307:打开显示屏。

序号 308:写命令至左区。

序号 309:写命令至中区。

序号 310:写命令至右区(这里不用)。

序号 311:清屏。

序号 312:延时一会。

序号 313:全屏置黑。

序号 314:延时一会。

序号 315:清屏。

序号 316:延时一会。

序号 317:定位 x 方向为 0 列。

序号 318:定位 y 方向为 0 页。

序号 319:定位 0 列、0 页为 LCM 下一个操作单元。

序号 320:函数结束。

序号 321:程序分隔。

序号 322～325:延时子函数。

# 第 **24** 章

# AT89S51 看门狗定时器原理及应用

## 24.1 看门狗定时器原理

单片机应用系统受到干扰而导致死机出错后，都要进行复位，因此，一定要有一个可靠的复位电路，以使单片机重新启动工作。现在已经有专用的复位电路芯片供我们选用，专用的复位芯片具有快速上电复位、欠压复位等功能。

图 24.1 为看门狗电路的工作原理。如果单片机工作正常，则会经常地将看门狗定时器（WDT）清除，那么看门狗定时器就不会溢出复位信号，应用系统正常工作；反之，若单片机工作不正常，程序跑飞或进入死循环，那么它不会去清除看门狗定时器，一段时间后，WDT 溢出，输出复位信号给单片机，单片机重新启动工作。

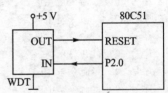

图 24.1 看门狗电路的工作原理

以前广泛使用的 AT89C51 没有内置的看门狗定时器，在干扰严重的场合工作时，需要外部的看门狗定时器配合工作。而新型的 AT89S51 已经在内部集成了看门狗定时器，无需再外添元件，使用方便可靠。下面我们通过实例介绍其使用。

AT89S51 的看门狗定时器实际上是一个 14 位的计数器，其地址位于 A6H，第一次激活（启动）时，需依次向其写入 01EH、0E1H。以后每次写入 01EH、0E1H 是将看门狗定时器清除。如不及时清除（例如，单片机受干扰影响死机后），在 16 383 个机器周期后（当晶振12 MHz时约为 16 ms，当晶振 11.0592 MHz时约为 18 ms）将溢出，从而复位单片机令它重新启动。

# 24.2　看门狗实验:"流水灯"实验 1

在 51 MCU DEMO 试验板上,进行看门狗实验 1(看门狗启动后在程序中定时清除它):D0~D7 的 8 个 LED(发光管)依次流水点亮,形成"流水灯"实验。

## 1. 实现方法

在看门狗定时器启动后,依次将 D0~D7 点亮,每位发光管点亮保持 3 ms。每点亮 4 位发光管后(此时耗时约 12 ms)将看门狗清除,防止溢出后复位单片机。

## 2. 源程序文件

在 D 盘建立一个文件目录(CS24-1),然后建立 CS24-1.uv2 的工程项目,最后建立源程序文件(CS24-1.c)。输入下面的程序:

```
# include <REG51.H>                         //1
# define uchar unsigned char                //2
# define uint unsigned int                  //3
sfr WDT = 0xa6;                              //4
# define reset() {WDT = 0x1e;WDT = 0xe1;}   //5
/***********************************6*********/
# define D0_ON 0xfe                          //7
# define D1_ON 0xfd                          //8
# define D2_ON 0xfb                          //9
# define D3_ON 0xf7                          //10
# define D4_ON 0xef                          //11
# define D5_ON 0xdf                          //12
# define D6_ON 0xbf                          //13
# define D7_ON 0x7f                          //14
//**********************************15*******
void delay(uint k)                           //16
{                                            //17
uint data i,j;                               //18
    for(i = 0;i<k;i++)                       //19
    {                                        //20
    for(j = 0;j<121;j++){;}                  //21
    }                                        //22
}                                            //23
//**********************************24*******
void main(void)                              //25
{                                            //26
    reset()                                  //27
```

```
while(1)                              //28
{                                     //29
P1 = D0_ON;                           //30
delay(1);                             //31
P1 = D1_ON;                           //32
delay(1);                             //33
P1 = D2_ON;                           //34
delay(1);                             //35
P1 = D3_ON;                           //36
delay(1);                             //37
reset()                               //38
P1 = D4_ON;                           //39
delay(1);                             //40
P1 = D5_ON;                           //41
delay(1);                             //42
P1 = D6_ON;                           //43
delay(1);                             //44
P1 = D7_ON;                           //45
delay(1);                             //46
reset()                               //47
}                                     //48
}                                     //49
```

编译通过后,51 MCU DEMO 试验板接通 5 V 稳压电源,将生成的 CS24-1. hex 文件下载到试验板上的 89S51 单片机中(**注意:**标示"LED"的双排针应插上短路块)。可以看到,8 个发光二极管都在闪烁,这是由于扫描频率较高的缘故(每位发光管仅点亮 3 ms)。

### 3. 程序分析解释

序号 1:包含头文件 REG51.H。

序号 2、3:数据类型的宏定义。

序号 4:看门狗寄存器定义。

序号 5:激活(或复位)宏定义。

序号 6:程序分隔。

序号 7~14:8 个发光二极管点亮的宏定义。

序号 15:程序分隔。

序号 16~23:函数名为 delay 的延时子函数。

序号 24:程序分隔。

序号 25:定义函数名为 main 的主函数。

序号 26:main 主函数开始。

序号 27:启动看门狗定时器。

序号 28:无限循环。

序号 29:无限循环语句开始。

序号 30:点亮 D0。

序号 31:延时 3 ms。

序号 32:点亮 D1。

序号 33:延时 3 ms。

序号 34:点亮 D2。

序号 35:延时 3 ms。

序号 36:点亮 D3。

序号 37:延时 3 ms。

序号 38:清除看门狗定时器。

序号 39:点亮 D4。

序号 40:延时 3 ms。

序号 41:点亮 D5。

序号 42:延时 3 ms。

序号 43:点亮 D6。

序号 44:延时 3 ms。

序号 45:点亮 D7。

序号 46:延时 3 ms。

序号 47:清除看门狗定时器。

序号 48:无限循环语句结束。

序号 49:main 主函数结束。

为了对比起见,再做一遍实验,这次看门狗定时器启动后,我们在程序中不再清除它(模拟程序失控的情况),看看看门狗定时器起作用了吗?

# 24.3　看门狗实验:"流水灯"实验 2

在 51 MCU DEMO 试验板上,进行看门狗实验 2(看门狗启动后在程序中不再清除它,模拟程序失控的情况):D0～D7 的 8 个 LED(发光管)依次流水点亮,形成"流水灯"实验。

## 1. 实现方法

在看门狗定时器启动后,在主循环中不再清除它(模拟程序失控的情况),直到看门狗溢出后复位单片机。由于每位发光管点亮 3 ms,这样点亮 8 位发光管共需 24 ms。而看门狗溢出仅需约 18 ms,因此看到只有 6 位发光管被点亮。

## 2. 源程序文件

在 D 盘建立一个文件目录(CS24 - 2),然后建立 CS24 - 2. uv2 的工程项目,最后建立源程序文件(CS24 - 2. c)。输入下面的程序:

```
#include <REG51.H>                    //1
```

```
# define uchar unsigned char              //2
# define uint unsigned int                //3
sfr WDT = 0xa6;                            //4
# define reset() {WDT = 0x1e;WDT = 0xe1;}  //5
/**********************************6***********/
# define D0_ON 0xfe                        //7
# define D1_ON 0xfd                        //8
# define D2_ON 0xfb                        //9
# define D3_ON 0xf7                        //10
# define D4_ON 0xef                        //11
# define D5_ON 0xdf                        //12
# define D6_ON 0xbf                        //12
# define D7_ON 0x7f                        //14
//*********************************15*******
void delay(uint k)                         //16
{                                          //17
uint data i,j;                             //18
    for(i = 0;i<k;i++ )                    //19
    {                                      //20
    for(j = 0;j<121;j++){;}                //21
    }                                      //22
}                                          //23
//*********************************24******
void main(void)                            //25
{                                          //26
    reset()                                //27
    while(1)                               //28
    {                                      //29
    P1 = D0_ON;                            //30
    delay(3);                              //31
    P1 = D1_ON;                            //32
    delay(3);                              //33
    P1 = D2_ON;                            //34
    delay(3);                              //35
    P1 = D3_ON;                            //36
    delay(3);                              //37
    P1 = D4_ON;                            //38
    delay(3);                              //39
    P1 = D5_ON;                            //40
    delay(3);                              //41
    P1 = D6_ON;                            //42
    delay(3);                              //43
    P1 = D7_ON;                            //44
    delay(3);                              //45
```

```
    }                                    //46
  }                                      //47
```

编译通过后,51 MCU DEMO 试验板接通 5 V 稳压电源,将生成的 CS24 -2. hex 文件下载到试验板上的 89S51 单片机中(**注意**：标示"LED"的双排针应插上短路块)。可以看到,只有 6 个发光二极管在闪烁(D0～D5),这是由于在主循环中没有清除看门狗,看门狗溢出后(约 18 ms)复位单片机。由于每位发光管点亮 3 ms,这样只有 6 位发光管被点亮。

## 3. 程序分析解释

序号 1:包含头文件 REG51.H。

序号 2、3:数据类型的宏定义。

序号 4:看门狗寄存器定义。

序号 5:激活(或复位)宏定义。

序号 6:程序分隔。

序号 7～14:8 个发光二极管点亮的宏定义。

序号 15:程序分隔。

序号 16～23:函数名为 delay 的延时子函数。

序号 24:程序分隔。

序号 25:定义函数名为 main 的主函数。

序号 26:main 主函数开始。

序号 27:启动看门狗定时器。

序号 28:无限循环。

序号 29:无限循环语句开始。

序号 30:点亮 D0。

序号 31:延时 3 ms。

序号 32:点亮 D1。

序号 33:延时 3 ms。

序号 34:点亮 D2。

序号 35:延时 3 ms。

序号 36:点亮 D3。

序号 37:延时 3 ms。

序号 38:点亮 D4。

序号 39:延时 3 ms。

序号 40:点亮 D5。

序号 41:延时 3 ms。

序号 42:点亮 D6。

序号 43:延时 3 ms。

序号 44:点亮 D7。

序号 45:延时 3 ms。

序号 46:无限循环语句结束。

序号 47:main 主函数结束。

# 参考文献

[1]　谭浩强. C 程序设计[M]. 第 2 版. 北京:清华大学出版社,1999.

[2]　马忠梅,等. 单片机的 C 语言应用程序设计[M]. 北京:北京航空航天大学出版社,1999.

[3]　杨文龙. 单片机原理及应用[M]. 西安:西安电子科技大学出版社,2000.

[4]　何立民. 单片机实验与实践教程(二)[M]. 北京:北京航空航天大学出版社, 2001.

[5]　王建校,等. 51 系列单片机及 C51 程序设计[M]. 北京:科学出版社,2002.

[6]　周兴华. 手把手教你学单片机[M]. 北京:北京航空航天大学出版社,2005.